“十四五”时期国家重点出版物出版专项规划项目
先进制造理论研究与工程技术系列
黑龙江省精品图书出版工程

发电技术原理及设备

曾令艳　王海明　编著

哈爾濱工業大學出版社
HARBIN INSTITUTE OF TECHNOLOGY PRESS

内容简介

全书共分5章。第1章和第2章介绍了核能发电，阐述了核能发电的优点，重点讲述了压水堆核电站的系统组成与工作过程，其中包含一回路、二回路，以及各系统中的主要设备，最后介绍了核电站循环热力分析。第3章介绍了火力发电，阐述了火力发电的生产过程、煤质要求、火电厂污染及防治措施，重点讲述了火力发电的3种煤粉燃烧技术，即直流煤粉燃烧技术、旋流煤粉燃烧技术和W火焰煤粉燃烧技术，最后还对火电厂锅炉的烟、风道系统和给水处理系统进行了介绍。第4章介绍了水力发电，阐述了水力发电的历史和特点，介绍了我国典型水电站的情况，并对水工建筑物和水轮机的情况进行了介绍。第5章介绍了太阳能发电，并对光伏发电系统、太阳能电池、储能单元和控制器等内容进行了介绍。

本书是围绕着核能发电、火力发电、水力发电和太阳能发电系统及设备进行阐述的，可作为高等院校动力工程专业的教材或作为相关工程技术人员的参考用书。

图书在版编目(CIP)数据

发电技术原理及设备/曾令艳，王海明编著. —哈尔滨：哈尔滨工业大学出版社，2024.7

（先进制造理论研究与工程技术系列）

ISBN 978-7-5767-0981-0

Ⅰ.①发…　Ⅱ.①曾…②王…　Ⅲ.①发电-技术　Ⅳ.①TM6

中国国家版本馆CIP数据核字(2023)第138131号

策划编辑　张　荣
责任编辑　马毓聪
出版发行　哈尔滨工业大学出版社
社　　址　哈尔滨市南岗区复华四道街10号　邮编150006
传　　真　0451-86414749
网　　址　http://hitpress.hit.edu.cn
印　　刷　辽宁新华印务有限公司
开　　本　787 mm×1 092 mm　1/16　印张18.5　字数439千字
版　　次　2024年7月第1版　2024年7月第1次印刷
书　　号　ISBN 978-7-5767-0981-0
定　　价　68.00元

前　言

19 世纪 70 年代，欧洲进入了电力革命时代。大、小企业纷纷采用新的动力——电能。最初，一台发电设备只能供应一栋房子或一条街的照明用电，人们称其为“住户式”电站，发电量很小。随着电力需求的增长，人们开始提出建立电力生产中心的设想。随着电机制造技术的发展，电能应用范围的扩大，生产对电的需要的迅速增长，发电厂应运而生。现在的发电厂有多种发电途径：靠火力发电的称为火电厂或火电站，靠核燃料发电的称为核电厂或核电站，靠水力发电的称为水电厂或水电站，还有靠太阳能和风力及潮汐发电的电厂等。

电能是唯一能够大规模利用煤炭、水力、原子能和各种再生能源的二次能源，是一种极“灵活”的能源，它可以很方便地转变成其他形式的能，如机械能、热能、光能、声能、化学能及粒子的动能等。因此，电能消费的增长速度始终高于整个能源消费的增长速度。电能的优点如下：

(1)电能可以方便地进行能量转换；

(2)大规模集中生产的电能可以灵活地分散使用，是比较理想的动力源；

(3)电能可实现许多特殊工艺加工；

(4)电能能够充分利用地区性动力资源；

(5)电能易于实现工业生产的自动化，可自动控制、远距离操纵，可为提高劳动生产率和改善劳动环境创造有利条件；

(6)电能的应用无气体和噪声污染。

电能是由一次能源转换的二次能源。电能适宜于大量生产、集中管理、自动化控制和远距离输送，且使用方便、洁净、经济。用电能替代其他能源，可以提高能源的利用效率。随着国民经济的发展，一次能源直接消费的比重日趋减少，二次能源消费的比重越来越大，电能在二次能源消费中所占比重逐年增加。而我国电力的供给仍不能满足国家经济的发展、科技的进步和人民生产、生活水平的提高对用电日益增长的需求。

为应对全球气候变化、生态环境保护、经济社会高质量发展带来的挑战，我国始终坚持能源转型战略。我国未来能源电力系统的发展以“2030 年前碳达峰、2060 年前碳中和”为战略目标，以落实“构建清洁低碳安全高效的能源体系、构建以新能源为主体的新型电力系统”为实施路径。2030 年前，考虑到新能源发电、电网安全稳定运行控制、储能等方面技术发展水平尚未取得突破性进展，灵活调节资源和技术手段仍较为紧缺，无法全面支撑可再生能源高比例接入和大规模应用，所以仍需要煤电等传统发电机组提供重要的基础保障作用。预计，2030—2035 年间非化石能源年发电量将超过 50%，形成非化石能源发电为主体的电力系统；风光发电量快速提升是非化石能源发电量占比提高的主要原因，2030 年风光发电量预计达到 2.3 万亿 kW·h 时，占总发电量 20%；2035—2040 年间风光发电量开始超过煤电，之后煤电进一步加速退役，风光发电量在总发电量中占比加速提高，2045—2050 年间超过 50%，成为发电主体；2060 年风光发电量 11.9 万亿 kW·h，占总发电量 69.2%，为构建以新能源为主体的新型电力系统创造必要条件。

为了保证电力行业能够得到更好的发展，必须要对电力技术进行更新，让电力企业的市场竞争力得到提高，从而保证电力生产的安全，满足人们对电力的需求。本书主要介绍了我国当前主要发电厂即核电厂、火力发电厂、水力发电厂、太阳能发电厂的工作过程、重要设备及关键技术。

由于作者水平有限，书中难免存在不足之处，敬请读者批评指教。

作　者
2024 年 5 月

目　　录

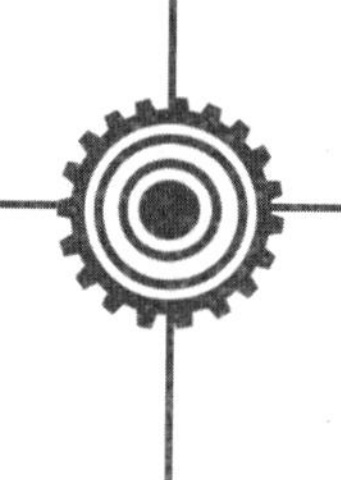

第1章 核能发电

核动力装置是利用核反应堆内核燃料的裂变反应产生热能并将其转变为动力的装置。可见,核动力装置要满足3个条件:有一个核反应堆;核反应堆内核燃料裂变,产生热能;热能转变为动力。

核反应堆又称原子能反应堆或反应堆,是能维持可控自持链式核裂变反应,以实现核能利用的装置。核反应堆通过合理布置核燃料,能在无须补加中子源的条件下发生自持链式核裂变反应。严格来说,反应堆这一术语应覆盖裂变堆、聚变堆、裂变聚变混合堆,但一般情况下仅指裂变堆。按照反应堆中采用的中子慢化剂和冷却剂工质进行分类,反应堆有压水反应堆(简称压水堆)、沸水反应堆、重水慢化反应堆(简称重水堆)、高温气冷反应堆、快中子增殖反应堆、先进轻水堆等。压水堆是用得最多的堆型,也是世界核电站各种堆型中发电份额最高的堆型。压水堆也是我国核动力装置的主要堆型,已经运行的47台核电机组中,仅有2台重水堆、1台高温气冷反应堆,其他44台均为压水堆。反应堆选择压水堆型的原因:压水堆以轻水作为慢化剂及冷却剂,反应堆体积小,建设周期短,造价较低;压水堆以低浓缩二氧化铀作为燃料,铀的浓缩技术已经过关;压水堆核电站中有放射性的一回路与二回路相分开,放射性冷却剂不会进入二回路而污染汽轮机,运行、维护方便,需要处理的放射性废气、废水、废物量较少。因此,本章主要介绍压水堆核电站。

1.1 核能发电的优点

与传统的火力发电厂相比,核电站具有十分明显的优势:

(1)核燃料具有极高的能量密度。1 g 铀-235 原子核裂变时,所释放的能量相当于2.7 t标准煤或1 t石油完全燃烧所释放的热量。

(2)核能是清洁的能源。核能发电与火力发电不同,发电过程中不直接产生SO_2、NO_x、汞或其他与化石燃料的燃烧有关的污染物,也不直接产生CO_2,是清洁能源,不会造成温室效应和酸雨。据统计,核电站正常运行的时候,一年给居民带来的放射性影响,还不及一次X光透视。同等容量1 300 MW核电站与火电厂排出废物对比见表1.1。

表 1.1　同等容量 1 300 MW 核电站与火电厂排出废物对比

废物名称	废物排出量	
	压水堆核电站 1 300 MW 耗铀(铀-235 浓度①3.5%)32 t	火电厂 2×650 MW 耗煤(含硫 1.8%(质量浓度))330 万 t
二氧化碳	0	10 000 000 t
二氧化硫	0	14 000 t
氧化氮(NO_x)	0	7 000 t
微粒	0	2 300 t
灰渣	0	250 000 t
放射性物质	1.3 μSv	9 μSv

注:如无特别说明,本书中"浓度"对于固体指质量分数,对于气体指体积分数。

(3)安全性强。与核电有关的安全包括两方面:核废料处置和安全运行。

①核废料处置。

通常所谓的"核废料"实际上是指乏燃料,是使用过的核燃料。乏燃料是在核反应堆或核电站中使用一个周期(12 ~ 18 个月)后卸出的核燃料。一座 100 万 kW 的压水堆核电站一年卸出 20 ~ 30 t 乏燃料。这些乏燃料加工处理后将产生 4 m^3 高辐射乏燃料、20 m^3 中辐射乏燃料、140 m^3 低辐射乏燃料和 200 m^3 非辐射性废料。目前,全球每年核废料产量约 1.05 万 t。我国每年产生约 3 200 t 核废料,约占全球核废料总量的三分之一。

目前,乏燃料的处理处置主要有以下 3 条路径:①从反应堆卸出后在堆内水池贮存乏燃料,贮存期满后直接进行最终地质处置;②在堆内水池贮存后,将乏燃料运往后处理厂,对有用核材料进行分离回收,再对后处理的废物进行地质处置;③在堆内水池贮存一段时间后,运往中间贮存设施进行集中临时贮存,贮存期满后直接处置或经后处理后进行处置(图 1.1)。

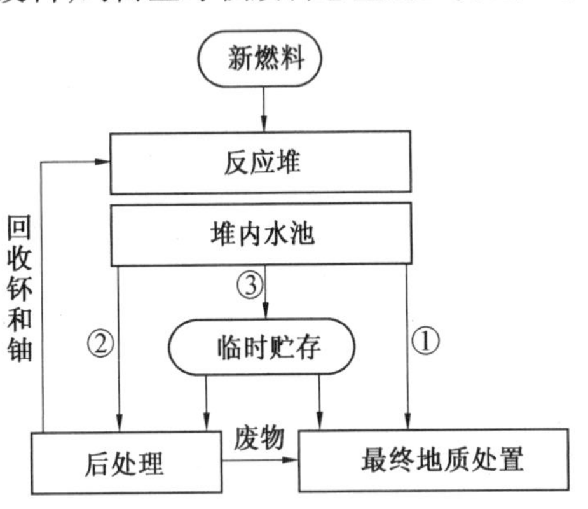

图 1.1　乏燃料的处置

从反应堆卸出的乏燃料元件,由于其高放射性水平和衰变热,必须在紧靠反应堆的堆内水池中至少存放冷却几个月,让乏燃料的放射性和衰变热降低,以便进行下一阶段操作、运输和处理。这种暂时性贮存称为"在堆贮存"。乏燃料在堆内水池中贮存一定时间后,必须运往后处理厂或中间贮存设备。

针对运输过程中乏燃料包容和屏蔽的完整性及辐射、散热和临界安全,国际原子能机构制定了《放射性物质安全运输条例》。该规程中对运输物的种类、数量和运输路线、工具、安全措施等都做出了详细、严格的要求。对于不同的运输方式(公路运输、铁路运输、海上运输),通过严格组织运输环节、限制运输速度、在运输容器中设置多种安全措施(加入铝合金中子吸收材料、容器两端设置减震器等)来确保运输安全。目前我国核废料主要通过陆路运输,长途使用火车,短途使用汽车,这也是目前世界各国核废料运输的主要方式。这种运输方式经过几十年发展,技术上已经很成熟,从其他国家的经验看,这种方

式有着长期的安全记录。我国在核废料的运输方面有一套严格的运输程序和保障体系。首先,核废料将被装入特殊的罐状运输容器,这种容器可以有效屏蔽辐射,运输核废料的火车车厢和汽车也必须经过特殊改装。其次,在选择运输路线时,有关部门将对沿途的道路、桥梁和沿线的地形、环境等因素进行详细分析比较,选择出最安全的线路。在运送过程中,武警部队将对运输核废料的车队进行全程武装押运,车队还配备有专门的导引车、保卫车及其他一些保障车辆。先进的设备可以确保前后方通信顺畅,有关部门还将通过卫星全程监控运输车队,随时掌握车队位置。车队启程前还要通知沿途各地公安、交通部门做好各项配合工作,所有这些措施将保证核废料的运输过程万无一失。

对于乏燃料的安全处置,曾经提出"宇宙处置""洋底沉积层处置""极地冰层处置"等方案。经过多年的研究和实践,目前普遍接受且技术上可行的方案是深地质处置,即把乏燃料或后处理产生的高放射性废物埋在稳定地质构造中人工建造的地下存储库中,使其永久与人类的生存环境隔离,即永久性处置库。将乏燃料埋在永久性处置库中是目前国际公认最安全的核废料处置方式。由于核废料的高度危险性,以及核废料的半衰期从数万年到10万年不等,在选择永久性处置库时必须确保其地质条件能够保障永久性处置库至少能在10万年内安全。一旦永久性处置库选址不当,将造成无法挽回的损失。因此,核废料处置库选址必须非常慎重,需要综合考虑整个国家的经济发展布局、人口分布、交通设施,候选地的地质、水文和气候条件等因素。一般来说,世界各国的核废料处置库都建在经济落后、人烟稀少的地区。

为核电站提供核燃料的铀矿一般都蕴藏在断层较多、地质条件不稳定的地区,但是只要不开采,这些铀矿并不会对地表环境造成什么影响。核废料处置库建设在没有地质断层,地壳运动稳定的地方,深度比铀矿要深很多,周围又设有防护辐射的工程屏障,使其与外部环境相隔离。既然与地表隔离条件不好的铀矿都不会对地表环境造成什么影响,那么专门建设的核废料处置库必然比天然的铀矿更加安全。

②运行安全。

经过几十年的探索与实践,人们已经掌握了丰富的核电站设计和运营经验,使得核电站的安全性大大提高。全世界核电机组运行至今,只有三座核电站发生过事故。

除了这三座核电站外,其他核电站安全记录良好,无论是生产过程中的人员伤亡还是对环境的不良影响都远低于其他工业部门,表1.2为各类电站每年每发1 GW电量对应的死亡人数,核电是最低值,远低于其他发电技术,因此核电站的核安全是有保障的。

表1.2　各类电站每年每发1 GW电量对应的死亡人数

核电	天然气发电	煤电	水电
0.001	0.170	0.340	1.410

(4)经济性日益提高。

核电建设费用虽然昂贵,但在所有发电机组中,发电内部成本最低。根据经济合作发展组织(OECD)对其成员国的估计,把铀的加工、浓缩并制造成燃料元件的费用考虑在内,核电站的总燃料费用大约也只有燃煤电厂燃料费用的1/3,是燃气联合循环发电厂的1/5~1/4。核电的经济性还表现在发电成本非常稳定上,对燃料价格的波动不敏感,因此,核电能够平抑能源价格波动,保障能源供应安全。

(5)核资源储量丰富,取之不尽,用之不竭。

世界上已探明的铀储量约 490 万 t,钍储量约 275 万 t。这些裂变燃料足够人类使用到迎接聚变能的到来。聚变燃料主要是氘和锂,海水中氘的含量为0.03 g/L,氘的储量约40 万亿 t;地球上的锂储量有 2 000 多亿 t。

(6)世界核电的发展,已节约了大量的常规能源。

美国一位能源分析专家利用计算机模型对世界电力供应情况逐年分析的结果表明:自 1973 年到 1987 年,由于利用核能,节约了 117 亿桶石油,4 200 亿 m^3 天然气和15 亿 t 煤,合计价值约 4 940 亿美元。现在由于核电站运行每天可节约600 万桶石油(世界石油产量在 2008 年已经达到峰值,平均日产石油 8 173 万桶)。

1.2 压水堆核电站的系统组成与工作过程

压水堆核电站主要由压水反应堆、反应堆冷却剂系统(又称一回路)、蒸汽和动力转换系统(又称二回路)、循环水系统、发电机和输配电系统及辅助系统组成,其原理图如图1.2 所示。通常将一回路及核岛辅助系统、专设安全设施和厂房称为核岛。二回路及其辅助系统和厂房与常规火电厂的系统和设备相似,称为常规岛。电厂的其他部分,统称配套设施。从生产的角度讲,核岛利用核能生产蒸汽,常规岛利用蒸汽生产电能。压水堆核电站基本构成见表 1.3。

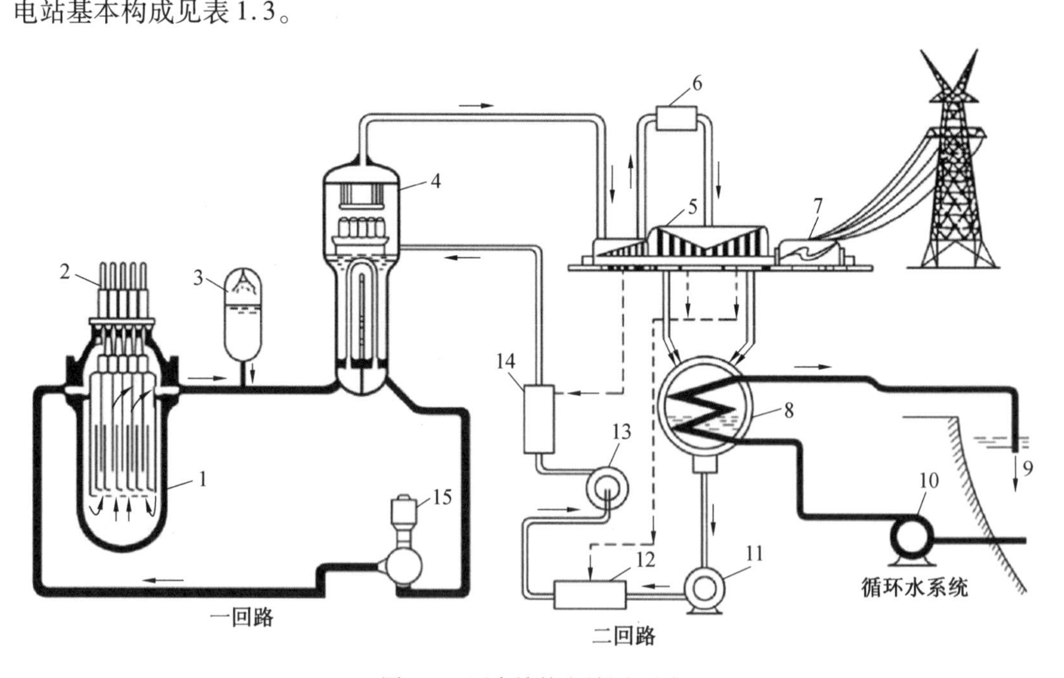

图 1.2 压水堆核电站原理图

1—反应堆压力容器;2—控制棒传动机构;3—稳压器;4—蒸汽发生器;5—汽轮机;6—汽水分离再热器;7—发电机;8—冷凝器;9—循环水水源;10—循环水泵;11—凝结水泵;12—低压加热器;13—给水水泵;14—高压加热器;15—反应堆冷却剂泵

表 1.3　压水堆核电站基本构成

名称	作用	系统构成	主要设备
一回路	将燃料产生的热量传递给二回路中的水,使二回路中的水转变为蒸汽。 工作介质是主冷却剂(含一定浓度硼酸的水)	反应堆冷却剂系统(RCP); 化学和容积控制系统(RCV); 反应堆硼和水补给系统(REA); 余热排出系统(RRA); 设备冷却水系统(RRI); 重要厂用水系统(SEC); 反应堆换料水池和乏燃料水池的冷却及处理系统(PTR); 废物处理系统	主冷却剂泵; 蒸汽发生器; 稳压器; 管道; 阀门 (现代的核动力装置一般都有2~4个回路对称地并联在反应堆压力容器上,每个回路由1台主循环泵、1台蒸汽发生器和管道、阀门组成。一回路中稳压器只有1个)
二回路	将蒸汽的热能转换为机械能或电能	主蒸汽系统; 蒸汽旁路排放系统; 汽水分离再热器系统; 凝结水抽取系统; 低压给水加热器系统; 给水除气器系统; 汽动/电动给水泵系统; 高压给水加热器系统; 给水流量控制系统; 循环水系统; 循环水过滤系统	汽轮机; 汽水分离再热器; 冷凝器; 凝结水泵; 给水水泵; 低压加热器、高压加热器; 除氧器; 管道; 阀门

一回路的工作过程:核燃料在反应堆内发生链式核裂变反应,释放出的大量热能传给冷却剂,由主循环泵将冷却剂送到蒸汽发生器,通过蒸汽发生器将热能传递给管外的二回路水,使它变成蒸汽,冷却剂则再由主冷却剂泵送回反应堆,如此循环往复,构成一个闭式的循环回路。系统运行时,一回路中产生的压力波动由稳压器控制。

二回路的工作过程:二回路给水在蒸汽发生器内吸收了一回路冷却剂传来的热量后蒸发为蒸汽,品质合格的蒸汽首先进入汽轮机高压缸做功,从高压缸中出来的蒸汽进入汽水分离再热器,提高干度后的蒸汽再进入汽轮机低压缸做功,最终的乏汽全部排入冷凝器中凝结成水,然后由凝结水泵将凝结水送入低压加热器加热,再到除氧器进行热力除氧。最后由给水泵将其送到高压加热器,再加热后返回蒸汽发生器,构成二回路的密闭循环。

1.2.1　一回路及主要辅助系统

压水堆一回路是为保证反应堆和蒸汽发生器正常运行及事故工况下安全工作而设的系统和设备。所以,一回路又称反应堆装置或核蒸汽发生装置。

正常运行时,一回路的任务如下。

(1)按预定的方式供给冷却剂,保证回路中冷却剂数量及压力符合要求。

(2)使回路中冷却剂循环流动,带出反应堆堆芯的热量,并传给二回路介质,即把堆芯中核燃料裂变能所转变的热量传导并输送给二回路介质。

(3)防止一回路装置产生不允许的超压,保证反应堆及一回路的安全。

(4)净化一回路冷却剂中附带的杂质,控制水质,保证冷却剂品质符合要求。

(5)监测一回路冷却剂的质量和成分。

(6)收集各系统排出的放射性废物,并加以处置,保证人员及环境的安全。

在事故工况下,为保证反应堆安全,一回路必须完成下列任务。

(1)排除停堆后堆芯剩余释热。

(2)在反应堆堆芯受到熔化威胁前,强行向堆芯注水。

为执行以上任务,并保证反应堆安全工作,必须为完成冷却剂循环、体积和压力控制、水质控制、安全控制、放射性管理及辅助冷却和补给水等一系列任务而设专门的系统和设备。

一回路包括:反应堆冷却剂系统(RCP)、化学和容积控制系统(简称化容系统)(RCV)、反应堆硼和水补给系统(REA)、余热排出系统(RRA)、设备冷却水系统(RRI)、重要厂用水系统(SEC)、反应堆换料水池和乏燃料水池的冷却及处理系统(PTR)、废物处理系统。

1. 反应堆冷却剂系统

反应堆冷却剂系统(也称主冷却剂系统)的功能包括主要功能和辅助功能两部分。

(1)主要功能。

反应堆冷却剂系统的主要功能是使冷却剂循环流动,将堆芯中核裂变产生的热量通过蒸汽发生器传输给二回路;冷却堆芯,防止燃料元件烧毁或毁坏。

(2)辅助功能。

①中子慢化剂。压水堆的冷却剂为轻水,轻水具有比较好的中子慢化能力,起到慢化剂的作用,使裂变产生的快中子减速成为热中子,以维持链式裂变反应。另外,轻水也起到反射层的作用,使泄漏出堆芯的部分中子被反射回来。

②反应性控制。反应堆冷却剂中溶有硼酸,硼酸可吸收中子,因此通过调整硼酸溶液浓度可控制反应性。

③压力控制。反应堆冷却剂系统中的稳压器用于控制冷却剂压力,以防止堆芯中发生不利于燃料元件传热的偏离泡核沸腾现象。

④放射性屏障。反应堆冷却剂系统压力边界作为裂变产物放射性的第二道屏障,在燃料元件包壳破损泄漏时,可防止放射性物质外运。

以某某某核电站为例,反应堆冷却剂系统由反应堆和3个并联的闭合环路组成,如图1.3所示。由图可知,环路以反应堆为中心作辐射状布置,每条环路均由1台主冷却剂泵(简称主泵)、1台蒸汽发生器与相应的管道和仪表组成。每个环路分3段:热段,反应堆压力容器出口和蒸汽发生器入口间的管道;冷段,主泵和反应堆压力容器入口间的管道;过渡段,蒸汽发生器和主泵间的管道。另外,1环路热段上连接有一个稳压器,用于系统的压力调节和压力保护。与一回路相连的辅助系统有化学和容积控制系统(RIS)、安全注入系统、余热排出系统等。反应堆冷却剂系统全部位于安全壳内。各设备和管道按隔离原则分别布置在安全壳的各个隔离室内,以防止飞射物损坏本系统设备。蒸汽发生器的位置高于反应堆,以保证系统具有足够的自然循环能力,在主泵失效时也能排出堆芯余热。

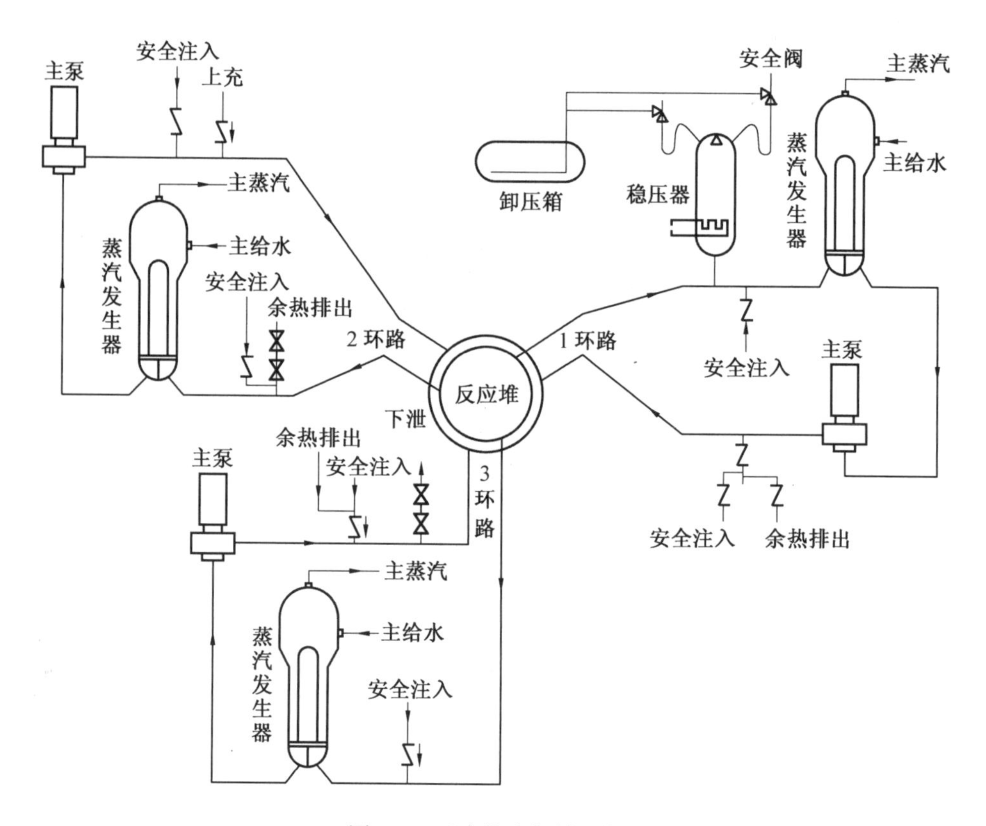

图 1.3　反应堆冷却剂系统

反应堆冷却剂系统工作过程：一回路冷却剂通过反应堆压力容器进入反应堆，沿堆环形空间进入堆芯底部，再向上流入堆芯，带走燃料元件的核裂变热，从反应堆出口接管进入蒸汽发生器，把热量传给二回路的给水后，再经主泵升压返回反应堆。该系统中主要设备有核反应堆、蒸汽发生器、主泵、稳压器。

(1)核反应堆。

核反应堆是装配了核燃料以实现大规模可控制链式裂变反应的装置。图 1.4 为压水堆本体结构。其由堆压力容器和堆内构件两部分组成。堆压力容器由压力容器和压力容器顶盖构成，是一个密封的、又厚又重的、高达数十米的圆筒形大钢壳（某某某核电站 900 MW压水堆的堆压力容器，壁厚为 200 ~230 mm，内径约为 3.98 m，高约为 12.3 m，如图 1.5 所示)，所用的钢材耐高温高压、耐腐蚀。

堆芯是核反应堆的心脏，装在压力容器中间。在堆芯中，最基本的单元是芯块。正如锅炉烧的煤块一样，芯块是核电站“原子锅炉”燃烧的基本单元。芯块是由二氧化铀烧结而成的，含有 2% ~4% 的铀-235，呈圆柱形，直径为 9.3 mm。把这种芯块装在两端密封的锆合金包壳中，成为一根长约 4 m、直径约 10 mm 的燃料棒。把 200 多根燃料棒按正方形排列，用混合格架固定，组成 1 个燃料组件(图 1.6)，大型压水堆核电站目前多用17×17 型排列燃料棒。每个堆芯一般由 121 ~193 个燃料组件组成(某某某核电站堆芯由 157 个燃料组件组成)。所以，一座压水堆需燃料棒几万根，二氧化铀芯块 1 000 多万块。

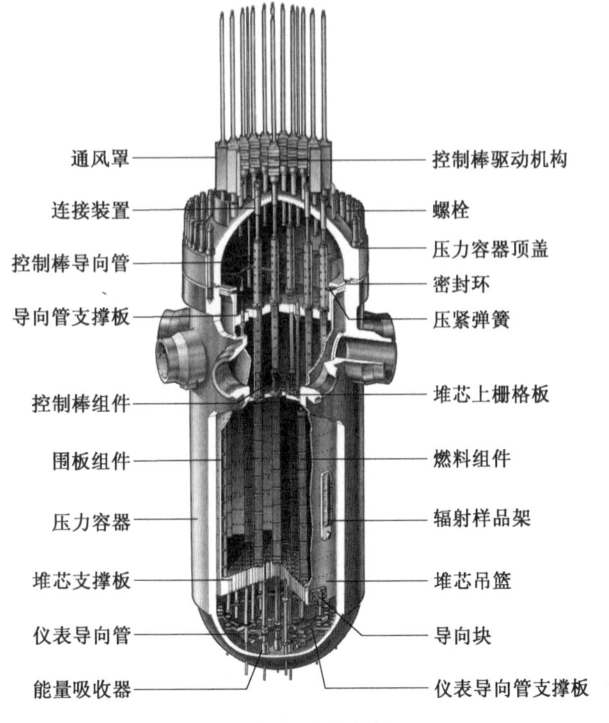

图 1.4　压水堆本体结构

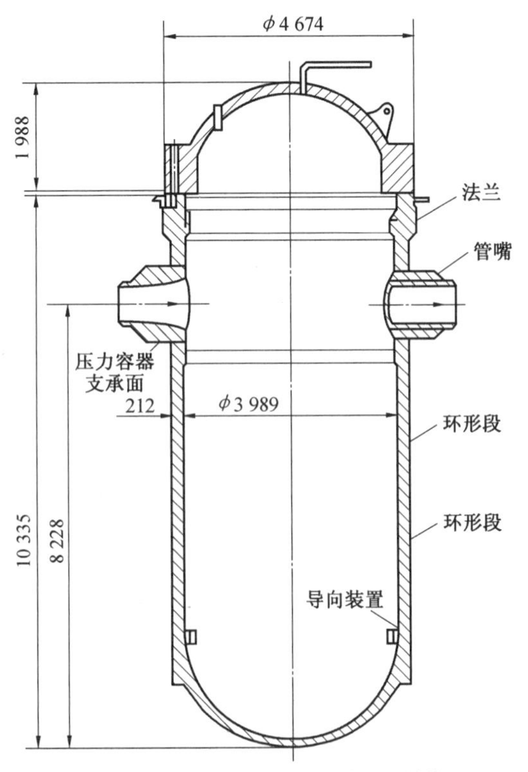

图 1.5　某某某核电站堆压力容器(单位:mm)

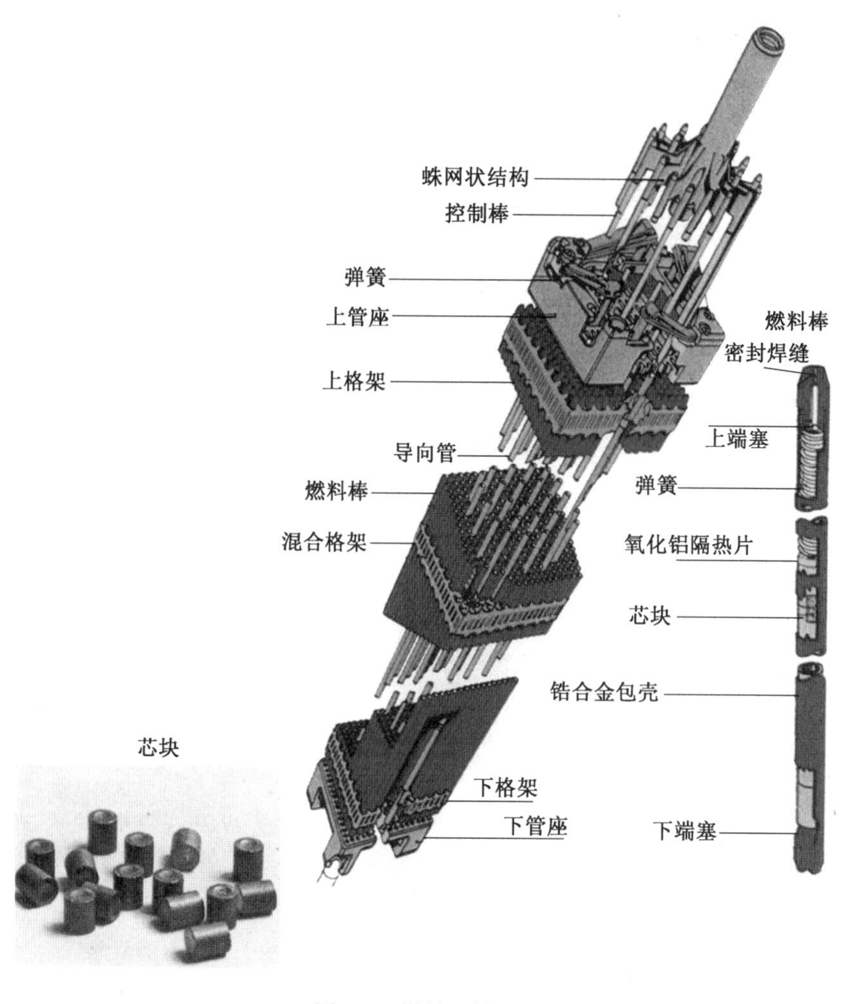

图1.6 燃料组件

在典型的燃料管理方案中，初始堆芯按燃料组件浓缩度分成3个区（浓缩度也称富集度或丰度，是指燃料中^{235}U同位素在铀的总量中所占比例）。在堆芯外区放置浓缩度高的燃料组件，浓缩度较低的燃料组件则以棋盘状排列在堆芯的内区，如图1.7所示。反应堆运行一定周期后（通常为1～1.5年），需进行大修换料，更换部分燃料组件，两次换料之间称为一个燃料循环。换料时，将燃耗程度最深的燃料组件取走，加入新燃料组件，各组件在堆芯中央重新布置，使功率分布尽可能均匀。

在某某某核电站堆芯内的157个燃料组件中，每个组件有24个导向管，内装5种功能组件：

①控制棒组件。

控制棒束顶端固定在一个枝状星形架上，控制棒与枝状接头相连。控制棒组件分为两类：一类由24根银铟镉合金棒束组成，称为黑棒束组件；另一类由16根灰棒束（不锈钢作为吸收材料）和8个黑棒束组件组成。其正常运行时，吸收中子，控制核反应快慢；故障时，插入堆芯，在很短时间内使反应堆停止工作，保证反应堆运行安全。

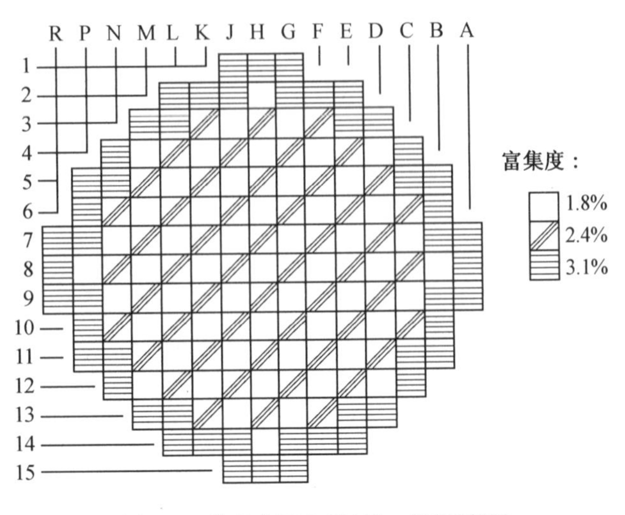

图 1.7　堆芯分区布置(第一燃料循环)

②可燃毒物组件。

可燃毒物棒由装在不锈钢包壳管中的含硼玻璃管组成,用于抵消新堆芯第一次装料大部分过剩后备反应性。某某某核电站首次安装的堆芯有 48 个含 12 根可燃毒物棒的燃料组件、18 个含 16 根可燃毒物棒的燃料组件、2 个含 16 根可燃毒物棒的初级中子源棒组件,总共含 896 根可燃毒物棒,这些可燃毒物棒在第一次换料时全部卸出,换成阻力塞。

③阻力塞组件。

阻力塞是下端呈子弹头形的短不锈钢棒,用于封闭不带有控制棒组件、可燃毒物组件或初(次)级中子源棒组件的燃料组件中的控制棒导向管,以便减少冷却剂的旁路。可燃毒物组件和初(次)级中子源棒组件都包含阻力塞,而阻力塞组件中全部 24 根棒都是阻力塞。某某某核电站首次安装的堆芯含有 38 个阻力塞组件。

④初级中子源棒组件。

该组件为监督初始堆芯装料和反应堆启动提供所需的中子源,其内含有锎-252。某某某核电站首次安装的堆芯有 2 个初级中子源棒组件,每个组件所含的 24 根棒中,有 1 根初级中子源棒、1 根次级中子源棒、16 根可燃毒物棒、6 个阻力塞。

⑤次级中子源棒组件。

该组件的作用是为反应堆满功率运行两个月后,反应堆停堆检查,再启动时提供中子源。其由叠放在一根不锈钢管中的锑-铍(Sb-Be)芯块组成。锑在堆内吸收中子活化后放出 γ 射线,轰击铍产生中子。某某某核电站首次安装的堆芯有 2 个次级中子源棒组件,它们各有 4 根次级中子源棒和 20 个阻力塞,加上 2 个初级中子源棒组件中的 2 根次级中子源棒,共有 10 根次级中子源棒。次级中子源棒在换料时保留在堆芯中。

图 1.8 为冷却剂在反应堆内的流动过程。冷却剂从 3 条进口接管流入压力容器,沿压力容器内壁与堆芯吊篮之间的环形空间向下流动,到压力容器底部后转向,通过堆芯支撑板和堆芯下栅格板向上流经堆芯,带出核反应放出的热量,经过堆芯上栅格板后,从 3 条出口接管排出。冷却剂在压力容器内流动时,有一部分没有用来冷却燃料组件,称为旁路流量。以 900 MW 压水堆核电站为例,从压力容器内壁和堆芯吊篮管嘴之间的间隙直

接流向压力容器出口接管的流量约为1%，通过堆芯隔板的流量约为0.6%，通过导向管支撑板法兰流水孔进入压力容器顶盖空间的泄漏流量约为2.2%，从控制棒导向管旁路的流量约为2.24%，所以总计有约6.04%的总流量旁流了燃料组件。

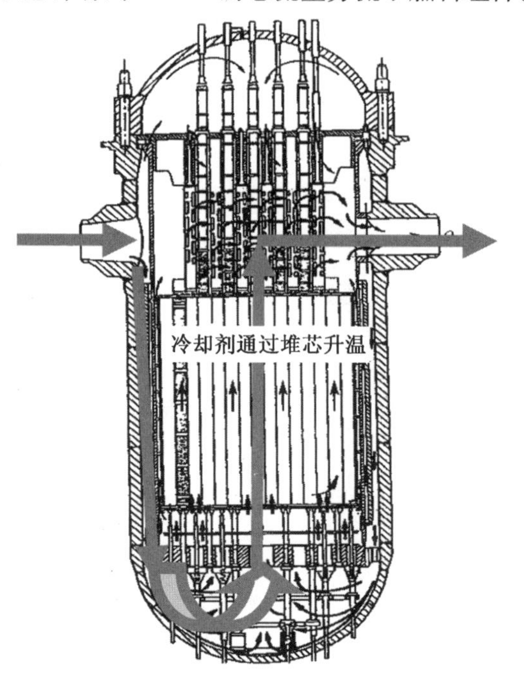

图1.8　冷却剂在反应堆内的流动过程

(2)蒸汽发生器。

蒸汽发生器作为热交换设备，将一回路冷却剂中的热量传给二回路给水，使二回路给水转变为饱和蒸汽，供给二回路动力装置，用于发电或驱动船舶。蒸汽发生器作为连接设备，隔离一、二回路，在一、二回路之间构成防止放射性外泄的第二道防护屏障。由于冷却剂受辐照后活化，少量燃料包壳也可能破损泄漏，这些因素会导致流经堆芯的一回路冷却剂具有放射性，而压水堆核电站二回路设备不能受到放射性污染，因此需要设置燃料元件包壳、一回路压力边界、安全壳三道防护屏障。在蒸汽发生器中涉及的压力边界包括：倒置的U形管、管板、封头。因此，蒸汽发生器对于核电站的安全运行十分重要。

蒸汽发生器可按二回路工质在其中的流动方式、传热管形状、设备的安放方式及结构特点进行分类。

①按照二回路工质在蒸汽发生器中的流动方式，蒸汽发生器可分为自然循环蒸汽发生器和直流（或称强迫循环）蒸汽发生器。

②按传热管形状，蒸汽发生器可分为U形管蒸汽发生器、直管蒸汽发生器和螺旋管蒸汽发生器。

③按设备的安放方式，蒸汽发生器可分为立式蒸汽发生器和卧式蒸汽发生器。

④按结构特点，蒸汽发生器可分为带预热器的蒸汽发生器和不带预热器的蒸汽发生器。

在压水堆核电站中使用较广泛的蒸汽发生器有 3 种：立式 U 形管自然循环蒸汽发生器、卧式 U 形管自然循环蒸汽发生器和立式直流蒸汽发生器。

立式 U 形管自然循环蒸汽发生器应用最为广泛，图 1.9 为立式 U 形管自然循环蒸汽发生器的示意图。立式 U 形管自然循环蒸汽发生器结构由下封头、管板、U 形管束、汽水分离装置及筒体组件等组成。

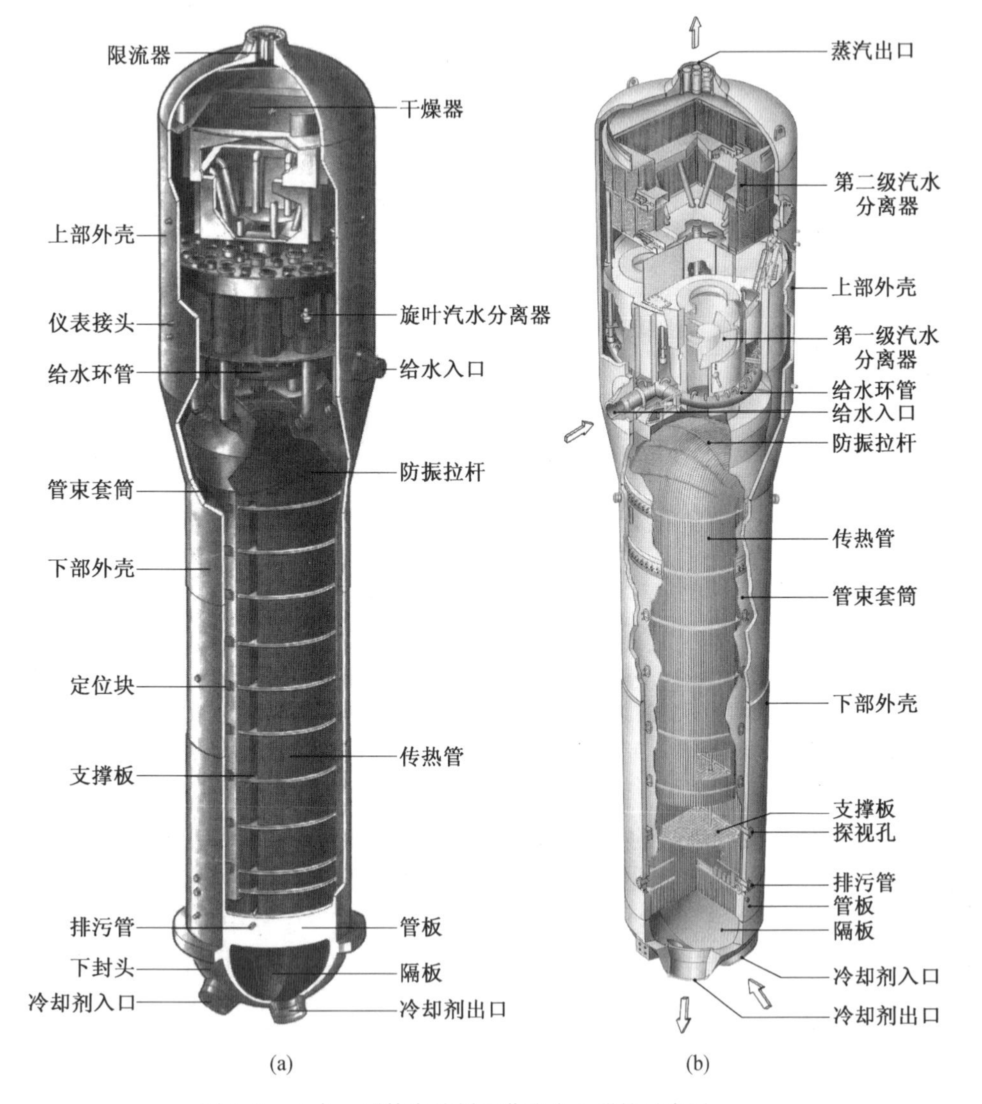

图 1.9　立式 U 形管自然循环蒸汽发生器的示意图

立式 U 形管自然循环蒸汽发生器内一次侧和二次侧工质流程如下。

一次侧工质流程：来自反应堆的高温冷却剂经入口接管进入入口水室，然后进入 U 形管束，流经传热管时，将热量传给二次侧，冷却剂经出口水室离开蒸汽发生器。

二次侧工质流程：二次侧给水由给水泵输送至给水接管，通过给水环管分配到管束套筒与蒸汽发生器外筒体之间的环形下降通道内，在这里与由汽水分离器分离出来的再循环水混合后，向下流动，在底部经管束套筒缺口折流向上，进入传热管区，沿管间流道向上

吸收一次侧的热量,被加热至沸腾,产生蒸汽。汽水混合物离开传热管区后先进入第一级汽水分离器,在此分离出大部分水分,再进入由人字形板组成的第二级汽水分离器。分离出的水向下经疏水管与其他再循环水混合。经二次分离的蒸汽湿度降至0.25%以下,经出口管送往汽轮机。蒸汽发生器二次侧流体流动是自然循环。管束套筒将二次侧的水分为上升通道内流动的和下降通道内流动的。下降通道内流动的是低温的给水与汽水分离器分离出来的饱和水的混合物,属单相水(过冷水),而上升通道内流动的是汽水混合物,在相同的压力下,单相水的密度大于汽水混合物的密度,两者密度差导致管束套筒两侧产生压差,驱动下降通道内的水不断流向上升通道,建立自然循环。

卧式U形管自然循环蒸汽发生器被广泛应用于俄罗斯和一些东欧国家的压水堆核电中。其结构为一种水平放置的单壳体结构,如图1.10所示。这种蒸汽发生器的给水预热、二次侧蒸汽的产生、汽水分离及蒸汽干燥都在同一个外壳内进行。壳体沿高度方向分成两部分:上部为汽水分离器,下部为淹没在水面以下的U形管加热区。U形管束固定在两个立式圆柱形联箱上。传热管束采用奥氏体不锈钢,管子内表面进行电化学抛光,外表面进行研磨,以提高管材的抗腐蚀能力。给水通过管束上方的给水总管进入蒸汽发生器。装在联箱上的给水分配短管垂直插入U形管束中间,从给水总管来的给水通过这些多孔配水管进入换热器区域。这样附近的管排间隙就成为下降通道。其他管排间隙与管束和筒体的间隙即为上升通道。正常水位一般控制在最上一排传热管以上300~400 mm。设置在蒸汽空间中的百叶窗式汽水分离器用来提高蒸汽干度。在百叶窗式汽水分离器的上方装备有集汽顶板,它是一块多孔隔板,用来使流向蒸汽母管的汽流变得均匀、稳定。为保证水质,在壳体最低点设有连续排污管。

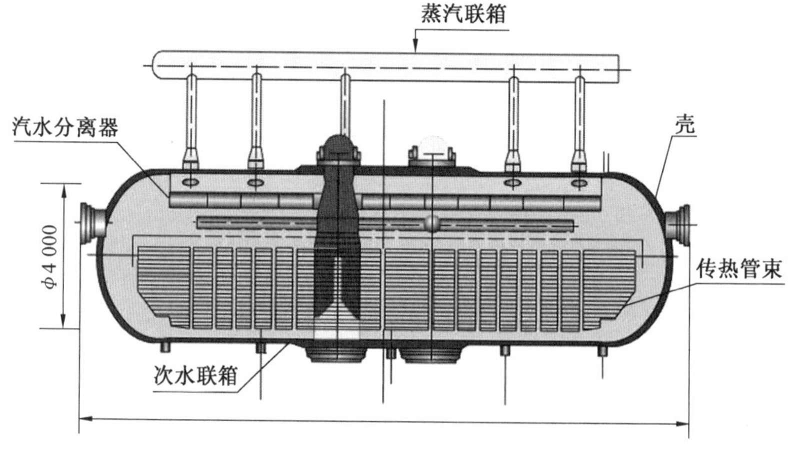

图1.10　卧式U形管自然循环蒸汽发生器

这种蒸汽发生器的最大优点是:没有水平管板,取而代之的是立式圆柱形联箱,在联箱表面不会形成滞流区。传热管根部处流体具有一定的流速,杂质不会在这里沉积和浓缩,因而可避免传热管与联箱结合部位的腐蚀破裂。这已被良好的运行记录所证明。其另一个优点是:具有较大的蒸汽空间,单位蒸发面的负荷较立式蒸汽发生器的小,因此采用较简单的汽水分离装置(百叶窗式汽水分离器)就能保证蒸汽质量满足标准。

卧式蒸汽发生器的缺点是：出口蒸汽的湿度对水位波动比较敏感，因而对水位控制要求较高；卧式安放，不便于在安全壳内布置。

这种蒸汽发生器经过几次改进，包括采用较小直径的传热管使受热面积增加，改进联箱内腔结构以便允许修理和更换有缺陷的传热管。田湾核电站采用了卧式蒸汽发生器，其蒸发量为1 470 t/h，壳体直径为4.4 m，长为14.5 m，传热管尺寸为1 616 mm×1.5 mm，共有传热管9 157 根。

在直流蒸汽发生器中，二次侧工质的流动靠强迫循环。由给水泵输送给水流经传热管，在热侧流体的加热下，给水经预热、蒸发、过热而达到所要求的温度。尽管由于压水堆核电站一次侧温度的限制，直流蒸汽发生器只能产生微过热的蒸汽，但是这对于提高汽轮机工作的可靠性和提高循环热效率还是有利的。

直流蒸汽发生器有管外直流和管内直流两类。管内直流指二次侧工质在传热管内流动，这种形式多用于核动力舰船。在压水堆核电站中均采用管外直流蒸汽发生器，即二次侧工质在传热管之间流动，如图1.11 所示。一次侧冷却剂由上封头入口（反应堆冷却剂进口8）进入，流经传热管后由下封头出口（反应堆冷却剂出口1）流出。二次侧给水通过环形给水管（给水进口2）进入传热管束，被预热、沸腾，最后成为过热蒸汽。这种蒸汽发生器使用过热蒸汽加热筒体，即将过热蒸汽引到管束套筒与外筒体之间，并向下流动，适当选择蒸汽出口位置，使管束与筒体的热膨胀差达到允许水平。

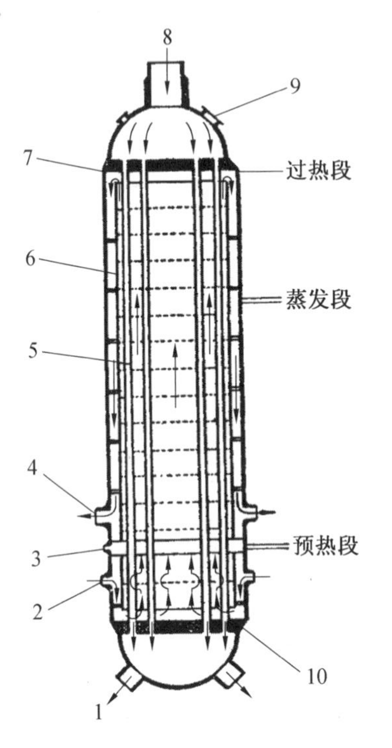

图1.11　管外直流蒸汽发生器

1—反应堆冷却剂出口（2 个）；2—给水进口（2 个）；3—应急给水进口；4—过热蒸汽出口（2 个）；5—传热管；6—管束套筒；7—上管板；8—反应堆冷却剂进口；9—人孔；10—下管板

直流蒸汽发生器的优点：无须安装汽水分离器，结构简单；静态特性好，机动性能好；由于输出为过热蒸汽，汽轮机高低压缸之间不需要去湿装置，简化了系统，并可提高装置热效率；功率质量比较高（约1.5 MW/t；而自然循环蒸汽发生器为约0.94 MW/t），单台电功率可达60 万 kW 到65 万 kW。

直流蒸汽发生器的缺点：不能像自然循环蒸汽发生器那样连续排污，给水带入的盐分将沉积在传热管表面，导致传热热阻增加及传热管腐蚀问题。因此，直流蒸汽发生器对传热管管材抗腐蚀性能和给水水质要求较高；储水量少，热容小，对自动控制要求高。此外，直流蒸汽发生器还存在水动力不稳定和整体脉动等问题，需注意解决。

压水堆核电站运行经验表明，蒸汽发生器传热管断裂事故在核电站事故中占比最高，这是由于在高温高压条件下，蒸汽发生器传热管会受到一回路冷却剂带来的热应力和腐蚀作用，也会受到二回路冷却剂冲刷带来的机械应力和腐蚀作用；一回路冷却剂在流经堆

芯时也会携带堆芯产生的活化腐蚀产物,这些产物在进入传热管后会在管板处沉积,使管板上方的管壁局部变薄。蒸汽发生器传热典型故障如图 1.12 所示。

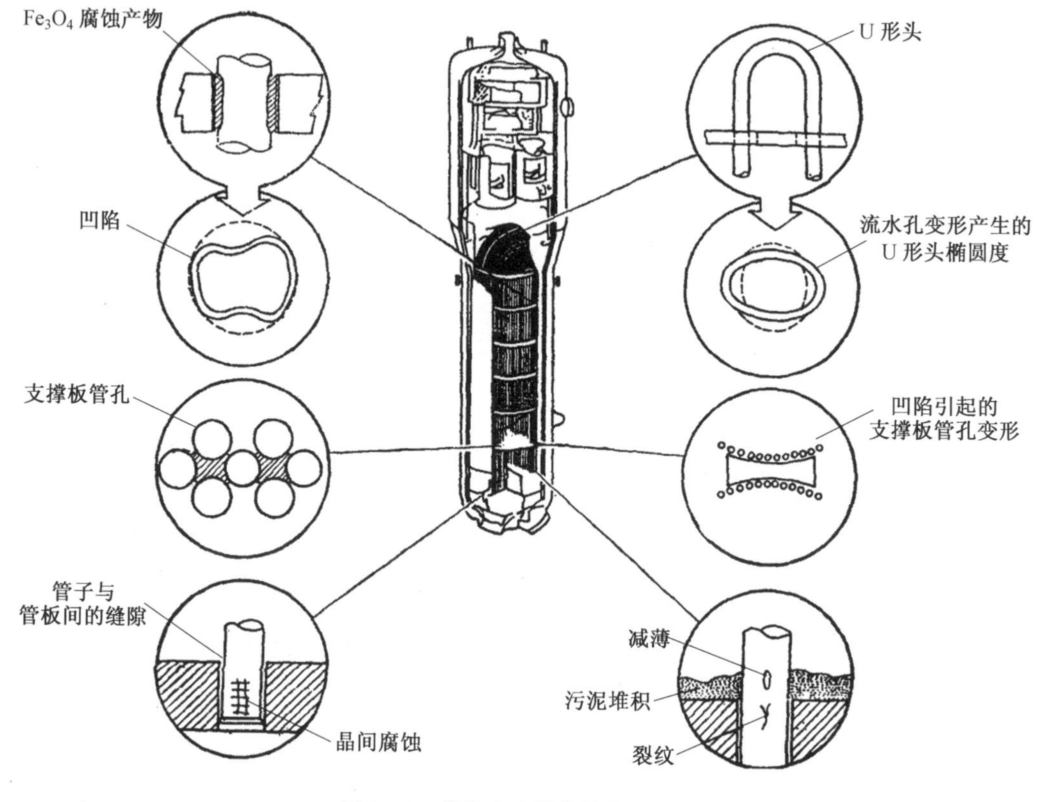

图 1.12　蒸汽发生器传热典型故障

蒸汽发生器传热管面积占一回路承压边界面积的 80% 左右,传热管壁一般为 1 ~ 1.2 mm。因此,传热管是整个一回路压力边界中最薄弱的部分。蒸汽发生器传热管的可靠性主要取决于传热管的完好性。只要有一根蒸汽发生器传热管断裂,就可能造成放射性物质的泄漏及核电站长期停闭。因此,各核电国家都把改进和研究蒸汽发生器技术作为完善压水堆核电站技术的重要环节,并制订了庞大的改进研究计划,包括蒸汽发生器热工水力分析、腐蚀与传热管材料的研制、蒸汽发生器结构设计的改进、无损探伤技术、传热管振动研究、磨损疲劳研究和二回路水质控制等。这些研究内容涉及多个学科。

运行经验表明,保持蒸汽发生器二次侧良好的水质,可提高核电站稳定运行时间,延长蒸汽发生器寿命。因此,对于采用自然循环的蒸汽发生器,均设置了排污系统进行连续排污。

排污系统的作用:防止各种有害杂质在蒸汽发生器内高度浓缩,并将排污水处理后回收或排放;当发生蒸汽发生器一、二次侧泄漏事故时,通过排污控制二次侧放射性剂量;蒸汽发生器维修时,将二次侧水放空。

图 1.13 所示为蒸汽发生器的排污系统示意图。蒸汽发生器排污系统可以分为排污水的收集、冷却、减压和流量控制、处理与回收或排放 5 个部分。每台蒸汽发生器的排污

水是靠两个径向对称的支管在管板上收集的，支管上开有排污孔。这两个支管水平放置，和管板平面平行。排污支管在安全壳内合并成一根可控制流量的排污管穿过安全壳。为了使除盐器具有良好的运行条件，蒸汽发生器排污水应冷却到不高于56 ℃。根据电站的运行工况，流体可引到再生热交换器或非再生热交换器。再生热交换器用凝结水进行冷却，非再生热交换器用设备冷却水进行冷却。经冷却后的排污水通过减压和流量控制阀，被引至水处理回路，由两条并联的除盐管路进行净化。每条管路都串联有细过滤器、1台阳离子床或1台阴离子床、1台混合离子床。处理过的排污水有可能被离子交换树脂释放的破碎颗粒污染，因此要通过树脂捕集器过滤掉这些颗粒。在下游测量处理管路中的流量，用自动记录装置进行监测，从而估计树脂的状态。经除盐处理后的水至回路出口有两种排放方式。正常运行时，经取样分析水质合格，送往机组的冷凝器系统继续使用，在某些情况下，处理后的排污水通过隔离阀排放至废液排放系统（TER）。另外一种排放方式是不经过除盐处理直接排放至废液排放系统，即蒸汽发生器排污水经过减压、冷却、流量控制后直接排放到废液排放系统。

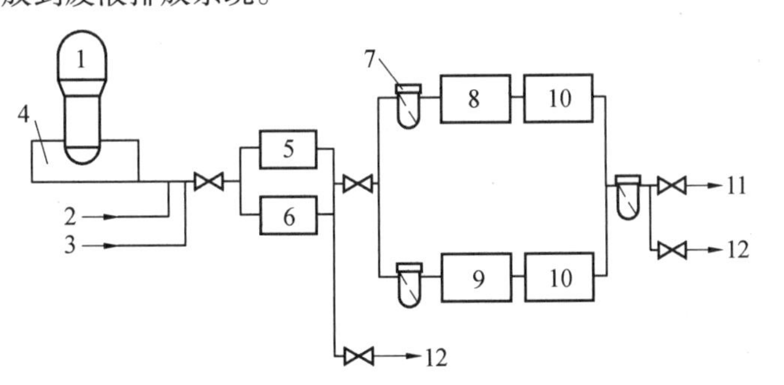

图1.13　蒸汽发生器的排污系统示意图

1，2，3—蒸汽发生器；4—排污管：5—再生热交换器：6—非再生热交换器：7—过滤器；8—阳离子床；9—阴离子床；10—混合离子床；11—去冷凝器：12—去废液排放系统

蒸汽发生器的排污率（排污量与蒸发量之比）与其水处理制度和运行工况有关，设计的最大排污率一般不超过1.5%。有的核电站除正常运行的连续排污外，还考虑在2～5 min内、最大排污率为3%～5%的定期排污，以清除管板上的淤渣。

随着核电站运行时间的增加，蒸汽发生器管板上沉积的泥渣较多，需要采用物理和化学两种方式进行清洗。物理清洗：停堆时利用泥渣枪来清除。管廊型泥渣枪采用高压喷水清洗，使堆积在管板上泥渣被冲走，泥渣与清水一起排走。现在还发展了管束内部型泥渣枪，把高压喷头引入管间。用管廊型泥渣枪很难去除管束内部型泥渣。对于支撑板上的沉积物、支撑板缝隙中沉积物和管壁上的污垢，需要采用化学清洗来解决。采用化学清洗药剂时，需要药剂对沉积物和污垢有较高的溶解性，同时对蒸汽发生器内部构件材料的腐蚀速率低。

（3）主泵。

反应堆冷却剂系统的每条环路都有一台主泵。主泵是压水堆核电站最关键的设备之一（也是设备国产化的难点）。它的作用是强制冷却剂循环，驱动冷却剂在反应堆冷却剂系统内循环流动，连续不断地把堆芯中产生的热量传递给蒸汽发生器二次侧给水。

主泵的功能：在主系统充水时，利用主泵赶气。在开堆前，利用主泵循环升温，达到开堆 280 ℃条件。在反应堆正常运行时，冷却剂由反应堆流出，经主管道流进蒸汽发生器，把热量传给二回路侧给水，然后由主泵送回反应堆进行循环。主泵电机上的大飞轮用以增加主泵惰转时间，保持适当惯量，确保发生断电事故时堆芯燃料元件不至烧毁。

对主泵的基本要求：能长期在无人维护条件下安全可靠地工作；便于维修，辅助系统简单；主泵转动组件能提供足够的转动惯量，以便在全厂断电情况下，利用主泵惰转提供足够的流量，使反应堆堆芯得到适当的冷却；过流零部件表面材料采用奥氏体不锈钢或其他同等耐腐蚀材料；带放射性的冷却剂的泄漏少。

主泵的特点：排送流量大，扬程较低，因此泵的比转数高；工作温度高达 280 ℃，工作压力高达 14.71 MPa，属于高温高压用泵；排送的冷却剂具有一定的放射性。

主泵可分为两大类：全密封泵和轴封泵。

①全密封泵。

早期的压水堆核动力装置采用全密封泵来解决冷却剂的密封问题。全密封泵又称为屏蔽泵。这种泵的叶轮和电机转子连成一体（图 1.14），由装在一个能承受系统全部压力的密封壳体内的屏蔽电机驱动。电机的定子绕组按常规结构制造，由一层薄的屏蔽套使转子与电机定子线圈隔离，因此定子绕组是干的，没有放射性介质外漏的可能。屏蔽套一般用因科镍合金制造。由于转子浸没在液体中，回转阻力高，以及屏蔽套有涡流损失，因此效率较低。全密封泵长期在核动力舰艇上使用，其密封性能好，运行安全可靠。由于它效率较低（比轴封泵低 10% ~20%），屏蔽电机造价昂贵、容量小，不宜安装飞轮，因而转动惯量小，维修不便，在核电站中已普遍被轴封泵取代。在核动力舰艇、钠冷快中子增殖堆及一些实验研究堆等场合下，全密封泵仍发挥着重要作用。

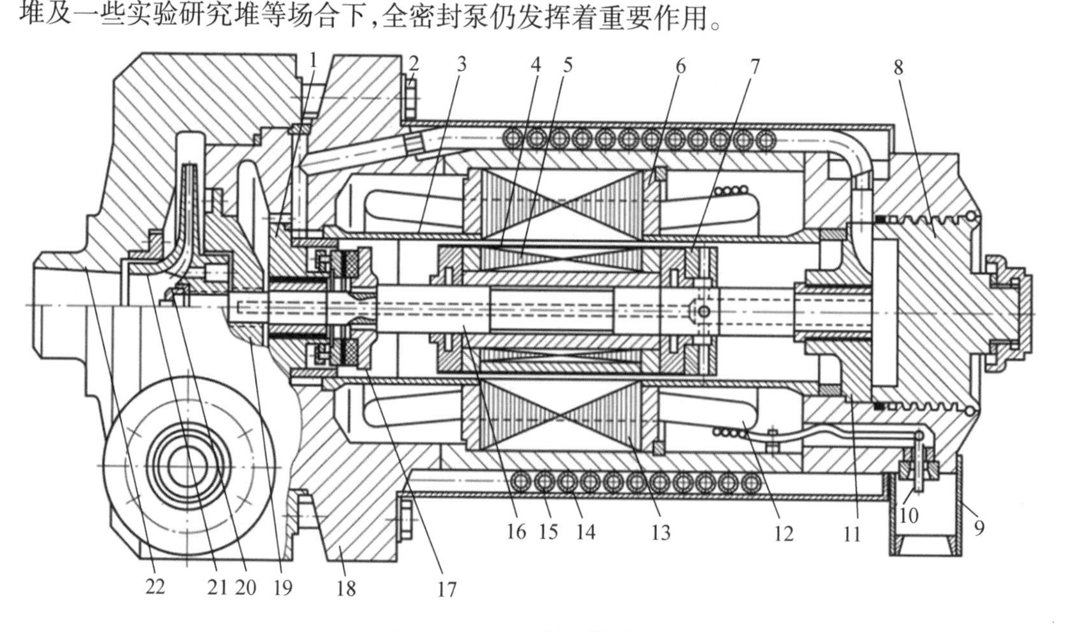

图 1.14　全密封泵结构图

1—轴承；2—螺栓；3—屏蔽套；4—转子外套；5—转子；6—压紧板；7—小叶轮；8—盖；9—接线盒；10—接线柱；11—径向滑动轴承；12—线圈；13—硅钢片；14—蛇形冷却管；15—外壳：16—轴；17—止推轴承；18—电机壳；19—盖及迷宫密封件；20—螺母；21—叶轮；22—泵壳体

为了克服采用屏蔽套带来的缺点，开发了湿定子全密封泵（图 1.15）。这种泵不用屏蔽套，定子绕组也是湿的，采用特制的绝缘导线制成，水在电机绕组间循环以加强冷却，整个泵的外壳与堆压力容器壁焊在一起。日本先进沸水堆核电站 ABWR 及美国三代核电堆型 AP1000 采用了这种泵。

②轴封泵。

现代压水堆核电站采用最广泛的是立式单级轴密封泵，简称轴封泵。图 1.16 所示为轴封泵示意图。该泵从底部到顶部，主要由水力机械部分、轴封组件和电机三部分组成。其采用立式放置，便于布置，有利于减小反应堆厂房径向尺寸。

随着对核电站安全性和经济性要求的提高，特别是为适应大容量机组的要求，轴封泵的技术得到迅速发展并已经成熟，它有下列优点。

a. 采用常规的鼠笼式感应电机，成本较低，效率较高，效率比屏蔽泵高 10% ~20%。

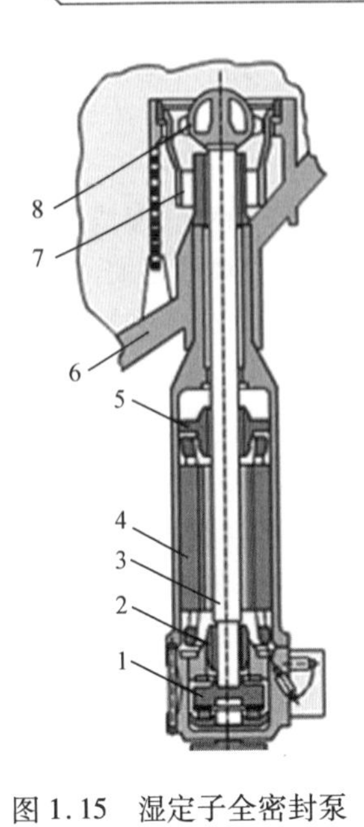

图 1.15　湿定子全密封泵
1—轴向轴承；2—轴承；3—轴；4—定子；5—上轴承；6—堆壳；7—扩散器；8—叶轮

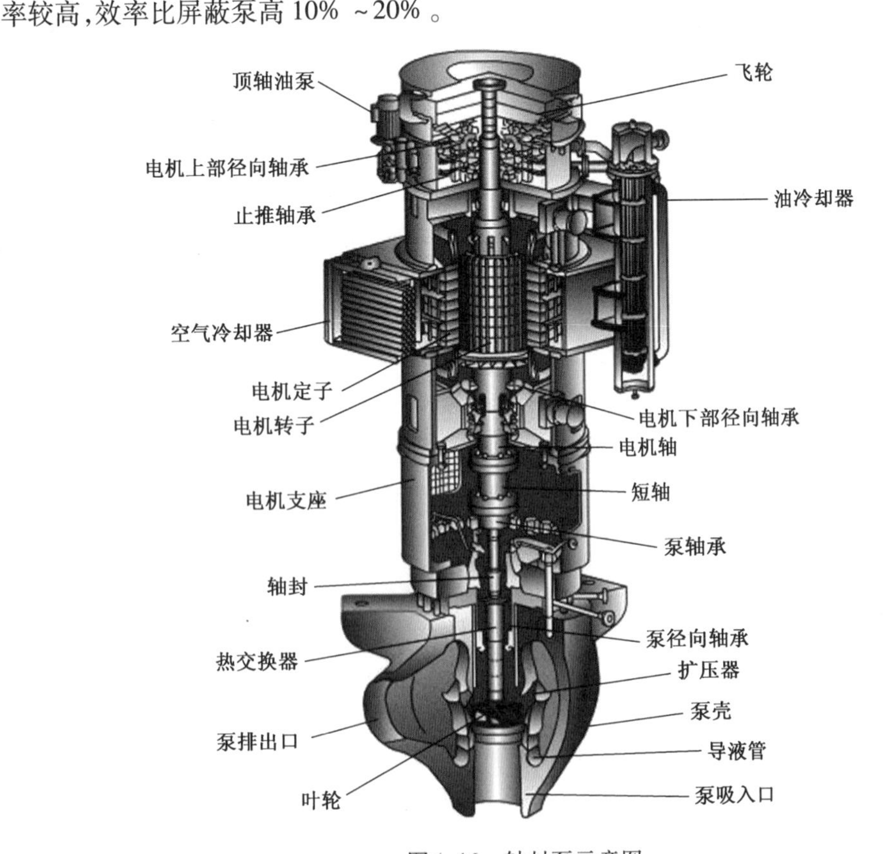

图 1.16　轴封泵示意图

b. 电机部分可以装一只很重的飞轮，提高了泵的惰转性能，从而提高了全厂断电事故发生时反应堆的安全性。

c. 轴密封技术同样可以严格控制泄漏量。

d. 维修方便，轴密封结构的更换仅需 10 h 左右。

轴封泵主要包括泵的吸入口和排出口接管、泵壳、法兰、叶轮、扩压器、泵轴承、泵径向轴承及热屏组件。泵壳即泵的外壳，包容并支撑着泵的水力部件，是一个外形呈准球状的不锈钢铸件，其出入口接管焊接在一回路管道上。冷却剂从泵壳底部沿叶轮轴线流入，向上经导液管进入叶轮。通过叶轮的冷却剂经扩压器后通过与叶轮成切线方向的泵排出口接管排出。叶轮由不锈钢铸成，有 7 个叶片，用热装和加键固定在泵轴的下端，并在轴端用螺母锁紧。叶轮是轴封泵的核心部件，靠叶轮的旋转使流体获取能量。吸入导液管是一个不锈钢圆筒，用螺栓固定在泵壳的内侧，它把吸入流体引进叶轮中心。吸入导液管和叶轮吸入接管之间由迷宫密封环阻挡从排出室向吸入室的流体泄漏。扩压器的作用是降低在扩压叶片之间的延伸流道中的流体流速，把流体的速度头转换成静压头。扩压器由不锈钢铸造而成，它有 12 个导叶，位于叶轮外侧。扩压器末端与泵壳焊在一起。泵轴承为泵轴提供径向支撑和对中，它由司太立合金堆焊的不锈钢轴颈和石墨环构成的套筒组成，采用水润滑和冷却。使通过轴承的水保持低温是重要的，因为高温会破坏石墨环并使轴承损坏。其所用的轴承冷却水是化学和容积控制系统的轴封注入水的一部分。热屏组件在叶轮与泵径向轴承之间。它的作用是阻止泵壳内高温的反应堆冷却剂向泵上方的泵径向轴承和密封组件的传热，使泵径向轴承免受高温。热屏组件主要由两部分组成：一是安装在导叶内侧的套筒；二是安装在叶轮与泵径向轴承之间的由盘管组成的扁平状热交换器。套筒阻止反应堆冷却剂向上方的泵径向轴承的传热，而热交换器用来冷却可能沿轴向上的反应堆冷却剂流，从而保护泵径向轴承和轴封组件。在轴封水断流的情况下，热交换器还能冷却向上流动的冷却剂，以确保轴承的冷却和润滑。热交换器内设置冷却盘管，冷却盘管内流动着温度 35 ℃的设备冷却水，冷却剂流过冷却盘管外壁，与设备冷却水进行换热。

驱动主泵的电机是立式鼠笼单速三相感应电机。电机定子绕组是由空气冷却的。电机转子两端均带有风叶，电机旋转时，风叶强迫空气流动。为增加冷却能力设置了空气冷却器。空气冷却器冷却管内有设备冷却水通过。空气经空气冷却器降温后流入电机机架中的冷却槽冷却定子绕组，然后排入安全壳大气中。支撑电机的有两个径向轴承和一个止推轴承。位于电机转子下部的径向轴承采用碳钢上浇筑巴式合金的设计，它浸在下油池中，在油池中装有一个有设备冷却水通过的油冷却器。电机转子上部的是径向轴承和适于上下止推的双向金斯泊里型止推轴承的组合体，它们被放在上油池中，在泵工作时轴承是自润滑的。在止推轴承上铣了一些槽道，靠止推轴承旋转的离心作用将油循环到外部油冷却器，由设备冷却水进行冷却。设置有一个泵启动时使用的止推轴承油提升系统，以减小启动电流和防止止推轴承损坏（止推轴承只在较高泵速下才是自润滑的）。有一台小型高压油泵，在主泵启动或停转前将轴瓦提升而离开止推轴盘。主泵运转时，推力由上止推轴承轴瓦承载，这个载荷来自反应堆冷却剂系统的压力和主泵的动态力，它抵消转子的重力后尚有余；主泵静止时，下止推轴承轴瓦承受转子重力。

在发生主泵断电时，停堆后短时间内必须保持足够的冷却剂通过堆芯。一个飞轮用键固定在电机轴的顶端，以增加主泵的转动惯量，从而延长主泵的惰转时间。飞轮提供的惯性流量不仅在断电后短时间内提供了足够排热能力，还有利于建立后续的自然循环。飞轮是关系到反应堆安全的重要部件，它的破坏将带来严重后果，因此飞轮采用优质锻钢制作，并经过100%超声波探伤检查。

如果一台主泵停运，而其他环路上的主泵还在运行着，停运的环路上冷却剂将发生逆向流动。这部分逆向流量于堆芯冷却无益。冷却剂逆流还会使停运的主泵反转，这时若启动该泵，就会产生过大的启动电流，可能导致电机过热或引起其他损坏。防逆转装置（图1.17）可以防止冷却剂逆流情况下主泵发生反转。该装置利用了单项离合器原理，包括一个固定在电机支座上的棘齿板和一组装在飞轮底部边缘上的棘爪，以及棘齿板用的恢复弹簧和振动吸收器。主泵停转时，棘爪与棘齿板上的齿啮合，防止反转；启动时，棘爪与棘齿完全脱开之前，棘爪在棘齿板上拖过；当电机转速达到额定转速的1/3时，其离心力使棘爪保持在升高的位置上，与棘齿完全脱开。

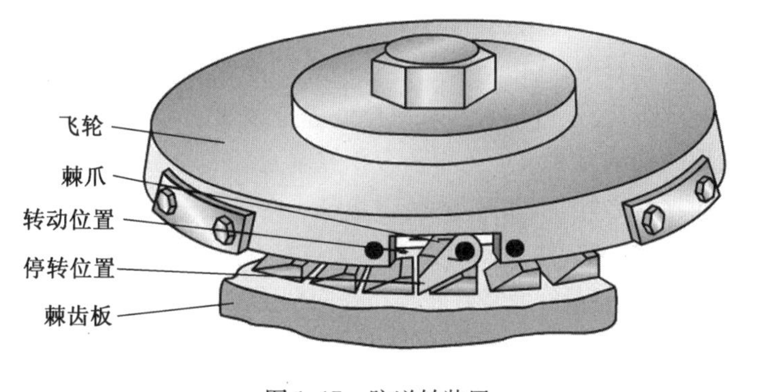

图1.17　防逆转装置

在泵轴末端附近设置轴封组件，它的作用是保证在电站正常运行期间从反应堆冷却剂系统沿主泵泵轴向安全壳气空间的反应堆冷却剂泄漏量基本为零。轴封组件的三道轴封自下而上依次称为1号、2号、3号轴封，其中头两道是全设计压力的轴封，而第三道轴封只是一个泄漏水导流轴封，即将第二道轴封的泄漏水导流至收集点。轴封的作用是避免反应堆冷却剂系统的水泄漏至安全壳气空间。图1.18给出了三道轴封的相对位置。轴封组件通过主法兰装到轴上，与泵轴同心放置。这些轴封装在轴封外罩内，而轴封外罩由螺栓固定在主法兰上。

1号轴封位于泵径向轴承上方，它是轴封组件中最重要的部件，又称主轴封。1号轴封是一种轴封表面彼此不接触的流体动力轴封。液膜是由通过此道轴封上下游间的压降建立的，因而存在可控泄漏。1号轴封原理图如图1.19所示。构成1号轴封的主要部件是一个随轴一起转动的动环和不转动的静环，动环和静环都是不锈钢圆环，表面涂氧化铝，动环和静环之间有一层薄水膜相隔，因而不会直接接触产生磨损。在运行中如果两个环的表面接触，轴封就会被破坏，并将发生过量泄漏。1号轴封的压降约为15.4 MPa，对应的泄漏量为0.7 m^3/h。

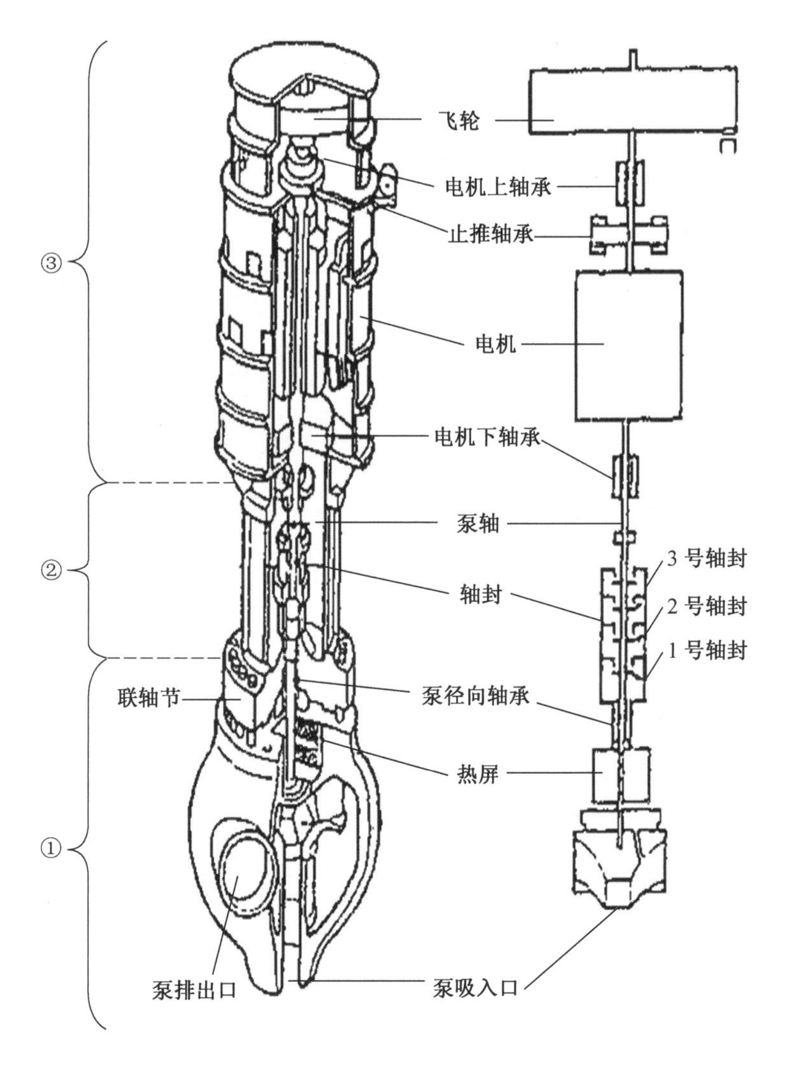

图 1.18　轴封组件

在正常运行时，来自化学和容积控制系统的高压洁净轴封注入水从泵径向轴承与 1 号轴封之间以流量 1.8 m^3/h 注入，其中 1.1 m^3/h 经热屏组件热交换器向下，它阻止高温冷却剂向上进入泵轴承和轴封区，此股水流最终汇入泵腔。其余 0.7 m^3/h 的注射流通过 1 号轴封，一部分流向 2 号轴封，其余大部分流回化学和容积控制系统。由于通过 1 号轴封的泄漏量是预先确定的并受到控制，此种轴封又称为“受控泄漏”轴封。

2 号轴封的主要作用是阻挡 1 号轴封的泄漏，作为 1 号轴封损坏时的备用轴封，在 1 号轴封失效时，承受全部运行压力，维持一段时间（30 min）以便停运主泵。2 号轴封是一种具有摩擦面的轴封，如图 1.20 所示。动环轴封面材料为碳化铬，静环轴封面材料为石墨。这些轴封面材料称为摩擦副，可以更换。2 号轴封的润滑由 1 号轴封泄漏量的一小部分来保证。很小的流量流过 2 号轴封，流过 2 号轴封的轴封水通过 2 号轴封引漏接管收集到疏水箱内。正常工况下，2 号轴封前的压力为 0.45 MPa，2 号轴封前后压差为 0.35 MPa，通过 2 号轴封的泄漏量为 7.6 L/h，这与 1 号轴封的泄漏量相比是很小的。

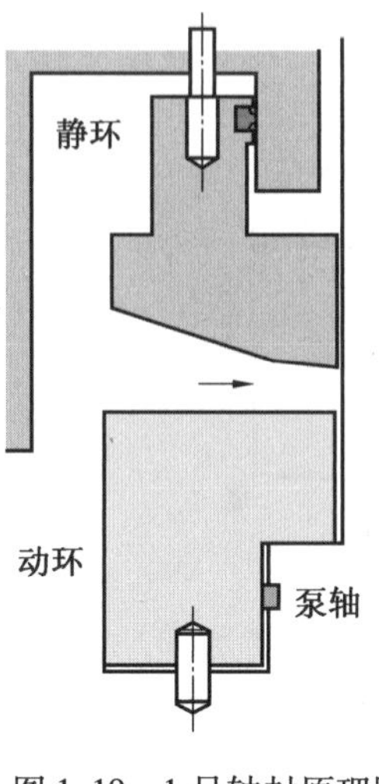

图 1.19　1 号轴封原理图

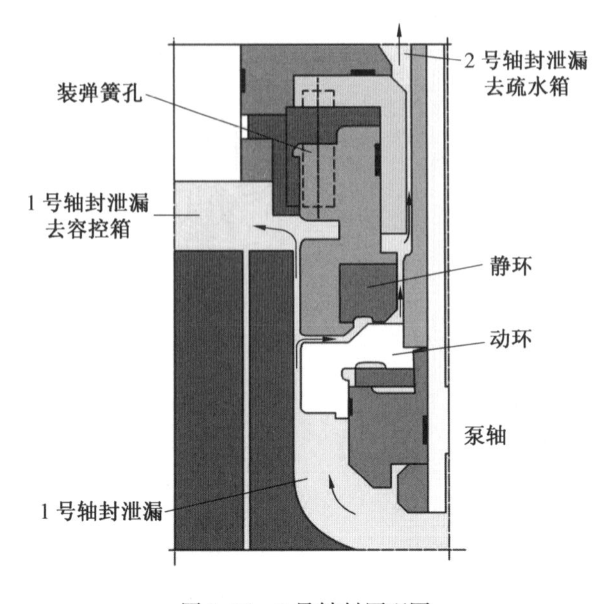

图 1.20　2 号轴封原理图

3 号轴封是一个具有摩擦面的双侧型轴封,它的作用是将 2 号轴封的泄漏引导到排气疏水系统,从而避免泄漏水进入安全壳。同时,3 号轴封还要防止含硼水流产生硼结晶,保证对轴封面材料的润滑和冷却。3 号轴封不是按承受全部系统压力设计的,它的原理图如图 1.21 所示。3 号轴封由一根立管提供静压头,立管内水柱高出 3 号轴封 2 m,从而使 2 号轴封建立并保持了 0.02 MPa 的背压。1/2 流量流经 3 号轴封的上游侧冲洗、冷却和润滑摩擦面,并排入 2 号轴封泄漏管线;另外 1/2 流量流过 3 号轴封的下游侧,冲洗 3 号轴封末端并排入排气疏水系统。立管水位还起到对 2 号、3 号轴封的监测作用,即若 2 号轴封损坏,立管水位上升;若 3 号轴封损坏,立管水位下降。

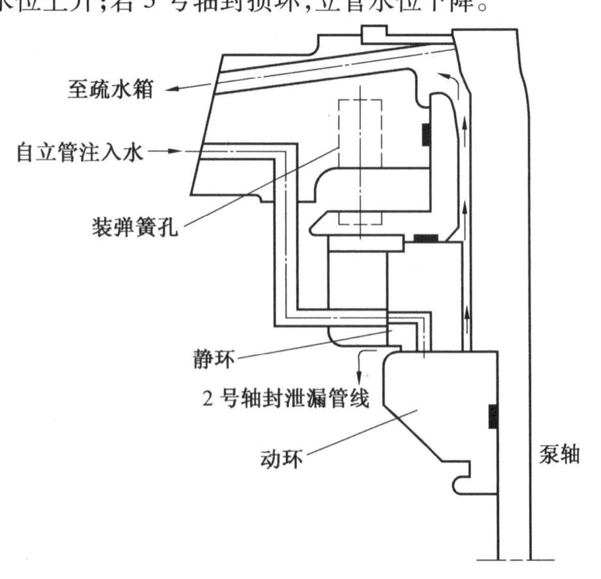

图 1.21　3 号轴封原理图

安置在泵轴上三级串联的轴封将反应堆冷却剂向安全壳气空间的泄漏减到最小。从化学和容积控制系统引来的高压纯净轴封水在泵径向轴承和1号轴封之间注入。轴封水引入后分为两路：一路向下，冷却泵径向轴承，并阻止下部高温流体可能沿泵轴向上的泄漏，此部分轴封水最终进入泵腔；另一路向上，进入密封段，经过1号轴封的泄漏引导到化容系统的容控箱；经2号轴封的泄漏汇集到蓄水立管，为3号轴封提供恒定的静压，过量的泄漏经立管溢流后和3号轴封的泄漏一起引导到排气疏水系统的疏水箱。

主泵是反应堆冷却剂系统唯一高速运转的设备，又是十分精密的功率强大的设备。为保证正常运行，对主泵的运行制定了专门的规程。这里仅择其要点介绍。

主泵启动的条件如下。

①对有关的支持系统的要求。

化容系统向主泵提供1.8 m^3/h的轴封水；设备冷却水系统向电机的空气冷却器和油冷却器提供冷却水；反应堆硼和水补给系统向立管及3号轴封供水；主泵电机的电源是由非重要厂用电供给的。

②对主泵的要求。

a. 主泵电机上下轴承的油位正常。

b. 2号轴封下游立管的水位正常。

c. 顶轴油泵正常。

③对反应堆冷却剂系统的要求。

反应堆冷却剂系统的压力大于2.3 MPa时，主泵才能启动，以保证1号轴封静、动环的分离。这个压力大于1.9 MPa的1号轴封压差及50 L/h的1号轴封泄漏流量产生的压力。为了防止主泵发生汽蚀，必须遵循图1.22所示的运行条件。

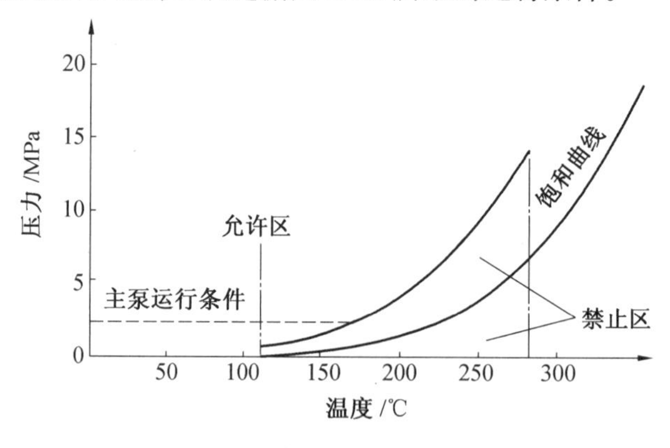

图1.22　主泵运行条件

主泵启动前，需启动顶轴油泵，油压需高于4.2 MPa；主泵启动后50 s顶轴油泵才能停运。主泵停运，须先启动顶轴油泵。

(4)稳压器。

稳压器是对一回路压力进行控制和超压保护的重要设备。稳压器的作用如下。

①压力控制。

在稳态运行时，稳压器维持一回路绝对压力在整定值附近(900 MW 机组为

15.5 MPa),防止堆芯冷却剂汽化;在正常功率变化及中、小事故工况下稳压器将反应堆冷却剂系统的压力变化控制在允许范围,以保证反应堆安全,避免发生紧急停堆。

②压力保护。

当反应堆冷却剂系统压力超过稳压器安全阀设定时,安全阀自动开启,把稳压器内的蒸汽排放到稳压器卸压箱,使反应堆冷却剂系统卸压。

③稳压器作为一回路冷却剂的缓冲箱,补偿反应堆冷却剂系统冷却剂体积的变化。尤其是在机组升、降功率过程中,冷却剂由于温度变化而引起的体积变化基本上可由稳压器水位的改变予以抵消。

④启堆时使反应堆冷却剂系统升压,停堆时使反应堆冷却剂系统降压。

图 1.23 所示为稳压器示意图,它是一个立式圆筒,上、下部为椭球形封头(机组 900 MW,稳压器高约为 13 m,直径约为 2.5 m,内部容积约为 40 m^3,净重约为 79 t)。稳

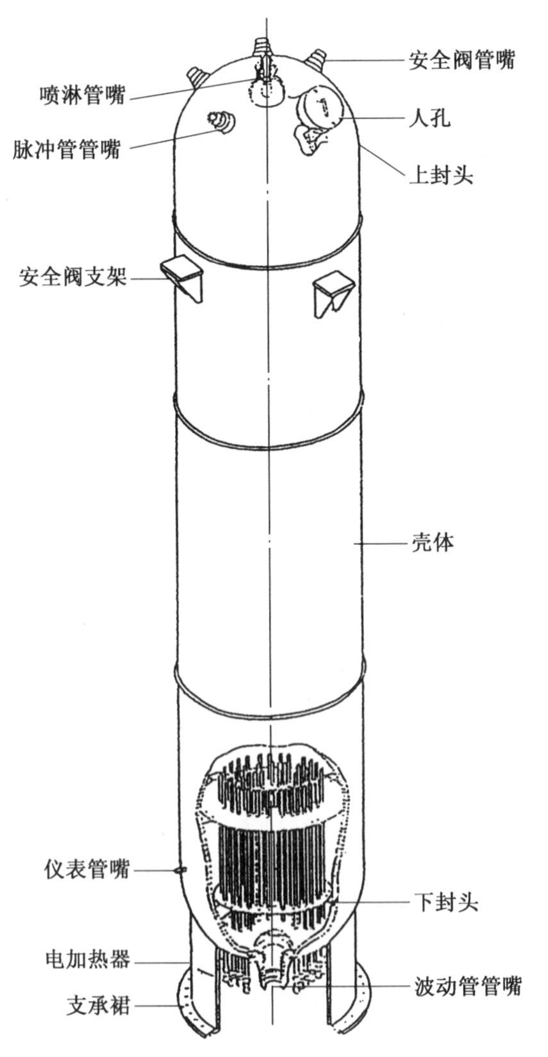

图 1.23　稳压器示意图

压器下部为水空间，有波动管管嘴（波动管将稳压器下封头接在反应堆冷却剂系统1环路的热段上，它使一回路的冷却剂同稳压器内的水能够互相交换）、仪表管嘴。稳压器上部为蒸汽空间，有喷淋管嘴、安全阀管嘴、脉冲管管嘴和人孔。满功率时，水容积为25.18 m^3（约占总容积的63%），蒸汽容积为15.15 m^3（约占总容积的37%）。

反应堆冷却剂系统稳定运行时，稳压器内液相与汽相处于平衡状态，汽液分界面稳定。此时稳压器内蒸汽和水的温度等于该（绝对）压力下水的饱和温度（对应15.5 MPa为344.8 ℃）。稳压器内压力近似等于一回路的压力（实际比一回路压力略低）。一回路水温低于饱和温度（因为此处压力略高于稳压器压力），因而低于稳压器内的温度。

当反应堆冷却剂系统压力低时，稳压器电加热器系统加热水产生蒸汽。在反应堆冷却剂系统运行（绝对）压力下（某某某核电站为15.5 MPa），水的密度大约是蒸汽密度的6倍，因此蒸汽压力必然增加，使稳压器的压力升高。当反应堆冷却剂系统压力高时，稳压器内蒸汽被喷淋系统的喷淋水凝结，蒸汽将出现部分冷凝，蒸汽的体积减小，从而使稳压器压力降低。

稳压器喷淋系统由两条接到反应堆冷却剂系统其余两个环路的冷段的喷淋管组成。每个喷淋管上有一个自动控制的气动调节阀门，每个阀门的最大喷淋流量为72 m^3/h，喷淋降压速率1.3 MPa/min。阀门装有一个保持小流量的下挡块，使阀门不能完全关闭，形成230 L/h的连续喷淋流量。保持连续喷淋的目的是：降低喷淋阀开启时对稳压器喷淋管和喷淋管嘴的热应力和热冲击；保持稳压器内水温与水化学的均匀一致；为调节组（或称比例组）电加热器提供一个调节基值功率。喷淋的驱动力是主泵出口与喷头出口间的压差。喷淋管的取水端伸入一回路冷段内，呈勺形正对冷却剂来流，以便利用一回路冷却剂流动的速度头增加喷淋的驱动力。在喷淋管布置上，连到稳压器的公共喷淋管呈倒U形，以便形成一个水封，防止蒸汽积聚在喷淋阀后。与化容系统的上充管线相连的辅助喷淋管，通过一个逆止阀在喷淋阀的下游与喷淋管相连。在主泵停运期间，由上充泵提供辅助喷淋。在每条喷淋管上设有测温装置，温度过低表明连续喷淋流量不足。

稳压器内电加热器采用直管护套型电加热元件。电加热元件的护套管上端用塞焊密封，下端用连接管座密封。镍铬合金电热丝作为电加热元件放在不锈钢护套管中心，周围用压紧的氧化镁与护套管绝缘。某某某核电站使用的电加热元件共60根，总加热功率1 400 kW，分成6组。其中3、4组为比例组，每组功率216 kW，以可调方式运行；其余4组为固定组，以通断方式运行，其中1、2组每组功率216 kW，5、6组每组功率288 kW。电加热器的最小设计寿命为有效工作2万小时，每个电加热元件可以单独更换。

稳压器蒸汽空间连有两种卸压管线，如图1.24所示。一种是安全阀卸压管线，共3条，每条管线上都有一只弹簧压力式安全阀，当稳压器压力达到各安全阀开启值时，进行事故排放；另一种卸压管线上装有动力操作的卸压阀和电动隔离阀，卸压阀的开启压力低于安全阀的开启压力，当压力升至卸压阀开启压力时卸压阀开启，当压力下降至一定值时卸压阀回坐，停止排放；当发生卸压阀不能回坐故障时，操纵员可以在主控制室根据卸压阀开关状态指示人为关闭与之相串联的电动隔离阀，以防止出现卸压阀不能回坐造成的泄漏事故。

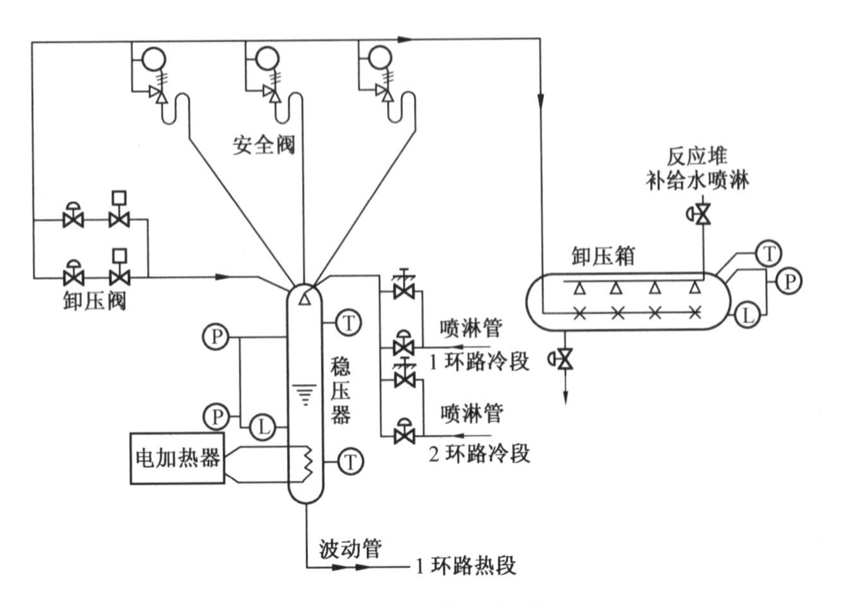

图 1.24　稳压器卸压管线

图 1.25 所示为安全阀先导控制器原理图。由图可知，安全阀是自启动先导式阀门，由先导部分和主阀组成。主阀是一个液压启动随动阀，提供卸压功能，包括一个插入喷嘴的下阀体，阀盘就坐在喷嘴上，以及一个包含活塞的上阀体，活塞的表面积比阀盘的表面积大，活塞使阀盘压到喷嘴上。

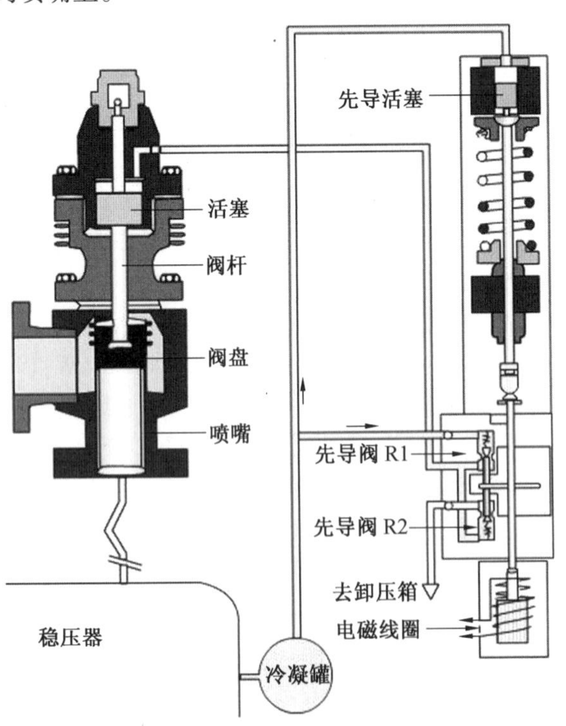

图 1.25　安全阀先导控制器原理图

先导部分起压力感受和控制的作用。它主要由稳压器压力控制的先导活塞构成。先导活塞控制一根由一个调节弹簧定位的传动杆，传动杆又借助一个凸轮启动两个先导阀(R1 和 R2)。先导部分与主阀及稳压器实体隔离，由脉冲管与稳压器及主阀相连。为了使先导部分免受高温蒸汽影响，稳压器与先导部分之间装有冷凝罐，脉冲管内充满水，以减少响应时间。在先导部分的底部装有一个电磁线圈，它直接作用在传动杆和凸轮上，而凸轮用于操纵两个先导阀(R1 和 R2)。这个电磁线圈提供一种使先导阀直接卸压的方法，以便远距离手动强制开启阀门。

安全阀运行原理：当稳压器压力低于先导阀的整定压力时，先导阀的传动杆在上面位置，先导阀 R1 开启使稳压器与主阀活塞上部接通，由于主阀活塞表面积比阀盘大，因此安全阀呈关闭状态。当稳压器压力升高时，它作用于先导活塞，使先导传动杆向下，先导阀 R1 关闭，使主阀活塞上部与稳压器隔离，此时安全阀仍保持关闭。当稳压器压力继续升高，达到先导阀压力整定值时，先导传动杆进一步向下，使先导阀 R2 开启，主阀活塞上部容纳的流体排出，作用于主阀阀盘上的稳压器压力使安全阀开启。当稳压器压力降低时，先导传动杆上升，先关闭先导阀 R2，然后开启先导阀 R1，使主阀活塞上部与稳压器接通，安全阀关闭。在压力低于安全阀整定压力时，通过使电磁线圈通电可以强制开启安全阀。若先导阀 R1 处于开启位置(即稳压器压力低于先导阀 R1 的整定压力)，通过使电磁线圈断电，在主阀活塞上可重新建立压力并关闭安全阀。反之，若先导阀 R1 维持关闭(稳压器压力高于 R1 的整定值)，则不能重建主阀活塞上的压力，且安全阀维持开启状态。

隔离阀的结构和工作原理与安全阀相同，只是开启定值不同。表 1.4 为某某某核电站稳压器 3 条卸压管路上安全阀和隔离阀的定值。隔离阀开启定值较稳压器正常工作压力还低，当压力达到其定值时，R1 关闭 R2 打开，隔离阀处于开启位置。当安全阀正常开启且一回路压力高于隔离阀关闭定值时，隔离阀保持在打开位置。但当安全阀发生开启故障，而冷却剂压力下降到隔离阀关闭定值以下时，隔离阀关闭，从而避免一回路压力失控下降。

表 1.4　某某某核电站稳压器 3 条卸压管路上安全阀和隔离阀的定值

		开启/MPa	关闭/MPa
第 1 组	隔离阀	14.6	13.9
	安全阀	16.6	16.0
第 2 组	隔离阀	14.6	13.9
	安全阀	17.0	16.4
第 3 组	隔离阀	14.6	13.9
	安全阀	17.2	16.6

稳压器卸压箱接受安全阀排放的蒸汽，使之冷凝和降温，以保证一回路压力边界完整性。卸压箱是一个卧式带椭球封头的圆筒形容器(图 1.26)。正常运行时，卸压箱的 2/3 容积充水，水面上用氮气覆盖，水温维持在 40 ℃。稳压器安全阀开启时，蒸汽通过水面以下的鼓泡管排出，被水凝结和冷却。卸压箱内顶部装有一根用补水系统供水的喷淋管线，

此喷淋管线正常情况下可用来向卸压箱补水保持一定水位，卸压箱内温度升高时可用来喷淋冷却。卸压箱底部有疏水管线。在卸压箱水面下设有由设备冷却水系统供水的冷却盘管，在正常运行期间维持卸压箱内正常温度。卸压箱按能接受110%稳压器蒸汽容积设计（相当于1 700 kg蒸汽）；但它不能连续接受稳压器的蒸汽排放。超量的蒸汽排放将导致卸压箱内压力上升，压力达到一定值时，卸压箱顶部的防爆膜破裂，蒸汽排放到安全壳内。

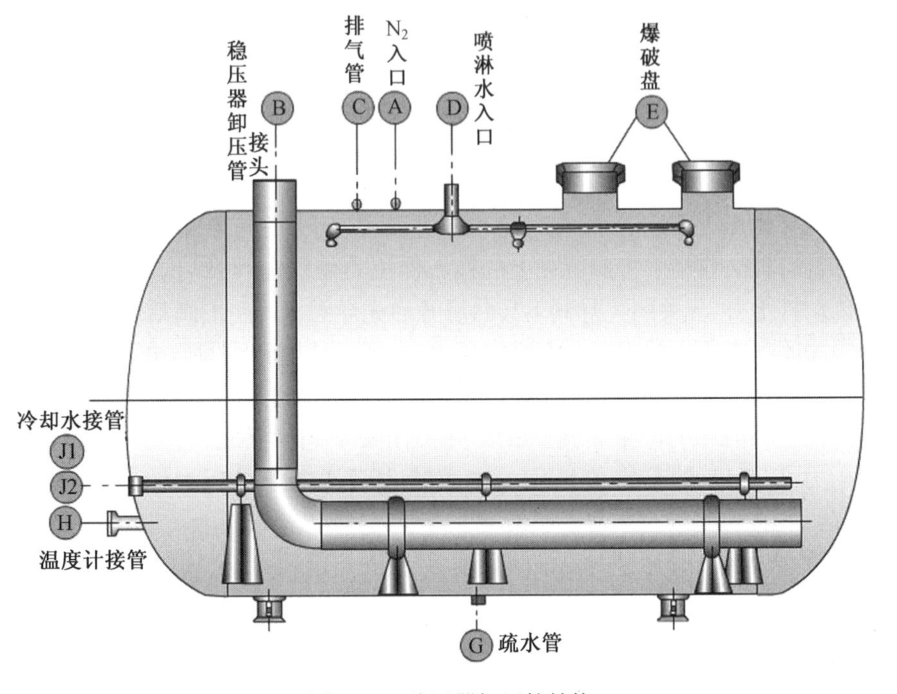

图1.26　稳压器卸压箱结构

稳压器压力控制系统的作用是维持稳压器压力在其恒定的整定值上，使得电站在正常负荷瞬变及汽轮机甩掉全部负荷的情况下不发生紧急停堆和安全阀动作。

稳压器压力控制系统原理如图1.27所示。该系统是一个单参数（压力）、多通道的调节系统。4个压力测量通道经选择开关后分为两个控制通道。图中右侧所示为其主通道（A）调节系统原理图。被控制的设备有两台比例式加热器，两台通断式加热器和两个喷淋阀。主通道控制器是一个比例积分微分控制器（PID）。控制器将由压力变送器得到的稳压器压力p与整定值p_{ref}相比较，对压力偏差$(p-p_{ref})$进行比例积分微分运算，输出的补偿压差$(p-p_{ref})$信号用来对喷淋阀和比例式加热器进行连续控制，对通断式加热器实施断续控制。两台比例式加热器的功率由函数发生器控制，0～100%功率对应的补偿压差为0.1～-0.1 MPa，稳压器水位低于14%时，比例式加热器的逻辑控制输出为零，切除比例式加热器电源。两只喷淋阀的开度由函数发生器控制，最小开度至最大开度对应的补偿压差为0.17～0.52 MPa。当稳压器压力低于14.9 MPa时喷淋阀关闭。对于通断式加热器，实际上是通过阈值继电器控制的。当补偿压差小于-0.17 MPa时，通断式加热器启动；回升到0.1 MPa时，通断式加热器断开。当稳压器水位高出整定值5%时，也自动启

动通断式加热器。当稳压器水位降到10%时,全部通断式加热器自动切除。对于安全阀的控制,当补偿压差达到1.1 MPa时安全阀开启;当压力下降至补偿压差为0.5 MPa时安全阀关闭。在开启压力和关闭压力之间保持间隔是为了防止安全阀处于频繁动作状态。图中给出了定值最低的安全阀的情况。图1.27中的B通道是一个辅助控制通道。这个通道主要起通断(逻辑)控制作用,产生报警和停止喷淋用的逻辑信号。

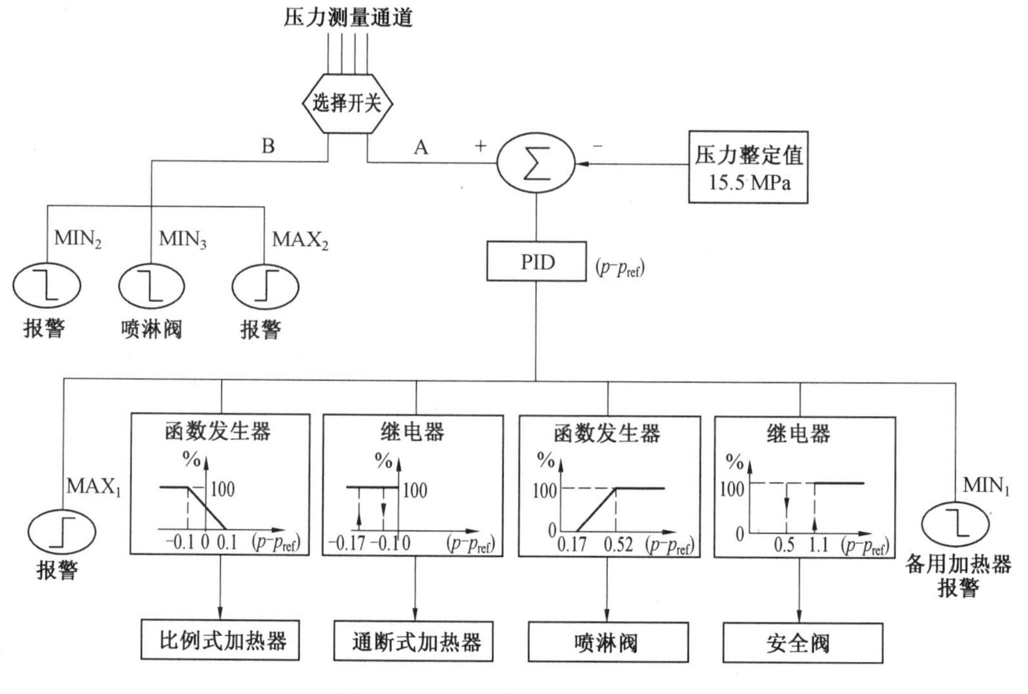

图1.27 稳压器压力控制系统原理

以某某某核电站为例,稳压器的额定工作压力为15.5 MPa,此压力下,比例式加热器具有一定开度,以补偿稳压器的散热和最小喷淋流量的功率需求。稳压器压力控制程序分为两种。

①压力升高时的控制与保护动作。当稳压器压力升高至15.67 MPa时,喷淋阀打开。当压力达到16.02 MPa时,喷淋阀达到满开度,在15.67~16.02 MPa范围内,喷淋阀开度线性增加。当压力达到16.55 MPa时,实行高压停堆保护。压力达到16.6 MPa,达到第一个安全阀的开启定值点,若因安全阀开启压力下降,则压力达到16.0 MPa时,此安全阀关闭。第二个安全阀开启压力为17.0 MPa,关闭压力为16.4 MPa。第三个安全阀开启压力为17.2 MPa,关闭压力为16.6 MPa。

②压力降低时的控制与保护动作。当稳压器压力低于整定值0.17 MPa(或1.7 bar,1 bar=10^5 Pa)时发出低压报警(低压)1,通断式加热器投入,若压力回升,则当压力低于整定值0.1 MPa时通断式加热器断开,如图1.28所示。若压力继续下降至15.2 MPa,发出低压报警(低压)2,当压力达到13.1 MPa时,实行紧急停堆。压力降至14.9 MPa时,发出低压报警(低压)3,同时闭锁喷淋阀。压力降至13.9 MPa时,同时闭锁喷淋阀。压力继续下降到11.93 MPa,便达到低安全阀定值点。

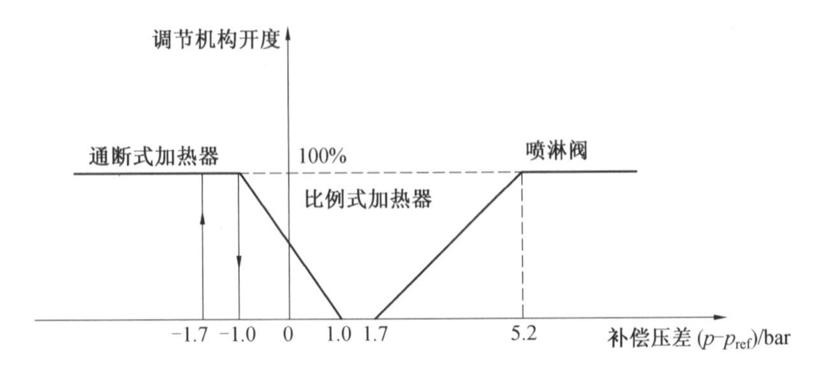

图 1.28　稳压器加热器工作条件

核电站在不同运行工况下，反应堆冷却剂的温度变化速率和变化幅度相差很大，相应的压力波动也有很大差别，按照温度变化速率，核电站的瞬态过程可分为 3 类：

①慢速波动：典型的慢速波动过程是反应堆冷却剂系统以 28 ℃/h 的速率升温和降温，这是核电站操作规程推荐的正常升温或降温速率。

②中速波动：核电站功率以每分钟 5% 额定功率线性升降，或按 10% 额定功率阶跃升、降的过程属于此类，在后一种工况下，反应堆冷却剂平均温度最高变化速率可达每秒零点几度。

③快速波动：核电站甩负荷、大破口失水事故、弹棒事故等，冷却剂温度最高变化速率可达每秒几度以上。

对于不同的温度变化速率，相应的压力瞬变过程差别很大。图 1.29 给出了典型工况下的压力瞬变过程曲线。为了在正常瞬态过程和事故工况下均具备对压力的控制能力，对稳压器制定了设计准则，具体规定了在各种工况下对稳压器压力和水位的要求。不同国家及不同核电站制造厂商制定的稳压器设计准则略有不同。法国采用的稳压器设计准则如下。

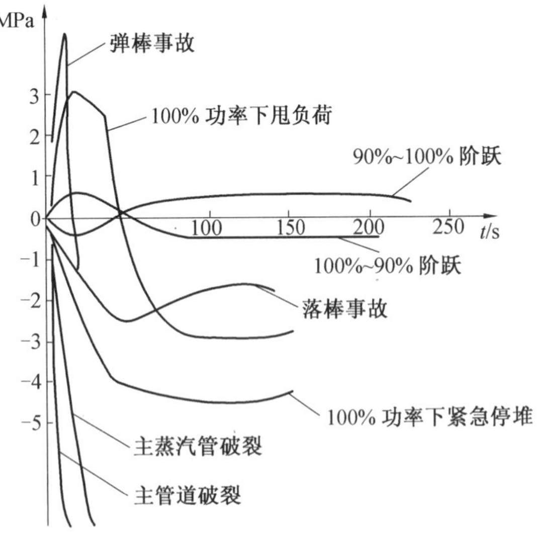

图 1.29　典型工况下的压力瞬变过程曲线

①稳压器的水和蒸汽的总容积足以保证在正常运行瞬态下系统容积变化所引起的压力波动在预期的范围内，不会引起安全阀动作。

②水的容积足以保证在负荷阶跃增加 10% 额定功率时电加热器不致露出水面。

③蒸汽的容积在反应堆自动控制和二回路蒸汽排放有效的情况下，足以补偿负荷每分钟减少 5% 额定功率所引起的容积波动，且不会达到稳压器高水位停堆定值点。

④蒸汽的容积足以防止在外电源断电和稳压器高水位停堆后水通过安全阀排放。

⑤在紧急停堆和汽轮机停机后,稳压器不会排空。

⑥在紧急停堆和汽轮机停机后,稳压器压力不会导致安全注入系统启动。

⑦稳压器的容积大于或等于上述各项要求确定的最小蒸汽容积、最小水容积或总容积。

2. 化学和容积控制系统

化学和容积控制系统简称化容系统(RCV),主要功能如下。

(1)容积控制。

正常运行时,一回路的水容积是变化的,水容积变化原因分为两点:从热工学的角度来看,水容积随温度的变化而变化。先看水的比体积(单位质量的体积)随温度的变化。由图 1.30 可以看出,当一回路的水从冷态(60 ℃)升到热态(291.4 ℃)时,水的比体积约增加 40% 。当一回路水温变化时(例如:功率变化时,一回路温度随功率的变化而改变),导致水的比体积改变,一回路中水的体积也随之变化,因而稳压器水位波动。从水力学的角度来看,有不可避免的泄漏。在正常运行时,一回路处在 15.5 MPa 压力下(某某某核电站 900 MW 机组),边界内会不可避免地向外产生泄漏,主要指主泵 1 号、2 号轴封的泄漏,一些大的阀门、阀杆的泄漏。这些泄漏也会引起稳压器水位的波动。

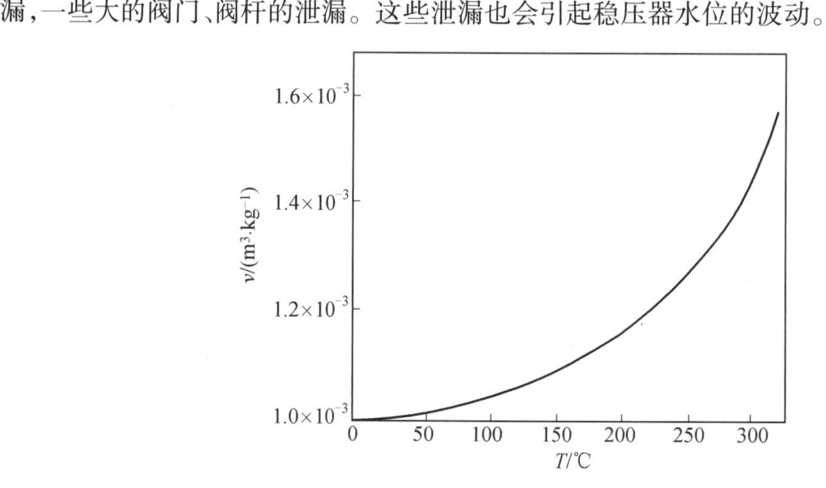

图 1.30　水的比体积随温度变化曲线

一回路水容积变化会导致稳压器水位变化,而稳压器能力有限,不能全部吸收一回路水容积的变化。容积控制的目的是,吸收稳压器不能全部吸收的一回路水容积的变化,从而将稳压器的液位维持在整定值上。

容积控制原理如图 1.31 所示。简单来说,就是通过上充、下泄来吸收稳压器吸收不了的一回路水的容积变化,将稳压器的水位维持在标准液位。具体来讲,化容系统作为一回路的缓冲箱,当一回路水容积增大(膨胀)时,下泄回路开启,将膨胀的水引向容控箱(由于容控箱的容积有限,在一回路加热升温或其他瞬态,水容积增加较多时,容控箱就不足以容纳其膨胀的水),此时要靠与硼回收系统(TEP)连接的管线,将容控箱吸收不了的水排向硼回收系统的前置贮存箱;当一回路水容积收缩或产生泄漏时,则由反应堆硼和水补给系统(REA)供水,通过上充泵给一回路补充硼浓度与一回路当前硼浓度相同的硼水,使稳压器水位稳定在程控液位。

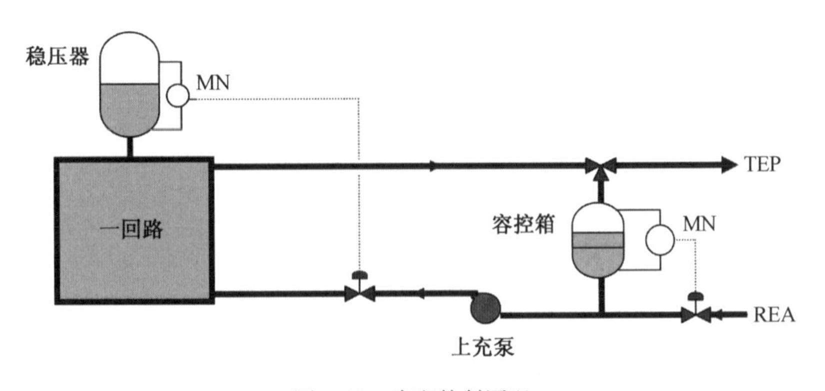

图 1.31　容积控制原理

(2)化学控制。

物理和化学腐蚀会导致一回路水发生化学变化。

物理腐蚀:水中杂质沉积在燃料包壳上(结垢),影响热量传输,结垢处温度上升,形成金属过热,导致燃料包壳破损,裂变产物从破损处进入一回路水中,使一回路水的放射性指标上升。

化学腐蚀(侵蚀):指一回路水及水中的杂质与金属进行化学反应。当水中杂质增多、温度升高、氧含量增加、pH 值降低时,将会大大加速一回路水及水中的杂质与金属的化学反应,即加快化学腐蚀。大流量的水冲刷则将这些腐蚀产物带入一回路水中。由于中子辐照,这些腐蚀产物部分被活化,成为具有放射性的活化产物,进一步增加一回路水的放射性水平。

化学控制的目的是清除水内悬浮杂质,维持一回路水的化学及放射性指标在规定的范围以内,将一回路所有部件的腐蚀控制在最低限度。

化学控制原理如图 1.32 所示,主要分为以下 3 种。

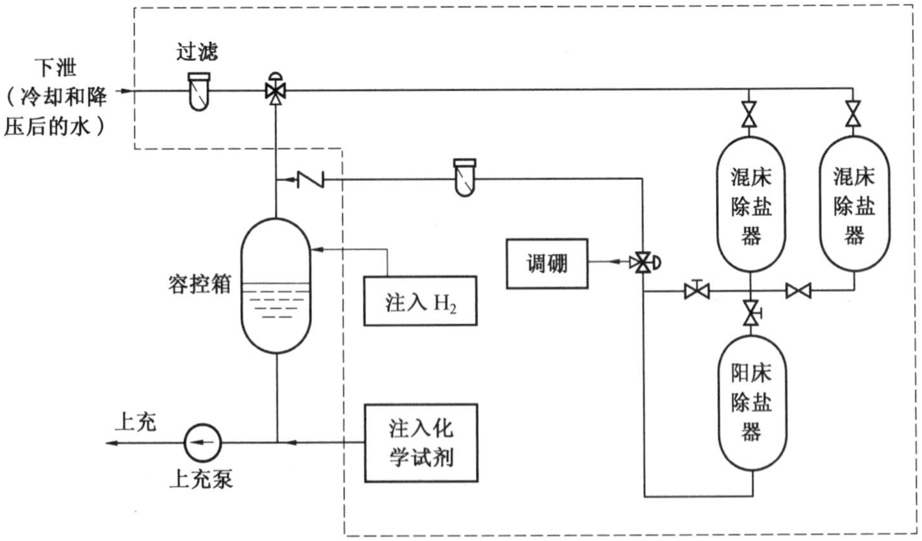

图 1.32　化学控制原理

①控制 pH 值。注入氢氧化锂（LiOH）中和硼酸，保持一回路冷却剂为偏碱性。300 ℃时的 pH 值控制在 7.2。氢氧化锂是一种强碱，相对而言，其溶解度不太大，所以限制了局部浓缩现象的发生，引起腐蚀的风险较小。

②控制氧含量。机组启动时，向一回路冷却剂中注入联氨（N_2H_4）以除去水中的氧（$N_2H_4+O_2 \longrightarrow 2H_2O+N_2\uparrow$）。在正常运行时，通过向容控箱充入氢气，使水中的氢达到一定的浓度，以抑制水辐照分解生成氧。

③使一回路冷却剂流经净化回路，过滤以除去水中的悬浮物，以离子交换树脂除去离子态杂质（除盐），控制一回路冷却剂的放射性指标。

（3）反应性控制。

这里讲的反应性控制是指硼浓度的控制。反应堆从冷停堆到热态零功率的过程中，燃料的多普勒效应和慢化剂的温度效应将导致反应性的变化。温度上升时，^{238}U 共振吸收增加，水的密度降低，因此反应性减小；反之，温度下降时，反应性增大。带功率运行时，因毒物（^{135}Xe，^{149}Sm 等）的产生、裂变产物的积累和燃耗等物理因素导致反应性减小。工况改变时，导致过渡的反应性变化。可见，只要反应堆运行，反应性就会变化。

反应性控制的目的是通过调整一回路冷却剂的硼浓度，补偿由燃耗和毒物（^{135}Xe，^{149}Sm 等）导致的负反应性（反应性减小）；控制轴向功率偏差 ΔI，控制 R 棒（温度调节棒）棒位在调节带内；保证停堆深度。

反应性控制（控制硼浓度）措施为加硼、稀释和除硼，如图 1.33 所示。

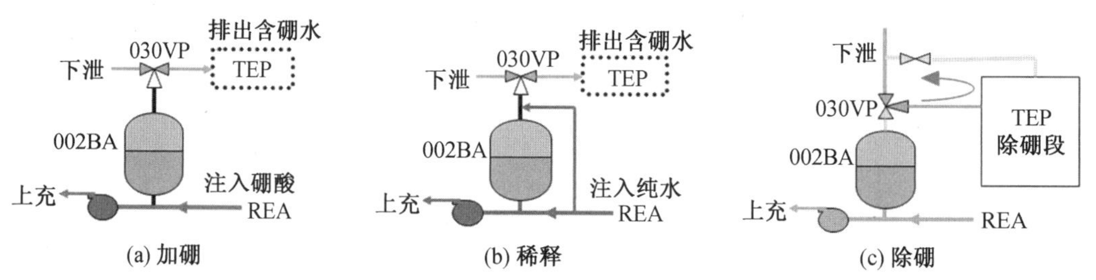

图 1.33　反应性控制措施

除上述主要功能（容积控制、化学控制、反应性控制）外，化容系统还具有以下一些辅助功能：

（1）为主泵提供轴封水。轴封水可抑制一回路水沿轴向外的泄漏，润滑、冷却轴封，防止轴封损坏。轴封水经冷却和过滤，其压力高于一回路。

（2）在主泵不工作时，为稳压器提供辅助喷淋水。当主泵出现故障或由于断电而不能运行时，会造成主喷淋管线不可用。在这种情况下，化容系统提供的稳压器辅助喷淋管线将代替主喷淋管线功能，调节和控制一回路的压力。

（3）稳压器满水时的压力控制。正常情况下，稳压器汽相（占 37%）、液相（占 63%）各占一部分。稳压器单相（满水）时，稳压器的压力控制系统不起作用，此时，一回路系统的压力将由化容系统的下泄控制阀来控制。

（4）对一回路进行充水、排气和水压试验。化容系统提供一回路的充水，参与一回路的排气和水压试验。进行水压试验时，用上充泵使一回路系统由常压升至试验压力（某某某核电站表压 17.2 MPa)。

化容系统还承担了安全功能：

(1)在反应堆冷却剂系统发生小破口(当量直径 D<9.5 mm)的情况下，化容系统能够维持其水量。

(2)反应性控制。在反应堆停堆，或在诸如弹棒、卡棒事故的反应堆热态次临界状态下的维修阶段，它能控制硼浓度。化容系统与反应堆硼和水补给系统共同保证这种功能。

(3)在安全注入的情况下，化容系统上充泵作为高压安注泵运行。此时，安全注入运行方式自动取代所有其他运行方式。

化学和容积控制系统由下泄回路、净化回路、上充回路、过剩下泄回路 4 部分组成。化学和容积控制系统如图 1.34 所示。表 1.5 给出了其各回路的作用及主要设备。

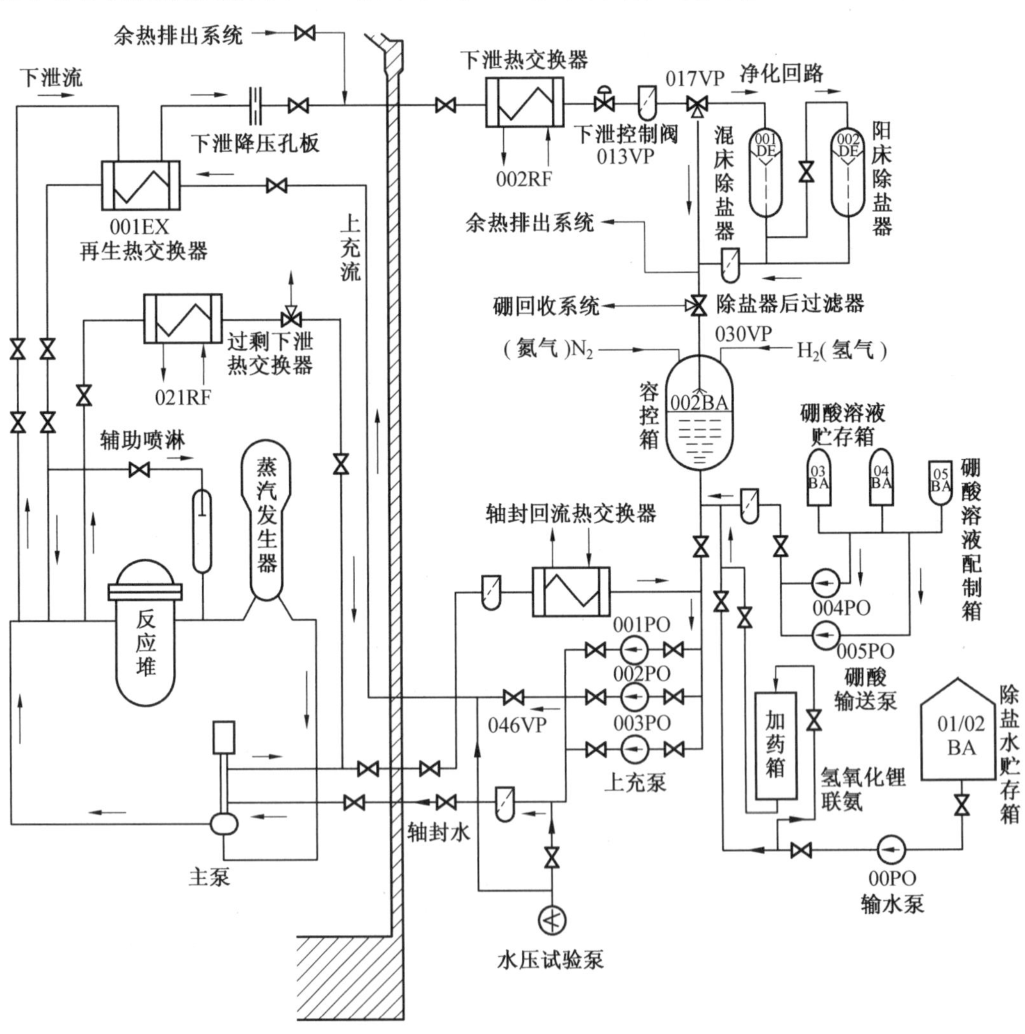

图 1.34　化学和容积控制系统

表1.5　化学和容积控制系统各回路作用及主要设备

回路	项目	内容	
下泄回路	作用	对下泄流降温和降压	
	主要设备	再生热交换器001EX	以上充流为冷源进行热量回收,完成下泄流一次降压前的一次降温,以防汽化
		下泄降压孔板001DI~003DI	使下泄流的压力降至下泄热交换器的工作压力以下。3个并联的孔板通常只投运一个
		下泄热交换器002RF	完成下泄流的二次降温,使其低于净化系统的工作温度并防止二次降压的汽化。002RF的冷源是设备冷却水,出口温度由设备冷却水流量调节阀RRI115VN调节
		下泄控制阀013VP	稳压器为双相时,013VP调节孔板下游的压力,实现下泄流的二次降压,使其压力低于净化系统的工作压力;稳压器为单相时,013VP用来控制一回路的压力
净化回路	作用	除去下泄流中的离子状态腐蚀产物和某些裂变产物	
	主要设备	混床除盐器001DE	按比例混合装入阳离子、阴离子两种交换树脂,使下泄流在硼饱和后达到锂饱和,同时吸附一回路冷却剂中的放射性离子
		阳床除盐器002DE	安装在混床除盐器之后,主要用来除去放射性铯,净化一回路水质
		除盐器前过滤器001FI	吸附尺寸大于5 μm的固体颗粒,以保护离子交换树脂不受污染和堵塞
		除盐器前旁路阀017VP	离子交换树脂的工作温度是46~62.5 ℃。当下泄流温度高于57 ℃时,该阀将自动切换,使下泄流通过旁路,不经除盐器,直接流入容控箱
		三通阀026VP	当需要减少一回路水中硼的含量时,用此阀将水导向硼回收系统,用它的阴床除盐器除去水中的硼
		除盐器后过滤器002FI	安装在除盐器之后,用来除去树脂碎粒
上充回路	作用	向一回路注入净化后的冷却剂和为主泵提供轴封水	
	主要设备	容控箱002BA	吸收稳压器不能吸收的一回路水容积的变化; 作为除气塔,使一回路放射性气体从这里释放出来,定期排往废气处理系统(TEG); 作为上充泵的高位给水箱,为上充泵提供水源
		上充泵001PO~003PO	3台并联的上充泵是多级卧式离心泵,它把容控箱的来水升压到17.7 MPa(绝对压力)送入一回路
		上冲流量调节阀046VP	调节上充流量,使稳压器水位处于程控液位
过剩下泄回路	作用	在正常下泄产生故障时,投入过剩下泄回路	
	主要设备	过剩下泄热交换器021RF	冷却过剩下泄流,冷源为设备冷却水
		轴封回流热交换器003RF	冷却轴封回流水和上充泵的最小流量线
		卸压阀201VP,203VP,214VP,114VP,384VP,252VP和224VP	

结合图1.34和图1.35描述某某某核电站化学和容积控制系统的工作过程。从反应堆冷却剂系统一个环路的冷段连续不断地将冷却剂排至化学和容积控制系统，其流量约为14 m^3/h。该下泄流量经过再生热交换器001EX的壳侧，将热量传给净化后的上充水，实施下泄流的第一次降温，使下泄流温度降到约140 ℃，然后经下泄降压孔板实施第一次降压。下泄流流经管线出反应堆厂房后进入核辅助厂房经下泄热交换器002RF，由设备冷却水系统进行冷却，二次降温到约45 ℃，再由下泄控制阀013VP进行二次降压到0.2～0.5 MPa。如果要进行净化，可将下泄流量送至混床和阳床除盐器进行净化，然后经过滤后送入容控箱，容控箱内维持一定的氢气分压力，使上充水保持一定的氢溶解浓度，以控制冷却剂内氧的含量。如果要进行加硼，硼酸输送泵把硼酸溶液配制箱中4%的硼酸溶液注入上充泵吸入口。上充流大部分经再生热交换器注入反应堆冷却剂系统另一环路的冷段，流量由上充泵的出口阀门控制，小部分经除盐后过滤器送到主泵密封水的入口，其排水经过除盐后滤器和轴封回流热交换器后又返回到上充泵入口。

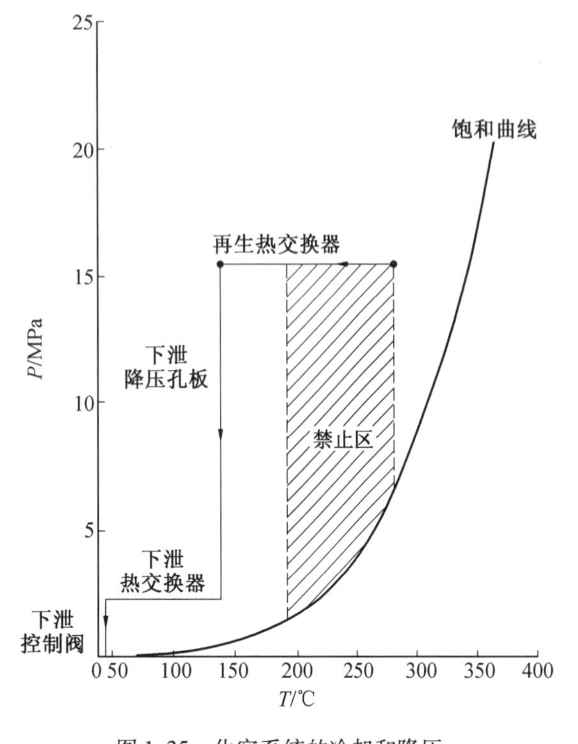

图1.35 化容系统的冷却和降压

3. 反应堆硼和水补给系统

反应堆硼和水补给系统是化容系统的支持系统，为化容系统贮存并供给其容积控制、化学控制和反应性控制所需的各种流体。其主要功能：提供除盐除氧硼水，以保证化容系统的容积控制功能；注入联氨和氢氧化锂等化学药品，以保证化容系统的化学控制功能；提供硼酸溶液（加硼时）和除盐除氧水（稀释时），以保证化容系统的反应性控制功能。其辅助功能：向稳压器卸压箱提供喷淋冷却水；为主泵密封水立管供水，以冲洗3号轴封；向换料水箱和安全注入系统硼酸注入箱提供硼酸溶液，为其初始充水及补水；向容控箱提供硼浓度与一回路当前硼浓度一致的硼酸溶液，为其进行排气操作；为稳压器和余热排出系统的先导式卸压阀充水。

反应堆硼和水补给系统主要由硼酸配制和补充回路、水补给回路、化学试剂制备回路3部分组成。反应堆硼和水补给系统流程如图1.36所示。反应堆硼和水补给系统各回路组成及作用见表1.6。

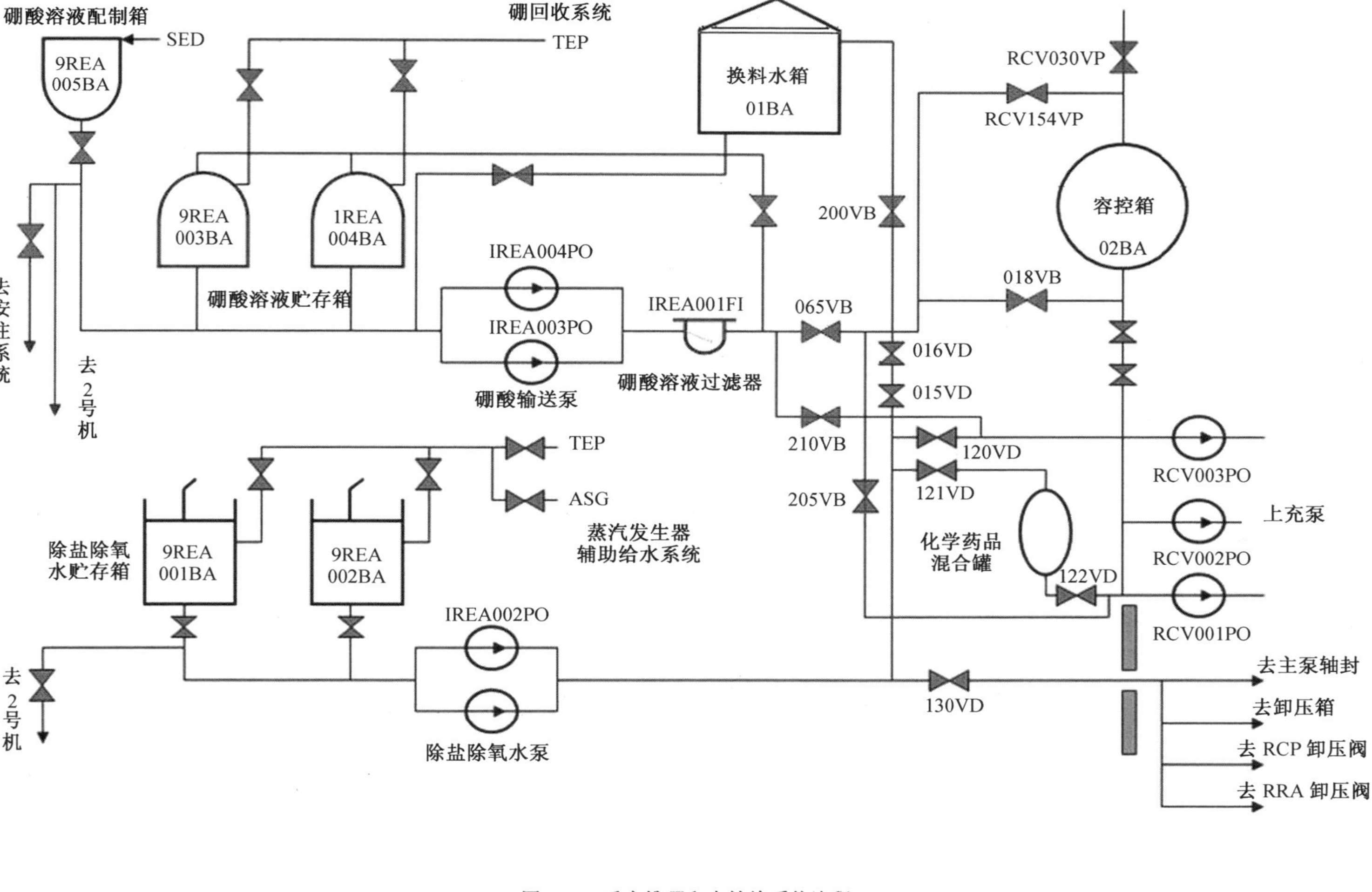

图 1.36　反应堆硼和水补给系统流程

表 1.6 反应堆硼和水补给系统各回路组成及作用

回路	项目	内容	
硼酸配制和补充回路	组成	2 个硼酸溶液贮存箱	9REA003BA 和 1REA004BA。 有效容积：每个约 81 m^3。 硼酸溶液：质量分数分别为 0.7% 及 2.1%
		1 个硼酸溶液配制箱	9REA005BA，供两个机组共用
		2 台硼酸输送泵	1REA003PO 和 1REA004PO
	工作过程	机组在正常运行时，硼酸溶液存放在两个硼酸溶液贮存箱内，溶液的补充有两个途径：一是来自硼回收系统（TEP），二是当硼回收系统供给的硼酸溶液不足时由硼酸溶液配制箱中制备的质量分数 0.7% 硼酸新溶液来补充。硼酸输送泵的作用是把硼酸从硼酸溶液贮存箱中抽出来，按所需量要求，通过过滤器送到化容系统上充泵入口，然后进入反应堆一回路	
水补给回路	补水贮水箱	补水贮水箱有效容积约 300 m^3，水源主要来自硼回收系统回收的经过净化除氧和蒸发冷凝的一回路冷却剂，当硼回收系统供水不足时，可由核岛除盐水分配系统经辅助给水系统（ASG）的除氧器除氧后供水	
	输送泵	将补水贮水箱中水送入上充泵入口（旁路补水）、化学药品混合罐、一回路（主泵轴封水立管、卸压箱及卸压阀）和余热排出系统卸压阀	
化学试剂制备回路	组成	1 个化学药品混合罐 REA006BA，其容积为 20 L	
	作用	在一回路启动和运行过程中，通过化容系统加入联氨以除氧，加入氢氧化锂以调节一回路冷却剂的 pH 值（7.2）	

操纵员通过选择控制台上的 5 个相互联锁的按钮之一选择运行方式。

（1）自动补给。

补给与当时一回路冷却剂硼质量分数相同的含硼水，主要用于容积控制，不改变一回路的硼质量分数。当容控箱水位达到 23% 时，自动补给启动，1 台水泵按恒定流量供应纯水，1 台硼酸输送泵按设定流量供给硼酸，经混合器后注入容控箱。

（2）稀释。

将硼酸补给管线隔离，向一回路加入除盐除氧水。由 1 台补水泵完成，补给水注入容控箱。

（3）快速稀释。

补给纯水直接注入容控箱下游的上充泵供水管，见效快。

（4）硼化。

将除盐除氧水隔离，将质量分数为 0.7% 的硼酸溶液注入上充泵入口侧，以提高冷却剂硼质量分数。由 1 台硼酸输送泵完成。

（5）手动补给。

用来向换料水箱或其他临时连接的某些地方增加预定量的硼酸溶液。手动补给方式仅限于在一些特定情况下使用：如给换料水箱补水或最初充水，为提高容控箱的水位进行排气操作等。

4. 余热排出系统

核安全的主要问题之一就是要在任何情况下保证核燃料释热的疏导。如热量排不走,会造成堆芯温度升高,已发生的3次核泄漏事故都是热量排不走造成的。正常运行工况下,核裂变和裂变产物衰变产生的热量是由一回路通过蒸汽发生器向二回路传递来释放的;反应堆停堆后,裂变停止,但由裂变而生成的裂变碎片及它们的衰变物在放射性衰变过程中释放的热量还存在,这就是剩余功率(图1.37)。

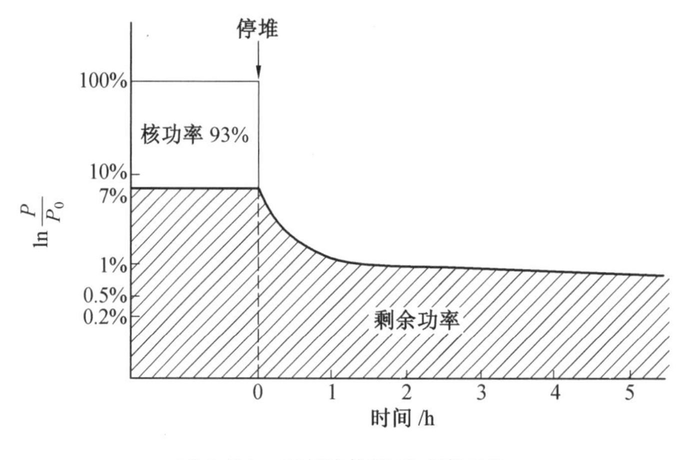

图1.37　反应堆停堆后功率变化

余热排出系统(RRA)是在反应堆停堆时和一回路水的温度和压力较低时所用的一个系统,此时蒸汽发生器已退出运行。余热排出系统主要功能:①在反应堆正常停堆过程中,当一回路温度降到180 ℃及以下,绝对压力降到2.8 MPa以下时(此时,二回路不能运行,因为传热温差太小了),用余热排出系统排出热量(包括堆芯余热、一回路水和设备的显热、运行的主泵在一回路中产生的热量);②在停堆事故中(除了一回路大破口时的冷却剂丧失事故引起安全注入系统投入运行的情况以外),余热排出系统也被用来排出上述热量。图1.38所示为余热排出系统的流程图。

图1.39和表1.7给出了余热排出系统的组成和与其他系统的连接关系。余热排出系统还具有一些辅助功能:①正常运行时,部分冷却剂经再生热交换器(一次降温)进入降压孔板(一次降压)再进入下泄热交换器(二次降温)经下泄控制阀进入净化系统。在余热排出系统投入运行时,一回路绝对压力小于3.0 MPa。由于降压孔板两端压差太小,妨碍了正常下泄管线的使用。余热排出系统和化容系统的接管提供了一条低压下泄管线。利用这条管线,使得一回路处于单相状态时的压力调节和水质净化成为可能,此时一回路的超压保护也由余热排出系统的卸压阀来实现。②当反应堆卸料、装料和维修冷停堆时,余热排出系统排出燃料释出的余热并维持堆芯中一回路的水温度低于60 ℃。③当换料操作结束后,反应堆准备启动时,该系统把反应堆换料池的水送回到换料水箱。④在一回路主泵全部停运,或主泵不可用时,余热排出泵还可以在一定程度上保证一回路水的循环,使一回路水温和硼浓度得以均匀。

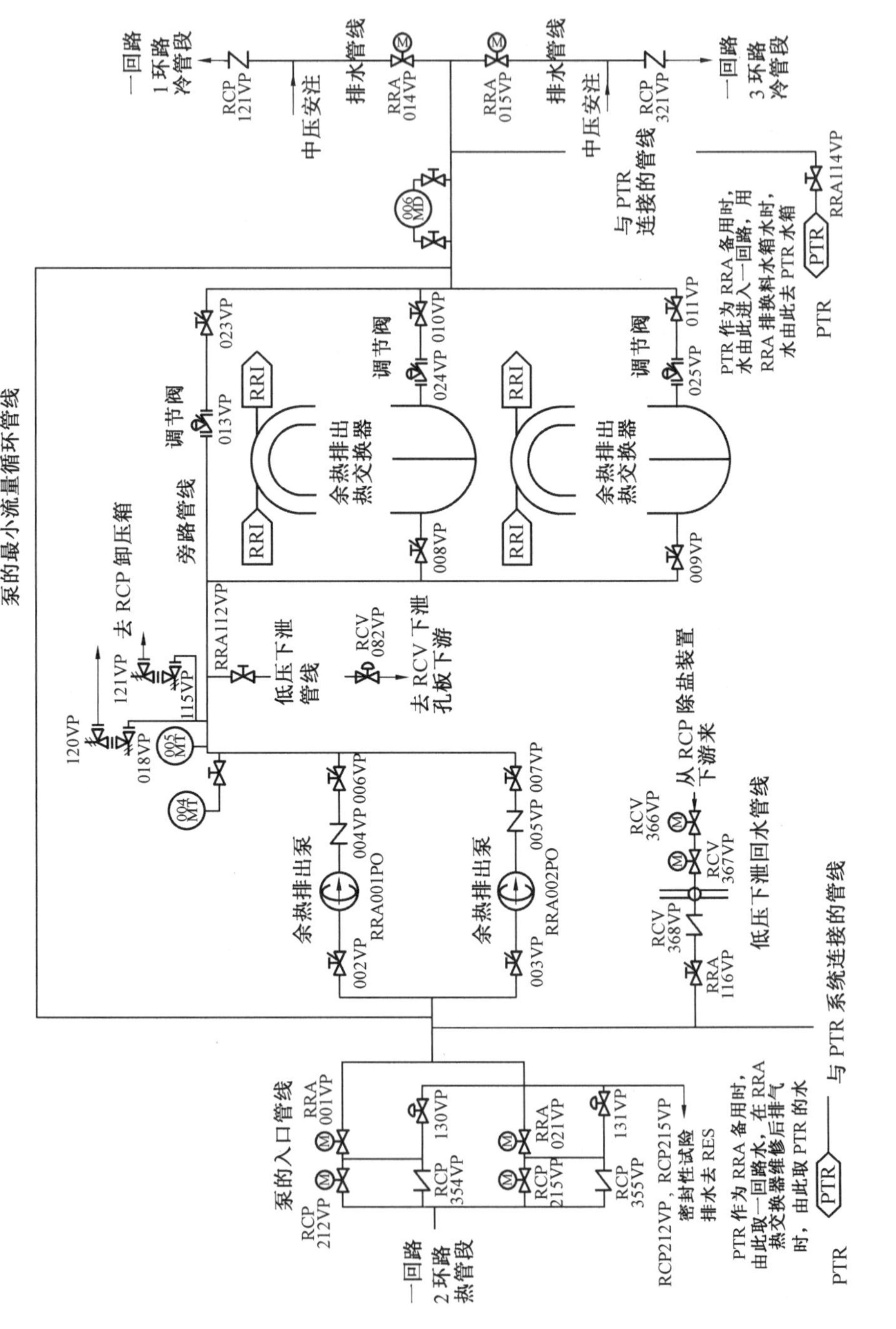

图 1.38　余热排出系统的流程图

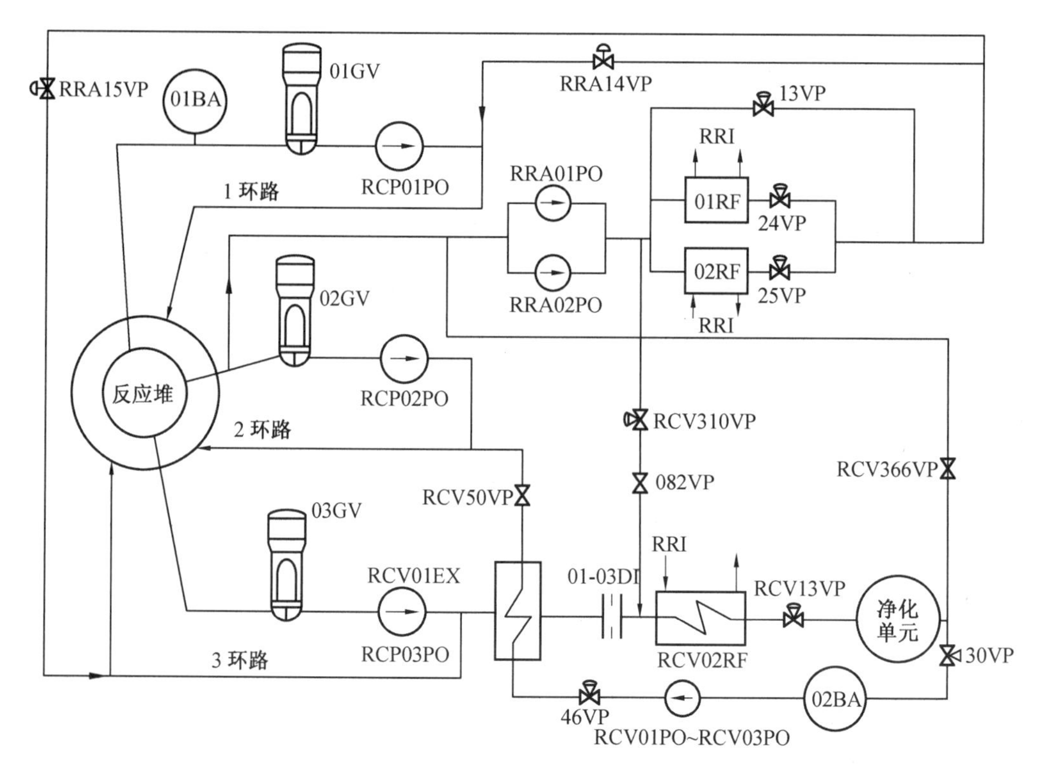

图1.39　主冷却剂系统(RCP)、化容系统(RCV)、余热排出系统(RRA)连接示意图

表1.7　余热排出系统组成、工作过程及相连的系统

组成	2台并联的余热排出泵RRA01PO和RRA02PO	余热排出泵是卧式单级离心泵,由一回路水提供机械密封的润滑。每台泵都配备一个热屏(水室)和一个用来冷却机械密封水的热交换器,它们的冷源都是设备冷却水
	热交换器01RF和02RF	两台余热排出热交换器并联布置,以保证在一台余热排出热交换器不可用时,余热排出系统仍具有部分热量排出的能力。 两台余热排出热交换器是立式倒置U形管壳式热交换器。反应堆冷却剂流经管侧,设备冷却水流经壳侧。余热排出热交换器下封头内装有一个隔板,两边是反应堆冷却剂的进出水室。余热排出热交换器总高度为9.65 m
工作过程	余热排出泵从一回路的2环路热管段吸水,经余热排出热交换器冷却后通过中压安注管线重新注入1环路和3环路的冷管段。 旁路调节阀13VP用来控制总的排出流量,以保证满足一回路的冷却速率要求(最大28 ℃/h)。 安全阀用以防止一回路和余热排出系统超压。 最小流量循环管线用于保护余热排出泵,防止泵汽蚀	
相连的系统	化容系统(RCV)	
	反应堆换料水池和乏燃料水池的冷却及处理系统(PTR)	

5. 设备冷却水系统

设备冷却水系统(RRI)向核岛内各热交换器提供冷却水,并将其热负荷通过核岛重要厂用水系统(SEC)传到海水中,其原理图如图 1.40 所示。该系统是核岛设备与海水之间的一道屏障。它既可以避免放射性流体不可控地释放到海水中而污染环境,又可以防止海水对于核岛设备的腐蚀。

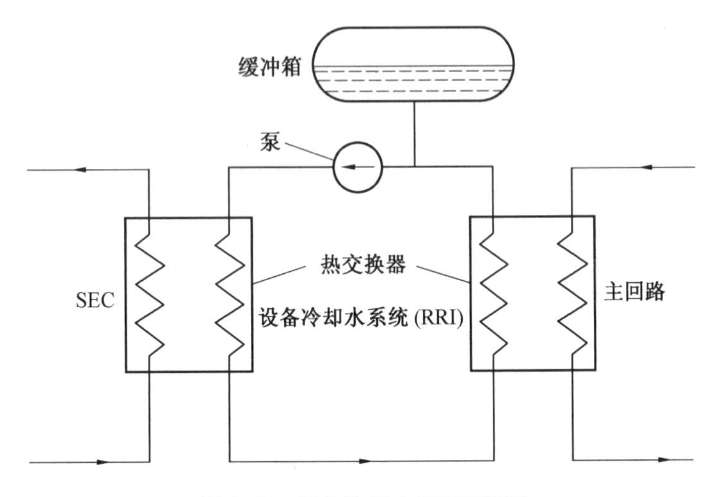

图 1.40　设备冷却水系统原理图

如图 1.41 所示,对于每一个机组,设备冷却水系统都设有 2 条独立管线(系列 A 和系列 B)、1 条公共管线、在两个机组之间的 1 条共用管线。

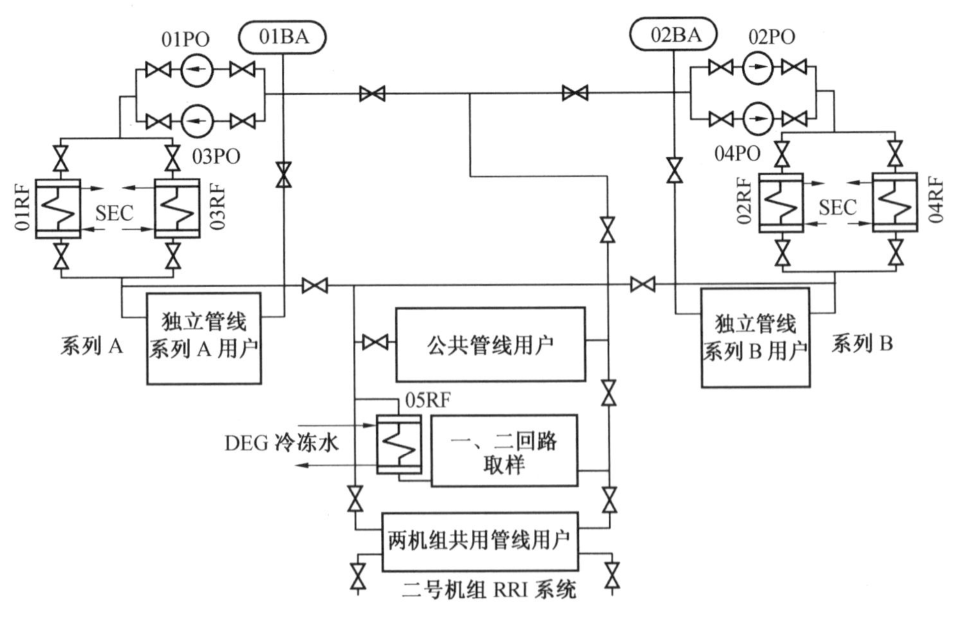

图 1.41　设备冷却水系统的组成

2 条独立管线(独立管线系列 A、B 用户)均由 3 部分组成:①两台 100% 容量的单级离心泵(01PO ~ 04PO);②两台 50% 容量的以重要厂用水系统(SEC)为冷源的板式热交

换器(01RF～04RF);③一个缓冲箱(01BA 和 02BA),连接到设备冷却水泵的吸入段,它为泵提供吸入压头,并且可以补偿由水的膨胀、收缩引起的水容积变化和可能的泄漏。

公共管线用户是在事故情况下不需投入的那些冷却器。例如:RCV021RF(化学和容积控制系统 021 号热交换器)、APG001RF、RCV002RF、RCV003RF 等冷却器。正常运行时,这些冷却器可借助阀门的切换由独立管线系列 A 或 B 提供冷却水。在事故情况下,通过电动阀门使其与独立管线隔离,停止向公共管线用户供水。

两机组共用管线用户是指两台机组共用的系统中的设备冷却水用户,这些用户为硼回收系统、废液处理系统(TEU)、辅助蒸汽分配系统。

在所有运行工况下,设备冷却水系统的压力都低于一回路的压力,以防止在被冷却的热交换器出现泄漏时,设备冷却水系统的除盐水进入一回路而引起一回路的意外稀释。设备冷却水系统的冷却能力可以满足各种工况(机组启动、功率运行、次临界停堆和失水事故等)下运行设备需同时排出的总热负荷的需求。

6. 重要厂用水系统

无论在电站正常运行工况还是事故运行工况下,重要厂用水系统(SEC)都将导出设备冷却水系统所传输的热量,并将其热负荷输送到海水中。重要厂用水系统为一个开式循环系统,流动工质为海水。与设备冷却水系统类同,每台机组中,重要厂用水系统也分为两个相互独立的系列(A 系列和 B 系列)。两个系列的设备和流程基本相同,重要厂用水系统的流程图如图 1.42 所示。

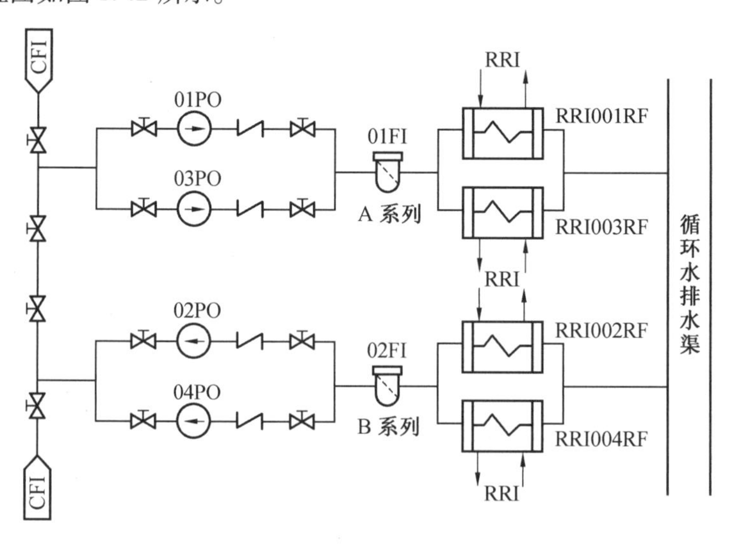

图 1.42 重要厂用水系统的流程图

系统的每个系列均由两台泵并联,从海水过滤系统(CFI)吸入海水,经重要厂用水系统管道水生物捕集器及两台并联的热交换器,然后将海水排入集水坑,再由排水管将其排往排水渠入海。该系统主要设备有:泵 01PO～04PO、水生物捕集器 01FI 及 02FI、热交换器 RRI001RF～RRI004RF。

7. 反应堆换料水池和乏燃料水池的冷却及处理系统

核电站在燃料厂房内有乏燃料水池,用来存放核电站运行 10 年换下来的乏燃料;在反应堆厂房内有反应堆换料水池。机组正常运行时,反应堆换料水池是不充水的,只有在大修换料需打开反应堆压力容器封头时为该水池充水。

反应堆换料水池和乏燃料水池的冷却及处理系统(PTR)对反应堆换料水池和乏燃料水池进行冷却、净化、充水和排水。

(1)冷却功能。

冷却乏燃料水池中的燃料元件,导出其剩余释热(裂变产物的衰变会放出热量);机组在换料或停堆检修时,一回路已经打开,余热排出系统(RRA)不可用,因为余热排出系统和主冷却剂系统(RCP)是连在一起的。此时,反应堆换料水池和乏燃料水池的冷却及处理系统作为余热排出系统的应急备用,冷却堆芯,导出其余热。

(2)净化功能。

净化去除乏燃料水池中的裂变产物和腐蚀产物,限制乏燃料水池的放射性水平;过滤清除反应堆换料水池和乏燃料水池水中的悬浮物,以保持水中良好的能见度。

(3)充、排水功能。

向反应堆换料水池和乏燃料水池充以硼浓度为 2 100 μg/g 的硼溶液,使水池有足够的水层,为操作人员提供良好的生物防护;保证乏燃料处于次临界状态(再生系数 K=某代中子数与上一代中子数之比。当 $K<1$ 时,中子数越来越少,功率也在下降,直到停堆,这种状态称为次临界状态);实施除乏燃料水池外其他水池的排水;为安全注入系统和安全壳喷淋系统(EAS)贮存必要的硼溶液。

反应堆换料水池和乏燃料水池的冷却及处理系统由反应堆换料水池、乏燃料水池、换料水箱,以及它们所连接的充水、排水、冷却和净化回路 4 个部分组成。该系统原理如图 1.43 所示。

反应堆换料水池位于反应堆厂房内,它分为两部分:①换料腔(或称堆腔)。该水池位于反应堆压力容器的正上方。②堆内构件贮存池。该水池与换料腔相连。这两个水池之间用气密封挡板隔开,可单独进行充排水。机组正常运行时,反应堆换料水池是不充水的。只有在换料时反应堆压力容器封头需要打开的情况下,反应堆换料水池才充水。

乏燃料水池位于燃料厂房内,它分为 4 个部分:①燃料输送池。池底有一个连接燃料厂房和反应堆厂房堆内构件贮存池的传递通道,乏燃料由换料机从反应堆内吊出后,由运输小车穿过传递通道,将其送入燃料输送池。通道在燃料输送池侧设有一个闸阀,可将通道隔离,在堆内构件贮存池侧由盲板法兰将其隔离。正常运行时,通道是隔离的,换料时才打开。②乏燃料贮存池。它可以存放燃料组件,这些燃料组件被分放在格架内。该池中只要有乏燃料就必须充满水,且维持正常水位。③乏燃料运输罐装池。该池容积为 230 m^3,池底标高为 7.26 m,乏燃料在该池被装入运输用的铅罐内。燃料输送池、乏燃料贮存池和乏燃料运输罐装池彼此相通,并用气密闸门隔离。④乏燃料运输罐冲洗池。其与乏燃料运输罐装池相邻但不相通,乏燃料运输罐在该池内进行冲洗。机组正常运行时,乏燃料贮存池中若存有乏燃料组件,水池必须充满水,以起生物屏蔽作用,同时水池中的水需一直进行循环冷却。

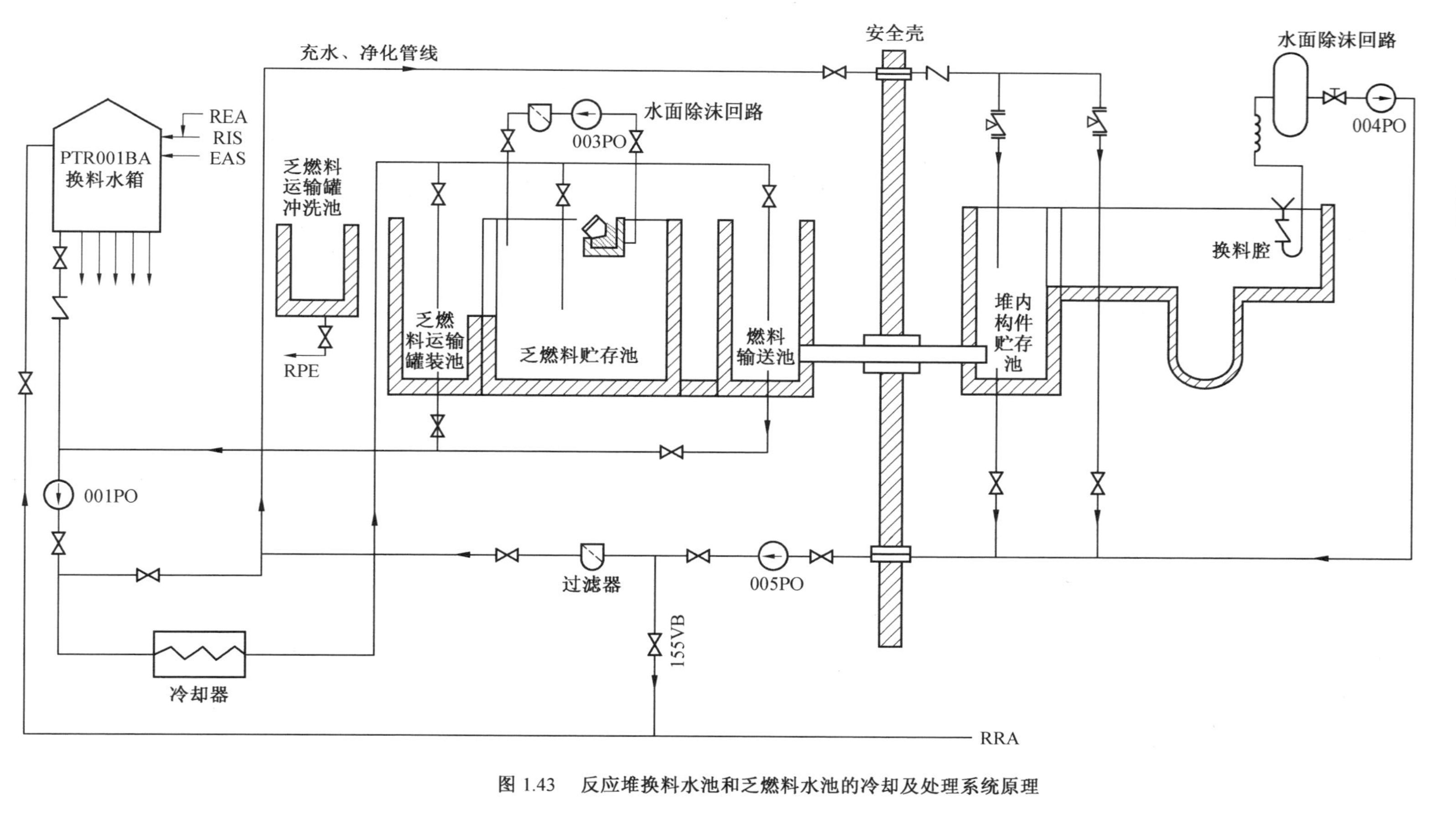

图 1.43　反应堆换料水池和乏燃料水池的冷却及处理系统原理

换料水箱（PTR001BA）被安装在反应堆厂房外面，四周设有钢筋混凝土围墙，围墙可在事故情况下包容水箱的水容量。水箱箱底标高为1.02 m。在水箱顶部设有排气管，在上部设有溢流管。安全壳喷淋系统（EAS）提供冷却，使其水温最高不超过40 ℃。为防止水箱中产生硼结晶，水箱内设有6组电加热器，在冬季可使水箱中的水温维持在7～13 ℃。换料水箱由反应堆硼和水补给系统（REA）提供初始充水和补水，硼溶液的浓度为（2 400±100）μg/g。反应堆换料时，换料水箱可实现反应堆换料水池的充水和排水；换料水箱在机组出现失水事故情况下为反应堆提供应急水源。发生失水事故时，换料水箱可提供两台高压安注泵、两台低压安注泵和两台安全壳喷淋泵同时运行20 min的水容量。

下面利用图1.44讲解反应堆换料水池的充水、排水、冷却和净化回路。

（1）充水回路。换料水箱的水可以用001PO或002PO充入反应堆换料水池，在反应堆压力容器打开以后，也可以利用安全注入系统低压安注泵通过环路向反应堆换料水池充水。

（2）排水回路。大修卸料后，可以用RRA001PO、RRA002PO、002PO及005PO将反应堆换料水池的水排回换料水箱，最后通过地漏将水排尽（到核岛排气和输水系统（RPE））；装料后，只能用002PO及005PO排水，最后也用地漏将水排尽。

（3）冷却回路。正常情况下，反应堆换料水池的水是由余热排出系统来冷却的。在反应堆停堆换料，一回路已经打开，余热排出系统不可用的情况下，则由反应堆换料水池和乏燃料水池的冷却及处理系统的偶数系列（002PO和002RF）应急冷却反应堆换料水池。

（4）净化回路。在反应堆压力容器开盖及水池充水的过程中，反应堆换料水池的水是通过余热排出系统送至化容系统或硼回收系统的净化单元去净化的；反应堆换料水池满水后，水池中的水则改用005PO去进行循环过滤。回路中的两台过滤器003FI和004FI为两台机组共用。

乏燃料水池也具有充水、排水、冷却和净化回路。

（1）充水回路。换料水箱的水借助于001PO或002PO充入燃料输送池、乏燃料贮存池和乏燃料运输罐装池。

（2）排水回路。乏燃料贮存池的水一般不能被排掉。必要时（如检修），可使用临时接管和一台潜水泵进行特殊情况下的排空。燃料输送池和乏燃料运输罐装池的水一般通过001PO或002PO排向换料水箱，也可以排向核岛排气和疏水系统。

（3）冷却回路。燃料输送池、乏燃料贮存池和乏燃料运输罐装池的水用001RF或002RF冷却，冷源是设备冷却水。冷却后的水返回到各水池。两套冷却管线中的任何一条都能保证对上述3个水池的冷却能力和作为余热排出系统的应急备用。两项操作同时进行时，只有偶数系列管线可作为余热排出系统的应急备用。

（4）净化回路。冷却流量的一部分经001PO或002PO出口旁路被送入001FI、001DE和002FI实现净化。设计净化流量为60 m^3/h，最大不超过65 m^3/h。001FI用来过滤直径大于5 μm的悬浮颗粒，002FI则阻止离子交换树脂进入乏燃料水池。

反应堆换料水池和乏燃料水池水面除沫回路如下。

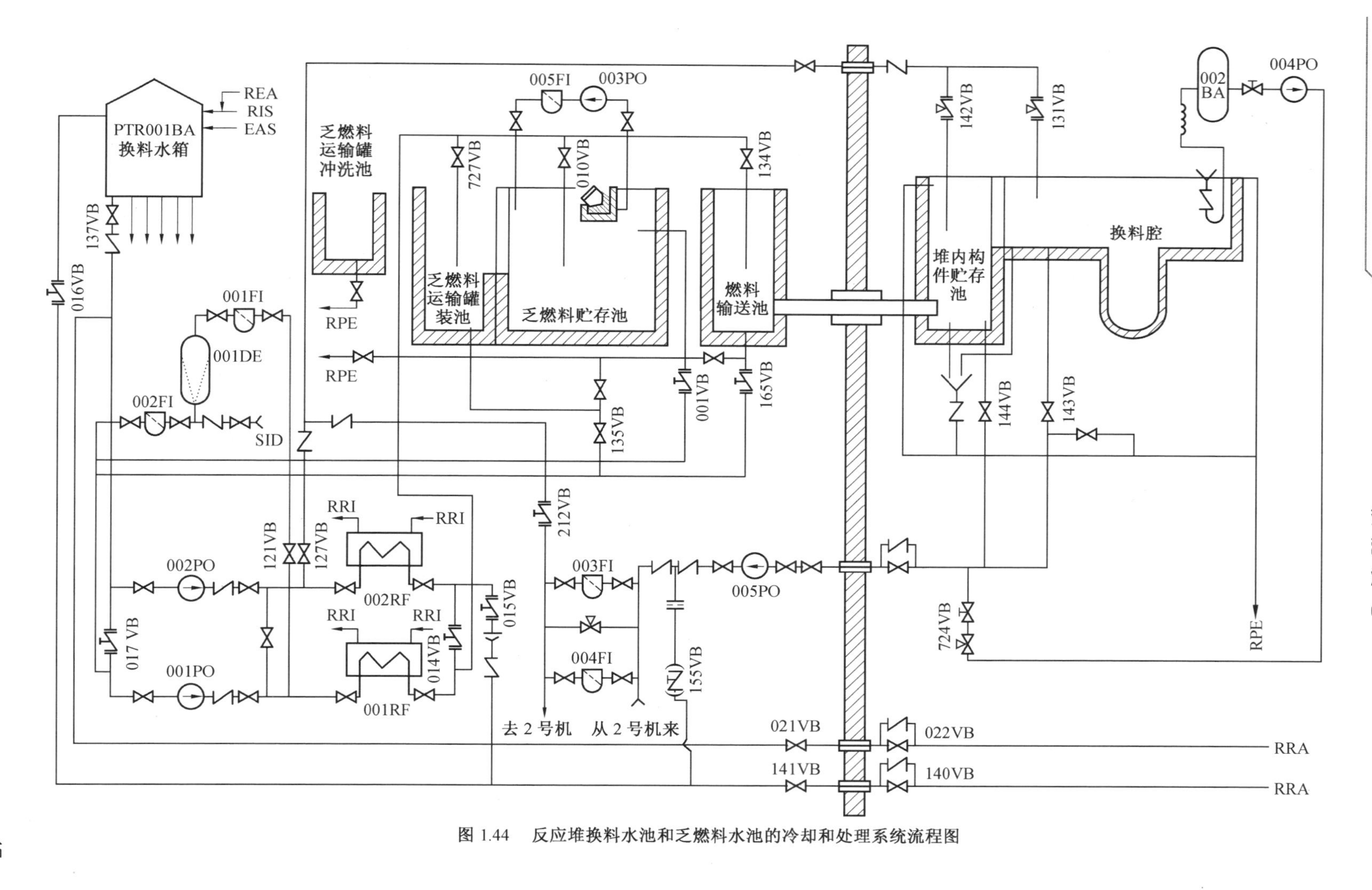

图 1.44　反应堆换料水池和乏燃料水池的冷却和处理系统流程图

(1)反应堆换料水池水面除沫回路。反应堆换料水池的水经水箱 002BA 进入 004PO,该泵将水送到 005PO 的吸入口,经 005PO 增压后,水通过并联设置的两台过滤器 003FI 和 004FI 过滤后返回反应堆换料水池。002BA 使 004PO 有足够的吸入压头。开始阶段 004PO 由手动控制启动,当回路充满水并到达 005PO 吸入口时,004PO 即可停止运行。除沫操作只有在需要提高水的纯度和透明度时才进行,除沫器在机组正常运行时被存放在反应堆厂房大厅内。

(2)乏燃料水池水面除沫回路。乏燃料水池中的水经固定在池壁的撇沫器进入 003PO,再经 005FI 过滤后返回乏燃料水池。

8. 废物处理系统

核电站在生产电力的同时,也产生放射性废气、废液和固体废物,俗称三废。为保护环境免受污染,防止工作人员和电站周围居民受到过量的放射性照射,核电站的三废排放是受到严格控制的,核电站在排出或再利用这些放射性废物之前,一定要采用必要的工艺对它们进行处理,经检测符合有关标准后再进行排放或回收再利用。为此,某某某核电站设立了一整套排出物的处理和排放系统,这些系统主要包括:核岛排气和输水系统(RPE);硼回收系统(TEP),用来收集和处理回路可重复利用的冷却剂;废液处理系统(TEU),用来收集和处理机组产生的放射性废水等不可重复利用的废液;废液排放系统(TER);废气处理系统(TEG),用来收集和处理机组产生的放射性含氢废气和含氧废气;固体废物处理系统(TES),用来收集机组产生的放射性固体废物,对其进行压缩、固化处理后进行贮存或排放。这些系统中,除核岛排气和输水系统(RPE)的一部分设备是按机组设置外,其余所有设备均为两个机组所共用。

核电站三废处理原理如图 1.45 所示。废液按其不同来源和化学性质,分为可复用废液、不可复用废液和公用废液,其处理方式见表 1.8。废液处理系统根据废液化学成分和放射性强度,在排放前处理原则为:对放射性水平低的废液进行过滤处理;对化学含量低、

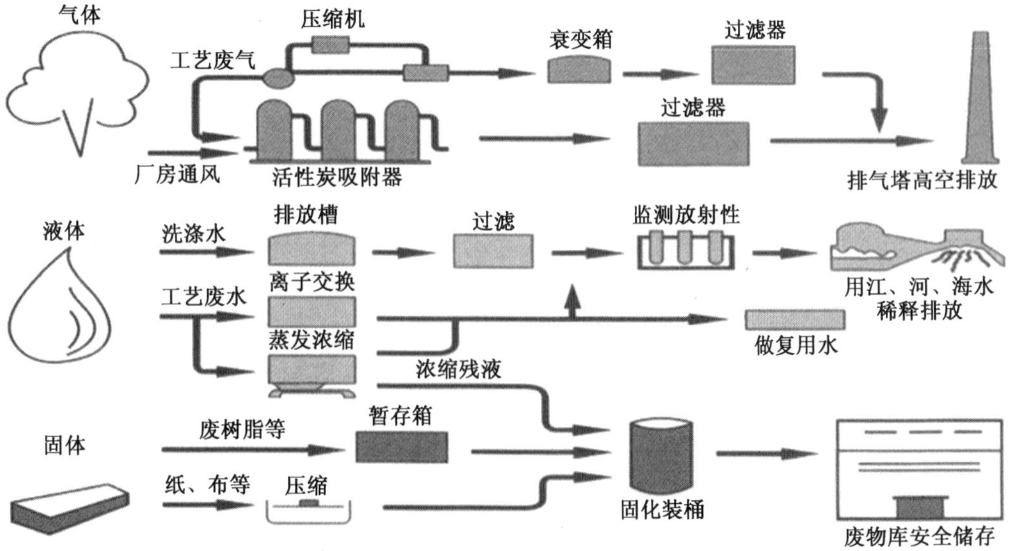

图 1.45 核电站三废处理原理

放射性水平高的废液进行除盐处理;对化学含量高、放射性水平高的废液进行蒸发处理。

表 1.8 核电站废液分类及处理方式

类别	项目		内容
可复用废液	定义		从一回路排出的未被空气污染的,含氢和裂变产物的反应堆冷却剂
	处理方式		这部分排水由核岛排气和输水系统(RPE)收集并送往硼回收系统(TEP),经处理后得到合格的除盐除氧水和质量分数为4%的硼酸溶液,供给反应堆硼和水补给系统(REA),供一回路重新使用
不可复用废液	定义	工艺排水	从一回路排出的已暴露在空气中的低化学含量的放射性废液
		地面排水	来自地面的化学含量不定的低放射性废液
		化学废液	被化学物质污染的,并可能含有放射性的废液
	处理方式		这3种废液都由核岛排气和输水系统(RPE)收集,就地分类分别送往废液处理系统(TEU)的工艺排水箱、地面排水箱和化学废液贮存箱,废液经过滤、除盐或蒸发处理和监测后送往废液排放系统(TER)排放,蒸发产生的浓缩液送往固体废物处理系统(TES)装桶固化
公用废液	定义		淋浴、洗涤和热加工车间使用去污剂去污的废水。这些废水通常会有较弱的放射性
	处理方式		公用废液由联系核岛、机修车间和厂区实验室的放射性废水回收系统(SRE)收集,经监测,或直接排放,或被送往废液处理系统(TEU)的地面排水箱,随地面排水进行处理和排放

按照废气的化学性质,将废气分为两类:一类是含氢废气,另一类是含氧废气。其处理方式见表1.9。

表 1.9 核电站废气分类及处理方式

类别	项目	内容
含氢废气	来源	由稳压器卸压箱、化容系统的容控箱等排出的气体
	特点	含有氢气和裂变气体
	处理方式	被送往废气处理系统(TEG)的含氢废气分系统,含氢废气经压缩贮存,使放射性裂变气体衰变后,排到核辅助厂房通风系统(DVN),再经放射性监测、过滤除碘和稀释后排入大气
含氧废气	来源	来自反应堆厂房通风系统和通大气的各种水贮存箱的排气
	特点	是被轻度污染的空气
	处理方式	被送往废气处理系统(TEG)的含氧废气分系统,含氧废气经过滤除碘后由DVN排入大气

根据须处理的固体废物的特点,将其分为四类,即废树脂、浓缩液、废过滤器滤芯和其他固体废物。某某某核电站固体废物处理系统(TES)是某某某核电站两个机组共用的。其设备分别布置在核辅助厂房(NAB)和废物辅助厂房(QS)内。固体废物处理系统由废树脂处理站、浓缩液处理站、废过滤器滤芯支承架装卸系统、装桶站、混合物配料站、最终封装站和压缩站组成。所有固体废物都将在生物防护的条件下被送往固体废物处理系统

(TES),将其暂时贮存,进行可能的放射性衰变,压实可压缩的固体废物,以及将放射性固体废物固化在混凝土桶内或压实在金属桶内,经处理后贮存。

1.2.2 专设安全设施

核安全是核电站追求的重要目标,是对核电站最重要的要求。核安全是指建立并维持一套有效的防护措施,以保证电站工作人员、公众和环境免遭放射性危害。这些措施包括:保障所有设备正常运行,控制和减少对环境的放射性废物排放;预防故障或事故的发生;限制发生的故障或事故的后果。

对于核电站而言,满足核安全三要素(反应性控制、堆芯冷却、放射性产物的包容),核安全就能得到保证。核安全三要素是保护核电站工作人员、公众和环境免受放射性危害的根本。为实现核安全的目标,在正常运行工况、故障或事故工况下,都要保证这三方面功能的实现。为了保证这三方面功能的实现,核电站的设计中采用了一系列专设安全设施。这些设施在配置上应用了纵深防御的概念,并相应规定了安全限值:燃料包壳最高温度低于 1 204 ℃;最大包壳氧化程度不超过包壳总厚度的 17%;最大产氢量不超过包壳-水化学反应产氢量的 1%;安全壳内压力保持在设计压力以下(某某某核电站设计压力0.5 MPa);堆芯几何形状的改变限制在可对堆芯进行冷却的限度之内;应急堆芯冷却系统保持其对堆芯进行长期冷却的能力。根据纵深防御的设计原则,核电站设置了三道屏障来防止放射性产物向周围环境释放,如图 1.46 所示。

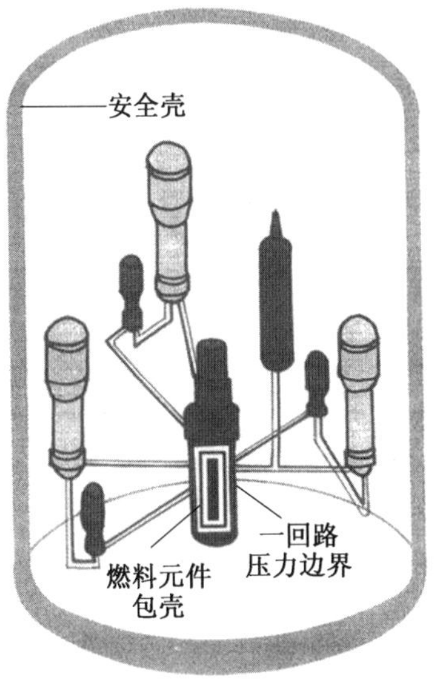

图 1.46 核电站的三道屏障

第一道屏障:燃料元件包壳。核燃料芯块叠装在锆合金管中,把管子密封起来,组成燃料棒,这些燃料元件的包壳就构成了核电站的第一道屏障。它们能包容核裂变产生的大部分放射性物质。包壳一旦破裂,裂变产物就进入一回路冷却剂中。

第二道屏障:一回路压力边界。一回路压力边界将放射性产物包容在一回路冷却剂内。为保证压力边界完整性就要防止管道的破裂和冷却剂的泄漏。

第三道屏障:安全壳。安全壳将反应堆、反应堆冷却剂系统的主要设备和主管道包容在内,它能阻止放射性产物向环境的释放,是最后一道屏障。

专设安全设施指这样一些系统:在事故(如一回路失水事故,二回路蒸汽管道破裂事故等)发生以后,确保反应堆紧急停闭、堆芯余热排出、安全壳完整,以便限制事故的发展和减轻事故的后果。核电站的专设安全设施一般包括:安全注入系统(RIS)、安全壳系统、安全壳喷淋系统(EAS)、安全壳隔离系统、可燃气体控制系统、辅助给水系统(ASG)。

1. 安全注入系统

安全注入系统(RIS)在事故后才启用,系统功能如下。

(1)当一回路发生小破口(当量直径 $D<9.5$ mm),且化容系统(RCV)不足以补偿冷却剂泄漏时,安全注入系统用来向一回路补水,以重新建立稳压器水位。

(2)在发生一回路大破口失水事故时(冷却剂大量外流),安全注入系统向堆芯注硼酸溶液,以重新淹没并冷却堆芯,防止燃料元件包壳熔化。

(3)在二回路蒸汽管道破裂时,二回路冷却增强,一回路温度降低。这是因为主蒸汽管道破裂,大量蒸汽喷出,蒸汽速度增加,换热增强,补充的冷水温度低,温差增加。安全注入系统向一回路注入高浓度硼酸溶液以补偿由于冷却剂温度降低而引入的正反应性,防止反应堆重返临界状态。

安全注入系统(RIS)由高压安全注入(HHSI)、中压安全注入(MHSI)和低压安全注入(LHSl)三个子系统组成。它们根据事故引起主冷却剂系统(RCP)降压的情况,在不同的压力下分别投运,图1.47所示为安全注入系统流程图。

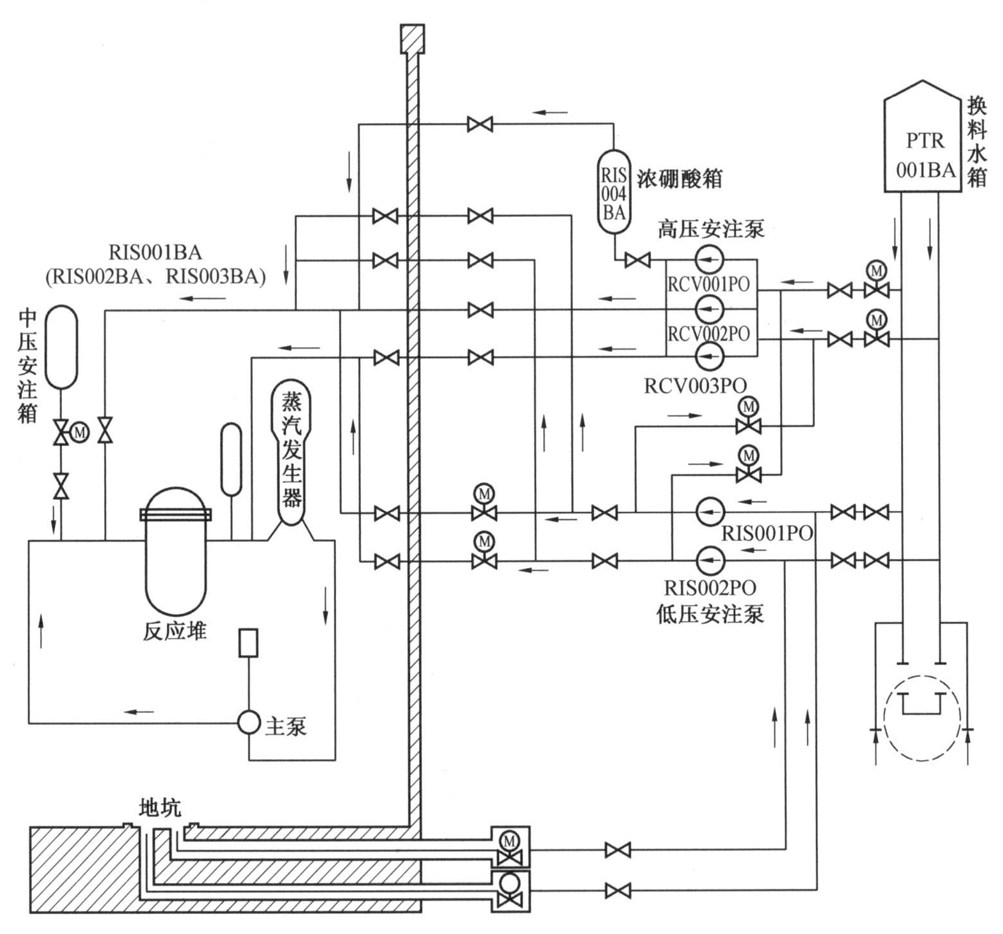

图1.47　安全注入系统流程图

高压安全注入系统在主冷却剂系统发生的破口已使其(绝对)压力下降到11.9 MPa或主蒸汽管道发生破裂引起一回路温度明显降低时投运。高压安全注入系统向堆芯注入高浓硼酸溶液,迅速冷却和淹没堆芯,并抵消温度效应引起的正反应性增加,使反应堆维持在次临界状态。高压安全注入系统的主要设备如下。

(1)三台高压安注泵:即化容系统(RCV)的三台上充泵,RCV001PO、RCV002PO、

RCV003PO。正常运行时，它们作为化容系统上充泵用于向主冷却剂系统正常充水，一台运行、一台备用，另一台维护。事故工况下，其转而成为高压安注泵，两台泵运行，向一回路注入硼酸溶液。

（2）一个浓硼酸箱 RIS004BA。

（3）吸水管线。高压安注泵有两条吸水管线：一是直接从换料水箱 001BA 来的吸水管线，二是与低压安注泵出口连接的增压管线。系统首先从与低压安注泵出口连接的增压管线吸水。因换料水箱与高压安注泵入口之间的管道上设置了逆止阀，它们在低压安注泵出口压力的作用下自动关闭，因此仅在低压安注泵增压失效时高压安注泵才直接从换料水箱吸水。

低压安全注入系统在主冷却剂系统压力低于低压安注泵压头时投运。它由两条独立流道组成，每条流道有一台低压安注泵（RIS001PO 和 RIS002PO）。低压安注泵出口接到高压安注泵吸入联箱上，为高压安注泵增压，同时与主冷却剂系统的冷、热段也有连管（与高压安全注入管线共用）。低压安注泵入口也有两条吸水管线：直接注入阶段，两台低压安注泵通过两条独立管线从换料水箱抽水；再循环阶段（当换料水箱水位低于 2.1 m 时，转入再循环阶段），两台低压安注泵通过两条独立管线从安全壳地坑抽水。在反应堆正常运行时，两台低压安注泵是不工作的；高压安注泵工作，但是作为上充泵使用。

中压安全注入系统主要由三个中压安注箱（RIS001BA，RIS002BA，RIS003BA）组成，分别接到主冷却剂系统 3 个环路的冷段上，中压安注箱内存含硼水，用绝对压力约为 4.275～4.53 MPa的氮气覆盖。当主冷却剂系统压力降到中压安注箱压力（4.275～4.53 MPa）以下时，氮气压自动将含硼水注入主冷却剂系统冷段。该系统能在短时间内淹没堆芯，避免燃料棒熔化。每个中压安注箱能提供淹没堆芯所需容积的 50%，中压安注箱中的水是依靠水压试验泵从换料水箱中汲取的。

电站正常运行时，安全注入系统处于备用状态。在事故情况下，一回路破口后压力变化如图 1.48 所示。在事故情况下，收到安全注入信号时（结合图 1.47）：

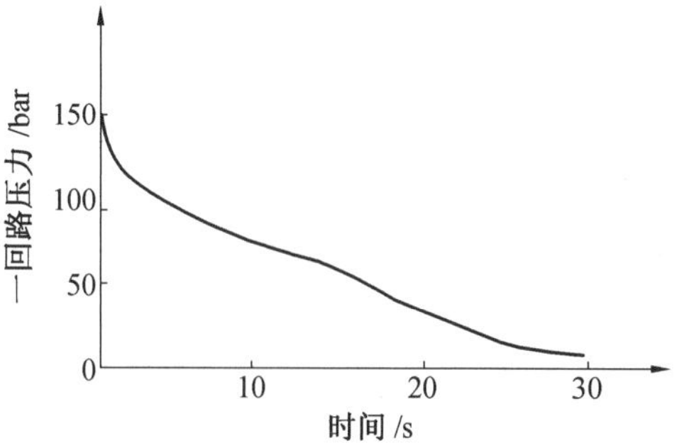

第 1 步：两台高压安注泵和两台低压安注泵同时自动启动，此时低压安注泵作为增压泵从换料水箱吸水送到高压安注泵入口，高压安注泵的出口水经过浓硼酸箱（RIS004BA），带动箱中的浓硼酸一起注入一回路的冷段。

图 1.48　一回路破口后压力变化

第 2 步：当一回路压力低于中压安注箱压力时，中压安全注入系统开始工作。

第 3 步：当一回路压力降到低于低压安注泵的出口压力时，低压安全注入管线开始有硼酸溶液注入一回路冷段。随着安注泵不断地将换料水箱中的硼酸溶液注入一回路中，当换料水箱水位降到低水位时，低压安注泵自动转向从安全壳地坑吸水，即进入冷端再循环注入阶段。由于蒸汽带走硼酸的能力很小，长期停留在冷端再循环注入阶段会使压力容器内硼浓度不断增大，为防止出现硼结晶，在安全注入系统动作 12.5 h 后，通过手动操

作将安全注入转到以热端注入为主,冷端注入为辅的冷热端同时再循环注入阶段。以后每 24 h 手动切换一次,24 h 冷端注入,24 h 冷热端同时注入。

第 4 步:安全注入系统的停运。运行人员根据条件,堆芯完全被冷却(环境条件:压力、温度和放射性水平),停运安全注入系统。

2. 安全壳系统

安全壳是包容反应堆冷却剂系统的气密承压构筑物。安全壳对核电站安全具有特别重要的意义,因为它是阻挡来自燃料的裂变产物及一回路放射性物质进入环境的最后一道屏障。安全壳在发生失水事故和安全壳内的主蒸汽管道破裂时承受内压,容纳喷射出的汽水混合物,防止或减少放射性物质向环境释放;对反应堆冷却剂系统的放射性辐射提供生物屏障,并限制污染气体的泄漏。安全壳作为非能动安全设施,要能够在全寿命周期内保持其性能,必须考虑对外部事件(如飞机碰撞、海啸、龙卷风)进行防护和内部飞射物及管道甩击的影响。

安全壳按结构材料分为钢结构、钢筋混凝土或预应力混凝土、复合结构(既用钢也用钢筋混凝土或预应力混凝土),按性能分为干式、冰冷凝式。

压水堆核电站通常采用大型干式安全壳。某某某核电站安全壳为预应力混凝土圆柱形构筑物,上部半球或椭圆形穹顶。外径约 40 m,高约 60 m,自由容积约 50 000 m^3,壁厚近 1 m,内衬 6 mm 碳钢。衬里与混凝土墙贴紧,锚固在墙上,用作防漏膜,使安全壳混凝土墙在失水事故下仍然受轻微的压缩,从而允许安全壳承受更高的内压。

3. 安全壳喷淋系统(EAS)

一回路大破口时的冷却剂丧失事故、安全壳内蒸汽管道破裂事故这两种事故下,高温、高压蒸汽会喷放出来,使安全壳内压力和温度升高。此时安全壳喷淋系统(EAS)投入运行。安全壳喷淋系统的功能如下。

(1)通过喷淋,冷凝蒸汽,使安全壳内压力和温度降低到可接受的水平(不超过安全壳设计压力 0.5 MPa),确保安全壳的完整性。

(2)经热交换器,排出事故时释放到安全壳的堆芯余热。该系统也是专设安全设施中唯一带有冷源的系统。

(3)在喷淋水中加入氢氧化钠(NaOH)降低安全壳内挥发性裂变产物的浓度(捕捉放射性碘),同时 NaOH 与硼酸起中和作用,能限制对金属的腐蚀。

(4)停堆期间,当安全壳内发生火灾而消防灭火系统失效时,安全壳喷淋系统可用来扑灭火灾。

(5)在安全注入系统故障时,安全壳喷淋系统可作为安全注入系统的备用。

(6)停堆状态,换料水箱温度超过 40 ℃时,可利用该系统热交换器对换料水箱进行冷却。

为保证喷淋的可靠性,每台机组的喷淋系统由两条相同且实体隔离的管线(系列 A 和系列 B)组成,每个系列能保证 100% 的喷淋功能,如图 1.49 所示。每条管线由下列设备组成:一台喷淋泵(EAS001PO/EAS002PO)、一个化学添加剂(NaOH)喷射器、一个热交换器(EAS001RF/EAS002RF)、两条位于安全壳顶部不同标高的喷淋集管。两条管线共用的化学试剂回路包括:一个化学添加剂箱 EAS001BA、一台搅混泵、连接 001BA 的喷淋泵试验管线。

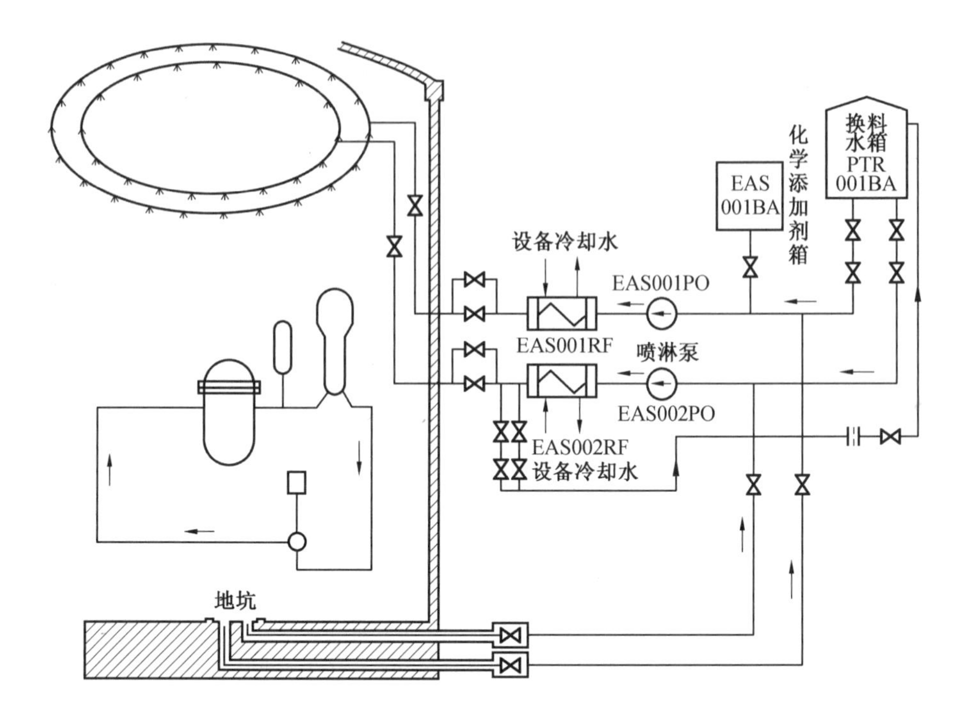

图 1.49　安全壳喷淋系统流程图

与安全注入系统(RIS)类似,安全壳喷淋系统供水分两个阶段:第一阶段(直接喷淋)从换料水箱 001BA 取水;第二阶段(再循环喷淋)从安全壳地坑取水。机组正常运行时,安全壳喷淋系统处于备用状态。当出现喷淋信号(安全壳压力高)时,两台喷淋泵自动启动,从换料水箱取水进行直接喷淋。5 min 后喷淋水中注入氢氧化钠,这是为了吸附空气中的放射性碘和提高喷淋水的 pH 值,减轻对设备的腐蚀。当换料水箱达到低水位时,喷淋泵自动转向从安全壳地坑取水进入再循环喷淋阶段。并通过热交换器将一回路释放到安全壳内的热量经设备冷却水系统排向大海。

4. 安全壳隔离系统

安全壳隔离系统为贯穿安全壳的流体系统提供隔离手段,使事故后可能释放到安全壳中的任何放射性物质都被包封在安全壳内。在设计基准事故发生后,需要该系统起作用,以隔离贯穿安全壳的非安全相关流体系统,保持安全壳密封的完整性。在贯穿安全壳的流体系统管道上设置阀门。隔离阀系统分两大类:①属一回路的一部分,或直接与安全壳内大气相通的贯穿管路,或在安全壳内未形成封闭系统的,一般都采取在安全壳内外各设一个隔离阀。②非一回路的一部分,又不直接通安全壳大气的贯穿管道,符合封闭系统要求的,则至少在安全壳外侧设一个隔离阀。

5. 可燃气体控制系统

在发生失水事故后,安全壳内氢气会累积,造成安全壳内氢气累积的原因为:燃料包壳材料锆与水发生化学反应;冷却剂中溶解氢的释放;水在堆芯内的辐射分解;水在安全壳地坑内的辐射分解;喷淋溶液与安全壳内材料(与喷淋液不相容的材料在安全壳设计中是有限制的)化学反应产生氢气。

可燃气体控制系统用来监测、控制安全壳气空间的氢气体积分数，防止失水事故后安全壳内氢气积累到超过燃烧或爆炸限值水平。该系统原理如图1.50所示。该系统分为事故后氢气取样系统、安全壳气体混合系统、氢气复合系统、事故后氢气排放系统。

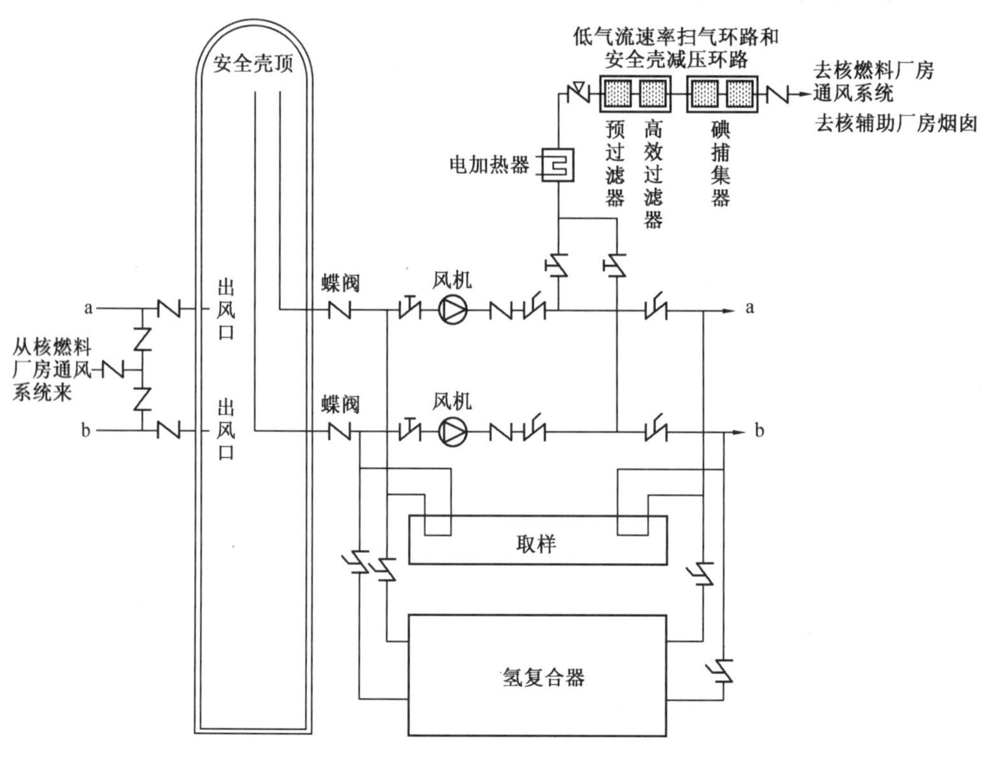

图1.50 可燃气体控制系统原理

事故后氢气取样系统用来提供安全壳气体样品，通过取样分析，监测安全壳内氢气体积分数，确保氢复合器的及时投入。其由若干台风机、管路和一个样品容器组成，管路应保证可从安全壳内若干有代表性的点采集样品。

安全壳气体混合系统可以混合安全壳大气，防止局部氢气体积分数增高。其由若干风机和配气管路组成，管路的布置应防止出现氢气体积分数可能增高的滞流区。

氢气复合系统可使氢气和氧气在受控速率下合成水，去除安全壳中氢气。图1.51所示为电热式热力氢复合器。空气经预热段（电加热，提高系统效率并蒸发微小水滴）进入加热段（空气温度升高到620～760 ℃，导致氢和氧复合，复合温度约613 ℃）再进入混合室（热空气与冷的安全壳空气混合），最后以较低温度排回安全壳。氢复合器平时放置在燃料厂房，失水事故后，接入系统。图1.52所示为外部氢复合器系统，由空气压缩机、气体加热器、反应室、冷却器和管道、阀门仪表组成。安全壳空气进入空气压缩机再进入气体加热器（至320 ℃左右）经催化床（在钯催化剂作用下，氢与氧复合成水）进入冷却、除湿装置，最后返回安全壳。

事故后氢气排放系统可以在失水事故后，从安全壳内排出足够量气体，使安全壳内氢体积分数在假定无其他除氢设施条件下保持低于4%的容许限值。该系统包括排气系统和供气系统。供气系统向安全壳提供外部空气，由若干风机、管路、阀门组成。排气系统由若干台风机与管路、一个前置过滤器、一个高效微粒空气过滤器和一个活性炭过滤器组成，排气的过滤部分是必需的，借以将事故后氢气体积分数控制在规定限值内。

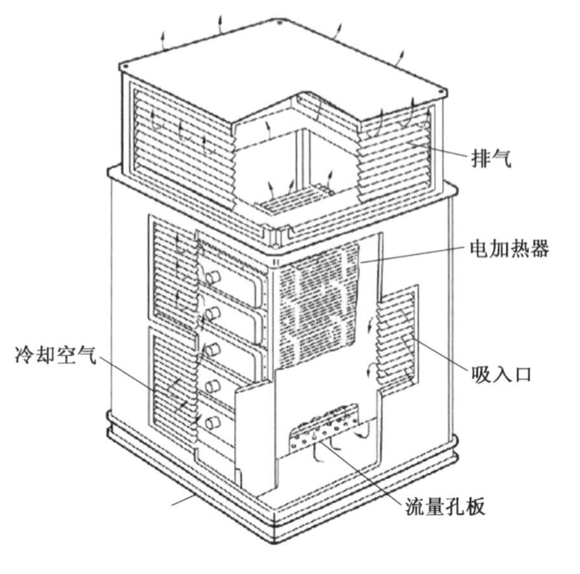

图 1.51　电热式热力氢复合器

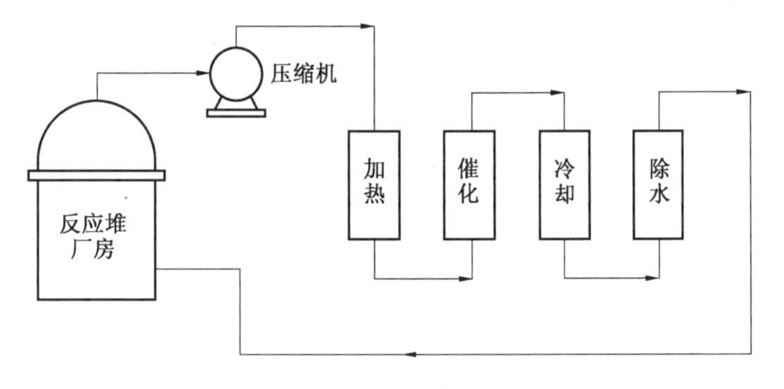

图 1.52　外部氢复合器系统

6. 辅助给水系统

在机组正常运行时，辅助给水系统（ASG）作为蒸汽发生器的后备水源用于 3 种情况：在反应堆启动、热备、热停期间，辅助给水系统代替主给水系统向蒸汽发生器的二次侧供水。当主给水系统失效时，其向蒸汽发生器二次侧供水，排出堆芯余热，将反应堆冷却到余热排出系统（RRA）投入运行条件为止，蒸汽发生器产生的蒸汽通过汽机旁路系统（GCT）排向冷凝器或排向大气。如图 1.53 所示，这个系统包括：两台 50% 容量的电动泵供水回路，电动泵有应急电源供电；一台 100% 容量的汽动泵供水回路，由主蒸汽隔离阀上游旁路管线或辅助蒸汽系统分配供汽。辅助给水系统有 100% 的冗余度，采用多种动力源。两套供水回路共用一个贮水箱，该贮水箱的容量（790 m^3）能满足在紧急停堆后直到余热排出系统投入这段时间内向蒸发器的供水，从而保证堆芯余热的排出。贮水箱的补水水源有两路：一路是常规岛除盐水分配系统供水，经过脱气装置除氧后供给；另一路凝结水抽取系统供给。

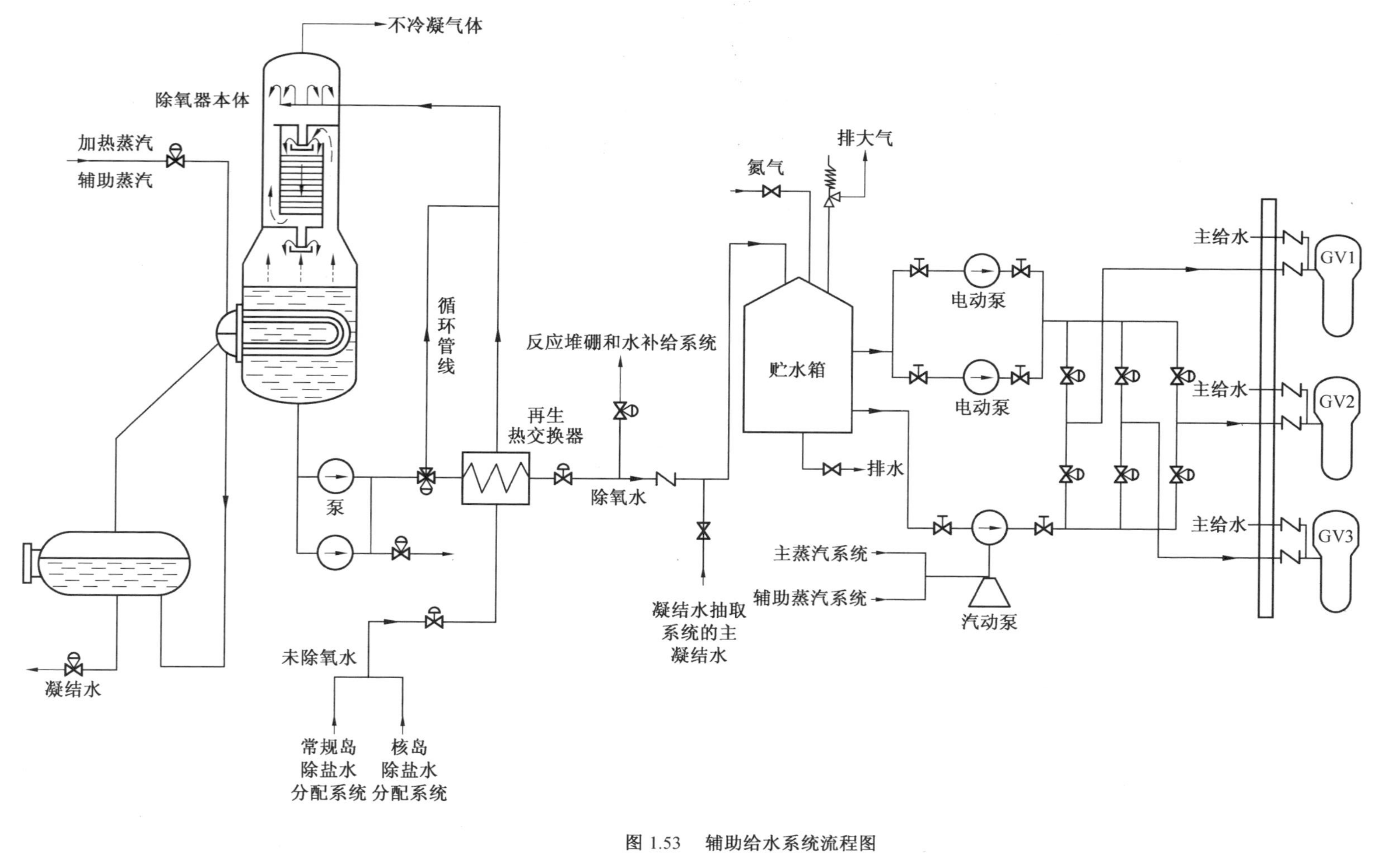

图 1.53 辅助给水系统流程图

第2章 汽轮机发电系统

核电站的汽轮机发电系统与火电厂的汽轮机发电系统相似,核电站的给水吸收蒸汽发生器内一回路反应堆释放的热量后转化成蒸汽,而火电厂的给水吸收锅炉内燃料燃烧释放的热量后转化成蒸汽。核电站和火电厂产生的蒸汽主要差别在于:热源不同,核电站是核燃料的链式裂变反应释放的热量,火电厂是燃料燃烧后释放的热量;蒸汽的温度和压力不同,核电站产生的蒸汽一般是饱和蒸汽和或过热蒸汽,蒸汽的温度和压力较低,而火电厂一般都是过热蒸汽,且蒸汽压力一般是核电站的2~4倍,蒸汽品质更高。

本章以压水堆核电站为例,阐述其汽轮机发电系统,在核电站又称为二回路。

2.1 二 回 路

压水堆核动力装置二回路正常运行时,将一回路提供的热能(高温高压蒸汽)转变为汽轮机高速旋转的机械能,带动发电机发电或驱动船舶动力装置;在停机或事故工况下,保证一回路的冷却。

以某某某核电站900 MW压水堆为例,二回路流程如图2.1所示。3台蒸汽发生器产生蒸汽进入1个汽轮机高压缸做功,做功后的蒸汽进入2台汽水分离再热器,蒸汽品质提高后,进入3个汽轮机低压缸做功,做功后的乏汽进入3个冷凝器凝结成水,由3台凝结水泵升压后,送入4级低压加热器加热,再进入1个除氧器进行热力除氧,除氧后的水由3台主给水泵升压,送入2级高压加热器加热,再返回3台蒸汽发生器。

图2.2为某某某核电站二回路热力系统。新蒸汽(6.63 MPa,饱和)进汽轮机高压缸(HP)做功。高压缸排汽(0.783 MPa,169.5 ℃,湿度14.3%)小部分送往除氧器(H5),大部分送往汽水分离再热器进行除湿(MS)和二级再热(R1、R2)。汽水分离再热器出口过热蒸汽(0.747 MPa,265.1 ℃),送往低压缸(LP)做功。低压缸的排汽(7.5kPa,

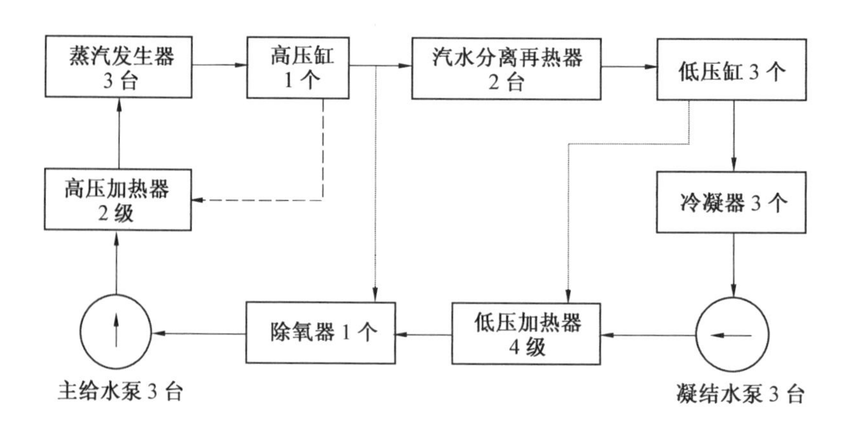

图2.1 某某某核电站二回路流程

40.35 ℃)进入冷凝器(C)。回热加热系统由4级低压加热器(H1～H4)、2级高压加热器(H6、H7)和1台除氧器(H5)组成,H4的疏水自流到H3,与H3的疏水汇合,经疏水泵送到H3低压给水管道出口。

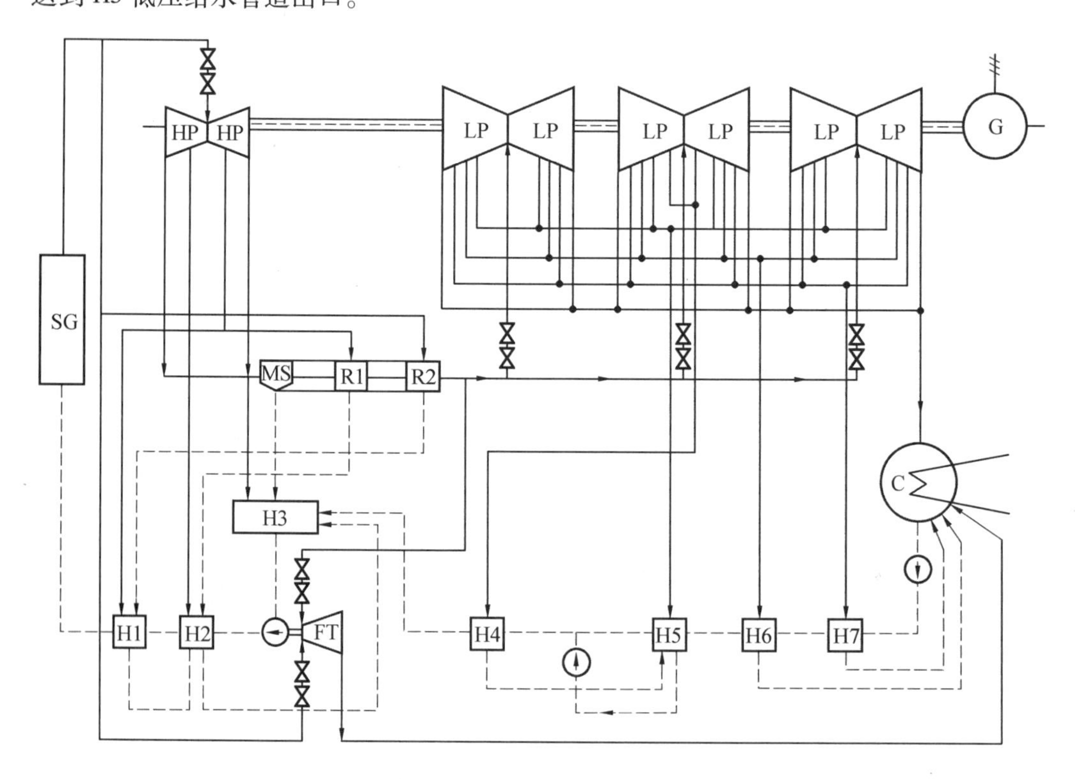

图2.2 某某某核电站二回路热力系统

MS—汽水分离器;R1—第一级再热器;R2—第二级再热器;C—冷凝器;
FT—给水泵汽轮机;G—发电机

给水泵包括两台50%容量的汽动给水泵和一台50%容量的电动给水泵。

二回路主要包括11个子系统,即主蒸汽系统(VVP)、汽轮机旁路排放系统(GCT)、汽水分离再热器系统(GSS)、凝结水抽取系统(CEX)、低压给水加热器系统(ABP)、给水除气器系统(ADG)、汽动/电动给水泵系统(APP/APA)、高压给水加热器系统(AHP)、给水流量控制系统(ARE)、循环水系统(CRF)及循环水过滤系统(CFI),以及循环水渠和管道。

2.1.1 主蒸汽系统

主蒸汽系统系统功能包括输送蒸汽和安全两方面。

输送蒸汽功能是指将蒸汽发生器产生的主蒸汽输送到下列设备和系统(图2.3):①汽轮机高压缸,用于做功;②汽水分离再热器(GSS),用于加热汽轮机高压缸做完功的蒸汽;③除氧器(ADG),用于加热给水;④两台主给水汽动泵小汽轮机(APP);⑤辅助给水泵汽轮机(ASG);⑥辅助蒸汽转换器(STR);⑦通向冷凝器和大气的蒸汽旁路排放系统;⑧汽轮机轴封(CET)。

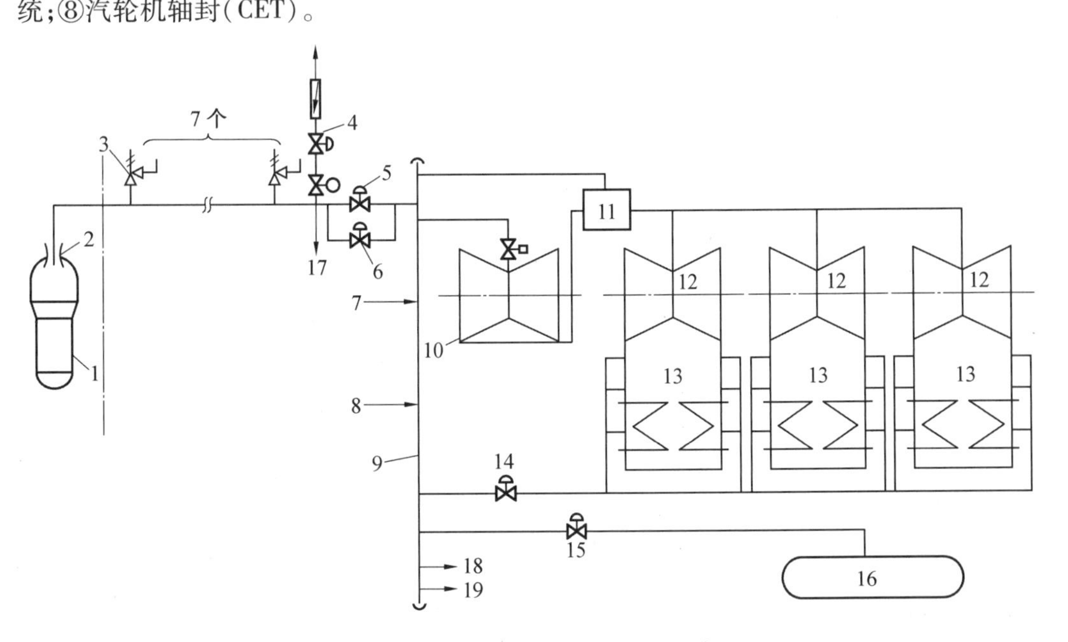

图2.3 某某某核电站主蒸汽系统示意图

1—蒸汽发生器;2—限流器;3—安全阀;4—大气释放阀;5—主蒸汽隔离阀;6—主蒸汽隔离旁路;7,8—2号和3号蒸汽发生器主蒸汽管线;9—蒸汽母管;10—汽轮机高压缸;11—汽水分离再热器;12—汽轮机低压缸;13—冷凝器;14—通向冷凝器的蒸汽排放阀;15—通向除氧器的蒸汽排放阀;16—除氧器;17—辅助给水泵汽轮机;18—去主给水汽动泵小汽轮机;19—向汽轮机轴封系统供汽

安全功能是指此系统与主给水系统和辅助给水系统配合,用于在电站正常运行工况、事故工况下排出一回路所产生的热量,并向反应堆保护系统提供主蒸汽压力和流量信号。

按照安全分级,主蒸汽系统分为核岛部分和常规岛部分。

1. 核岛部分

核岛部分主蒸汽系统如图2.4所示。连接在3台蒸汽发生器上部的3条主蒸汽管道穿出安全壳,经主蒸汽隔离阀管廊后进入汽轮机厂房。每根主蒸汽管道(以1号蒸发器主蒸汽管道为例)上包括:

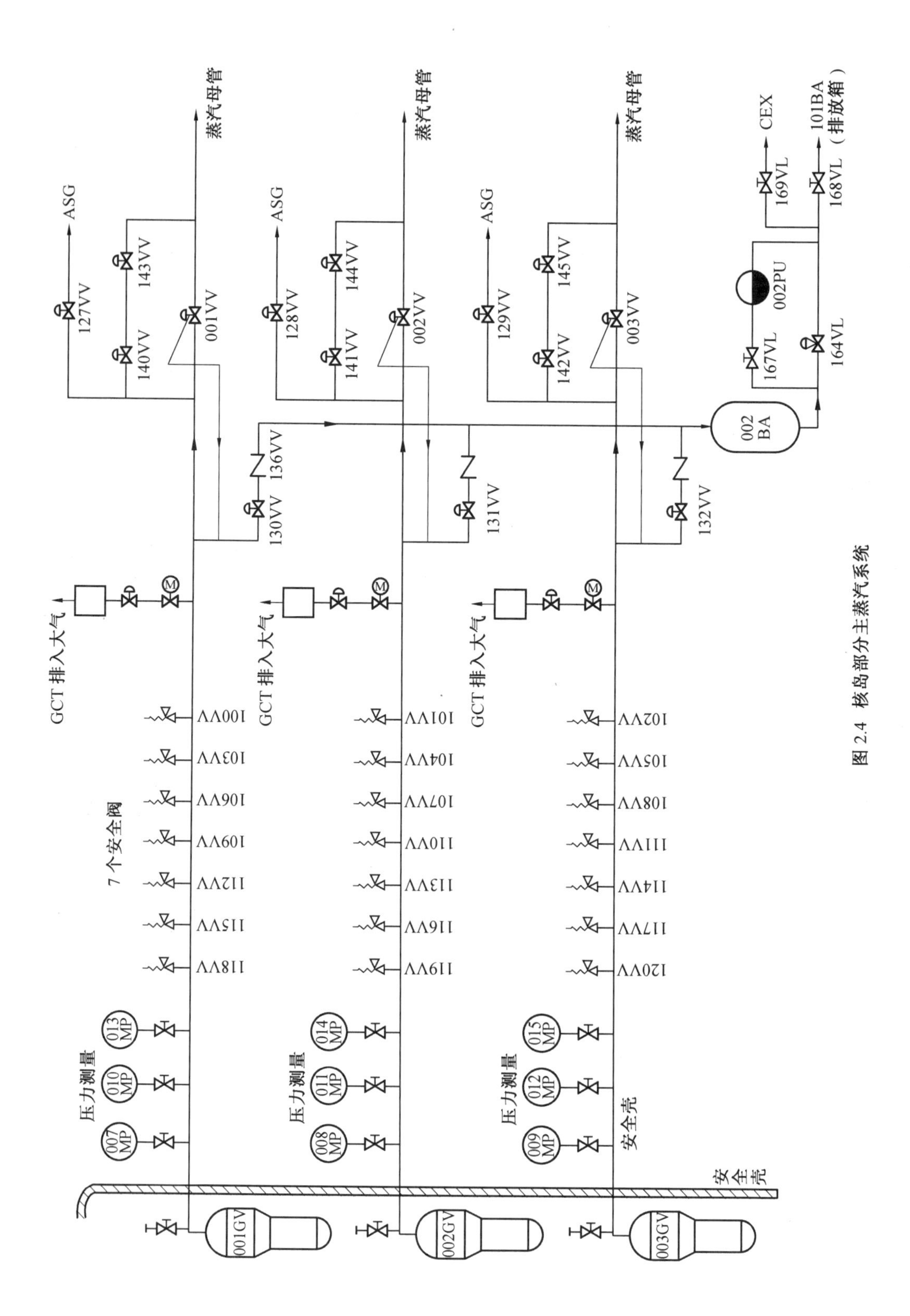

图 2.4 核岛部分主蒸汽系统

(1)7 个安全阀。动力操作安全阀,共 3 只。阀门在开启和关闭时有外力(压缩空气)来协助其动作,阀门动作整定值为 83 bar;弹簧加载安全阀,共 4 只,阀门动作整定值为 87 bar。安全阀的总排放量一般都取额定蒸汽量的 110% 。但单个安全阀的排放量设计成在反应堆停堆工况下,不会引起反应堆所不允许的过度冷却。

(2)1 个向大气排放蒸汽的接头(详见蒸汽旁路排放系统介绍)。

(3)1 个常开的主蒸汽隔离阀(001VV),它能在收到主蒸汽管线隔离信号后 5 s 内关闭。

(4)1 条主蒸汽隔离阀旁路管线,装有一台气动隔离阀(140VV)和一台气动控制阀(143VV),在电站启动期间用于提供加热蒸汽进行暖管,在主蒸汽隔离阀开启时用于平衡主蒸汽隔离阀两侧压力。

(5)1 个装有常开气动隔离阀(127VV)的分支接头,用来向辅助给水泵汽轮机供汽。

(6)1 个氮气供应接头,带有常关的手动隔离阀(174VV),在蒸汽发生器干、湿保养时充氮气使用。

(7)1 个主蒸汽隔离阀上游的疏水接头,在蒸汽管线暖管或热停堆时使用。每条疏水管线上设有一个气动隔离阀(130VV)和一个逆止阀(136VV)。这个逆止阀的作用是在事故情况下防止蒸汽管路的任何连通。3 条主蒸汽管道来的冷凝水先收集在位于汽轮机厂房内的疏水罐(002BA),然后送到冷凝器(CEX)或排放箱(101BA)。

(8)1 条从主蒸汽隔离阀到蒸汽疏水管线的平衡管,在主蒸汽隔离阀开启前进行阀体疏水。

2. 常规岛部分

常规岛部分主蒸汽系统如图 2.5 所示。3 条主蒸汽管道在汽轮机厂房内汇集于蒸汽母管。蒸汽母管上包括:

(1)4 根通向汽轮机高压缸的进汽管道。

(2)从蒸汽母管两端引出两根延伸管线,上面接有汽轮机旁路排放系统向冷凝器排放的 12 根排放支管,在末端用一平衡管线连接在一起。

(3)1 根向除氧器的供汽管线接头。

(4)2 根向主给水汽动泵小汽轮机供汽管线接头。

(5)向汽水分离再热器的供汽管线接头。

(6)向汽轮机轴封的供汽管线接头。

(7)向辅助蒸汽转换器的供汽管线接头。

(8)4 根疏水管线(图中只画出 1 根)。

图 2.4 中主蒸汽隔离阀 001VV 的功能:在主蒸汽管道或主给水管道破裂后使失控的蒸汽喷放量不超过 1 台蒸汽发生器的储水量,以维持反应堆冷却剂和安全壳压力升高在可接受的范围内。因此,在安全壳内或安全壳外的任何位置的蒸汽管线或给水管线部分发生破裂后,主蒸汽隔离阀必须能够在接到快速关闭信号后 5 s 内迅速截断任一方向的蒸汽流。另外,当反应堆处于热停堆状态时,主蒸汽隔离阀还用来将汽轮机侧的部分主蒸汽管道从核蒸汽供应系统隔离开,以便进行下游设备的检修。

主蒸汽隔离阀的执行机构是一个与氮气罐相连的液压缸,其原理图如图 2.6 所示。液压缸活塞的上部预先充入表压力为 198 bar 的氮气。阀门的开关由一个驱动回路和两

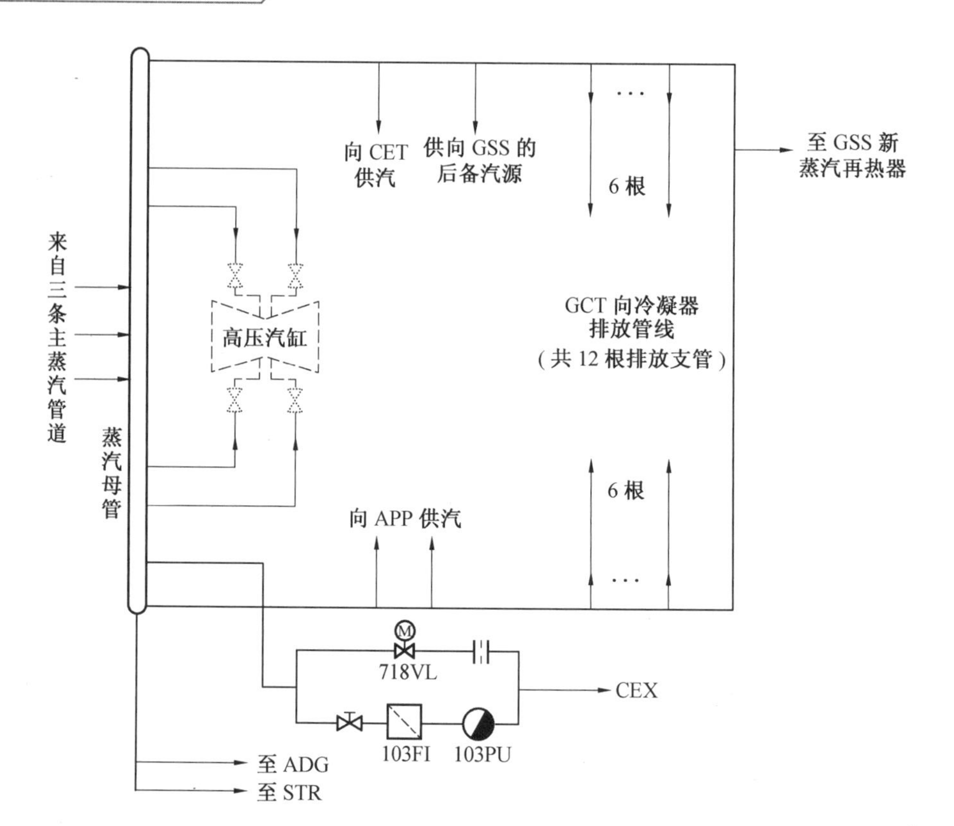

图 2.5　常规岛部分主蒸汽系统

个相似的排油回路控制。开启阀门时，驱动回路的气动油压泵动作，向液压缸活塞的下部充入表压力为 329 bar 的液压油，以克服氮气的压力。阀门关闭时，两条排油管线在排油控制分配器控制下，将液压油排到油箱，主蒸汽隔离阀在氮气压力作用下关闭。

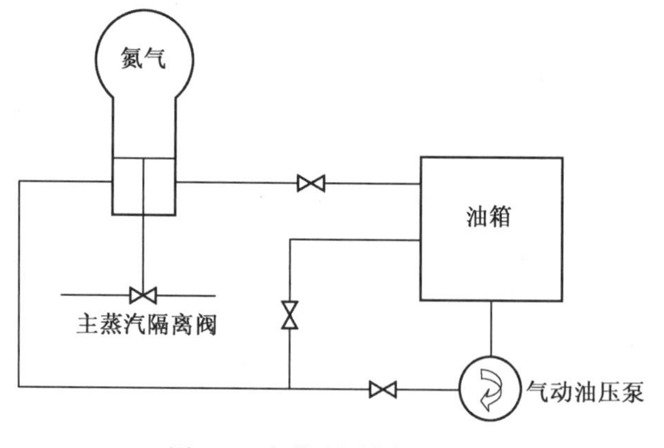

图 2.6　主蒸汽隔离阀原理图

2.1.2　蒸汽旁路排放系统

反应堆功率要跟随汽轮机负荷变化而调整，应该是汽轮机用多少，反应堆提供多少。当汽轮机负荷锐减（如甩负荷、汽轮机脱扣）时，要用控制棒调节，但由于控制棒的调节能力有限,反应堆的功率控制不能像汽轮机负荷的变化那样快,瞬时出现堆功率与汽轮机负荷的不一致。这时,汽轮机旁路排放系统投入,维持一回路和二回路的功率平衡。故汽轮机旁路排放系统总的功能为当反应堆功率与汽轮机负荷不一致时,通过把多余的蒸汽排向冷凝器、除氧器和大气,为反应堆提供一个“人为”的负荷,从而避免核蒸汽供应系统(NSSS)中温度和压力超过保护值,确保安全。

核电站在稳态带功率运行时,汽轮机旁路排放系统处于备用状态。当甩负荷的幅度大于10%额定负荷或大于每分钟5%额定负荷的线性变化,汽轮机旁路排放系统就要投入运行。在反应堆启动和停运过程中(余热排出系统未投入情况下),反应堆处于热备用、热停堆状态时都由汽轮机旁路排放系统投入导出一回路的热量。

汽轮机旁路排放系统由向冷凝器排放、向除氧器排放和向大气排放3部分组成,如图2.7所示。汽轮机旁路排放系统先向冷凝器排放蒸汽,冷凝器满足不了要求时(例如,发生了汽轮机脱扣),除向冷凝器排放外,还须向除氧器排放蒸汽,当向冷凝器排放系统不可用时,才能向大气排放蒸汽。

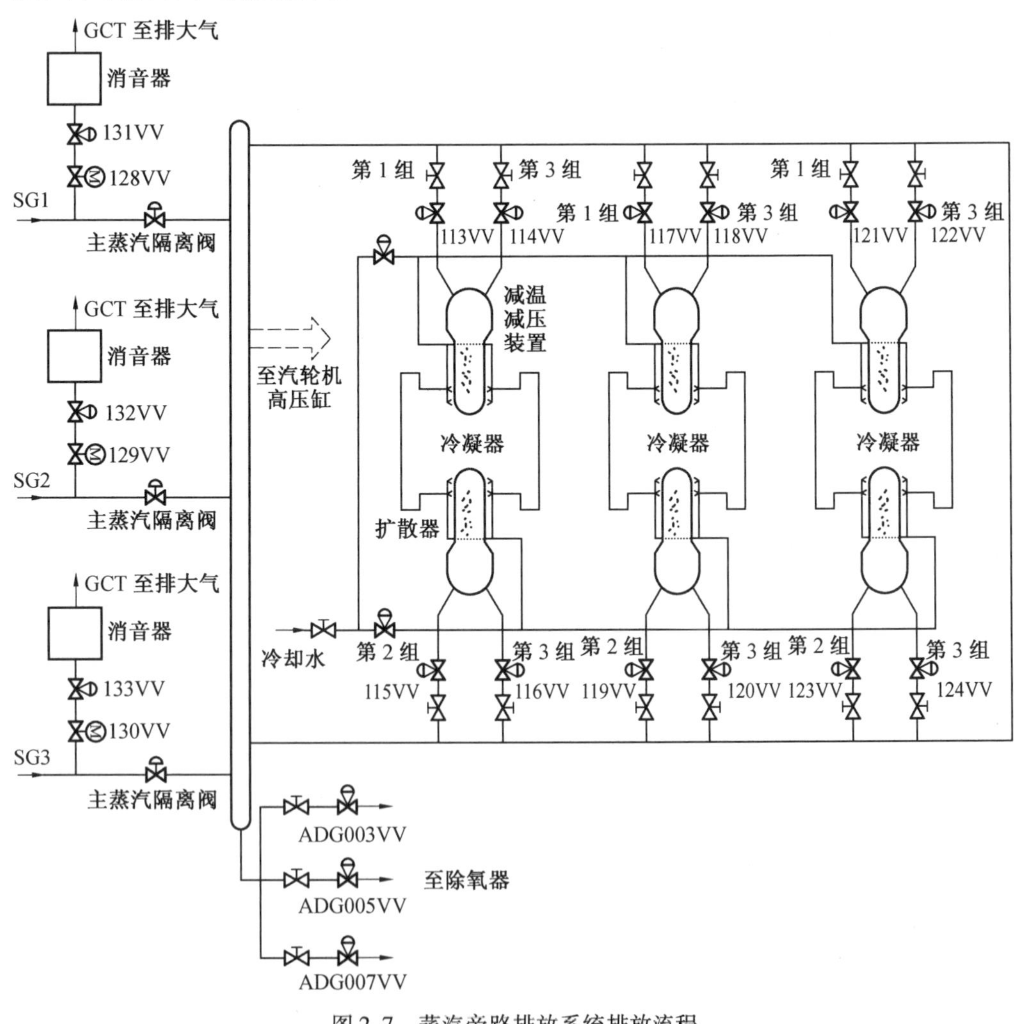

图2.7 蒸汽旁路排放系统排放流程

向冷凝器内排放时需要通过6只排放蒸汽扩散器。每台冷凝器壳内有2只，布置在冷凝器颈部两侧，可使排放蒸汽分阶段降压和降温后进入冷凝器。如图2.8所示，每只排放蒸汽扩散器由4个主要部件组成：排放蒸汽进口接管、联箱和支承结构、外部挡板和喷嘴，以及有关的管道。蒸汽通过初次节流孔（多孔半球形封头）扩散进入联箱的扩大部分时，排放蒸汽进行第一次降压。然后，当蒸汽通过联箱的二次节流孔进入挡板形成的扩大空间时，蒸汽再次降压。蒸汽被喷嘴喷射出的凝结水降温。最后，蒸汽从挡板排放到冷凝器。有两条排放蒸汽进口接管，与联箱成为整体。每条排放蒸汽进口接管穿过冷凝器壁，经热套筒最终接在联箱内的多孔半球形封头上。两个半球形封头形成联箱的初次节流孔。联箱是圆柱体，其一端放大，而在两端皆有椭圆形封头。在顶部和底部沿着其长度方向有钻孔，形成二次节流孔。联箱上4只一体的滑动支腿搁在支承结构上。滑动支腿使联箱可纵向和轴向移动，而限制它在垂直平面内移动。挡板位于联箱的上面、下面及两端，除了沿联箱两侧水平中心线的排放蒸汽出口通道（至冷凝器）外，挡板把联箱从四周围住。在顶部和底部挡板内，有4根管道，两根在顶部挡板内，两根在底部挡板内。沿着每根管道相隔一定间距装有许多喷嘴，向从联箱二次节流孔出来的主蒸汽喷射凝结水。此4根管道合并成1根管道，通过冷凝器颈壁，最终接在一法兰上。此法兰与冷却水管连接。某某某核电站扩散器的直径（最大）1.3 m，长（不包括进口管）5.3 m。

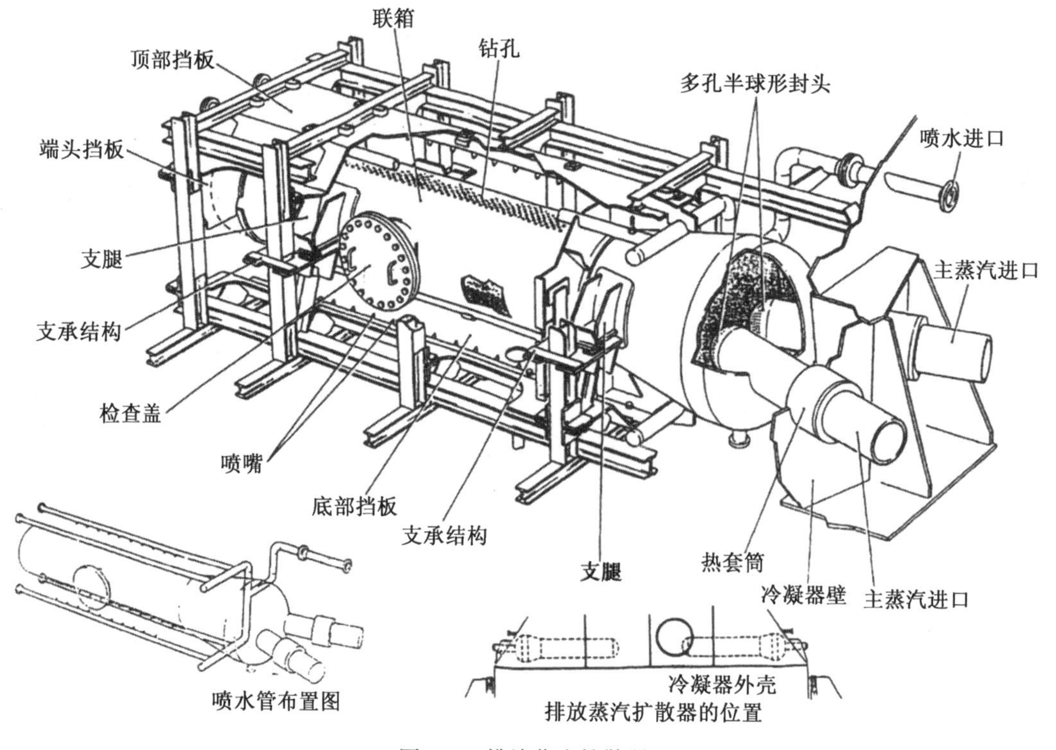

图2.8　排放蒸汽扩散器

2.1.3　汽水分离再热器系统

为什么设汽水分离再热器系统？

压水堆核电站蒸汽发生器产生的新蒸汽是饱和的，蒸汽随着在高压缸内的膨胀做功，其湿度不断增加，高压缸的排汽湿度高达 14.2% 。如果高压缸排汽（湿度 14.2% 蒸汽）直接进入低压缸做功，将对低压缸的叶片产生严重的冲刷腐蚀，同时也增加了湿汽损失，所以在高压缸和低压缸之间设置汽水分离再热器系统，用来除去高压缸排汽中约 98% 的水分，提高进入低压缸的蒸汽温度，使之成为过热蒸汽。与非再热相比，单级再热可使经济性提高 1.5% ~2% ，两级再热提高 1.8% ~2.5% ，因此一般采用两级再热系统。

汽水分离再热器实物图及结构图如图 2.9 和图 2.10 所示。某某某核电站汽水分离再热器壳体为碳钢圆筒形，由 8 段 30 mm 厚的环形段和两个 35 mm 厚的碟形封头组成。壳体水平地放于两个整体的鞍形支座上。壳体长 24.3 m、直径 5.4 m。支撑架在壳体内部支撑汽水分离器和管束，支撑架起框架作用，用减震杆固定并焊于壳体内侧的托架上。支撑架既作为焊接汽水分离器 32 个组件的框架，也作为管束和蒸汽罩壳的支承件，如图 2.11 所示。

图 2.9　汽水分离再热器实物图

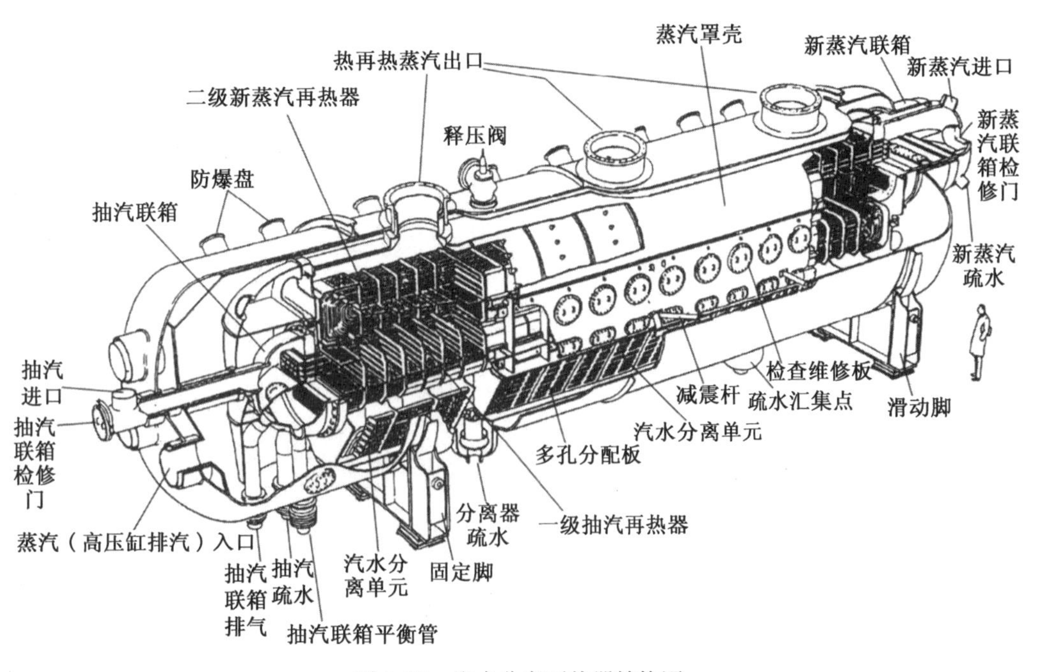

图 2.10　汽水分离再热器结构图

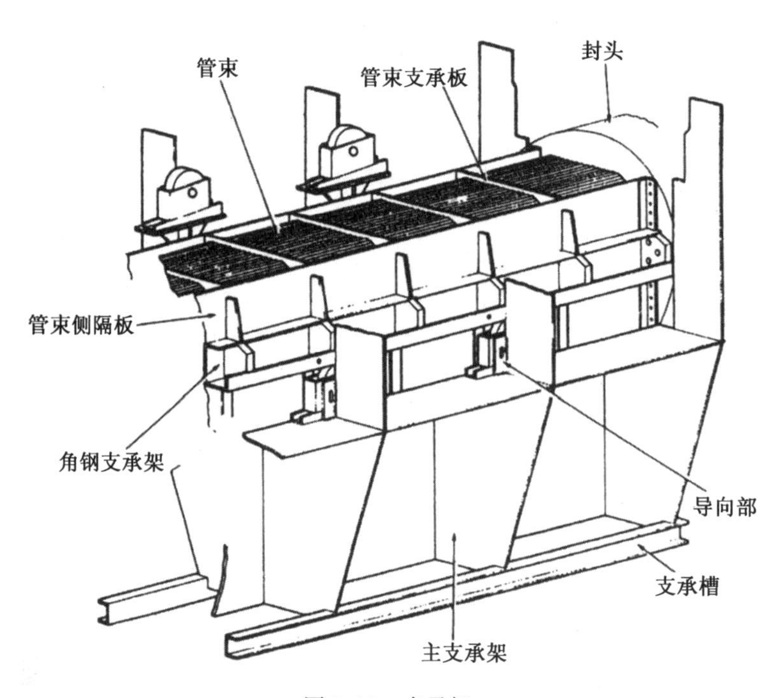

图 2.11　支承架

汽水分离器组件由一系列加工成波纹形的薄板组成,如图 2.12 所示。分离出的水沿着波纹板向下流入排水槽,再经下降管排入分离器底部的疏水槽。再经疏水管送到汽水分离再热器的分离器疏水箱。

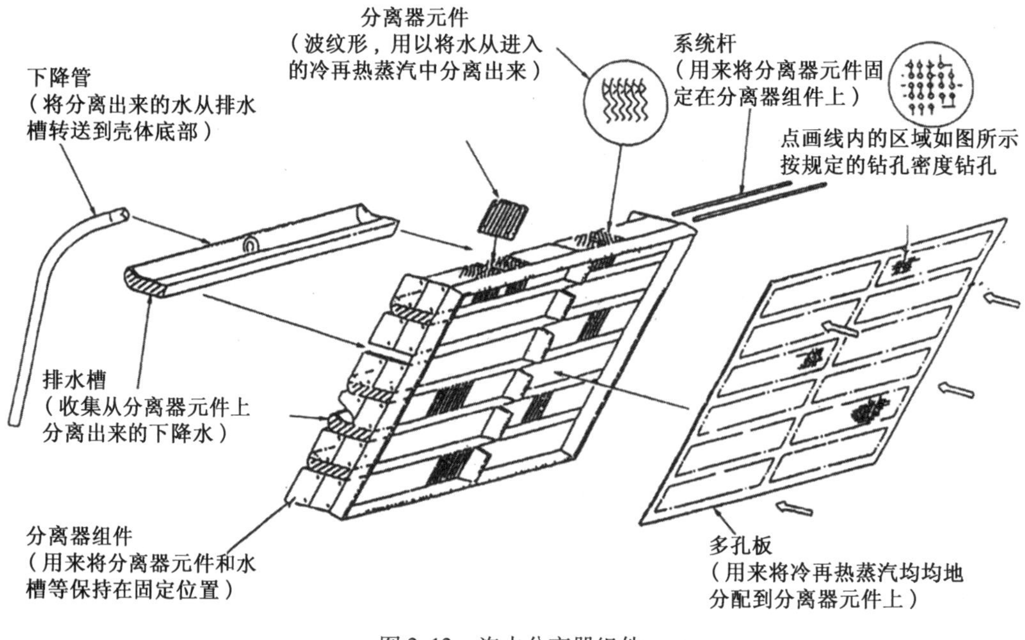

图 2.12　汽水分离器组件

每台汽水分离再热器内的新蒸汽再热器(第二级)和抽汽再热器(第一级)的管束有相似的设计。在插入壳体内的支承架之前,各再热器管束以整体的组件形式制造好,管束为一组带肋片的不锈钢U形传热管。传热管支承在一系列20 mm厚的管束支承板中,在弯管区各层传热管之间保持适当间隙,以应对低负荷下两相邻U形管之间的,尤其是未堵的与已堵的传热管之间的极端温差。在抽汽再热器和新蒸汽再热器的半球形联箱上焊有供汽接管、放汽接管、平衡接管和疏水接管。

从汽轮机高压缸排出的冷蒸汽沿8根管道分两组从壳体左端分别进入两列(每列4根,上、下各两根)汽水分离再热器,如图2.13所示(以A列为例)。先经过下部V字形分离器元件,将湿度为14.2%的冷再热蒸汽分离干燥(约去掉98%的水分),蒸汽由下往上流动,进入第一级再热器,加热蒸汽来自高压缸第一级抽汽。接着进入第二级再热器,加热蒸汽来自新蒸汽。最后从壳体顶部3个排汽口引出后成为热再热蒸汽,分别进入3个低压缸进汽口。其中B列还有两根管道送蒸汽到汽动给水泵小汽轮机。在额定负荷下,热再热蒸汽绝对压力为0.74 MPa,温度为265.1 ℃。第一级再热器(抽汽再热器)的加热蒸汽来自高压缸第一级抽汽,其绝对压力为2.76 MPa,温度为229 ℃。抽汽管道上设有1个逆止阀109VV和1个电动隔离阀108VV,1台汽水分离器110ZE和流量测量孔板105KD。汽水分离器除去抽汽中的水分,使第一级再热器入口的加热蒸汽湿度为0.24%。第一级再热器还设有新蒸汽后备系统,新蒸汽经电动隔离阀116VV和控制阀115VV的单根管道向第一级再热器供新蒸汽。当机组负荷小于35%额定负荷且抽汽再热管板温度大于130 ℃时,新蒸汽后备系统投入运行,以防止传热管的过度冷却。第一级再热器的预热靠新蒸汽经电动隔离阀162VV及孔板来完成。第二级再热器(新蒸汽再热

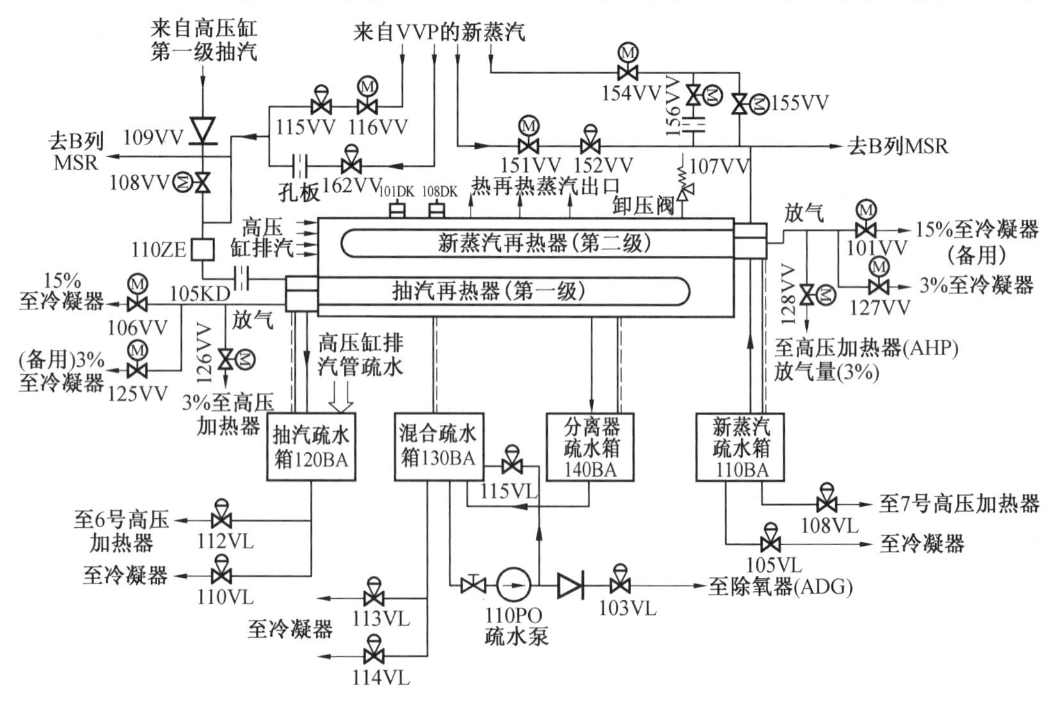

图2.13　汽水分离再热器蒸汽流程

器）的加热源为新蒸汽，其绝对压力为6.43 MPa，温度为264.8 ℃。在供汽管上设有一只电动隔离阀151VV和温度控制阀152VV及一只电动旁通阀155VV。电动旁通阀设有一根带电动隔离阀156VV及流量控制孔板的预热用的小连接管，以便在开启温度控制阀152VV之前使第二级再热器和相连管道能得到预热。

在汽机升负荷期间，进入再热器的新蒸汽流量由温度控制阀152VV控制，当负荷大于30%额定负荷时，主旁路阀155VV开启，电动隔离阀151VV关闭，温度控制阀152VV保留在原先的控制开度上，以便为负荷甩到5%～30%额定负荷恢复152VV的控制功能，从而保证低压缸不受大的热应力冲击。

每台汽水分离再热器的疏水包括三个独立的疏水系统：汽水分离器、抽汽再热器和新蒸汽再热器疏水系统。为保证再热器管束的安全运行，要防止再热器上、下管束温差超过30 ℃。为此在再热器的出口联箱上接有专门的放气管线，提供一股连续的放气流量使传热管的温差保持在可接受的水平。

为防止汽水分离再热器可能发生超压，其上装有卸压保护系统。包括一个先导阀操纵的卸压阀（107VV）及8个爆破盘101DK～108DK，分别能排放蒸气发生器额定蒸汽流量的10%和100%。卸压阀整定绝对压力为0.855 MPa（±3%）。汽水分离再热器爆破盘组件结构如图2.14所示。

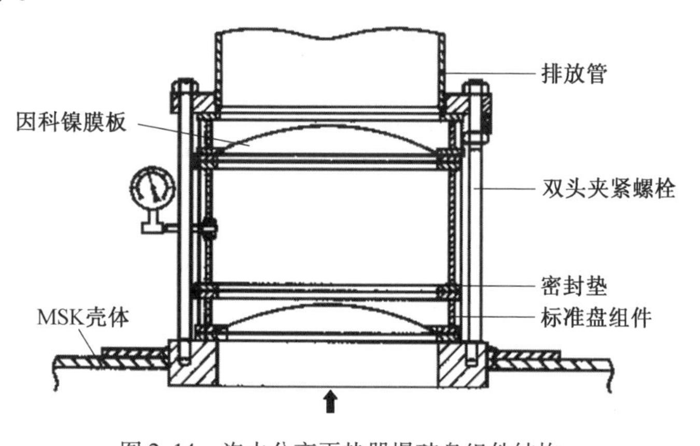

图2.14　汽水分离再热器爆破盘组件结构

2.1.4　凝结水抽取系统

凝结水抽取系统（CEX）具有以下功能。

（1）与冷凝器抽真空系统（CVI）和循环水系统（CRF）一起为汽轮机建立和维持真空。

（2）将进入冷凝器的蒸汽凝结成水。

（3）将凝结水从冷凝器热井中抽出，升压后经低压加热器送到除氧器。

（4）接收各疏水箱来的疏水。

（5）向下列系统或设备提供冷却水和轴封用水：为汽轮机排汽口喷淋系统（CAR）供降温冷却水；为汽轮机旁路排放系统（GCT）供降温冷却水；为新蒸汽和汽轮机疏水箱供降温冷却水；为蒸汽发生器排污系统（APG）再生式热交换器供冷却水；为低压加热器疏水泵、凝结水泵等提供轴封水；为辅助给水系统（ASG）的水箱提供凝结水。

如图2.15所示，凝结水抽取系统主要包括：3台冷凝器（101CS，102CS，103CS），3台凝结水泵（001PO，002PO，003PO），2个疏水接收箱（新蒸汽疏水箱001BA、汽轮机疏水箱002BA）；凝结水过滤器001FI，除氧器水位控制阀（025VL和026VL），再循环控制阀024VL；冷凝器补水控制阀022VD及相应的管道等。

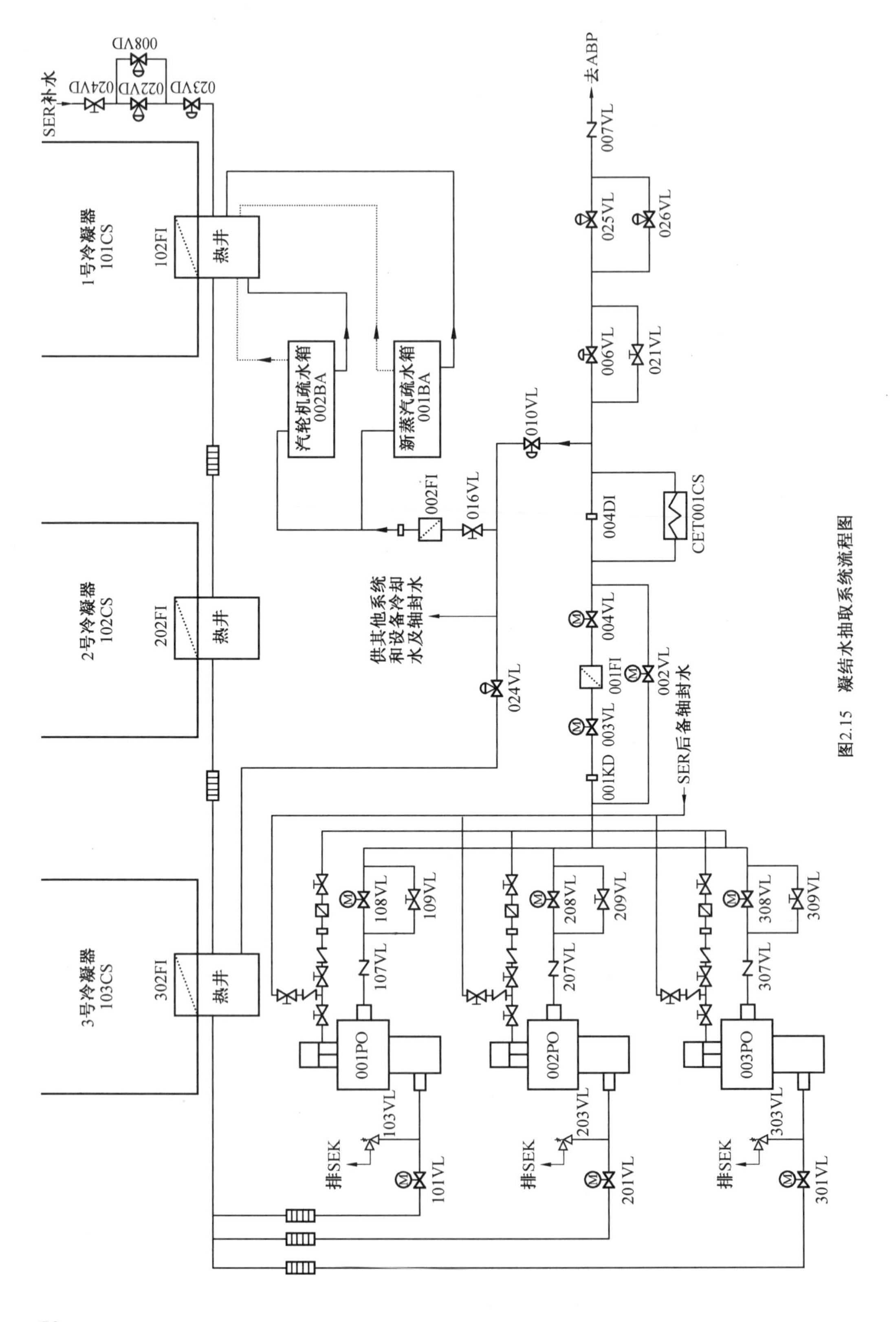

图2.15　凝结水抽取系统流程图

3 台冷凝器的热井用一根凝结水管联通,3 台凝结水泵(正常情况下 2 台运行,1 台备用)从第三台冷凝器 103CS 的热井出口取水,升压到 2.49 MPa 经泵出口逆止阀相隔离阀汇集于 3 台泵的出口母管。之后凝结水经过滤器 001FI(设有旁路阀 002VL)和孔板 004DI(并联轴封冷却器 CET001CS)后分两路:一路经隔离阀 006VL 及两个并列的除氧器水位控制阀 025VL 和 026VL 经 4 级低压加热器进入除氧器;另一路经再循环阀 024VL 返回冷凝器以保证泵的最小流量。在 024VL 上游设有冷却水和轴封水的供水支管。所有向冷凝器的疏水都需经冷凝器内的疏水扩容箱和 2 个独立的疏水接收箱(001BA、002BA)回到冷凝器。其中,新蒸汽疏水箱 001BA 和汽轮机疏水接收箱 002BA 设有喷水减温器,冷却水来自凝结水泵出口。

冷凝器的补水来自常规岛除盐水分配系统,经补水调节阀 022VD 向冷凝器补水,维持冷凝器的水位等于整定值。

汽轮机轴封冷却器 CET001CS 与孔板 004DI 并联,该孔板通过设计计算选定,以保证有适当的凝结水流量(15% 额定凝结水流量)流过轴封冷却器。把轴封冷却器的水路布置在低压加热器和凝结水再循环管线上游,以保证向轴封冷却器供应的凝结水不受进入除氧器的主系统凝结水量的影响(025VL 和 026VL 控制)。

凝结水泵的轴封水有两路来源:正常时来自凝结水泵出口母管;另一路来自常规岛除盐水分配系统,用于大修后首次启动 CEX 泵,因为启动前泵出口母管压力不足以维持泵的密封压力,泵启动后就可由泵出口母管提供轴封水。轴封水回水回到 3 台冷凝器。

冷凝器是一种表面式热交换器,循环冷却水(海水)在管束内流过,冷凝管束外的蒸汽。在冷凝器内,由于蒸汽凝结,其体积骤然缩小,形成一定真空,其压力为凝结水温度对应的饱和压力,同时冷凝器抽真空系统(CVI)及时抽出不凝结气体,保持冷凝器内压力为凝结水温度(40.5 ℃)对应的饱和绝对压力(额定工况下 7.5 kPa)。建立和维持冷凝器真空是动态平衡过程。蒸汽源源不断地进入冷凝器,冷却水连续地流过冷凝器将蒸汽凝结时放出的汽化潜热带走,凝结水不断地从热井中抽出,漏入的少量空气不断地被抽走,这样才能维持冷凝器的稳定真空。如果上述任一环节发生故障,都会影响冷凝器的真空。

凝结水泵的作用是将冷凝器热井的主凝结水抽出、升压,经各级低压加热器后送往除氧器。凝结水泵有卧式多级离心泵和立式多级离心泵两种,大型机组多采用立式多级离心泵。某某某核电站安装了 3 台 50% 容量的凝结水泵,每台泵的转速为 1 482 r/min,扬程为 215 m,流量为 552.67 kg/s。凝结水泵通过一个管道系统从冷凝器内抽取凝结水,该管道系统装有管子导向支架和膨胀波纹管组件。凝结水泵的各级叶轮垂直地悬挂在地面标高以下的沉箱内部,并能取出进行大修。每台泵都能按系统的特性曲线连续进行工作。在设计工况下运行时,计算得到的凝结水泵转子的第一阶临界转速为 3 270 r/min,在长期工作以后,当密封间隙为正常值的 3 倍时,临界转速会降到 1 830 r/min。因此,建议在密封间隙为 3 倍设计间隙时更换密封件。这样,凝结水泵在任何时间都在转子临界转速以下运行。

凝结水泵主要由入口管道,第一、二、三级叶轮,出口管道,机械密封,轴承和电机等部分组成,如图 2.16 所示。

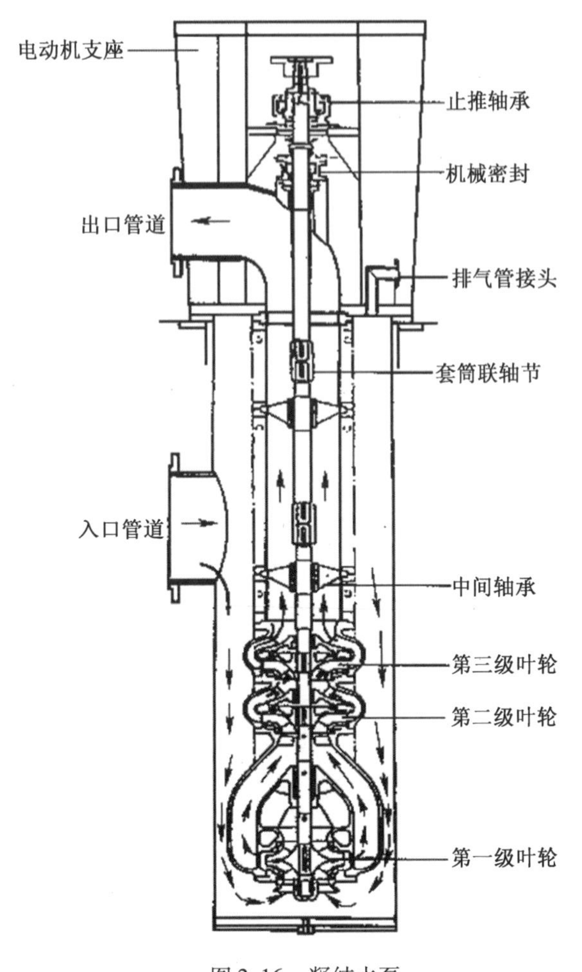

图 2.16　凝结水泵

凝结水经过入口管道进入泵的第一级。入口管道(进口分叉管)与沉箱做成一体。凝结水泵第一级采用双侧吸入设计,以满足吸入比转速的规定要求,而不需要过多地增加泵的长度。有一个喇叭口引导水流以稳定和最佳的流速分布进入各叶轮孔。从第一级叶轮周缘排出的水,由双蜗壳引入第二级叶轮。在双蜗壳的结合面处,在下部喇叭口内,有凝结水润滑的轴承,为泵轴提供支承。为了便于维修,轴颈和叶轮颈部的运行间隙装有可更换的套筒和内衬。

泵的第二、三级均为单侧进水,故每一级都有一个在扩散性壳中运转的单侧进水叶轮。叶轮的吸入孔朝下对着前一级,还装有一个逆向颈环和平衡室以尽量减少水力载荷。扩散器通道将水流从每个叶轮的周缘引向下一级叶轮的吸入口。每级泵壳都装有一套凝结水润滑的轴承,用于支承泵轴。叶轮用键固定在轴上,并由端部与轴肩紧贴的套筒进行轴向定位。

从水泵最后一级排出的凝结水,通过一根垂直管流出水泵,这根管子也叫支承管,同时支承着水泵的质量。一个钢制的排水弯头和电机支座联合结构,既起排水口作用,又悬挂着整个泵体,并在其顶部法兰上支托着驱动水泵的电机。

机械密封在泵轴穿过排水弯头处的一个填料盒里,设置了机械密封,以防止沿泵轴的泄漏。密封压板上开孔,用以接上密封水管,从凝结水泵出口母管引来凝结水,通过减压装置后供运转时冷却密封部件,并在水泵停运时阻止空气进入。

轴承包括装在凝结水泵电机托架上的止推和径向轴承,承受转动部件的质量和所施加的水力载荷。轴承装有整装一体的油润滑系统。由一台立式、法兰安装的鼠笼式感应电机驱动凝结水泵。

2.1.5 低压给水加热器系统

低压给水加热器系统(ABP)的功能是利用汽轮机低压缸抽汽加热给水,提高机组热力循环的效率。图2.17为卧式低压加热器简图。给水从水室端下部进入,经U形管束从上半水室流出;加热蒸汽进入壳体,遇到防蒸汽冲击板后,流向管束与壳体之间的环形蒸汽空间,沿U形管长度均匀分布,进入加热管束加热给水,凝结水由壳体底部的疏水口排出。

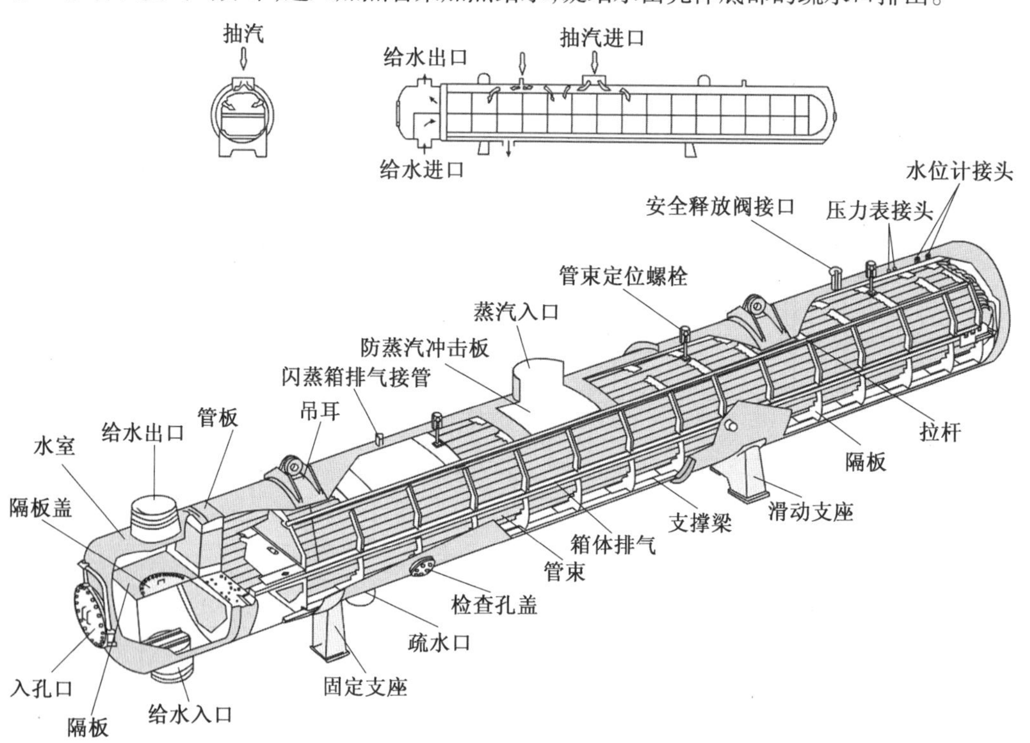

图2.17 卧式低压加热器简图

低压给水加热器系统主要由4级低压加热器组成:第1、2级低压加热器组合在同一壳体内,又称复合式加热器。3台复合式加热器分别布置在3台冷凝器的喉部,以并联方式布置在凝结水给水管线中,各流过1/3额定凝结水流量。第3、4级低压加热器分A、B两列并联在凝结水管线中,各流过1/2额定凝结水流量,在每列中第3、4级加热器是串联的,并设有独立的疏水系统(ACO)。该系统根据每天加热器内的蒸汽和水的流程可分成凝结水系统、抽汽系统、疏水系统和排气系统及卸压装置。第3、4级低压加热器的疏水系统及连接管道和阀门等,如图2.18所示。

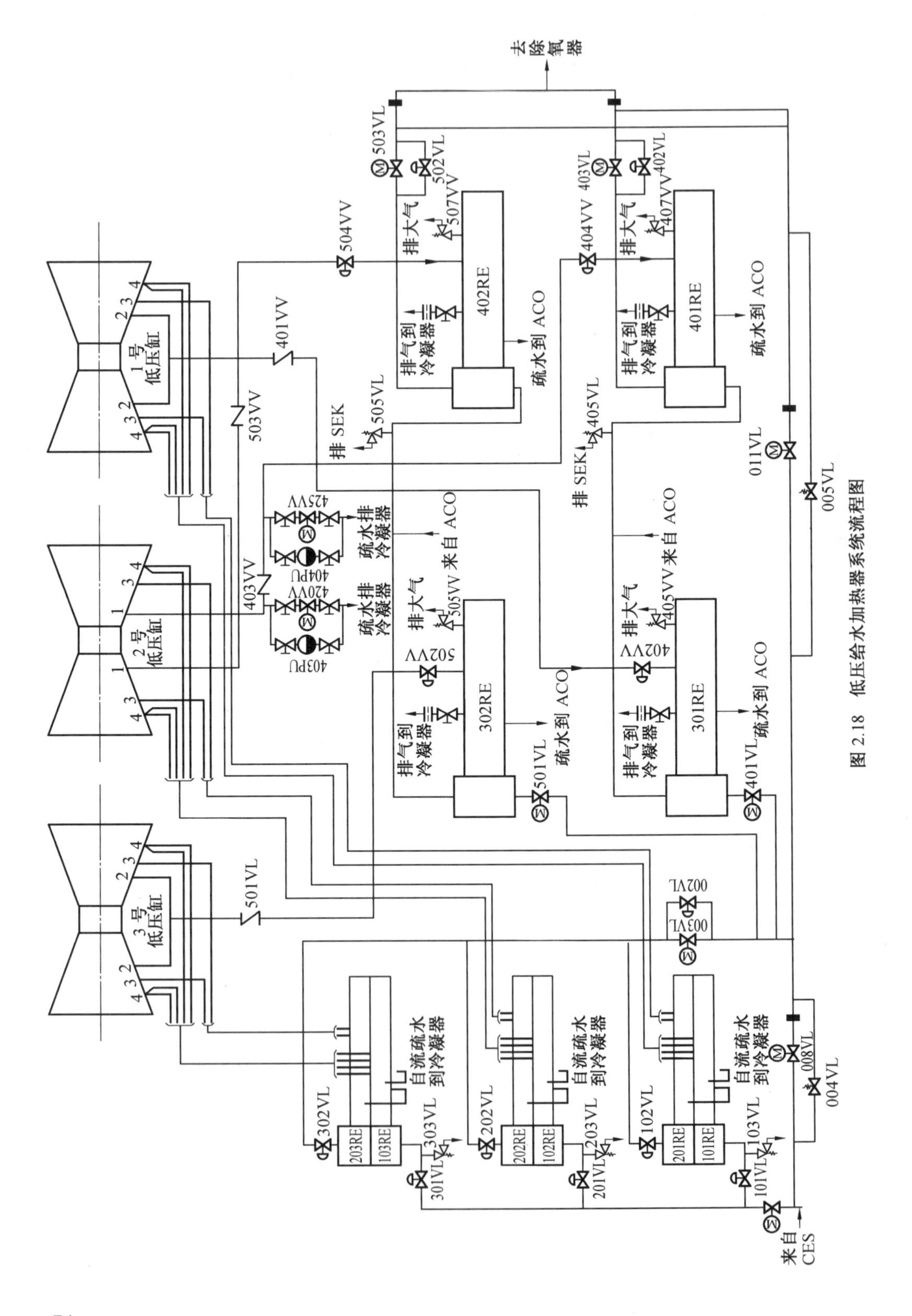

图 2.18　低压给水加热器系统流程图

第1、2级复合式加热器外壳内包容着两级加热器,它们之间用内壳体分隔开,每级都是双流道U形管的表面式热交换器。给水在U形管内流动,加热蒸汽在U形管外侧流动。3列复合式加热器的结构完全相同,如图2.19所示。给水进、出口接管集中在加热器水室一端,水室被分隔成3个空间。给水从进口水室进入,经第1级加热器U形管至第1级加热器出口水室,也就是第2级加热器进口水室,再经第2级加热器U形管后从其出口水室流出。

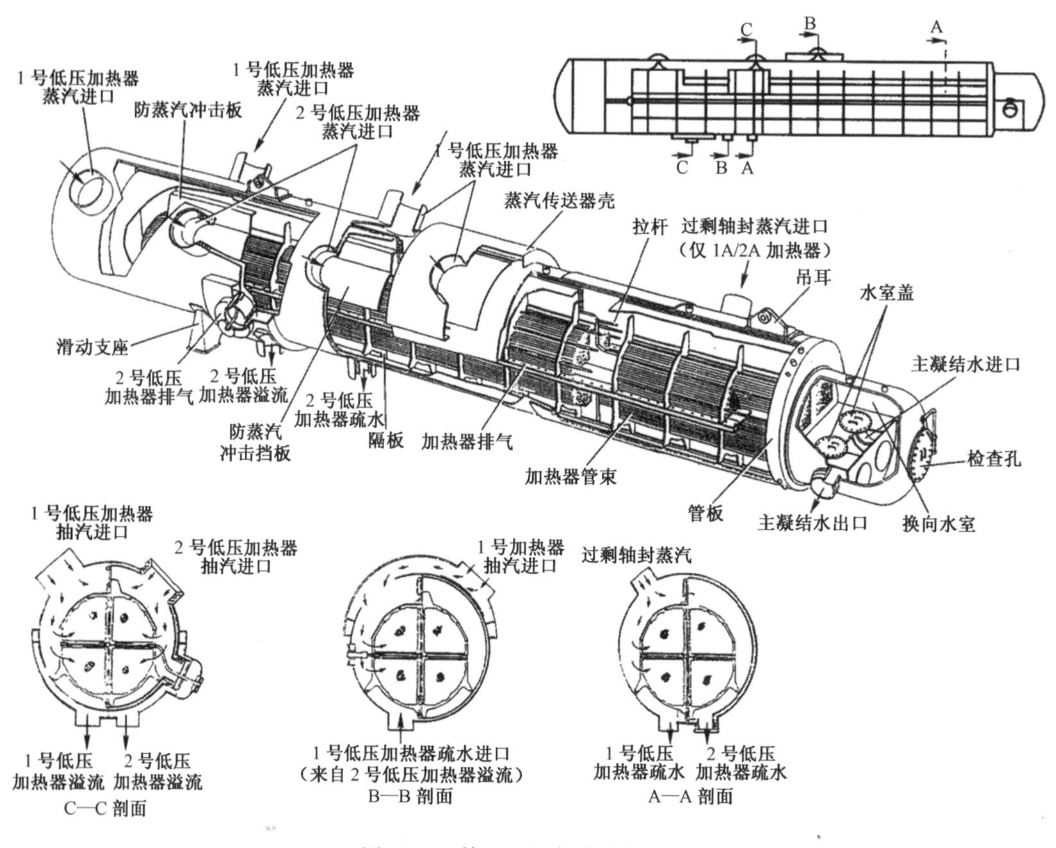

图2.19　第1、2级复合式加热器

第3、4级低压加热器均为两列各为50%流量的U形管表面式加热器,如图2.20所示。给水在U形管内流动,加热蒸汽在U形管外流动。加热器由壳体、管束、防蒸汽冲击板、分隔板、支撑梁、管板和给水进、出口水室等组成。给水从水室下部进入,经U形管,从上部水室流出。加热蒸汽来自低压缸第4级和第5级抽汽,进入壳体内遇到防蒸汽冲击板后,蒸汽流向管束与壳体之间的环形空间,沿着U形管长度均匀分布加热给水。第3、4级低压加热器的结构基本相同,主要差别是第4级低压加热器管束底部设有疏水冷却区,其面积占总传热面积的5.7%。疏水冷却区有一系列挡板,以增强疏水与给水的热交换效果,使进入下级加热器的疏水温度得到进一步降低,从而减少上一级加热器疏水至下一级加热器时对该级抽汽量的影响(如果上一级加热器疏水温度较高,会减少下一级抽汽量,增加冷源损失)。

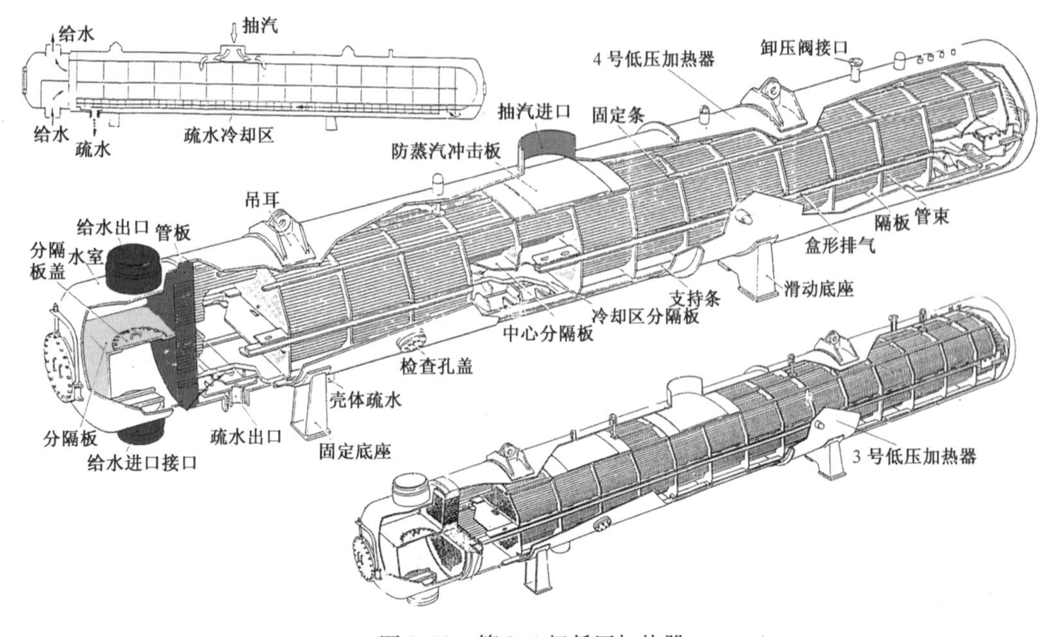

图 2.20　第 3、4 级低压加热器

2.1.6　给水除气器系统(除氧器系统)

运行实践表明,给水(或凝结水)中溶解的氧气对热力设备和管道等都会产生腐蚀,因此,在正常运行时,要求给水的含氧量不应大于 3 μg/kg。为此,对给水必须进行除氧。除氧器系统具有的功能:对给水除氧(气),向主给水泵连续提供合格的含氧量小于一定数值的给水。满足 SG 的给水含氧量要求(期望值$<1\times10^{-9}$;限值 3×10^{-9});提供给水泵足够吸入压头;加热给水,提高循环效率;维持一定贮存水量;接收 GCT 排放蒸汽、GSS 分离器疏水、APG 回收水及其他回水;将不凝结的气体排放到主冷凝器或大气。

电厂中采用的除氧器应用的是一种物理除氧方法,其除氧原理主要基于下述两个定律。

1. 道尔顿分压定律

任一容器内混合气体的总压力等于各种组成气体分压力之和,对除氧器而言:

P_D(除氧器中混合气体总压力)= P_s(蒸汽分压力)+P_a(空气分压力)

2. 亨利定律

容器内水中溶解的气体量与水面上该气体的分压力成正比。

根据以上定律,若在等压下将水加热至沸点(饱和点),使蒸汽的分压力 P_s 几乎等于水面上的总压力,即 $P_s \approx P_D$,则空气的分压力 P_a 趋近于零。这就意味着可令空气在水中含量趋近于零以达到除氧的目的。

为了确保除氧效果,在除氧过程中还必须满足以下条件。

(1)对凝结水加热:除氧器内凝结水的温度必须加热到与除氧器内压力相对应的饱和温度,即过冷度为零。

(2)及时排除凝结水中析出的气体,防止气体在除氧器内聚积,使空气分压力 P_a 提高,影响除氧效果。

(3)尽可能扩大凝结水与加热蒸汽的接触面积,加快加热过程,故进入除氧器的凝结水应喷成雾状,加大接触面积,改善加热效果。

(4)除氧器应有足够大的空间,保证凝结水与加热蒸汽之间的热交换有足够的时间,使气体有足够的时间从水中逸出。

(5)运行中应尽量保持除氧器的压力稳定。

除氧器由除氧水箱、4个凝结水进口(或给水)喷雾器、2个主蒸汽分配装置、1个辅助蒸汽分配装置、6个给水泵再循环分散器、2个第6级高压加热器疏水分散器、再循环泵、安全阀接管、氮气接管及支座等组成。某某某核电站除氧器如图2.21所示。除氧器水箱是一个带圆形封头的圆筒形碳钢压力容器,其内径4.3 m、长度50 m。考虑水箱加固和支座等结构,其宽度5.125 m、高度6.09 mm。在正常水位下容器重620 t,无水质量为190 t。除氧水箱内装有3个独立的蒸汽分配装置:2个主蒸汽分配装置和1个辅助蒸汽分配装置。每个蒸汽分配装置包括一根供汽管、两根平行布置的蒸汽分配管和若干根蒸汽鼓泡管(又称耙管)。两个主蒸汽分配装置的结构和布置是相同的。每个主蒸汽分配装置有一根名义直径为750 mm的蒸汽进口管,然后分成2根纵向平行布置的直径为400 mm的蒸汽分配管,每根蒸汽分配管由7个托架焊在除氧器筒体内壁上。每根蒸汽分配管下侧焊有40根蒸汽鼓泡管,并向内侧偏转一定角度。蒸汽耙管的名义直径为90 mm,长度为2 635 mm,下端被封住,且只钻一个直径为7 mm的疏水孔。距蒸汽耙管下端284 mm的蒸汽耙管段上,钻有104个直径为8 mm的放汽孔。

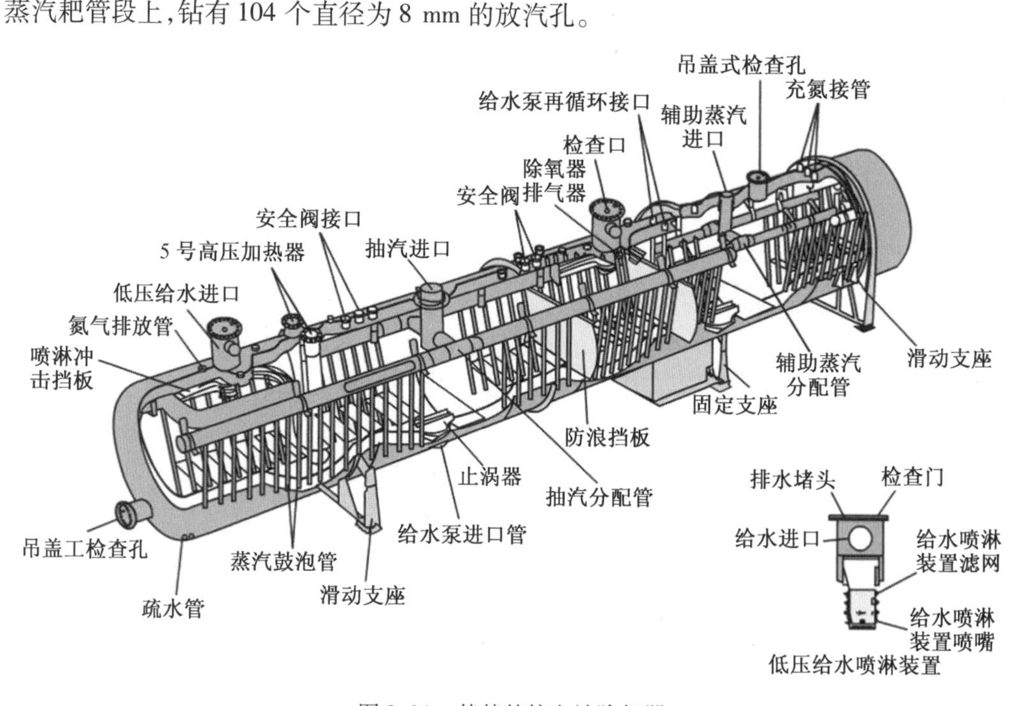

图2.21 某某某核电站除氧器

加热蒸汽通过蒸汽进口管引到蒸汽分配管然后再分至各蒸汽耙管,将加热蒸汽引到除氧器水箱底部(浸在给水中),蒸汽从蒸汽耙管上的小孔排出。一部分蒸汽在加热给水过程中凝结成水,而另一部分未凝结的蒸汽从液面逸出,与喷雾器喷成雾状的给水进行热交换,把除氧器水箱中的给水加热到对应压力下的饱和温度,最后不能凝结的气体从壳体上方的排气管排至冷凝器。

辅助蒸汽分配装置用于机组启动时加热除氧器水箱中的贮水。辅助蒸汽分配装置与主蒸汽分配装置相似,布置在两个主蒸汽分配装置之间。辅助蒸汽进入一根直径 250 mm 的蒸汽进口管,然后分成 2 根平行的纵向蒸汽分配管,其直径为 220 mm,每根分配管下侧焊接有 12 根蒸汽耙管,其比主蒸汽耙管长 60 mm(约 2 695 mm)。辅助蒸汽来自辅助蒸汽分配系统(SVA)。

除氧水箱上部沿长度方向均匀布置了 4 个喷雾器,其结构简图如图 2.22 所示,用来雾化进入除氧器的给水(来自第 4 级低压加热器出口)。喷雾器由一叠不锈钢盘组成。它们在内部水压作用下,将钢盘张开,使给水以很细的雾滴状喷到水箱内部的溅射挡板,在其周围空间形成雾化区,雾滴降落过程中与上升的加热蒸汽均匀接触,对雾滴进行加热。每个喷雾器的给水流量在 10% ~100% 范围内变化时都能雾化良好。各喷雾器都有各自的过滤器和吊架型检查门,以便清洗和检查。

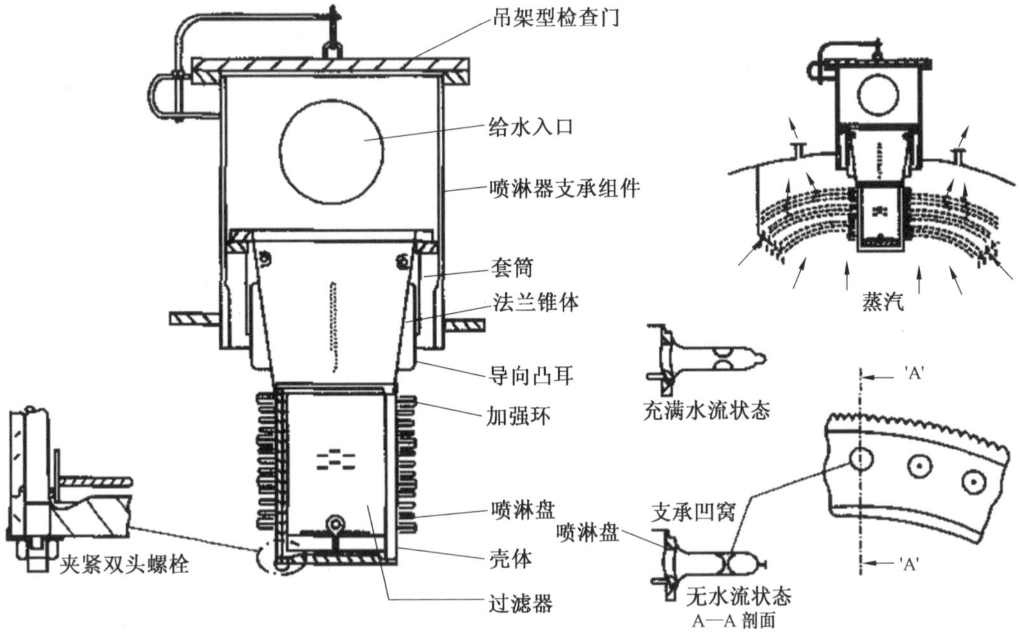

图 2.22　喷雾器结构简图

凡是进入除氧器的疏水、再循环水等都经分散器送到水箱底部。在除氧器内部装有 9 个进水分散器,包括 3 台给水泵引漏水分散器(6 个),6A 和 6B 高压加热器的疏水分散器(2 个),蒸汽发生器排污冷却凝结水回流分散器(1 个)。

再循环泵位于除氧器同一层平台上,标高 28.2 m,保证给水泵有足够的正吸入压头,防止给水泵汽蚀。该泵用于在机组启动时,对除氧水箱中的给水进行循环搅匀,以便较快速地加热给水。

除氧器系统由给水(或凝结水)系统、加热蒸汽系统、再循环系统、排气系统和卸压系统等组成,除氧器系统的流程如图 2.23 所示。

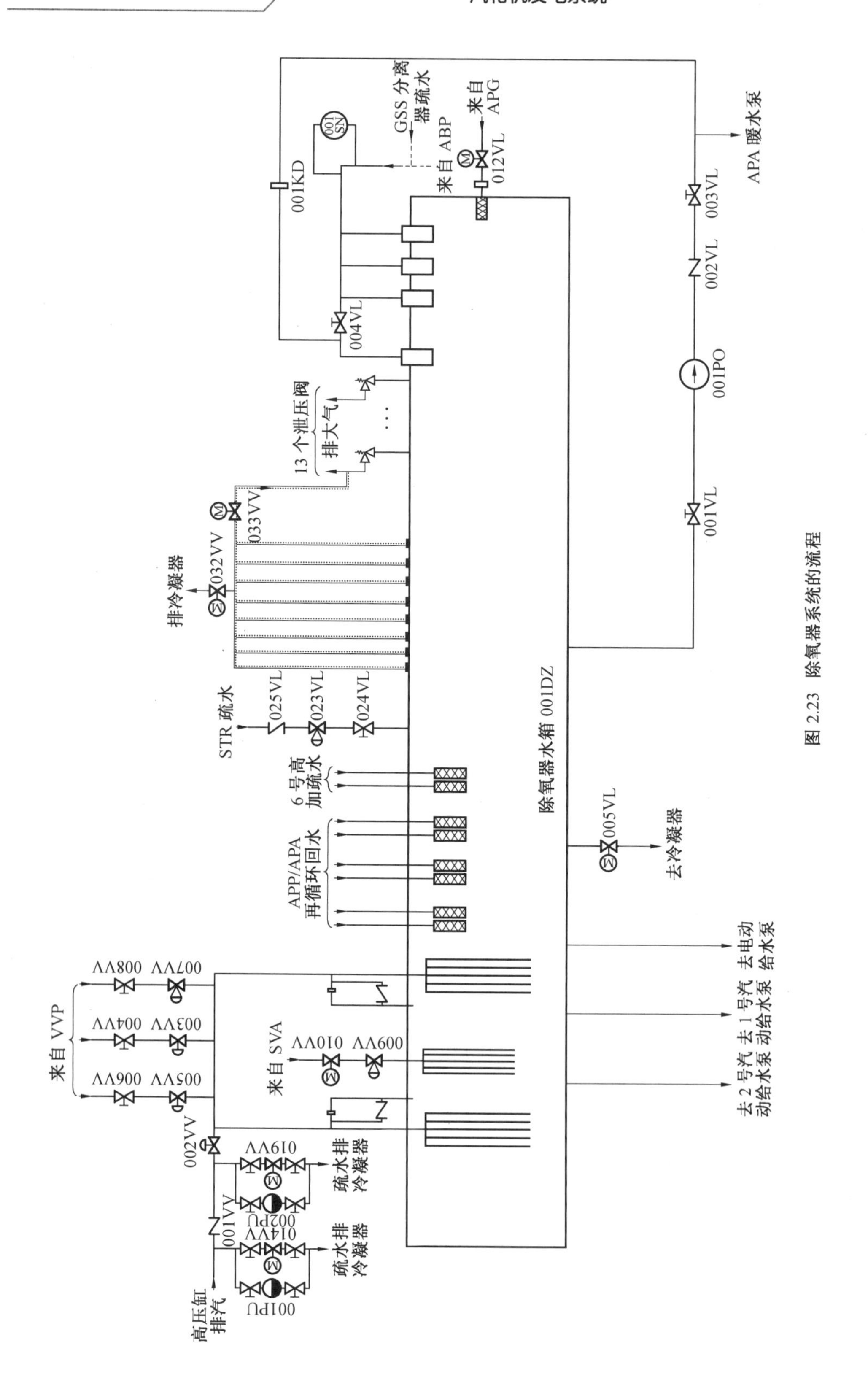

图 2.23 除氧器系统的流程

由低压加热器来的给水通过装在除氧器顶部的 4 个喷雾器进入除氧器水箱，与加热蒸汽混合、加热、除氧。除过氧的凝结水由水箱底部的 3 根下降管分别进入 3 台主给水泵的升压泵入口，经主给水泵升压后送往高压加热器。根据汽轮机不同的运行工况，采用不同的加热蒸汽汽源对除氧器水箱的给水进行加热。在机组启动时，利用辅助蒸汽分配系统来的辅助蒸汽对除氧器水箱的水进行加热除氧。辅助蒸汽由辅助锅炉或蒸汽转换器（STR）供给。在机组正常运行工况下，利用高压缸排汽进行加热除氧。此时除氧器内压力取决于高压缸的排汽压力，在 0.75 ~ 0.17 MPa 范围内。在汽轮机脱扣、甩负荷、低负荷等瞬态工况下使用新蒸汽进行加热除氧，主要是为了维持除氧器压力在 0.17 MPa，以防止主给水泵发生气蚀和保证除氧效果。

在冷态启动时，为对除氧器水箱的水进行有效的加热和除氧，启动再循环系统，增加除氧器水箱内给水的扰动，达到均匀加热和缩短加热时间的目的。再循环泵从除氧器水箱底部吸水（为保证凝结水达到最大扰动，要求再循环泵的吸水口远离启动时用的喷雾器）。另外在除氧器筒体底部还设有一根直径 300 mm 的凝结水再循环管线，把除氧器的水引到主冷凝器，用于机组启动时除氧器系统的清洗，同时亦可以在启动、调试及紧急情况下降低除氧器的高水位。

为及时排出除氧器中不凝结的气体，在每个主凝结水进口两侧，各设有一根名义直径为 25 mm 的放气管，在除氧器壳体上共有 8 根放气管，均装有孔板。

除氧器正常运行绝对压力为 0.751 5 MPa，其设计绝对压力为 1.1 MPa。为防止除氧器超压而设置一套卸压系统，由 12 个结构完全相同的卸压阀组成，还有一个附加卸压阀，即共有 13 个卸压阀。它们的整定绝对压力为 1.071 MPa，偏差 3%。这些卸压阀还设计成在 10% 超压时能排放出全部加热蒸汽量。

2.1.7 汽动/电动给水泵系统

汽动/电动给水泵系统将除氧器的水抽出并升压，经高压加热器送到蒸汽发生器；能响应变速要求，以保证在反应堆整个热负荷范围内向蒸汽发生器提供不同的给水流量。要求给水泵有足够裕量，岭澳核电站的汽动给水泵最大容量为 75% 额定给水流量，某某某核电站的为 65% 额定给水流量。

汽动主给水泵是一套专用机组，由前置泵、齿轮箱、小汽轮机及压力级泵等串联布置而成，如图 2.24 所示。给水泵汽轮机的蒸汽系统如图 2.25 所示。给水泵汽轮机设计成既可用来自汽水分离器的热再热蒸汽，也可用新蒸汽。当主汽轮机运行在约 70% ~ 100% 额定负荷时，给水泵汽轮机只需热再热蒸汽运行；当主汽轮机在 40% 额定负荷以下运行时，热再热蒸汽供应不足或不能利用，则要用新蒸汽来运行。在其他运行条件下，给水泵汽轮机需用新蒸汽和热再热蒸汽混合运行。

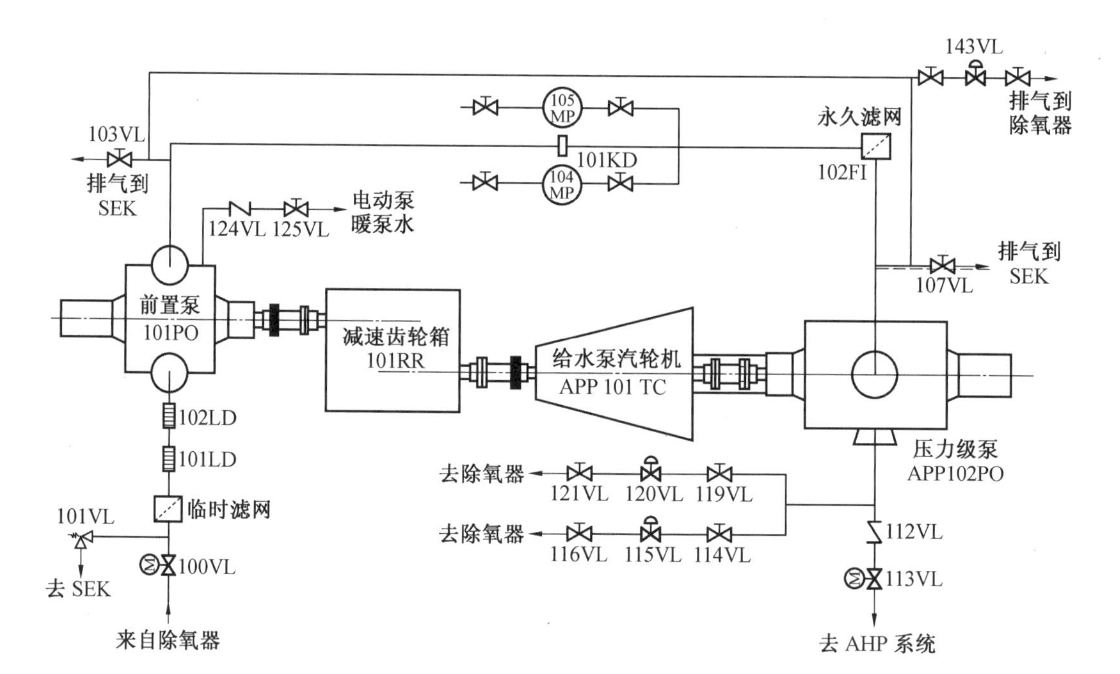

图 2.24　汽动主给水泵流程

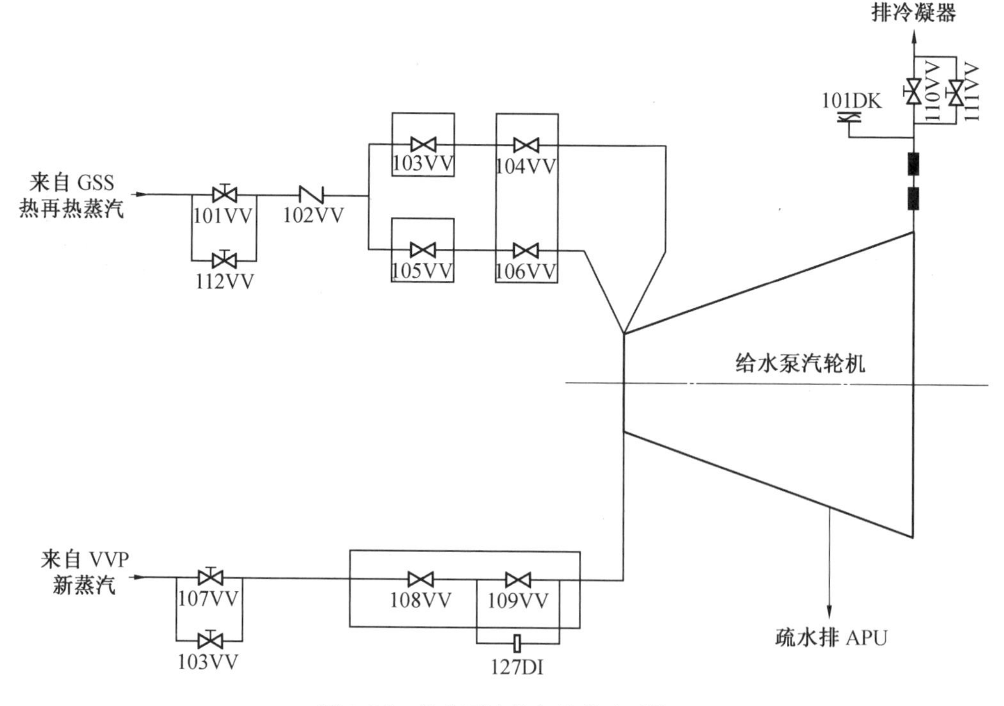

图 2.25　给水泵汽轮机的蒸汽系统

电动主给水泵系统(APA)是一套专用机组,由前置泵、电机、液力联轴器及压力级泵等串联布置而成,如图 2.26 所示。

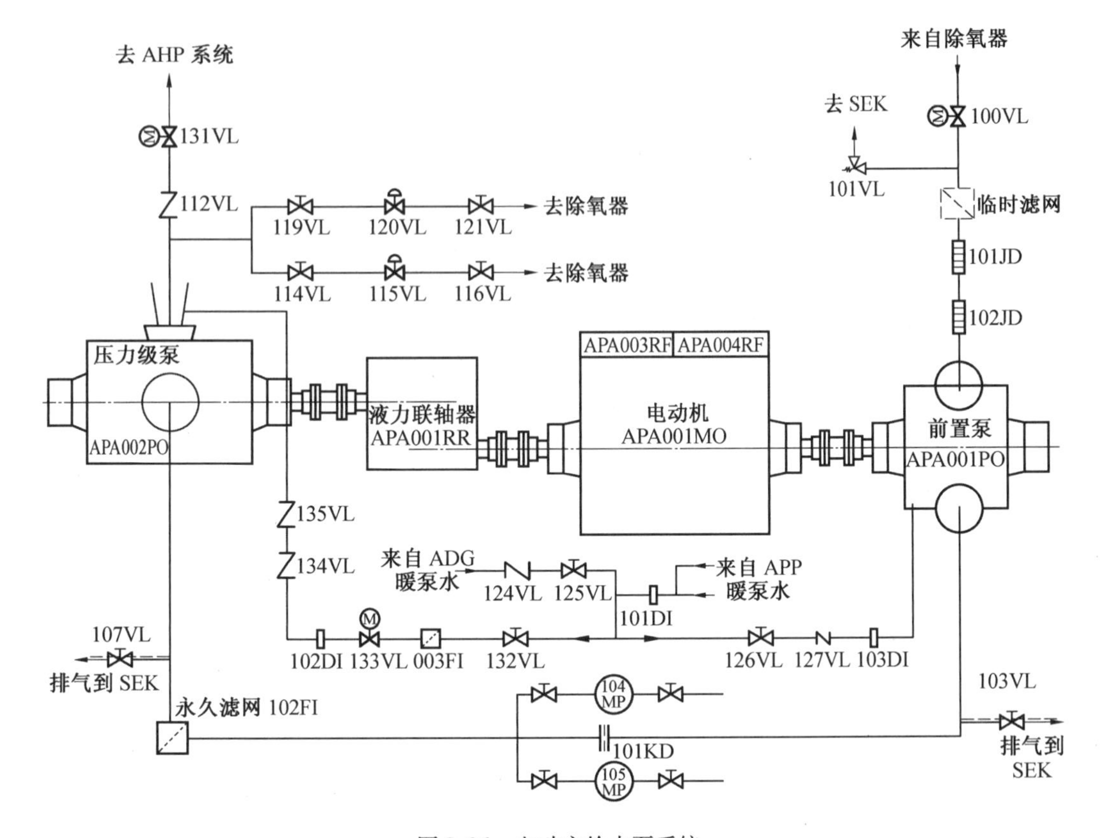

图 2.26　电动主给水泵系统

2.1.8　高压给水加热器系统

高压给水加热器系统的功能是利用汽轮机高压缸的抽汽加热给水,进一步提高机组热力循环效率,同时还接收汽水分离再热器的疏水。高压给水加热器系统流程可分为给水系统、抽汽系统、疏水系统、放气系统及卸压系统,该系统流程如图 2.27 所示。

由给水泵送来的给水分两路通过进口隔离阀分别进入两列 6 号高压加热器进口水室,经 U 形管从出口水室流出,然后进入 7 号高压加热器进口水室,同样经 U 形管从出口水室流出,经出口隔离阀至给水母管汇合,通过给水流量控制系统(ARE)分配到 3 台蒸汽发生器。若一列加热器因故障解列,则 35% 的给水流经电动旁路阀管线,65% 的给水流经另一列正在运行的高压加热器组。这样会使最终给水温度降低 22 ℃。

高压加热器的加热抽汽来自高压缸流道,而所有疏水都排放到冷凝器。高压加热器的放气系统是将高压加热器壳体内集积的不凝结气体排出,改善高压加热器的热交换条件。

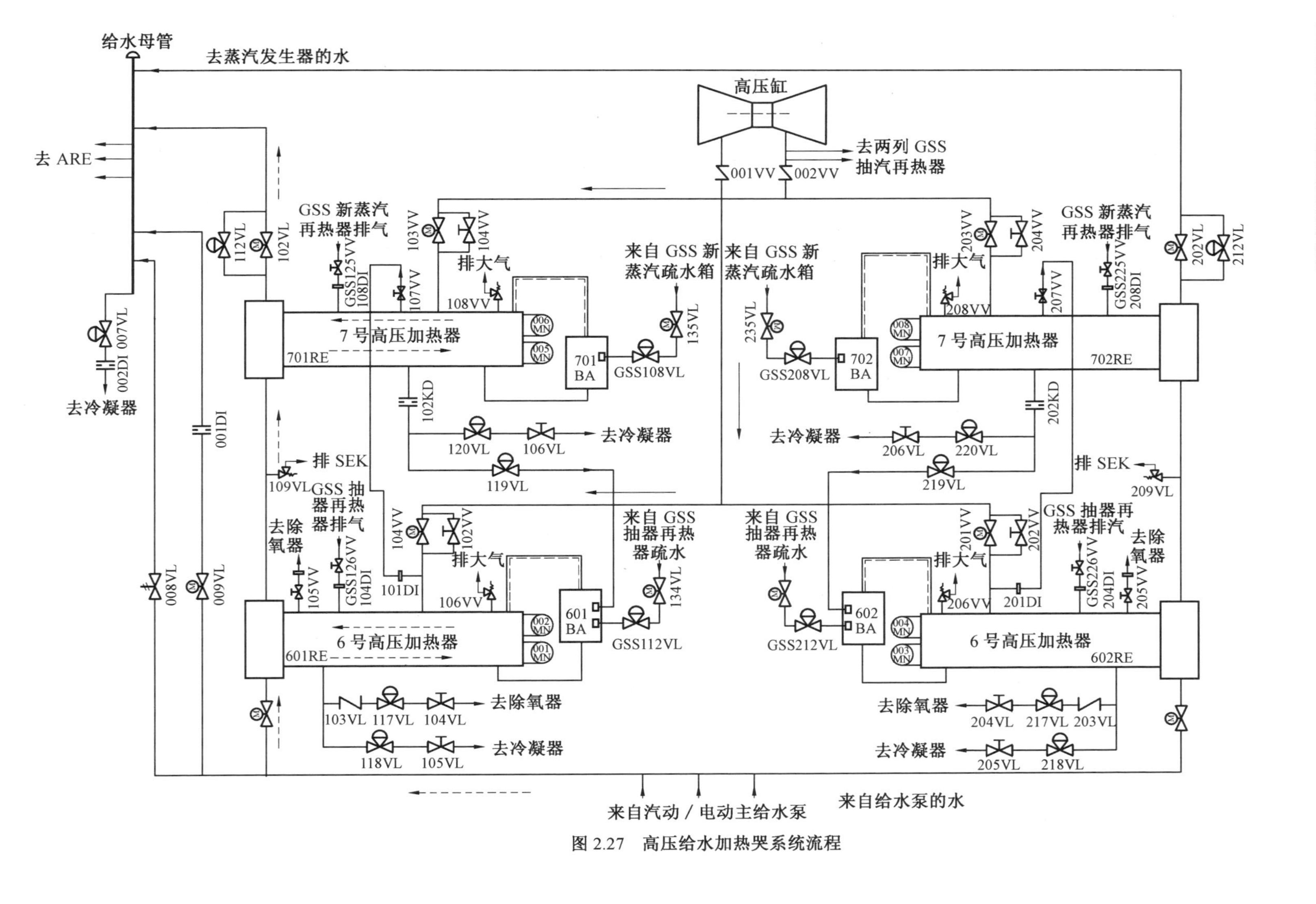

图 2.27　高压给水加热哭系统流程

第6号和7号高压加热器结构基本相同,均为双流程U形管表面式热交换器,给水在管内流动,蒸汽在管外流动。高压加热器除冷凝段外,还有独立的疏水冷却段,其结构如图2.28所示。给水从下侧给水口进入,流经U形管后,从上侧给水出口流出。加热蒸汽从上侧的蒸汽入口进入,在入口处设有不锈钢覆片,以防止蒸汽对管束的直接冲刷。蒸汽凝结成水汇入疏水冷却区,最后从疏水口流出。疏水冷却区位于加热器底部一个独立的罩壳内,设有挡板使疏水与管内的给水逆向流动,提高传热效果。第6号和7号高压加热器主要区别是疏水冷却区面积不相同。第6号高压加热器疏水冷却区面积占总传热面积的23%,第7号高压加热器疏水冷却区面积占总传热面积的10%。

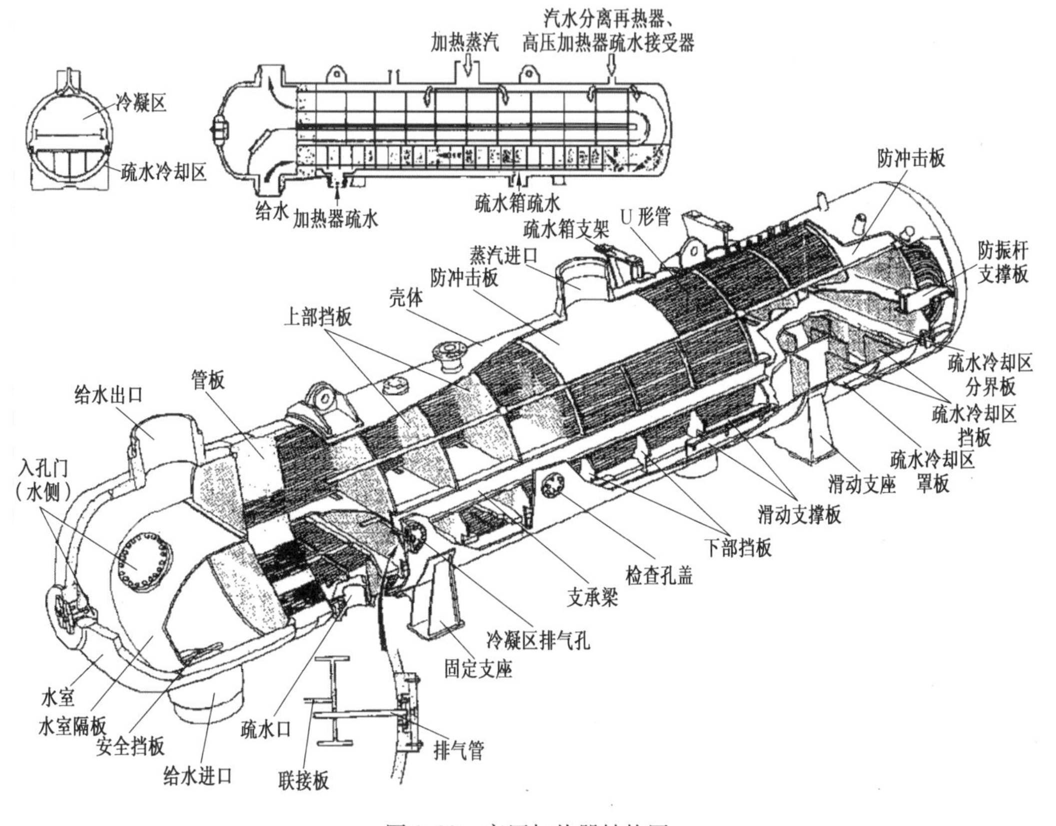

图2.28　高压加热器结构图

2.1.9　给水流量控制系统

给水流量控制系统的功能是控制流向蒸汽发生器的给水流量,无论负荷怎样变化,保证蒸汽发生器二回路侧的水位维持在整定值上。另外,该系统还用于启动和响应反应堆和汽轮机的保护动作:蒸汽发生器水位保护动作;辅助给水系统启动;给水主调节阀和给水旁路调节阀快速关闭;汽动主给水泵和电动主给水泵跳闸。

给水流量控制系统主要由给水母管和3个给水调节站及孔板等组成。来自主给水泵的给水经高压加热器加热送入1根给水母管,从给水母管再分配到3个给水调节站,最终送到3台蒸汽发生器的给水环管,如图2.29所示。给水母管上的进口和出口位置布置成

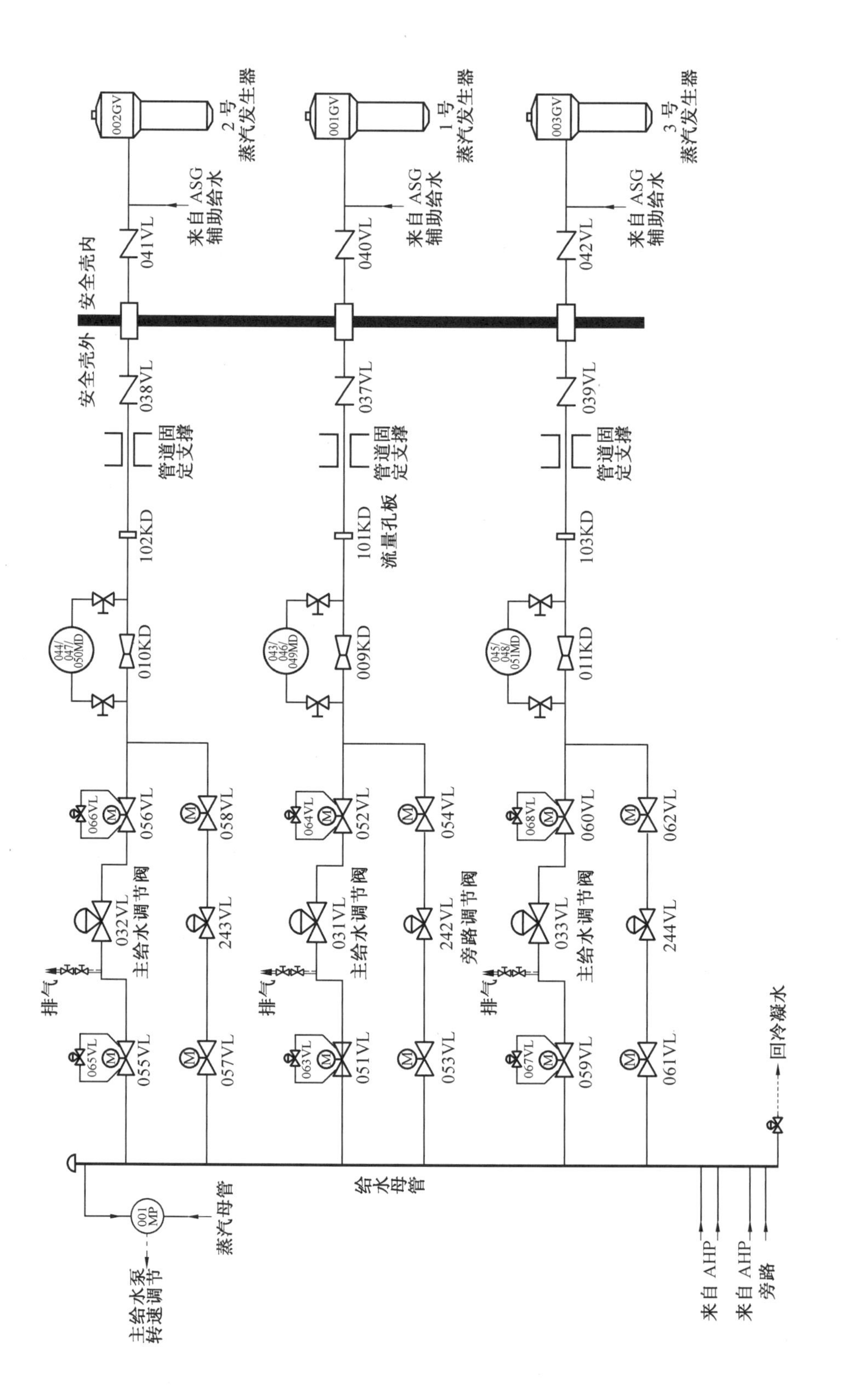

图 2.29　给水流量控制系统流程图

能保证给水在输送到调节站前其温度得到均匀混合。给水母管上还有一些附加接管,用于在停运期间的化学取样和疏水。另外母管上设有一根支管,以提供给水到冷凝器的再循环,用于系统的清洗。3 台蒸汽发生器的每条给水管线上设有一个给水调节站,每个给水调节站由一个承担 90% 容量的主给水调节阀和一个承担 18% 容量的旁路调节阀组成,在各调节阀的两侧都设有电动隔离阀、主给水调节阀的电动隔离阀上还装有旁路阀。在每条给水管线的给水调节站下游装有一个流量孔板(009KD/010KD/011KD),其测量信号用于蒸汽发生器水位控制及相应的反应堆保护通道等。此外还装有一个试验孔板(101KD/102KD/103KD),用于电站启动期间和性能试验时标定和校核有关的仪表。在该系统的最高点还设有放气点,使系统在需要时可正常放气。

2.1.10 循环水系统及循环水过滤系统

循环水系统(CRF)的功能:通过两条独立的进水渠向每台机组的冷凝器和辅助冷却水系统提供冷却水(海水)。

循环水过滤系统(CFI)的功能:过滤一台机组所需的全部海水,包括循环水系统(CRF)用水、重要厂用水系统(SEC)用水、循环水处理系统(CTE)用水、辅助冷却水系统(SEN)用水。

该系统主要由 4 条独立的进口水渠、水闸门(001BU、002BU、003BU、004BU)、拦污栅(011DG、012DG、013DG、014DG)、旋转滤网(031TF、032TF)、两台循环水泵(001PO、002PO)、冷凝器进出口水室等组成,并分为两条完全相同的系列,每系列承担 50% 的循环水流量,如图 2.30 所示。

从取水渠来的循环水(海水),由粗滤栅(001GG ~ 004GG)挡住大块的漂浮物体进入水闸门(001BU ~ 004BU)。水闸门用于在泵站内部水渠或滤网检修时隔离海水。水闸门滑动的框架上装有带喷嘴的次氯酸钠注射母管,该管与循环水处理系统(CET)相连接,用于向进口循环水中注射次氯酸钠杀死海生物。

拦污栅(011DG ~ 014DG)的栅格间距为 50 mm,各自装有一个垃圾耙斗,按时间顺序或根据拦污栅压力损失对拦污栅去污。当拦污栅的压力损失达到 1.176 kPa 时,垃圾耙斗自动投入运行,直至压力损失信号消失;也可由定时器电路控制,每隔 480 min 启动一次。经过粗滤网过滤的海水接着进入细过滤设备——鼓形旋转滤网(031TF、032TF)。循环水从滤网外部流过 3 mm×3 mm 筛孔进入旋转滤网内侧。旋转滤网直径为 15 m,每台旋转滤网由 2 台低速电机、1 台中/高速电机驱动。它的转速分 3 挡,由滤网两侧的压差探测器控制。循环水泵从旋转滤网内侧取水升压后沿水渠送到冷凝器入口水室,流经冷却管束带走热量,经出口水室和排水渠送回大海。在循环水泵出口还接有向辅助冷却水系统(SEN)提供海水的管线。经旋转滤网过滤的海水还供向重要厂用水系统(SEC),由于 SEC 属专设安全设施系统,向 SEC 供水必须得到充分保证。因此 CFI 也属于部分与核安全相关系统,具体体现在旋转滤网的低速电机、低压冲洗泵等可由应急柴油机供电,以确保向 SEC 供水的可靠性。

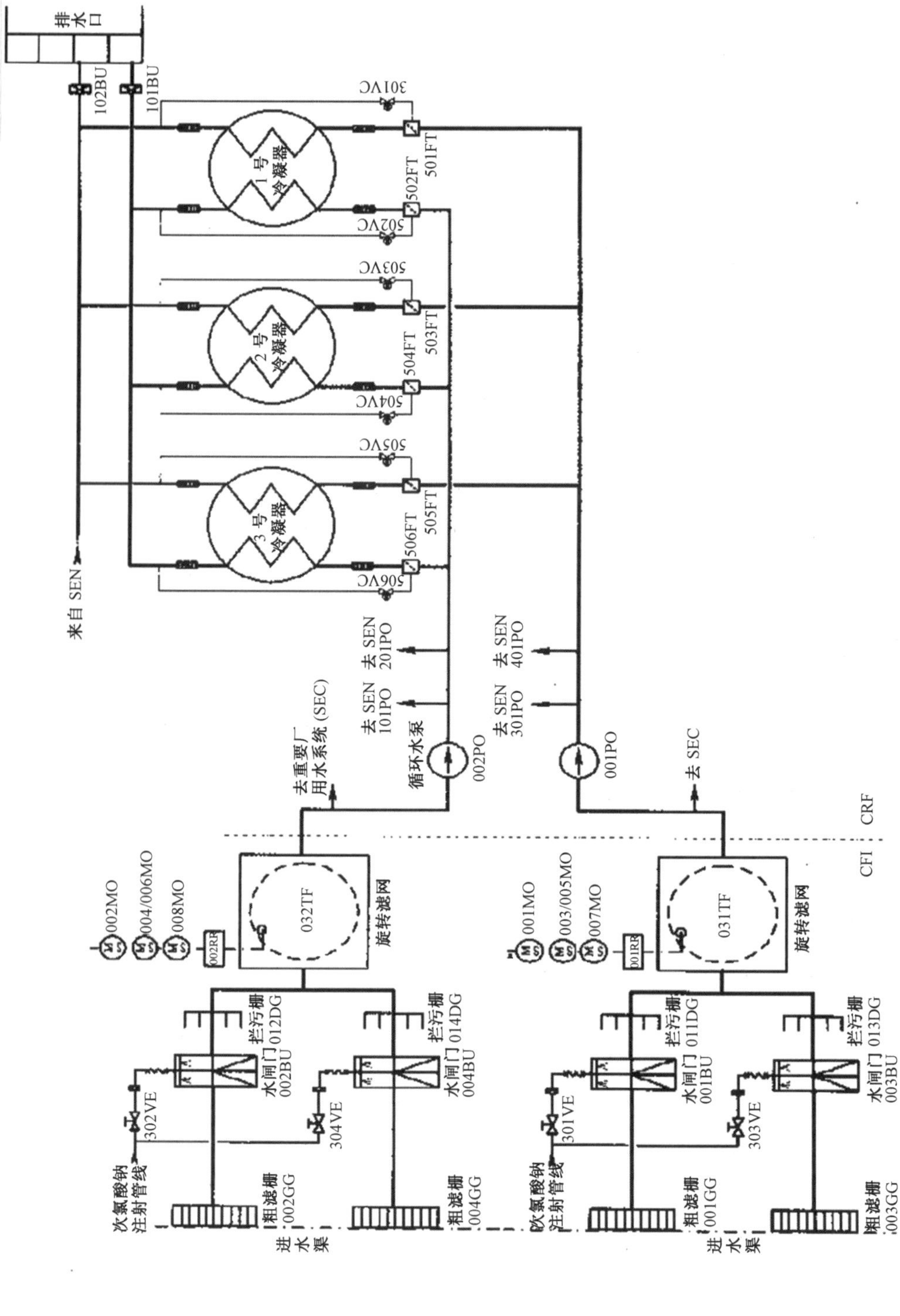

图 2.30　循环水系统及循环水过滤系统流程图

2.1.11 循环水渠和管道

循环水的流程标高如图2.31所示。循环水进口的水位标高为海平面以下2.5 m,进水渠的低点在循环水泵的区域(标高为海平面以下2.85 m)。然后以不变的速率升到汽轮机厂房冷凝器下部。进水渠截面是直径为3 m的圆形,用钢筋混凝土在现场浇制而成,为防止海生物和贝类在水渠内壁吸附滋生,循环水流速不小于3 m/s。12根冷凝器循环水入口和出口连接支管为直径1.9 m的碳钢管,涂有玻璃纤维增强树脂复合保护衬里,经橡胶膨胀波纹管与水室相连。

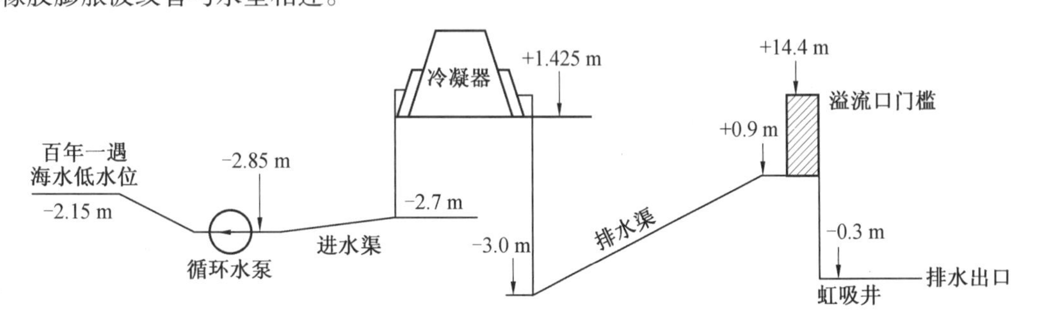

图2.31 循环水的流程标高

注:图中符号"+"表示海平面以上,"-"表示海平面以下。

排水渠截面为倒角的正方形(2.85 m×2.85 m),也用钢筋混凝土在现场浇制而成。它用于连接冷凝器和虹吸井。两台机组共用一个排水池(称为虹吸井),每个循环水系统有一个独立的溢流口,溢流口的门槛位于海平面以上4.4 m,以便在水室中得到足够的剩余压力,缓冲运行瞬态造成的水锤。

循环水泵(001PO、002PO)为两台容量各为50%的循环水泵为立式离心泵,具有轴向吸口和混凝土泵壳。循环水泵的主要特点为大流量低扬程,流量22.482 m^3/s。

2.2 二回路设备

2.2.1 汽轮机

汽轮机是将蒸汽的热能转换成机械能的蜗轮式机械。它的主要用途是在热力发电厂中做带动发电机的原动机,在采用化石燃料(煤、燃油和天然气)和核燃料的发电厂中,基本上都采用汽轮机做原动机。有时,汽轮机还直接用来驱动泵,以提高电厂的经济性或安全性。

为了保证汽轮机正常工作,需配置必要的附属设备,如管道、阀门、冷凝器等,汽轮机及其附属设备的组合称为汽轮机设备。在火电厂和核电站,汽轮机带动发电机发电,将汽轮机与发电机的组合称为汽轮发电机组。

图2.32为汽轮发电机组设备的组成图。来自蒸汽发生器的高温高压蒸汽经主汽阀、调节阀进入汽轮机。由于汽轮机排汽口的压力大大低于进汽压力,蒸汽在这个压差作用

下向排汽口流动,其压力和温度逐渐降低,部分热能转换为汽轮机转子旋转的机械能。做完功的蒸汽称为乏汽,从排汽口排入冷凝器,在较低的温度下凝结成水,此凝结水由凝结水泵抽出送往蒸汽发生器构成封闭的热力循环。为吸收乏汽放出的凝结热,并保持较低的凝结温度,必须用循环水泵不断地向冷凝器供应冷却水。由于汽轮机的尾部和冷凝器不能绝对密封,其内部压力又低于外界大气压,因此会有空气漏入,最终进入冷凝器的壳侧。若任空气在冷凝器内积累,必使冷凝器内压力升高,导致乏汽压力升高,减少蒸汽对汽轮机做的有用功,同时积累的空气还会带来乏汽凝结放热的恶化。这两者都会导致热循环效率的下降,因此必须将冷凝器壳侧的空气抽出。凝汽设备由冷凝器、凝结水泵、循环水泵和抽气器组成,它的作用是建立并保持冷凝器的真空,以使汽轮机保持较低的排汽压力,同时回收凝结水循环使用,以减少冷源损失,提高汽轮机设备运行的经济性。

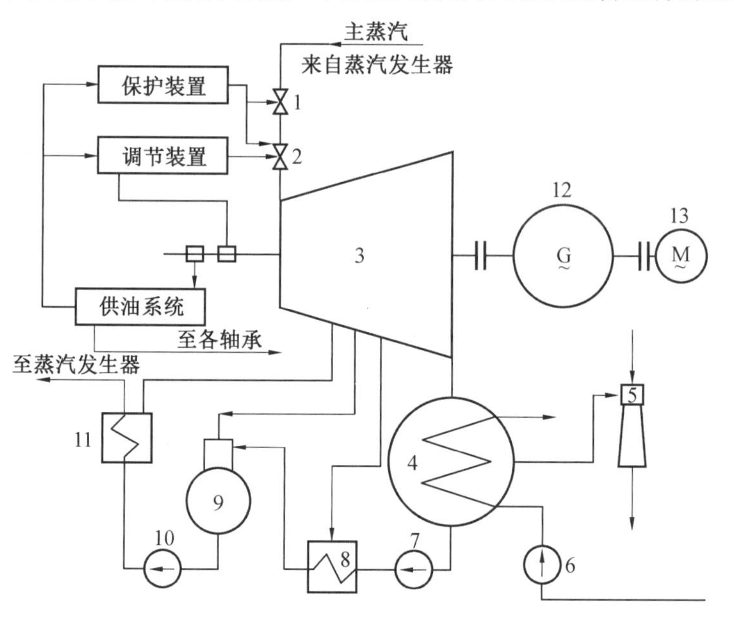

图 2.32　汽轮发电机组设备的组成图

1—主汽阀;2—调节阀;3—汽轮机;4—冷凝器;5—抽汽器;6—循环水泵;7—凝结水泵;8—低压加热器;9—除氧器;10—给水泵;11—高压加热器;12—发电机;13—励磁机

为了保证满足用户的电力需求,必须对汽轮机的功率和转速进行调节。因此,每台汽轮机有一套由调节装置组成的调节系统。另外,汽轮机是高速旋转设备,它的转子和定子间隙很小,是既庞大又精密的设备。为保证汽轮机安全运行,配有一套自动保护装置,以便在异常情况下发出警报,在危急情况下自动关闭主汽阀使之停运。调节系统和自动保护装置常用压力油来传递信号和操纵有关部件。汽轮机的各个轴承也需要油润滑和冷却,因而每台汽轮机都配有一套液压油和润滑油系统。

1. 汽轮机的分类

汽轮机的分类方式很多,为了便于选用,常按热力过程特性、新蒸汽压力、工作原理等对其进行分类。

(1)按热力过程特性分类:凝汽式汽轮机、背压式汽轮机、调节抽汽式汽轮机、中间再热式汽轮机。进入汽轮机的蒸汽,全部排入冷凝器,这种汽轮机称为纯凝汽式汽轮机。在现代汽轮机中,多数采用回热循环。此时进入汽轮机的蒸汽,除大部分排入冷凝器外,尚有部分蒸汽从汽轮机中分批抽出,用来回热加热锅炉给水。这种汽轮机称为有回热抽汽的凝汽式汽轮机,简称凝汽式汽轮机。排汽压力高于大气压力的汽轮机称为背压式汽轮机。其排汽可供工业或采暖使用,当其排汽作为中、低压汽轮机的进汽时,称为前置式汽轮机。调节抽汽式汽轮机中,部分蒸汽在一种或两种给定压力下抽出对外供热,其余蒸汽做功后仍排入冷凝器。由于用户对供汽压力和供热量有一定要求,需对抽汽压力进行调节(用于回热抽汽的压力无须调节),因此汽轮机装备有抽汽压力调节机构,以维持抽汽压力恒定。中间再热式汽轮机中,新蒸汽经汽轮机前几级做功后,全部引至加热装置再次加热到某一温度,然后再回到汽轮机继续做功。

(2)按新蒸汽压力分:低压汽轮机、中压汽轮机、高压汽轮机、超高压汽轮机、亚临界汽轮机、超临界汽轮机、超超临界汽轮机。低压汽轮机新蒸汽压力小于1.47 MPa;中压汽轮机新蒸汽压力为1.96~3.92 MPa;高压汽轮机新蒸汽压力为5.88~9.8 MPa;超高压汽轮机新蒸汽压力为11.77~13.93 MPa;亚临界汽轮机新蒸汽压力为15.69~17.65 MPa;超临界汽轮机新蒸汽压力为22.15 MPa以上;超超临界汽轮机新蒸汽压力为32 MPa以上。

新蒸汽的压力大于临界压力(22.064 MPa)且小于25 MPa的锅炉称为超临界锅炉,配套的汽轮机称为超临界汽轮机。新蒸汽的压力为25~31 MPa的锅炉称为超超临界锅炉,配套的汽轮机称为超超临界汽轮机。亚临界、超临界、超超临界汽轮发电机组,主要是就蒸汽的压力与温度参数而言:亚临界,170 ata,535 ℃;超临界,240 ata,560 ℃;超超临界,300 ata,600 ℃(ata为以工程大气压表示的绝对压力,atm为标准大气压,1 atm=1.033 ata=101 325 Pa)。在超临界与超超临界状态,水由液态直接成为气态(由湿蒸汽直接成为过热蒸汽、饱和蒸汽),热效率高。因此,超临界、超超临界汽轮发电机组已经成为国外,尤其是发达国家主力机组。

蒸汽在汽轮中先把热能转变为动能,然后再转变为机械能。由于动能转变为机械能的方式不同,便有不同工作原理的汽轮机。

(3)按工作原理分类:冲动式汽轮机、反动式汽轮机、混合式汽轮机。按冲动作用原理工作的汽轮机称为冲动式汽轮机。在近代冲动式汽轮机中,蒸汽在动叶内有一定程度的膨胀,但习惯上仍称为冲动式汽轮机。按反动作用原理工作的汽轮机称为反动式汽轮机。近代反动式汽轮机常用冲动级或速度级作为多级汽轮机的第一级来调节进汽量,但习惯上仍称为反动式汽轮机。由按冲动作用原理工作的级和按反动作用原理工作的级组合而成的汽轮机称为混合式汽轮机。

①冲动式汽轮机。

由力学知识可知,当一运动物体碰到另一静止的或运动速度较低的物体时,会受到阻碍而改变其速度,同时给阻碍它的物体一个作用力,这个作用力称为冲动力。根据冲量定律,冲动力的大小取决于运动物体的质量和速度变化:质量越大,冲动力越大;速度变化越大,冲动力也越大。若阻碍运动的物体在此力作用下产生了速度变化,则运动物体就做了

机械功。在汽轮机中(图2.33),蒸汽在喷嘴中发生膨胀,压力降低、速度增加,热能转变为动能。高速汽流流经动叶片3时,由于汽流方向改变,产生了对叶片的冲动力,推动叶轮2旋转做功,将蒸汽的动能变成轴旋转的机械能。

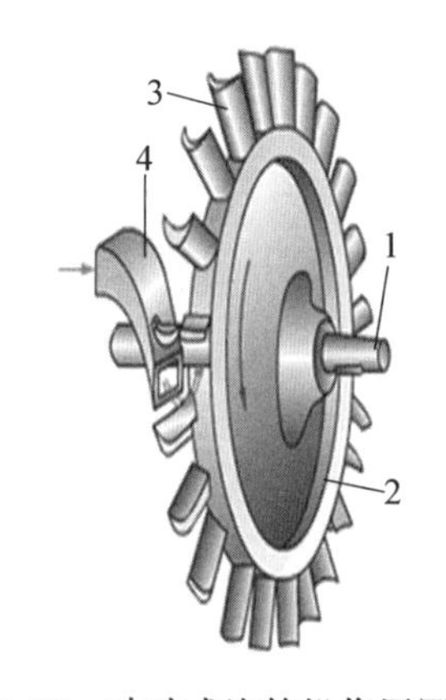

图2.33 冲动式汽轮机作用原理
1—轴;2—叶轮;3—动叶片;4—喷嘴

汽轮机的“级”是汽轮机完成能量转换过程的基本单元。它由两个叶栅组成,即静止叶栅(喷嘴)及旋转叶栅(动叶栅)。单级冲动式汽轮机工作原理图如图2.34所示。蒸汽在喷嘴中发生膨胀,压力由p_0降至p_1,流速从C_0增至C_1,将蒸汽的热能转变为动能。蒸汽进入动叶栅后,改变流动方向,产生了冲动力使叶轮旋转做功,将蒸汽动能转变为转子的机械能。蒸汽离开动叶栅的速度降至C_2。由于蒸汽在动叶栅中不膨胀,所以动叶栅前后压力相等,即$p_1=p_2$。

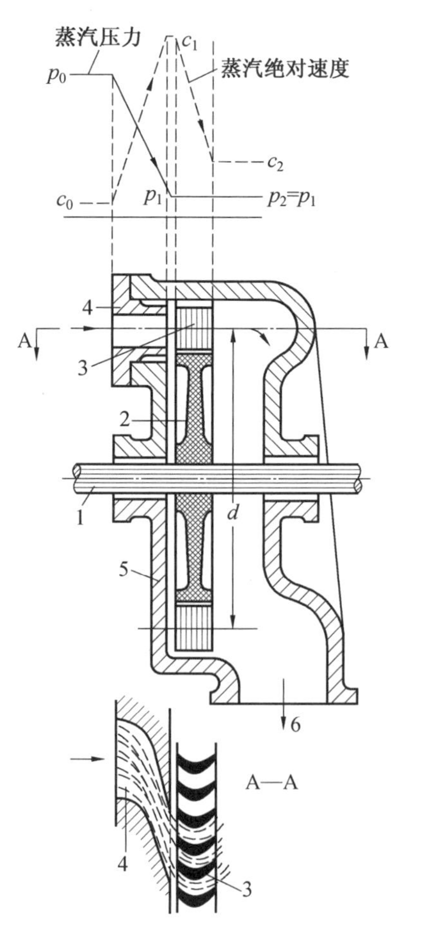

图2.34 单级冲动式汽轮机工作原理图
1—主轴;2—叶轮;3—动叶;4—喷嘴;5—汽缸;6—蒸汽

在单级汽轮机中，当喷嘴中比焓降较大时，喷嘴出口的蒸汽速度很高，这使蒸汽离开动叶栅的速度 C_2 也很大，将产生很大的损失，降低了汽轮机的经济性。为了减小这部分损失，可如图 2.35 中那样，在第一列动叶栅 3 后安装一列导向叶栅 7，使蒸汽在导向叶栅 7 内改变流动方向后再进入装在同一叶轮上的第二列动叶栅 6 中继续做功。这样，从第一列动叶栅 3 流出的汽流所具有的动能又在第二列动叶栅 6 中被加以利用，使动能损失减小。如果流出第二列动叶栅 6 的汽流还具有较大的动能，还可以再装第二列导向叶栅和第三列动叶栅。这种将蒸汽在喷嘴中膨胀产生的动能分几次在动叶栅中利用的级，称为速度级。通常把蒸汽动能在两列动叶栅中加以利用的级称为二列速度级，把蒸汽功能在三列动叶栅中加以利用的级称为三列速度级。图 2.35 还表示出了蒸汽在速度级中压力和速度的变化规律。蒸汽在动叶栅中和导向叶栅中都不发生膨胀，因而第二列动叶栅 6 后的压力等于喷嘴后的压力。

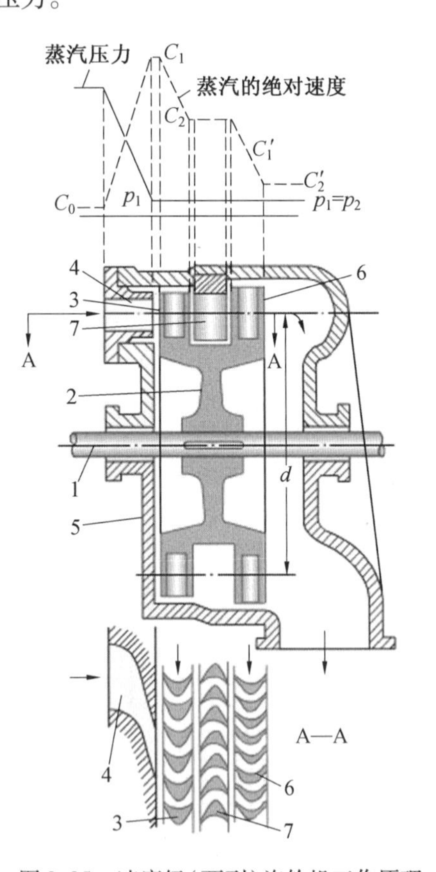

图 2.35 速度级(两列)汽轮机工作原理

1—轴;2—叶轮;3—第一列动叶栅;4—喷嘴;5—汽缸;6—第二列动叶栅;7—导向叶栅

由若干个冲动级依次叠置而成的多级汽轮机，称为多级冲动式汽轮机。随着汽轮机向高参数、大功率和高效率方向发展，单级汽轮机不能适应需要，因而产生了多级汽轮机。图 2.36 为具有三个冲动级的多级冲动式汽轮机示意图。整个汽轮机的比焓降分别由三个冲动级加以利用。蒸汽进入汽缸后，在第一级喷嘴 2 中发生膨胀，压力由 p_0 降至 p_1，汽流速度由 C_0 增至 C_1，然后进入第一级动叶栅 3 中做功，做功后流出第一级动叶栅的汽流

速度降至 C_2，由于蒸汽在第一级动叶栅中不发生膨胀，第一级动叶栅后的压力（即第一级后压力）即等于喷嘴后的压力 p_1，从第一级流出的蒸汽，再依次进入其后的两级并重复上述做功过程，最后从排汽管中排出。图 2.36 中还表示出了蒸汽在各级中压力及速度的变化情况。由于流经各级后的蒸汽压力逐渐降低，比容逐渐增大，因此蒸汽的体积流量也逐渐增大。为了使蒸汽顺利流过，汽轮机的通流面积逐渐增加，所以喷嘴和动叶的高度及级的直径都逐渐增大。多级汽轮机的功率是各级功率之和，因此多级汽轮机的功率可以按需要做得很大。

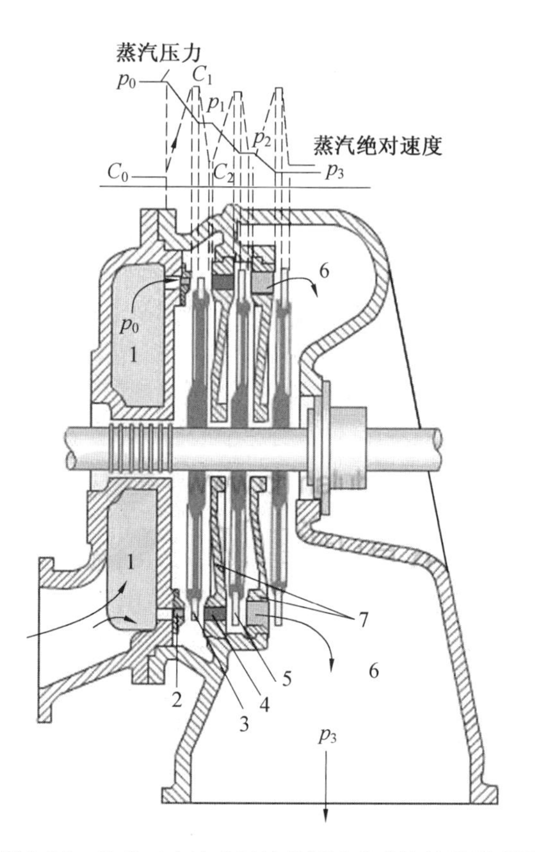

图 2.36　具有三个冲动级的多级冲动式汽轮机示意图

1—新蒸汽室；2—第一级喷嘴；3—第一级动叶栅；4—第二级喷嘴；5—第二级动叶栅；6—排汽管；7—隔板

②反动式汽轮机。

由牛顿第三定律可知，当某物体对另一物体施加作用力时，此物体就必然要受到与其作用力大小相等、方向相反的反作用力。例如火箭就是利用燃料燃烧时所产生的大量高压气体从尾部高速喷出，对火箭产生反作用力使其高速飞行的，这个反作用力称为反动力。

在反动式汽轮机中，蒸汽在喷嘴（静叶栅）中膨胀，压力由 p_0 降至 p_1，速度由 C_0 增至 C_1，高速汽流对动叶产生一个冲动力；而且，压力由 p_1 降至 p_2，速度在动叶栅中也膨胀由动叶进口相对速度 W_1 增至动叶出口相对速度 W_2，汽流必然对动叶产生一个由加速而引起的反动力，使转子在蒸汽冲动力和反动力的共同作用下旋转做功。蒸汽在反动级中的

压力和速度变化情况如图 2. 37 所示。

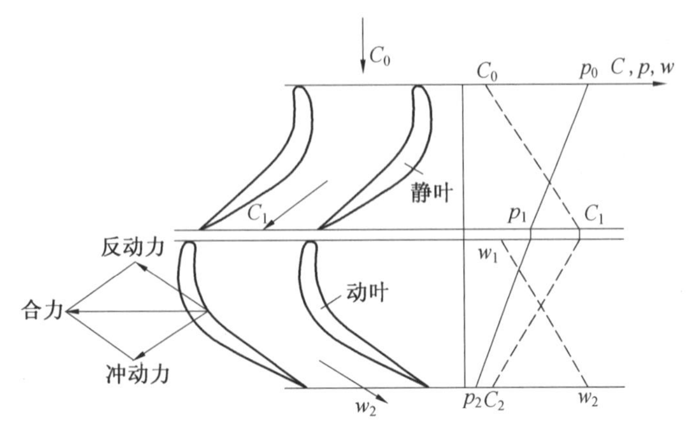

图 2. 37　蒸汽在反动级中的压力和速度变化情况

反动式汽轮机一般都是多级的。按照蒸汽在汽轮机中的流动方向分类,反动式汽轮机可分为轴流式和辐流式两种。轴流式多级反动式汽轮机示意图如图 2. 38 所示。由于蒸汽的比容随着压力的降低而增大,因此,叶片的高度相应增高,使流通面积逐级增大,以保证蒸汽顺利地流过。由于反动式汽轮机每一级前后都存在压力差,因此在整个转子上产生很大的轴向推力,其方向如图 2. 38 所示。为了减小这个轴向推力,反动式汽轮机不能像冲动式汽轮机那样采用叶轮结构,而是在转子前部装设平衡活塞 8 来抵消轴向推力。活塞前的空间用联通管 9 和排汽管联通,使活塞上产生一个向左的轴向推力,以达到平衡转子轴向推力的目的。它的动叶片直接装在轮毂上,在每列叶片之前,装有静叶片。动叶片和静叶片的断面形状基本相同。压力为 p_0 的新蒸汽由环形进汽室 7 进入汽轮机后,在第一级静叶栅中膨胀,压力降低,速度增加。然后进入第一级动叶栅,改变流动方向,产生冲动力。在第一级动叶栅中,蒸汽继续膨胀,压力下降,流速增高。汽流在第一级动叶栅中速度的增高,对第一级动叶栅产生反动力。转子在冲动力和反动力的共同作用下旋转做功。从第一级流出的蒸汽依次进入以后各级重复上述过程,直到经过最后一级动叶栅离开汽轮机。

图 2. 38 为辐流式多级反动式汽轮机示意图。汽轮机有两个轴 4 和 5,叶轮 1 和 2 分别安装在这两个转轴上,工作叶片 6 和 7 分别垂直安装在两个叶轮的端面上,组成动叶栅。辐流式反动式汽轮机是利用反动作用原理来工作的,新蒸汽从新蒸汽管 3 进入汽轮机蒸汽室,然后流经各级动叶栅逐渐膨胀,利用汽流对叶片的反动力推动叶轮旋转做功,从而将蒸汽的热能转变成机械能。辐流式汽轮机的两个转子按相反的方向旋转,可以分别带动两个发电机工作。

2. 汽轮机的组成

汽轮机由转动部分和静止部分所组成。汽轮机转动部件的组合体称为转子,它包括主轴、叶轮(或转鼓)、动叶栅、联轴器及装在轴上的其他零件。蒸汽作用在动叶栅上的力矩,通过叶轮、主轴和联轴器传递给发电机或其他设备,并使它们旋转而做功。汽轮机的静止部分包括基础、台板(机座)、汽缸、喷嘴、隔板、汽封、轴承等部件,但主要是汽缸和隔板。

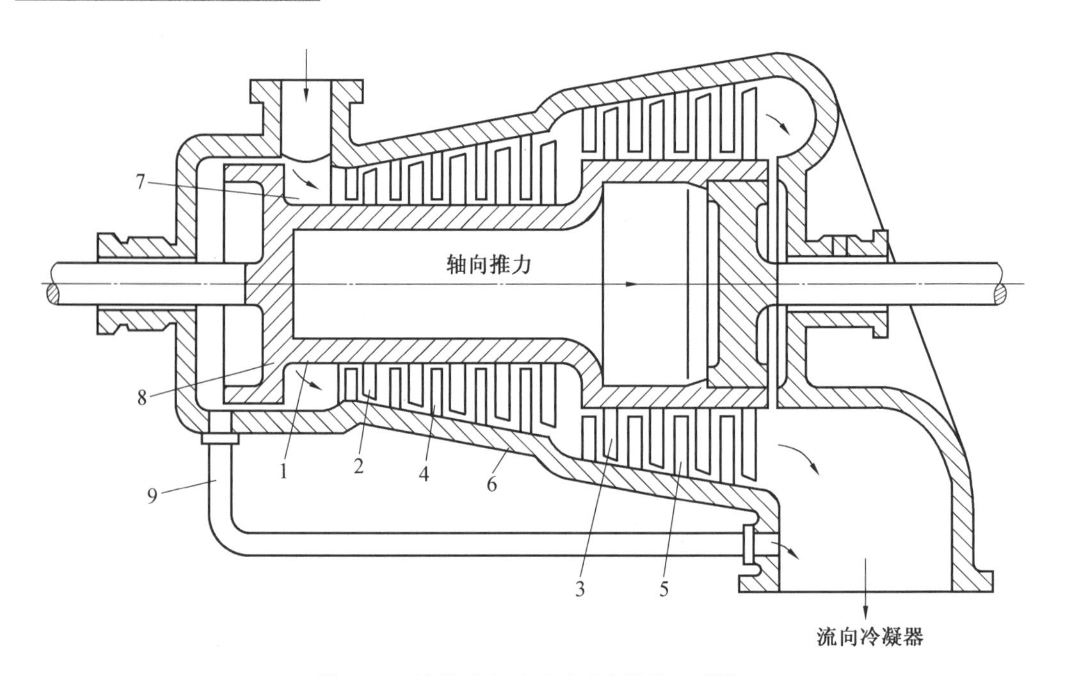

图 2.38　轴流式多级反动式汽轮机示意图

1 一轮毂;2,3—动叶栅;4,5—静叶栅;6—汽缸;7—环形进汽室;8—平衡活塞;9—联通管

(1)转子。

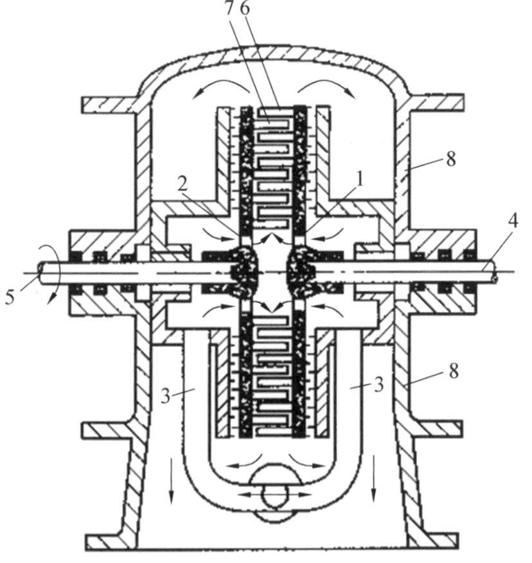

图 2.39　辐流式多级反动式汽轮机示意图

1,2—叶轮;3—新蒸汽管;4,5—汽轮机轴;6,7—工作叶片;8—机壳

汽轮机转子在高温蒸汽中高速旋转,不仅要承受汽流的作用力和由叶片、叶轮本身离心力所引起的应力,而且承受着由温度差所引起的热应力。此外,当转子不平衡质量过大时,将引起汽轮机的振动。因此,转子的工作状况对汽轮机的安全、经济运行有着很大的影响。按主轴与其他部件间的组合方式,转子可分为套装转子、整锻转子、焊接转子和组合转子 4 大类。至于一台机组采用何种类型转子,要由转子所处的温度条件及锻冶技术来确定。

①套装转子。

套装转子的叶轮、轴封套、联轴节等部件是分别加工后,热套在阶梯形主轴上的。各部件与主轴之间采用过盈配合,以防止叶轮等因离心力及温差作用引起松动,并用键传递力矩(图 2.40(a))。中、低压汽轮机的转子和高压汽轮机的低压转子常采用套装结构。

套装转子加工方便,生产周期短,不同部件采用不同的材料,因而用料合理。叶轮、主轴等锻件尺寸小,易于保证质量。但在高温条件下,叶轮内孔直径将因材料的蠕变而逐渐增大,最后导致装配盈量消失,使叶轮与主轴之间产生松动,从而使叶轮中心偏离轴的中心,造成转子质量不平衡,产生剧烈振动,且快速启动适应性差。因此,套装转子不宜作为高温高压汽轮机的高压转子。

②整锻转子。

整锻转子的叶轮、轴封套和联轴节等部件与主轴是由一整锻件车削而成的,无热套部件(图2.40(b)),这解决了高温下叶轮与主轴连接可能松动的问题,因此整锻转子常用作大型汽轮机的高、中压转子。整锻转子的优点是:

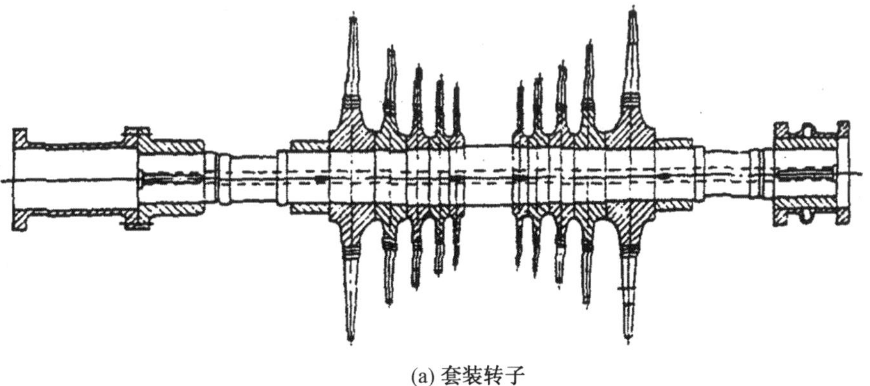

(a) 套装转子

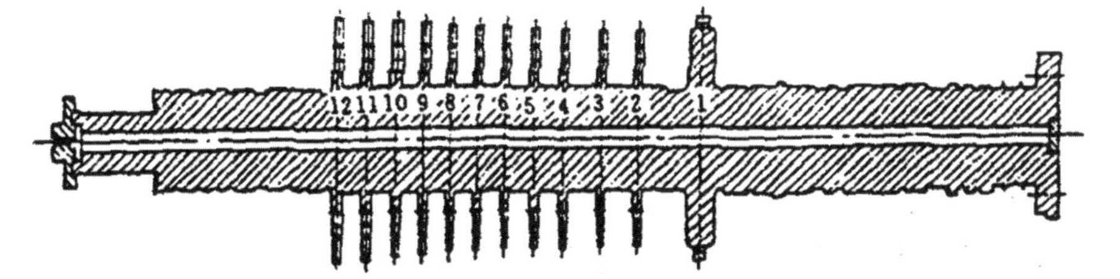

(b) 整锻转子

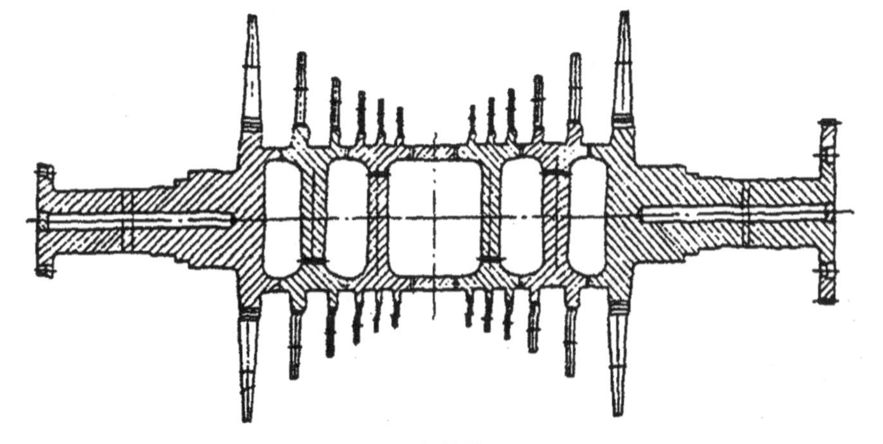

(c) 焊接转子

图2.40　转子剖面图

a. 结构紧凑,装配零件少,可缩短汽轮机轴向尺寸。

b. 没有热套的零件,对启动和变工况的适应性较强,适于在高温条件下运行。

c. 转子刚性较好。

其缺点是锻件大,工艺要求高,加工周期长,大锻件质量难以保证。同时检验比较复杂,不利于材料的合理使用。

现代大型汽轮机,由于末级叶片长度的增加,套装叶轮的强度已不能满足要求,所以某些机组的低压转子也开始采用整锻结构。

③焊接转子。

汽轮机的低压转子直径大,特别是大功率汽轮机的低压转子质量大,叶轮承受很大的离心力。当采用套装结构时,叶轮内孔在运行中将发生较大的弹性形变,因而需要设计较大的装配过盈量,但这样又引起很大的装配应力。若采用整锻转子,则因锻件尺寸太大,质量难以保证。为此采用分段锻造、焊接组合的焊接转子(图2.40(c))。它主要由若干个叶轮与端轴拼合焊接而成。焊接转子质量轻,锻件小,结构紧凑,承载能力高。与尺寸相同、带有中心孔的整锻转子相比,焊接转子强度高,刚性好,质量减轻20% ~25% 。由于焊接转子工作可靠性取决于焊接质量,因此要求焊接工艺高,材料焊接性能好,否则难以保证质量。这种转子的应用因此受焊接工艺及检验方法和材料种类的限制,随着焊接技术的不断发展,它的应用将日益广泛。

④组合转子。

因转子各段所处的工作条件不同,可在高温段采用整锻结构,而在中、低温段采用套装结构,形成组合转子,以减小锻件尺寸(图2.41)。

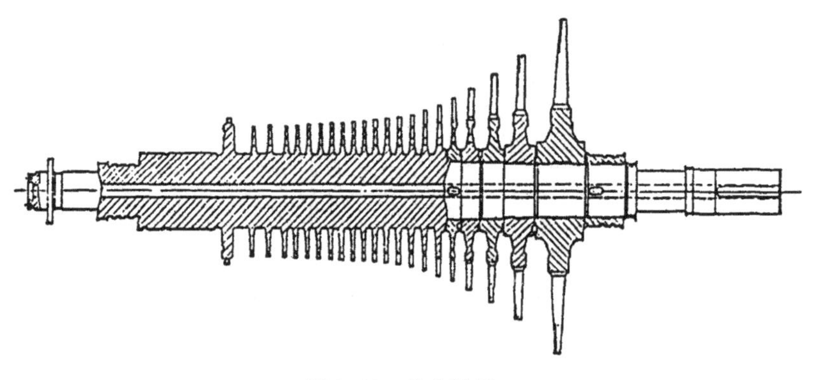

图2.41 组合转子

(2)叶轮。

叶轮是一种圆盘形的零件,它一般由轮缘、轮体(轮面)和轮壳三部分组成。轮缘用来固定叶片,其具体结构与叶片的受力情况及叶根形状有关,大多数轮缘具有比轮体大的截面。轮壳是叶轮套于主轴上的配合部分,故只有套装转子才有,其结构取决于叶轮在主轴上的套装方式,为了保证轮壳有足够的强度,轮壳部分一般都要加厚。轮体是叶轮的中间部分,它起着连接轮缘与轮壳的作用,其断面应根据受力情况来确定。叶轮按其轮体的断面型线可分为以下几种。

①等厚度叶轮。

这种叶轮的轮体断面沿径向相同(图 2.42(a)和(b)),其应力分布不均,故承载能力较差,一般仅在圆周速度低于 120 ~ 130 m/s 时采用。但是这种叶轮制造方便,轴向尺寸较小,因而广泛用于整锻转子上的高压部分。当叶轮径向尺寸稍大时,为提高其承载能力,可以适当加厚靠近内径部分的轮体厚度,如图 2.42(c)所示。

②锥形叶轮。

这种叶轮断面沿径向做成锥形(图 2.42(d)和(e)),因而其应力分布较为均匀,强度情况较好,可在圆周速度低于 300 m/s 时采用。锥形叶轮加工也较方便,而且可以根据载荷来改变叶轮的锥度。图 2.42(d)所示的叶轮常用于调节级或中、低压级,而图 2.42(e)所示的叶轮则用于载荷更大的低压级。

③双曲线叶轮。

这种叶轮断面沿径向按双曲线规律变化,如图 2.42(f)所示。它的应力分布比锥形叶轮更均匀,但由于加工困难,因此一般应用较少。

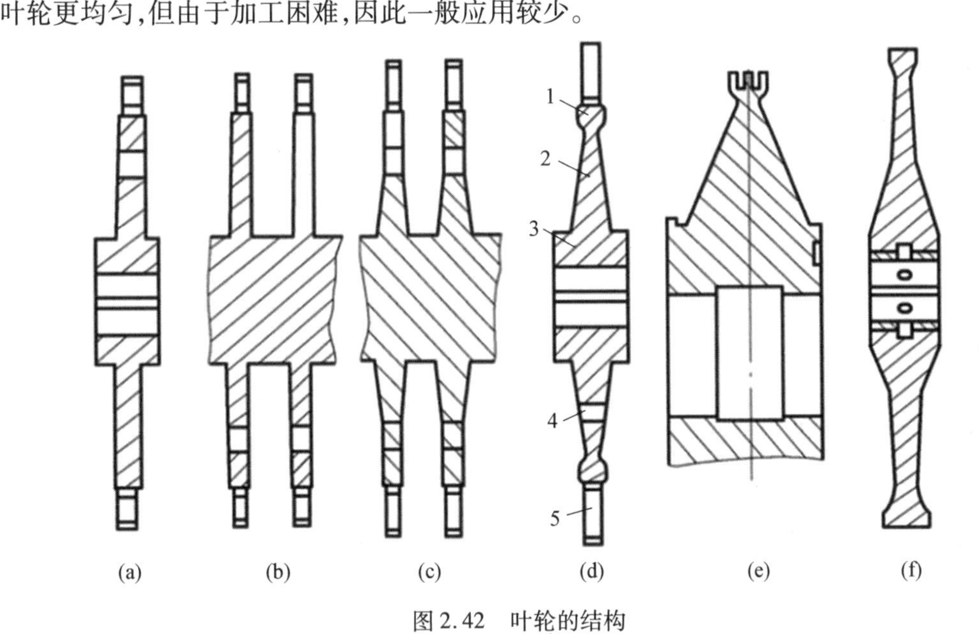

图 2.42　叶轮的结构

1—轮缘;2—轮体;3—轮壳;4—平衡孔;5—动叶栅

④等强度叶轮。

这种叶轮断面按等强度设计,叶轮各处的应力基本上相同,一般没有中心孔,故其强度最高,可用于 400 m/s 以上的圆周速度。但是它的加工比较复杂,要求也高,因此一般只在高转速的单级汽轮机中应用。

为了减小叶轮前后的压力差,以防止转子的轴向推力过大及叶轮产生挠曲,通常在叶轮的轮体开开有 5 ~7 个平衡孔。

(3)叶片。

动叶片是汽轮机中数量最大和种类最多的零件,它的结构、材料和装配质量对汽轮机的安全和经济运行有极大的影响。在汽轮机的事故中,叶片事故约占 60% ~70% ,所以

必须予以足够的重视。叶片应具有良好的流动特性、足够的强度、满意的转动特性、合理的结构和良好的工艺性能。叶片的类型很多,按工作原理可分为冲动式和反动式两大类;按制造工艺可分为铣制、轧制、模锻及精密铸造等类型;按叶片的截面形状还可分为等截面和变截面(扭曲)叶片。叶片由叶型、叶根和叶顶三部分组成。图 2.43 所示为轧制叶片和铣制叶片的结构。

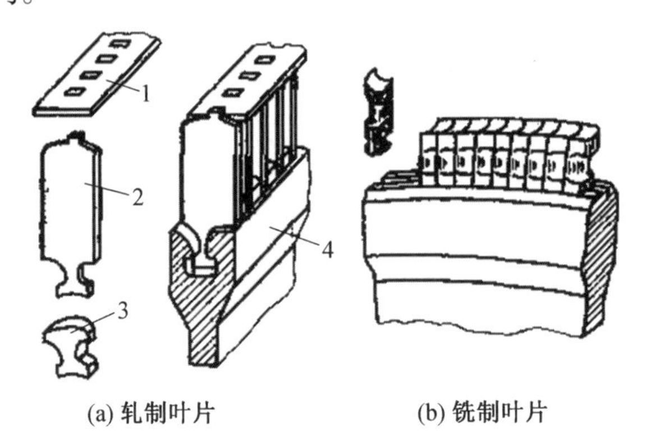

图 2.43　动叶栅结构

1—围带;2—动叶片;3—隔金(隔叶件);4—叶轮

①叶型部分。

叶型部分是叶片的工作部分,相邻叶片的叶型部分组成蒸汽的流道。叶型部分有两种形式:一种是截面沿叶高方向相同的等截面叶片;另一种是截面沿叶高方向变化的扭曲叶片。前者制造工艺简单,成本较低,但气动特性较差,适用于叶片相对高度较小的短叶片;后者气动特性较好,并具有较高的强度,但制造工艺较复杂,成本较高,适用于长叶片。在湿蒸汽区域内工作的叶片,为了提高叶片的抗冲蚀能力,在叶片进口的背弧上均采用强化的措施,如镀铬、电火花强化、表面淬硬及堆焊硬质合金等。

②叶根部分。

叶片通过叶根固定在叶轮上,叶根与叶轮的连接应该牢固可靠,而且应保证叶片在任何运行条件下不会松动。同时,叶根的结构应在满足强度的条件下尽量简单,使制造、安装方便,并使叶轮轮缘的轴向尺寸为最小。随着动叶片的圆周速度和长度的不同,其叶根所受的作用力也不同,这就需要采用不同的叶根结构。由于各制造厂有不同的经验和习惯,因而叶根的结构形式很多。不同形式的叶根在轮缘上的装配情况也不同。图 2.44 为常用叶根的截面形状及对应的轮缘结构。

a. 倒 T 形叶根。

图 2.44(a)和(b)所示为倒 T 形叶根。这种叶根结构简单,加工和装配方便。但是,这种叶根在叶片离心力的作用下,对轮缘两侧产生较大的弯曲应力,使轮缘有张开的趋势。若要降低轮缘两侧的弯曲应力,则需使轮缘的轴向宽度加大,因而使转子的轴向长度增加。由此可见,倒 T 形叶根仅适用于载荷不大的短叶片,如汽轮机的高压级叶片。为了克服上述缺点,在叶根和轮缘上增设了两个凸肩,这种叶根称为外包凸肩倒 T 形叶根,如图 2.44(c)所示。叶根凸肩的作用是阻止轮缘向外张开,以减小轮缘的弯曲应力,从而提高承载能力,或者说在同样的载荷下可以减小轮缘的尺寸。因此,这种叶根在叶轮之间

距离较小的整锻转子中得到广泛的应用。图 2.44(f)和(g)为双倒 T 形叶根,由于增加了承力面,可在不增大轮缘尺寸的情况下进一步提高叶根的承载能力。这种叶根可用于中等长度的叶片,但两承力面的配合公差要求比较严格,以保证其受力均匀。

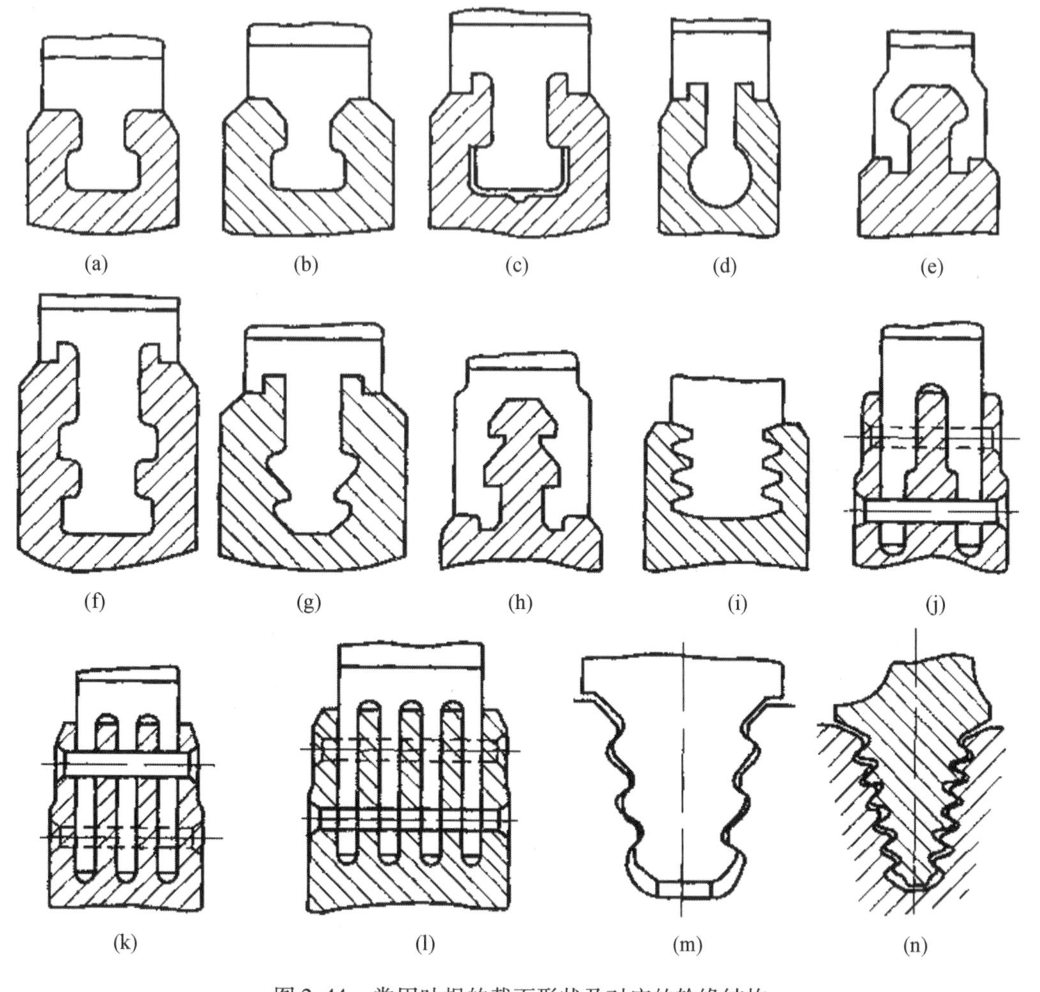

图 2.44　常用叶根的截面形状及对应的轮缘结构

b. 菌形叶根(外包型叶根)。

菌形叶根结构如图 2.44(e)和(h)所示。这种叶根和倒 T 型叶根属于同一个类型。它采用了叶根包围轮缘的形式,叶根和轮缘的载荷分配比较合理。叶片料消耗也较多,故国内目前较少采用,而引进的国外机组中应用较多。

以上几种叶根在轮缘上的装配方法相同,其轮缘的叶根槽道(或凸缘)有两个切口,叶片从切口处插入槽道后,沿圆周移动嵌在槽道内,对于轧制叶片则与隔叶件相间插入。在切口处的叶片称为末叶片,其叶根与切口形状相同,由于它没有承力凸肩,因此用铆钉铆接在轮缘上。

c. 叉形叶根。

叉形叶根如图 2.44(j)、(k)和(l)所示。这种结构是将叶根制成叉形,直接插入轮缘

相应的槽内,并用两排铆钉将其与轮缘铆接。铆钉的位置可以设在叶根的中心线上,也可交错地设在相邻叶根的接缝处。叉形叶根的优点是:连接强度高,而且可随着叶片离心力的增大相应地增加叶根的叉数,因而强度的适应性好,采用铆钉固定,连接刚性较好;制造工艺较为简单,加工方便,而且是径向单个跨装,检修和拆换叶片比较方便。其缺点是装配时钻孔和铆接工作量大,安装费工,整锻转子和焊接转子由于装配不便,不宜采用这种结构。叉形叶根常用于大功率汽轮机的末几级的叶片。

d. 枞树形叶根。

枞树形叶根结构如图 2.44(m)和(n)所示。这种叶根分为轴向装配式和周向装配式两种。冲动式汽轮机主要采用轴向装配式。枞树形叶根按照叶根和轮缘的载荷分布设计成尖劈形,接近等强度结构,其齿数可以根据载荷的大小来确定。因此,枞树形叶根有以下主要优点:承力面较多,合理利用了叶根和轮缘部分的材料,承载能力高,并能按照不同载荷设计不同数量的齿数,强度适应性好;采用轴向单个安装,装配和拆换都很方便。其缺点是:接合面多,加工复杂,精度要求高;为了减小应力集中及使各齿上受力均匀,要求材料塑性较好。枞树形叶根主要用于载荷较大的叶片,如调节级和末几级叶片。此外,尚有齿形叶根(图 2.44(i))及圆柱叶根(图 2.44(d)),前者常用于轧制叶片。

③叶顶部分。

a. 围带。

汽轮机的叶片顶部通常装有围带,它将若干个叶片连接成叶片组,围带的主要作用是:①用围带连接后,相当于在叶片顶部增加了一个支撑点,使叶片刚性增加;当叶片受外力作用而弯曲时,围带相应变形产生一个反弯矩,使叶片的弯曲应力减小。②可以改变叶片的自振频率,从而避开共振;能减小叶片的振幅,提高叶片的抗振性。③可以使叶片构成封闭槽道;并可装置围带汽封,减少叶片顶部的漏汽损失。

常用的围带有以下几种形式;①铆接围带。这种围带的结构如图 2.43(a)所示,围带由扁钢制成,然后用铆接将其固定在叶片的顶部。②整体围带。这种围带与叶片为同一整体,如图 2.43(b)所示,在加工叶片时一起铣出,待叶片组装后再将围带焊在一起,也可以不焊接。上述两种围带常用于中、短叶片上。③弹性拱形围带。这种围带是将弹性钢片弯成拱形,用铆钉固定在叶片顶部,采用整团环状连接。拱形围带可以增加叶片的刚性,抑制叶片 A 型振动(叶根固定、叶顶自由的振动)和扭转振动。有些叶片,特别是大型机组的末级叶片没有围带。为了减轻叶片质量和防止运行中与汽缸碰撞而损坏叶片,通常将叶片顶部削薄至 0.5 ~ 1 mm。

b. 拉金。

拉金用来将叶片连成叶片组,其作用是增加叶片的刚性以改善其振动特性。拉金通常做成棒状(实心拉金)或管状(空心拉金),穿在叶型部分的拉金孔中。拉金与叶片之间有焊接的(焊接拉金),也有不焊接的(松拉金或阻尼拉金)。在一级叶片中一般有 1 ~ 2 圈拉金,最多不超过 3 圈。用拉金连接叶片的方式有分组连接、整圈连接及组间连接等,如图 2.45 所示。

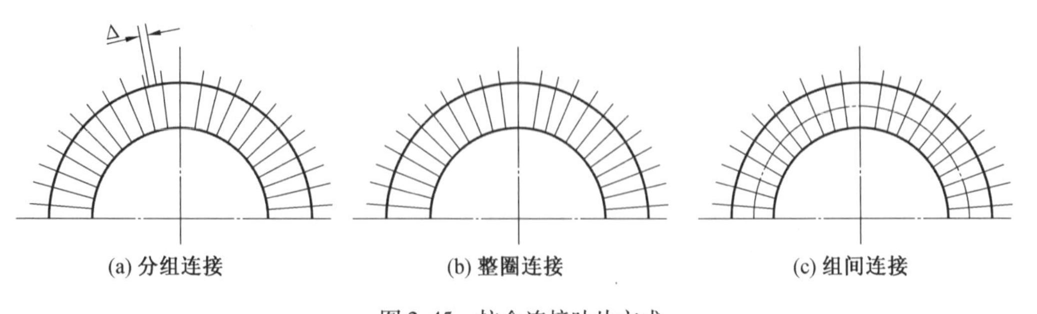

图 2.45　拉金连接叶片方式

(4)汽缸。

汽缸是汽轮机的外壳,其作用是将汽轮机的通流部分与大气隔开,将蒸汽包容在汽缸中膨胀做功,完成其能量转换过程。汽缸内部装有喷嘴室、喷嘴、隔板套、隔板和汽封等静止零部件,它们与转子上相应的运动部件相配合,共同工作。汽缸和隔板是汽轮机主要的静止部分结构。

根据机组功率的不同,汽轮机有单缸和多缸结构。在我国,一般功率在 100 MW 以下的汽轮机多采用单缸结构,功率在 100 MW 以上的汽轮机采用多缸结构。高、中压部分汽缸均为铸造结构,低压排汽缸除功率较小的采用铸造结构外,大功率机组多采用钢板焊接结构或小铸件和钢板焊接的组合结构。

汽缸从高压向低压方向看,大致上呈圆筒形或圆锥形。为了便于加工、安装及检修,汽缸一般做成水平对分式,即分为上、下汽缸,水平结合面一般用法兰螺栓连接。另外,为了合理利用材料和便于加工、运输,汽缸也常按缸内压力高低沿轴向分为几段,垂直结合面也采用法兰螺栓连接。由于垂直结合面一般不需拆卸,为保证其严密性,有些汽缸还在结合面的内圆加以密封焊。

汽缸的高、中压段或高、中压缸,在运行中承受其内部蒸汽较高压力和较高温度的作用。汽缸的低压段或低压缸尾部,在运动时其内部压力低于大气压力,因而承受着大气压力的作用。由此可见,汽缸壁必须具有一定的厚度,以满足强度和刚度的要求。相比于汽缸壁,接口法兰的厚度更大,以保证结合面的严密性。汽缸的形状要尽可能简单、均匀和对称,使其能均匀地膨胀和收缩,以减少热应力和应力集中。

将汽轮机末级动叶片排出的蒸汽导入冷凝器的部分称为排汽缸。排汽缸工作在真空状态下,尺寸又很大,设计时主要应保证它有足够的刚性,并具有良好的流动特性以回收排汽动能。

(5)隔板。

隔板用于固定喷嘴叶片,并将整个汽缸内部空间分隔成若干个汽室。它主要由隔板体、喷嘴叶栅和隔板外缘等部分组成。隔板通过隔板外缘直接安装在汽缸或隔板套内专门的凹槽中。为了安装和拆卸方便,隔板沿水平中分面对分为上、下两半块,称上、下隔板。为了使上、下隔板对准,并防止漏汽,在水平中分面加装密封键和定位销。在隔板体的内孔壁有安装汽封环的槽道。

根据制造工艺的不同,隔板有焊接和铸造的两类。喷嘴叶栅和隔板体、隔板外缘焊成一体的隔板称为焊接隔板;喷嘴叶栅铸入隔板体和隔板外缘的隔板称为铸造隔板。

图 2.46是焊接隔板的结构图,轧制成型的喷嘴叶栅 1 先焊在预先冲好型孔的内、外围带 2、3 上,然后再焊上隔板外缘 4 和隔板体 5 而成。焊接隔板具有较高的强度和刚度、较好的汽密性,制造也较容易,因此焊接隔板广泛应用于中、高参数汽轮机的高中压部分。

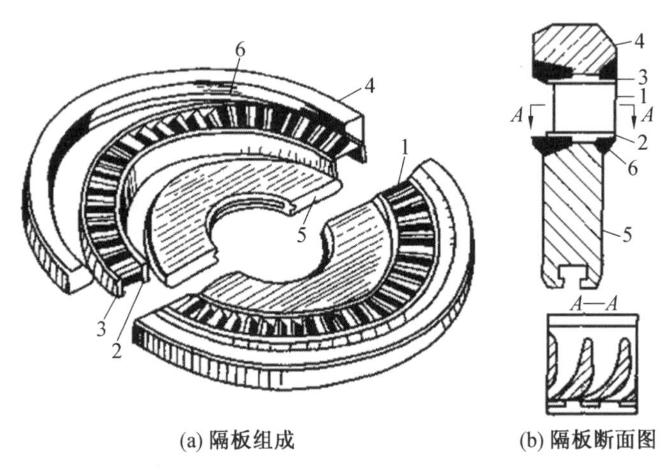

(a) 隔板组成　(b) 隔板断面图

图 2.46　轧制式静叶栅焊接隔板结构图

1—喷嘴叶栅;2,3—喷嘴叶栅的内、外围带;4—隔板外缘;5—隔板体;6—焊接处

高压汽轮机各级的隔板,通常不直接固定在汽缸上,而是固定在隔板套上,隔板套再固定在汽缸上。隔板套是一个圆筒形部件,相当于汽缸的一段,其外圆柱面有定位环,嵌入汽缸内壁相应的槽道内,其内壁上有若干环形槽道,用以固定相应的隔板。其水平中分面有法兰,用螺栓将上、下两半紧固。采用隔板套可减小汽轮机的轴向尺寸,简化汽缸形状,方便检修。

3. 核电站汽轮机的特点

对于压水堆核电站,多数采用饱和蒸汽汽轮机,从而使压水堆核电站汽轮机具有以下特点。

(1)蒸汽参数低。

压水堆核电站采用间接循环,反应堆冷却剂通过蒸发器传热管将二回路给水蒸发为饱和汽。因此,二回路新蒸汽参数受一回路温度限制,而一回路温度又与一回路压力密切相关,一回路压力还受到反应堆压力容器结构设计限制。因此,反应堆冷却剂温度提高的潜力已很小(堆芯出口平均温度一般不超过 330 ℃)。二回路蒸汽一般为 5 ~7 MPa 的饱和汽。与火电厂的高蒸汽参数汽轮机相比,核汽轮机的蒸汽可用比焓降仅为火电厂机组的一半左右,因此它们存在的差别有:①汽耗率约比常规电厂高一倍。②与高参数汽轮机相比,低压缸发出的功率较大,达到整个机组功率的 50% ~60% 。而高参数机组中,低压缸仅占 20% ~30% 。这样,低压缸的效率对整机的效率有更大的影响。③排汽速度损失对效率有较大影响,这要求增大排汽流通截面以降低排汽速度。

(2)体积流量大。

由于蒸汽参数低,蒸汽可用比焓降小,加之为了降低投资将单机功率取得很大,这都导致核汽轮机组的体积流量大,因而对核汽轮机配置和结构有以下要求:①600 ~800 MW 以上核电机组高压缸也做成双流;②通常只设高压缸和若干低压缸,不设中压缸;③低压缸体积流量大,要求增加排汽口数和排汽截面以及采用更长的末级叶片。考虑到汽轮机轴长度限制,低压缸排汽口不多于 8 个,因为排汽口再多,轴长度增加导致较大的径向相对膨胀间隙,会使效率降低。

(3)核汽轮机组多数级工作在湿汽区。

饱和汽轮机组需采取除湿措施,以提高效率和保障安全运行。高压缸中的湿度是核汽轮机特有的,高压缸内除湿、水滴分布等问题尚需进一步研究。

(4)采用汽水分离再热。

由于新蒸汽是饱和汽,膨胀后即进入湿汽区,为保证汽轮机安全经济运行,在蒸汽经过高压缸后,对高压缸排汽进行汽水分离再热,以保证低压缸的效率和安全性。因而,饱和汽轮机组无例外地设有汽水分离再热器,这也是与核电机组与火电机组的重要区别之一。

(5)易超速。

由于核汽轮机组多数级工作在湿蒸汽区,通流部分及管道表面覆盖一层水膜,导致机组甩负荷时,压力下降,水膜闪蒸为汽,引起汽流速骤增,这是核汽轮机组易超速的主要原因。为防止超速,采用下列措施:①完善汽轮机的去湿和疏水机构,减少部件和通道中凝结水。②在汽水分离再热器后蒸汽进入低压缸前的管道上装备快速关闭的截止阀。汽水分离再热器及连通管道容积较大,在机组甩负荷时,再热器及连接管表面的水膜闪蒸成为超速的主要原因。汽轮机超速试验结果表明,在低压缸进口装快速关闭阀,可使核汽轮机的超速水平与常规机组相近(约 6% ~8%)。

目前,世界上核电站汽轮机有全速(3 000 r/min、3 600 r/min)和半速(1 500 r/min、1 800 r/min)之分。电网频率 50 Hz 的国家全速和半速分别为 3 000 r/min 和 1 500 r/min、电网频率 60 Hz 的国家全速和半速分别为 3 600 r/min 和 1 800 r/min。据对世界上 410 台核电机组统计,全速机组约为 1/4,其单机容量多为 400 MW 以下,而 900 MW 以上机组,多数属半速机组。在 50 Hz 电网中,全速和半速机组数量相差不多,而 60 Hz 电网中,采用全速机组的很少。

对汽轮机转速选择的考虑因素如下。

①汽轮机的可靠性。

对于大型汽轮机组,采用半速的主要好处是提高叶片的可靠性。因为转速越低应力越小,在同样材料和加工水平下,末级叶片可以更长。如转速为 3 000 r/min 时最长的钢质末级叶片为 1 060 mm,而 1 500 r/min 时,却可达到 1 500 mm。

减少叶片在湿汽中的侵蚀损坏对提高叶片可靠性很重要。许多研究认为,侵蚀系数 E 与圆周速度 u 的二次方、三次方,甚至四次方成正比。无疑,低速下叶片的抗侵蚀性能大大提高了。叶片振动特性分析也表明,低速汽轮机的动态可靠性高。

②汽轮机的经济性。

关于转速对汽轮机组效率影响的研究表明,半速级机组在高压部分带来一些附加损失,但低压部分的效率将得到提高。

③质量、尺寸和造价。

根据流体力学和力学中的模拟定律,若汽轮机转速减半,且汽轮机流通通道的线性尺寸扩大为原来的 2 倍,则在同样蒸汽参数下,功率可达到原来的 4 倍。这时,各部件的应

力及其本征频率与运行频率的比值均保持不变，按照同样的结构原理制造的部件，若所有尺寸均扩大为原来的2倍，质量就会变为原来的8倍。因此在功率相同时，半速机组的外形尺寸和质量都增加，并增加了超重设备及大型设备运输的难度，增加了汽轮机的制造费用。因此，汽轮机制造厂商都要根据自己的设计制造条件来选择饱和汽轮机转速。

美国电网频率为60 Hz，它的全速汽轮机转速为3 600 r/min，其离心力比半速(1 800 r/min)机组高得多，因此美国早就发展了半速机组，积累了低速汽轮机组设计和制造经验。

德国、英国和俄罗斯电网频率均为50 Hz，其半速机组在1 500 r/min下运行，该机组比1 800 r/min机组体积大，质量重(转速降低22%，质量一般要增加40%)，且价格贵得多，从经济方面分析，3 000 r/min机组比较有利。德国电站联盟认为，只有对1 300 MW以上机组，采用半速才有利。实际上，在德国和俄罗斯，功率为1 000 MW的汽轮机组既有全速的也有半速的，不过德国最大的核汽轮机组(1 300～1 400 MW)以及法国的1 300 MW和1 500 MW机组均采用低速的(1 500 r/min)。

总之，世界上对核汽轮机组转速选择尚有争论，电网50 Hz国家(法国除外)认为，全速机组较为经济，而电网60 Hz国家则认为半速机组更安全可取。但有一点共识是：根据目前制造水平，1 300 MW以上大容量机组主要为半速机组。

2.2.2 冷凝器

冷凝器(又称凝汽器)是二回路热力循环的冷源。其基本功能是接收汽轮机的排汽并将其凝结成水，构成封闭的热力循环。其具体功能有：

(1)在循环水系统、汽轮机轴封系统及真空系统的支持下，建立并维持汽轮机所要求的背压，保证汽轮机安全、可靠、经济地运行。

(2)接受汽轮机排汽及蒸汽排放系统的蒸汽，并将其凝结成水。

(3)接受来自各疏水箱的疏水，经过滤除氧，保持凝结水水质，为二回路贮存供应凝结水。

冷凝器是一个工作在真空条件下的表面式热交换器。图2.47为冷凝器示意图。汽轮机排汽流过冷凝器传热管外表面时在传热管外表面凝结，蒸汽凝结时凝结水的比容远小于工作压力下饱和蒸汽的比容，因而蒸汽的凝结造成冷凝器内的真空。

由于蒸汽体积流量很大，且夹带有极少量的不可凝结气体，加之汽轮机低压缸侧汽机轴贯穿部和冷凝器本身密封不严都会导致空气漏入，真空的维持是个动平衡过程，运行中只有不断将漏入和累积的不可凝气体抽走才能维持真空。因此，建立和维持冷凝器真空的条件是：有充足的温度、适当的循环水凝结蒸汽；汽轮机轴封系统正常工作；冷凝器真空系统不断将空气抽走。

假设一台冷凝器工作压力为5 kPa，凝结蒸汽量为30 kg/s，则其进口处蒸汽的体积流量为840 kg/s(蒸汽比容近似取28 m^3/kg)。但是凝结水流量仅为0.03 m^3/s，抽汽口处不可凝结气体和部分未凝结蒸汽的体积流量在正常情况下也不过0.3 m^3/s，两项相加仅约0.33 m^3/s，仅是管束进口处蒸汽流量的1/2 500。冷凝器壳侧体积流量的剧烈变化大致就是这样的比例关系。根据传热学理论，冷凝器冷却管的放热强度与蒸汽流动阻力都与蒸汽流速密切相关。

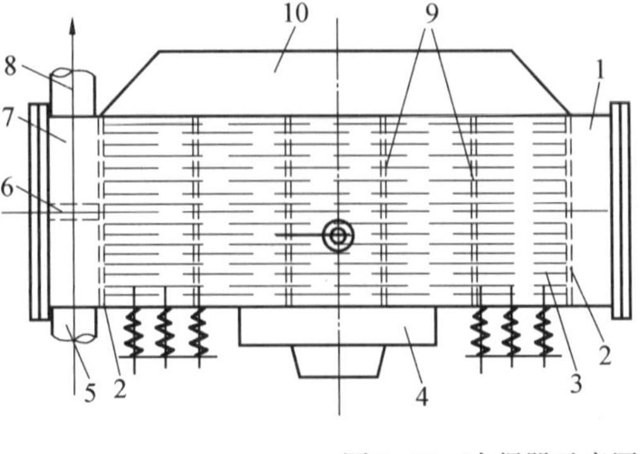

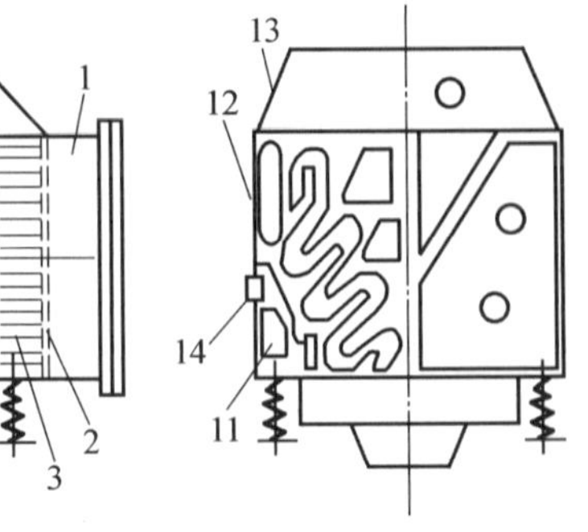

图 2.47　冷凝器示意图

1—后水室；2—管板；3—冷却管束；4—热井；5—进水管；6—水室隔板；7—前水室；8—出水管；9—管子支撑隔板；10—进汽管；11—空气冷却区；12—挡板；13—外壳；14—抽汽口

此外，汽轮机排汽沿管束深度流动而不断凝结时，蒸汽分压 p_s 及空气分压 p_a 沿流程变化的情况如图 2.48 所示。管束入口处，空气分压很小；到一定阶段，空气分压开始显著增加，蒸汽分压急剧减小。在这个区域里，汽气混合物流速的降低及其中空气相对含量的增加都导致冷却管外侧热阻的增大，都使传热系数降低，且随着蒸汽分压的降低，蒸汽温度下降，传热温差也逐渐减小。在管束右端，蒸汽分压下降到接近于冷却水温度对应的压力，传热温差趋于零，这个区域几乎不起凝结蒸汽作用。

可见，冷凝器管束工作的基本特征是：流体体积流量变化剧烈；空气积聚。它们都对冷凝器的工作有重要影响。

冷凝器真空对电厂运行十分重要：首先，冷凝器的真空影响二回路热循环效率，降低冷凝器内压力，可增加蒸汽在汽轮机内的可用比焓降，从而提高循环热效率。其次，冷凝器的真空对传热有重要影响，当冷凝器内不可凝气体分压提高时，蒸汽的凝结放热系数会明显下降。最后，冷凝器中存在空气，使蒸汽分压低于混合气体总压，相应的凝结水过冷，导致凝结水中含氧量增加。

冷凝器设计时，应力求使汽侧传热系数高，汽阻要小，热负荷沿汽流流动方向分布尽量均匀；低压缸排汽罩与冷凝器结合部流体动力特性好；凝结水过冷度小，除氧效果好，不应有聚集空气的死区，同时要考虑接受来自蒸汽排放系统的蒸汽，在汽轮机喉部设旁路排放装置。结构上还要考虑冷凝器与排汽缸的连接方式等。

冷凝器在设计工况下，传热系数 K 大约在 2 300 ~ 4 000 W/(m^2 · K)范围内，强化传热的主要途径如下。

(1)提高循环水侧放热系数。

主要措施是选取适当的循环水流速。过高的流速受到循环水泵耗电量限制，流速还与传热管材耐腐蚀性能有关。对于铜管，通常取流速在 1.5 ~ 2.5 m/s 范围内。

(2)减少污垢热阻。

管内结垢不仅引起附加热阻，而且使循环水流通截面减少。现广泛采用胶球清洗法清洗传热管。

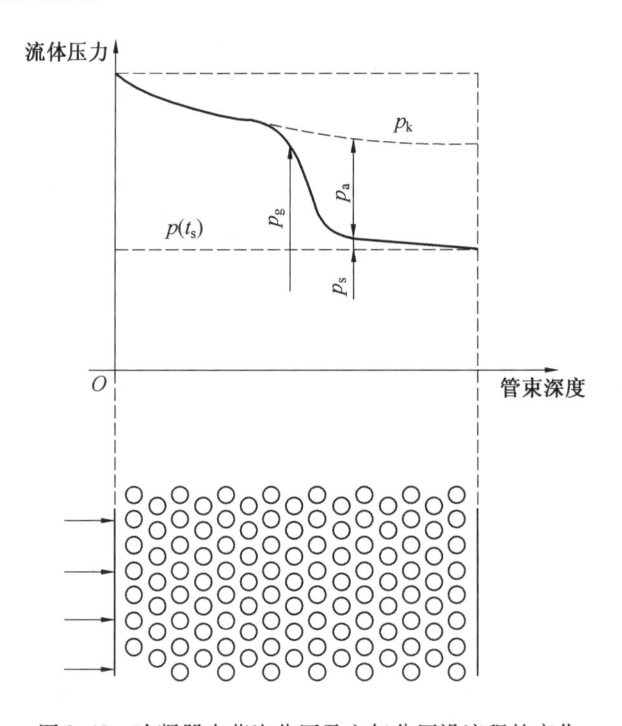

图 2.48 冷凝器内蒸汽分压及空气分压沿流程的变化

p_k—冷凝器压力；p_s—蒸汽分压；p_a—空气分压

(3)提高蒸汽侧放热系数。

主要从三个方面提高蒸汽侧的放热系数：

①合理布置管束。

通常采用叉排（又称菱形排列）或辐向排列，使上面管子的凝结水下落时对下面管子影响较小。管束布置的原则是：①使排汽均匀地流过管束各区段；②在主凝结区内不出现空气积聚；③在空气冷却区内，抽汽口远离热井；④沿蒸汽流动方向，流道截面呈收缩态势，应使空气、蒸汽混合物在管间的流速维持在 40～50 m/s 范围内；⑤避免新汽流与空气含量较高的汽流掺合；⑥避免汽流发生短路，即新汽流未充分冷凝进入空气冷却区；⑦管束中流道组织使适量新汽直接流向热井的凝结水表面，使凝结水过冷度降至最低。

②冷凝器有良好的严密性。

当蒸汽中含有一定量空气时，其凝结放热系数大大降低。对某台冷凝器实测表明，当漏汽量由 2.38 kg/h 增至 10 kg/h 时，冷凝器传热系数由 2 500 W/(m^2·K)降至 1 790 W/(m^2·K)。

③主凝结区热负荷分布应尽量均匀。

总的规律是，热负荷分布从冷凝器入口向抽汽口方向逐渐减小。为使热负荷分布均匀，应在冷凝器设计中采取一系列措施。例如，合理的管束长度与管板直径比可使蒸汽沿管长分配比较均匀；合理的水室形状使循环水量分配均匀；管束内部留出的蒸汽通道使蒸汽在管束间分配均匀等。

图 2.49 是某某某核电站的冷凝器结构图。每一个低压缸配置一台独立壳体的冷凝器。各冷凝器间有连管将汽侧和水侧相互连通，因此它们运行中参数都一样。每台冷凝

器由壳体、膨胀连接件、管板、管束、水室和热井组成。

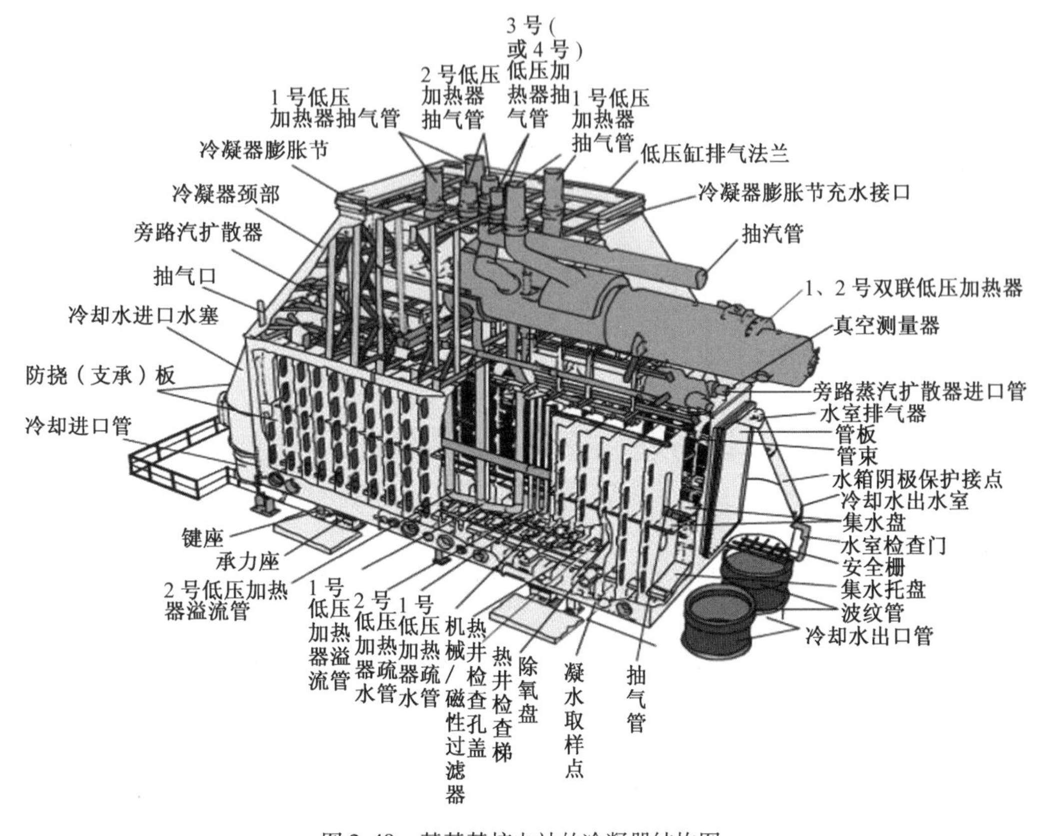

图 2.49　某某某核电站的冷凝器结构图

(1)壳体。

壳体由碳钢板焊接而成。每个壳体内布置有两组单流程管束,管束两端有循环水进、出口水室,通过膨胀节与内衬为玻璃纤维加强树脂的碳钢管与循环水进、出口暗渠相连接。加热管束的喉部装有一台复合式低压加热器(即第1、2级加热器装在一个外壳内),以及去第3、4级低压加热器的抽汽管和蒸汽排放系统的两个扩散器,壳体的底部有磁性和机械过滤器,壳体顶部与低压排汽缸之间用哑铃状橡胶伸缩节连接密封,如图2.50所示。

(2)哑铃状橡胶伸缩节。

低压缸与冷凝器分别固定在各自的基础上,且均为刚性连接。为确保低压缸和冷凝器在运行工况下因热膨胀和抽真空所引起的相对位置变化不会影响汽轮机组轴系的中心,低压缸排汽口与冷凝器进口法兰间采用柔性连接,它是通过哑铃状橡胶伸缩节来实现的(图2.50),橡胶伸缩节呈矩形,上、下端分别压紧在与低压缸排气口法兰和冷凝器进口法兰相焊接的上、下支撑柱上,用上、下夹紧板固定。为确保冷凝器气密封的要求,橡胶伸缩节周围有一个蓄水槽,内侧涂有煤焦油环氧树脂衬,蓄水槽充水起到水封作用。这种设计解决了冷凝器与低压缸壳体连接中的密封问题,同时又允许冷凝器与低压缸壳体间有一定位移。

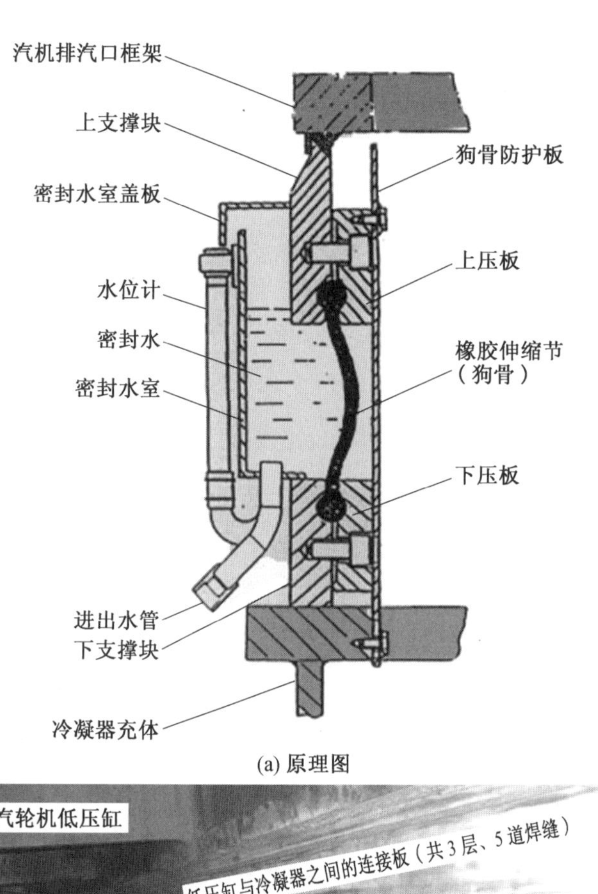

(a) 原理图

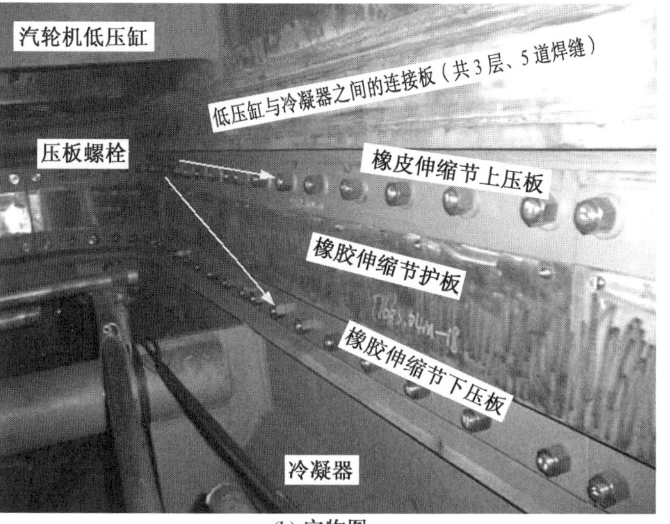

(b) 实物图

图 2.50　汽轮机/冷凝器伸缩节结构

(3)管束。

冷凝器传热管为焊接钛管。沿管束长度方向有支撑板，支撑板设计成使管束由中间往两侧向下倾斜，这种设计既保证管内靠重力疏水，又解决了管子振动和热补偿变形问题。管束布置呈分区向心式，这样可减小蒸汽流动阻力，又使管束热负荷趋于均匀。不凝结气体从管束中心由真空泵抽走。

在管束中心平面高度设有凝结水收集盘，使管束上凝结水不至于滴淋到下部管束，在管表面形成水膜。水膜的存在影响放热，下部管束凝结水也汇集到下凝结水收集盘内，最后汇入除氧托盘，凝结水借助重力下流，与由下而上的少量蒸汽进行加热除氧。

(4)管板。

冷凝器管板采用双管板结构(图2.51)，传热管用胀管连接到双层管板上。外层管板与海水接触，由铝青铜制成，内层管板为碳钢。内外层管板间靠定位块形成空腔，并充满除盐密封水，它是由放在与除氧水箱同一高度的高位水箱提供密封水压的，双层管板间空腔密封水的压力大于循环水最高压力。这样，当外层管板胀口泄漏时，冷却水不会漏入密封水腔中，内层管板胀口泄漏时，密封水漏入汽侧空间，不会污染凝结水。

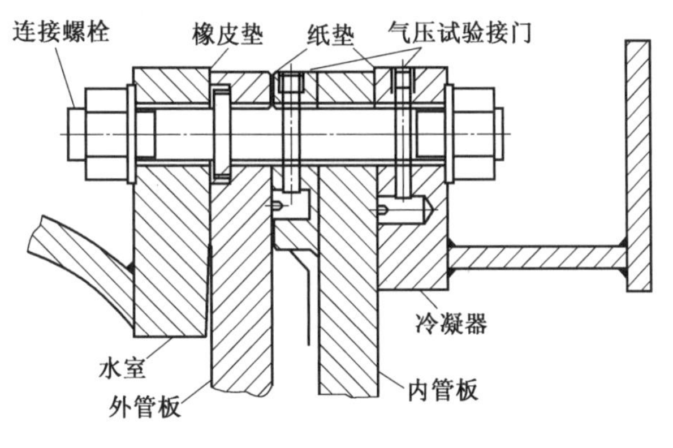

图2.51　冷凝器的双管板结构

(5)水室。

每组管束两端各有一个水室，它们与循环水进出口管相连。水室为碳钢结构，内壁涂刷环氧树脂与玻璃粉末涂料，以防海水腐蚀和冲刷。水室的形状能使循环水在传热管内流量分配均匀。水室还设有阴极保护夹持器，铅板放在夹持器内，保护管束不受腐蚀。

(6)热井。

热井设置在每台冷凝器壳体的底部，用来收集凝结水。它是一个长方形的箱形结构，用厚度20 mm的钢板制造，内有防止变形的加强件。冷凝器热井的水位，由电子水位控制器控制补给水调节阀，控制在与负荷相应的整定值上。3台冷凝器的热井由管道连接。

(7)凝结水过滤器。

在每台冷凝器热井上方布置有机械式和永久磁性过滤器，它由22个联合式磁性和机械过滤器组件组成。每个过滤器组件有一个长方形的框架，位于冷凝器底板上的长方形凹槽内。一套平板、管道、丝网和多孔板装置，提供机械过滤功能；12块带紧固部件的永久磁铁组合装置布置在机械过滤器的上方，提供磁性过滤功能，去除铁的氧化物杂质，如图2.52所示。

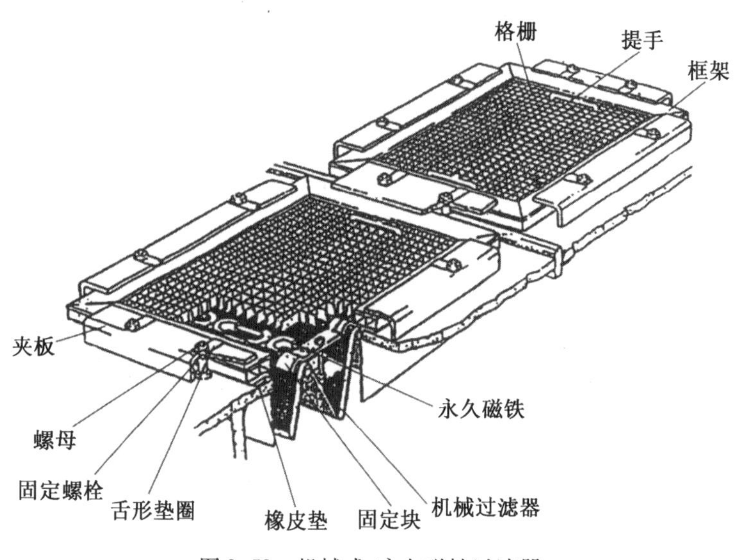

图 2.52　机械式/永久磁性过滤器

2.3　核电站循环热力分析

2.3.1　热力学基础

核燃料的链式裂变反应产生的高温热源将热能传递给工质水，水受热产生蒸汽并输送至汽轮机做功，完成热功转换。做功后的乏汽排入冷凝器向冷源放热并凝结成水，水经升压后送往高温热源，恢复其初始状态，然后再重新获得热能，从而构成了热力循环。如此周而复始，使热功转换过程连续进行。

对实际热力循环的研究：

(1)首先将实际循环简化为理想的可逆循环，即暂时忽略不可逆因素的影响，研究影响该热力循环热效率的主要因素，以及为提高热效率而可能采取的措施。

(2)然后，在研究理想可逆循环的基础上，进一步研究实际循环中存在的不可逆损失，找出这些损失的部位、大小、原因及相互关系，并研究减少不可逆损失的方法，分析可能提高热经济性的程度。

$$\eta_l=\frac{\text{输出功}}{\text{热源获得的热量}}=\frac{L}{Q_1}$$

对于理想循环

$$W=Q_1-Q_2$$

式中　Q_1——自高温热源获得的热量；

Q_2——向低温热源放出的热量。

热力学第二定律指出，在相同温度界限内的任何热力循环，其热效率不可能高于卡诺循环的效率。

卡诺循环是由两个定温过程及两绝热过程组成的理想循环。工质在同温度的 T_1 下，自高温热源吸入热量 Q_1，在可逆绝热膨胀过程中，工质温度自 T_1 降低到 T_2。然后，工质在温度 T_2 下向同温度的低温热源放出热量 Q_2。最后，经可逆的绝热压缩过程，工质温度由 T_2 升高到 T_1，完成一个可逆循环。卡诺循环的热效率公式为

$$\eta_t^c=\frac{T_1-T_2}{T_1}$$

卡诺循环奠定了热力学第二定律的基础。它指出，从高温热源获得的热量，只有一部分可以转化为机械功，而另一部分热量转移至低温热源。从卡诺循环的分析可以得到几条重要结论：

（1）确定了实际热力循环的热效率可以接近的极限数值，从而可以度量实际热力循环的热力学完善程度。

（2）给如何提高热力循环的热效率指出了方向：尽可能提高工质吸热时的温度，以及使工质膨胀至尽可能低的温度，在接近自然环境温度下对外放热。

（3）对于任意复杂循环，提出了广义（等价）卡诺循环的概念，即以平均吸热温度 T_1 及平均放热温度 T_2 来代替 T_1 及 T_2 的概念，两者具有相同的热效率。

卡诺循环在热力学理论方面具有重大的意义，但迄今为止，在工程上还没有造成完全按卡诺循环工作的热力发动机。这是因为：对于以理想气体为工质的循环，不易实现定温加热和定温放热。过热蒸汽实现定温过程也是困难的。对于采取饱和蒸汽作为工质的循环，因为水的吸热汽化和蒸汽的放热凝结过程，当压力不变时，温度也不变，实际上就有了定温加热和定温放热的可能性。

核电站大多数使用饱和蒸汽，但仍不采用卡诺循环。其主要原因，一是在绝热膨胀末期，蒸汽湿度很高，使汽轮机不能安全运行，同时不可逆损失增大；二是在低温放热终了时，蒸汽-水混合物的比容甚大，湿蒸汽压缩会给泵的设计与制造带来难以克服的困难。鉴于上述原因，采用饱和蒸汽的蒸汽动力装置不能实现卡诺循环。

实际蒸汽动力装置的热功转换过程，是在朗肯循环加以改进的基础上完成的（图 2.53），理想朗肯循环是研究各种复杂的蒸汽动力装置的基本循环。图 2.54 是 T-S 图上表示的饱和蒸汽的朗肯循环。朗肯循环过程是 1-2-3-4-5-1。饱和蒸汽的朗肯循环与卡诺循环的主要不同之处，在于排放的蒸汽是完全凝结水。显然，水的升压要比汽水混合物容易得多，因而简化了设备。

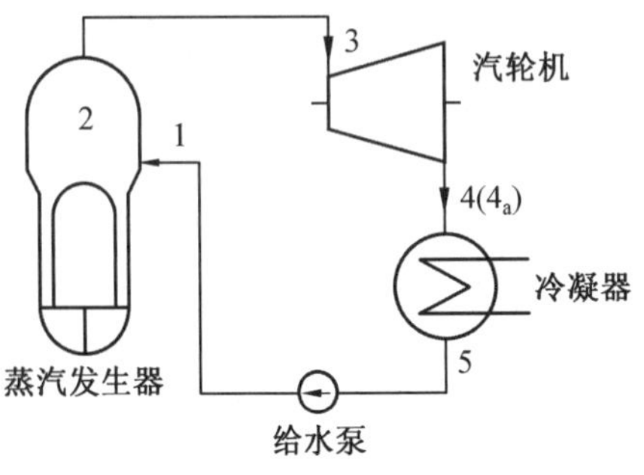

图 2.53　朗肯循环示意图

实际装置中各个过程是不可逆的，工质流动过程存在能量损失，如蒸汽从蒸汽发生器出口送至主汽轮机入口，有摩擦和散热蒸汽在汽轮机内的膨胀过程，存在能量损失，实际过程为 3-4_a。

图 2.55 为过热蒸汽的朗肯循环。朗肯循环的加热沿 4-5-1 过程线进行，显然降低了循环的平均温差，导致热效率低于理论上卡诺循环的相应值。

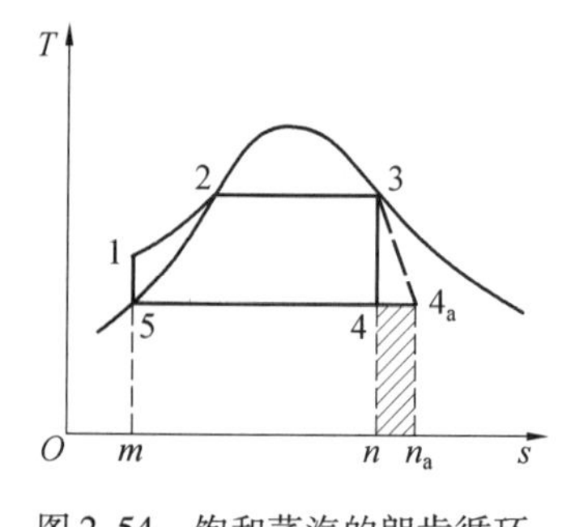

图2.54　饱和蒸汽的朗肯循环

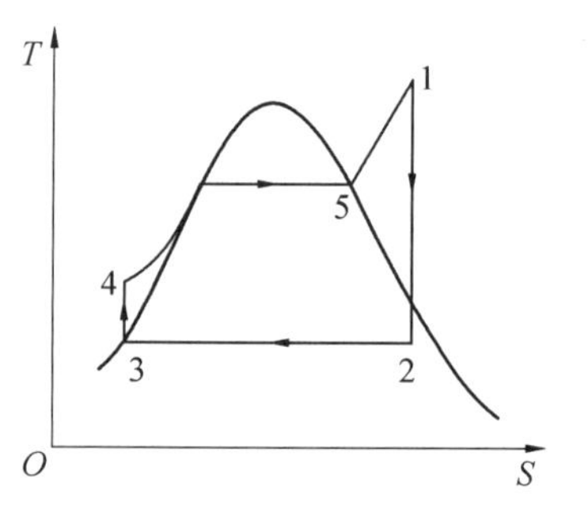

图2.55　过热蒸汽的朗肯循环

朗肯循环的热效率为

$$\eta_t^R = \frac{(h_1 - h_2) - (h_4 - h_3)}{h_1 - h_4}$$

当蒸汽初压不高时,水泵压缩功可以忽略,即

$$\eta_t^R = \frac{h_1 - h_2}{h_1 - h_3}$$

大型核电站的效率一般为0.30～0.35。

2.3.2　蒸汽参数对循环热经济性的影响

1.蒸汽初参数对循环热经济性的影响

(1)蒸汽初温对循环热效率的影响。

在一定的蒸汽初压和背压下,蒸汽在汽轮机中所做的功随着过热蒸汽初温度的提高而增加,但同时在冷凝器中的热损失也增加(图2.56),其中增加的功为面积1-1′-2′-2-1,增加的热损失为2-2′以下矩形面积。

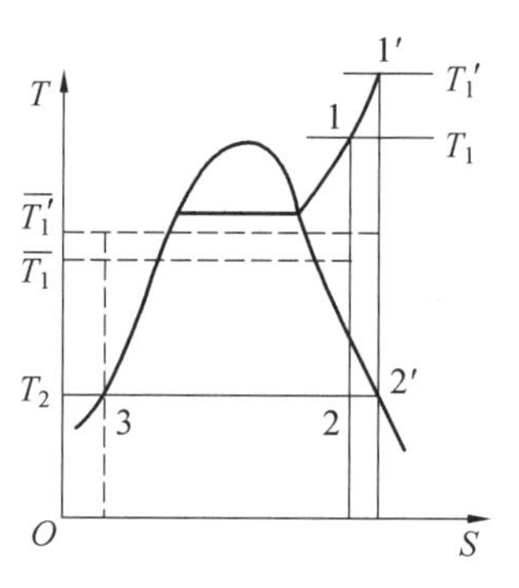

图2.56　不同初温下的朗肯循环 T-S 图

若把一个过热蒸汽的循环看作由一个初温比较低的朗肯循环和一个附加的过热蒸汽循环(初温度为 T_1')所组成的复杂循环,则由于此附加的过热蒸汽循环吸热温度均为 T_1 以上,附加循环热效率必高于初温为 T_1 的朗肯循环热效率,两者组成的新循环(即初温为 T_1'的朗肯循环)的热效率也就必高于原来朗肯循环的热效率。

上述结论也可以从图2.56中更直观地看到:若放热过程仍然在湿汽区内,则放热平均温度相同。于是提高蒸汽初温就等于提高平均吸热温度$\overline{T_1} \to \overline{T_1'}$,从而提高循环热效率。

在提高初温的同时,乏汽的干度上升了,使汽轮机工作条件得到改善,湿汽损失减小,汽轮机相对内效率提高了。热效率随蒸汽初温的提高而提高,在理论上是不受限制的,但初温的提高受到金属材料高温下性能的限制。目前国内外蒸汽初温的范围定在535～570 ℃。一般珠光体钢可应用于560～570 ℃,而570 ℃以上则需采用价格极其昂贵的奥氏体钢。

(2)蒸汽初压对循环热效率的影响。

图2.57给出了只提高蒸汽初压时,简单的理想蒸汽动力循环过程工质状态的变化情况。此时,蒸汽的初温虽未变化,但由于初压力提高,蒸汽的饱和温度就提高了。因此,在一般情况下,提高蒸汽初压力能使整个吸热过程的平均温度得到提高;与此同时,蒸汽放热平均温度仍与原来一样,从而使循环热效率提高了。

图2.58为在一定的蒸汽初温下,循环热效率与蒸汽初压的关系曲线。可以看到,当初温度不高时,热效率随初压提高而增加得较少,初温愈高,提高初压对热效率增加的效率愈显著。初温愈高,热效率停止增长对应的初压愈高。由上述分析可知,在提高蒸汽初压的同时,相应提高初温,才能取得最佳效果。

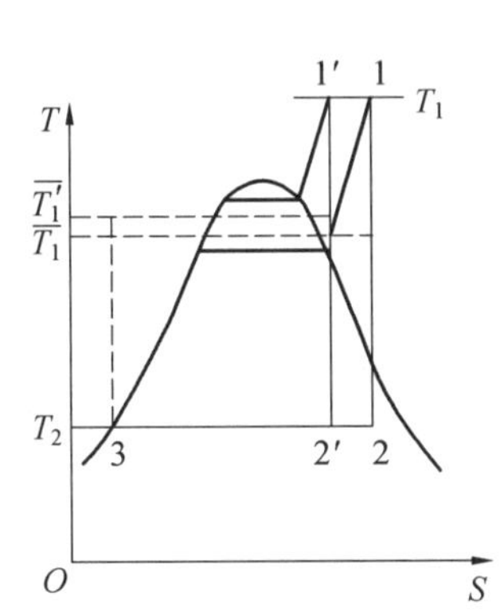

图2.57 不同初压下的朗肯循环 T–S 图

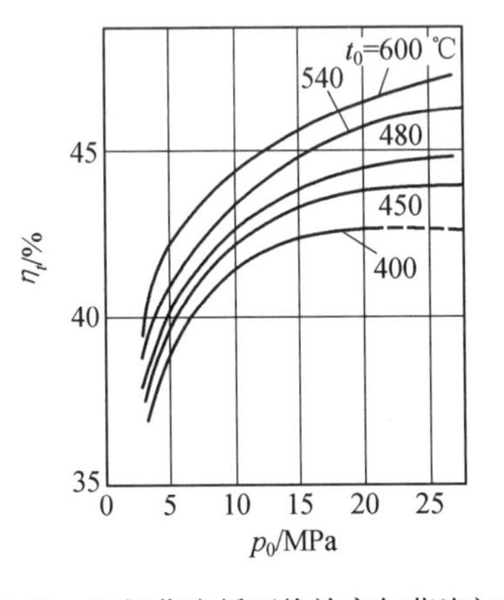

图2.58 理想蒸汽循环热效率与蒸汽初温初压的关系曲线

压水堆核电站大多数使用饱和汽,由于饱和温度和饱和压力的对应关系,只能分析温度和压力的综合影响。图2.58还给出了饱和蒸汽循环初压的影响,对于压水堆核电站,就其发展来看,二回路蒸汽也经历了提高的过程,美国早期核电站二回路新蒸汽压力为4.2 MPa,但目前世界在建的压水堆电厂二回路蒸汽参数达到6.5~7.5 MPa。但是由于受到一回路冷却剂温度的严格制约,二回路蒸汽初压不会再有大幅度提高。

2. 蒸汽终参数对循环热经济性的影响

汽轮机组排汽压力对于发电厂热经济性亦有很大影响。研究表明,在热力循环及蒸汽参数确定的情况下,循环热效率与排汽参数的关系,近似于线性关系,如图2.59所示,图中 $\eta_t(5)$ 是背压为5 kPa的朗肯循环热效率。曲线表明,排汽压力(背压)每降低2 kPa,循环热效率大约提高3%,而且对于较低的蒸汽参数更为敏感。它对汽耗率的影响也十分明显。因此,降低排汽压力是提高发电厂热经济性指标的主要方法之一。但是,降低蒸汽终参数受到两方面因素的限制。

(1)循环水温度。

循环水的温度是蒸汽循环中排汽温度的理论极限。例如 $p_c=3.9$ kPa对应于 $t_c=28.65$ ℃;$p_c=4.9$ kPa对应于 $t_c=32.25$ ℃。各国根据各自的自然条件,采用不同的排汽压力。例如俄罗斯常采用3.4~4.4 kPa,我国则常取4.4~5.4 kPa。

(2)循环水温升 Δt 及冷凝器端差 δ_t。

如图2.60所示,循环水进出口温升 Δt 及凝结蒸汽与循环水出口温度存在的端差 δ_t

构成了排汽温度 t_c 的技术极限。

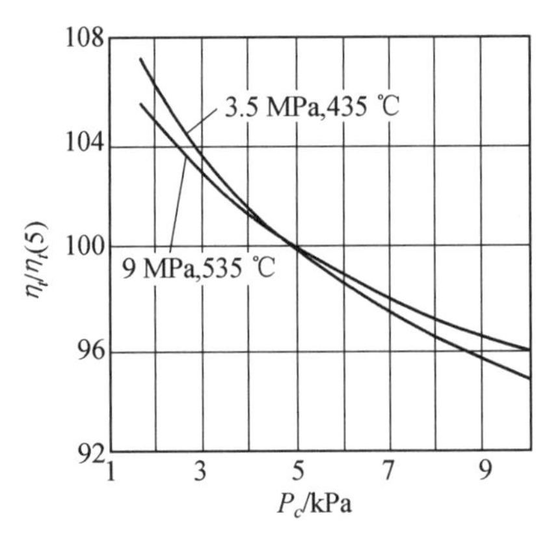

图 2.59　背压对朗肯循环热效率的影响

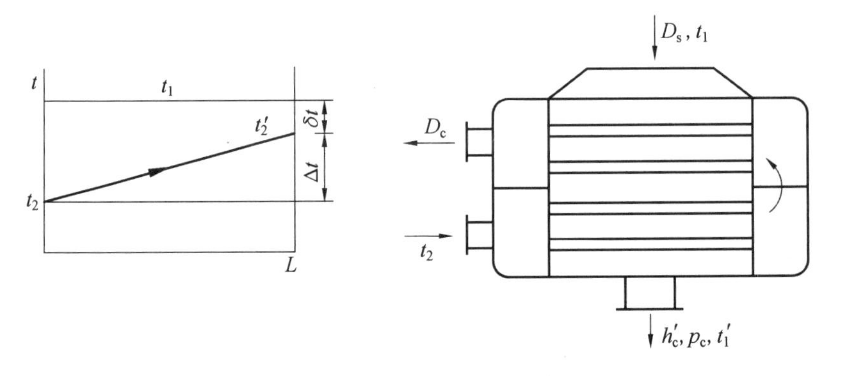

图 2.60　冷凝器工作过程示意图

$$t_c = t_2 + \Delta t + \delta_t$$

若循环水流量及蒸汽流量分别为 D_c 及 D_s，则冷凝器的冷却倍率为

$$m = \frac{D_c}{D_s} = \frac{h_c - h_c'}{C_p(t_2' - t_2)}$$

当 p_c=4.9 kPa 时，$h_c - h_c' \approx$ 2 184 kJ/kg，$t_2' - t_2$ 在 6～11 ℃范围内，$c_p \approx$ 4.2 kJ/(kg · ℃)，则 m 约在 50～80 范围内。

当降低循环水温升时，将要求较大的循环水流量及相应的循环水泵功率，这意味着运行费用增加。当然，另一方面，较小的 Δt 可使冷凝器传热面积减小，导致设备投资费用降低。

在选取循环水温升时，还应考虑环境保护的要求。发电厂废热的排放使环境温度升高，水中溶解氧含量减少，而鱼类及各类海生物均需要适宜的温度。因此，发电厂建设需注意对废热排放的管理。美国、日本等对循环水温升制定了控制标准。

若选取传热端差 δ_t 为 3～10 ℃，亦可以根据上式确定可能达到的排汽温度 t_c，相应地确定冷凝器的排汽背压。

除了对热经济性影响之外，冷凝器背压对于汽轮机最后几级叶片长度及排汽口尺寸有重要影响。因此，蒸汽终参数的选择要根据多方面因素慎重考虑。

(3)一、二回路参数的制约因素。

在上面讨论了核电站蒸汽参数的选择,但实际上必须首先考虑一回路参数的约束。

图2.61中给出了一回路与二、三回路主要参数间的相互关系。可以看到,提高二回路蒸汽初参数主要有两种途径;第一条途径是相应提高一次侧冷却剂温度,但这受到反应堆设计的限制;另一条途径是减小蒸汽发生器中一、二次侧之间的对数平均温差 ΔT_m,总的传热量正比于传热面积 F 与 ΔT_m 温差的乘积,这一种选择意味着增加蒸汽发生器传热面积从而提高电厂投资。恰当地平衡一、二回路参数可使发电成本最低。这里存在着最佳值的选择问题,此时,增加循环热效率所带来的收益正好为所增加的投资及电厂运行费用所平衡。

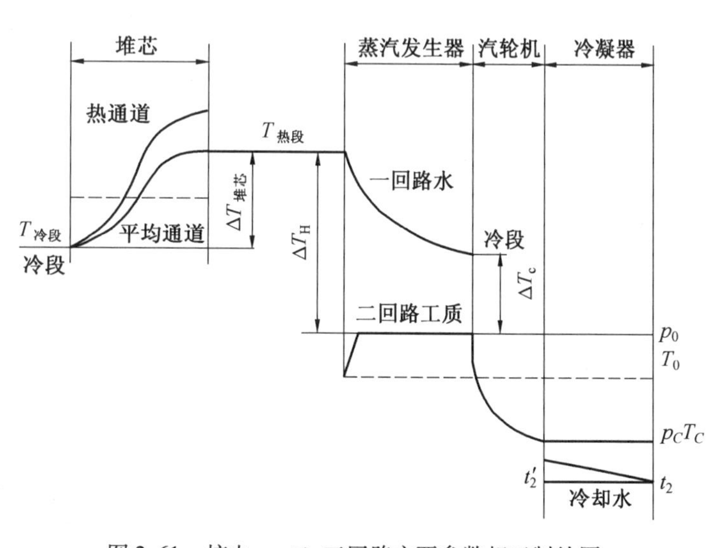

图2.61　核电一、二、三回路主要参数相互制约图

2.3.3　给水回热系统

在朗肯循环中,工质从热源获得的热量,大约有60%要向冷源排放,这是动力发电厂热经济性不高的主要原因。减少热量向冷源的排放,是改善热力循环的主要方向。

热力学原理表明,采用饱和蒸汽工作时,相应的极限回热循环具有与卡诺循环相同的热效率;当采用过热蒸汽工作时,对应的极限回热循环的热效率虽不能达到相同温度界限的卡诺循环的热效率,但比饱和蒸汽的朗肯循环热效率为高。提高热效率的原因可从两方面理解:从热量利用方面看,减少了向冷凝器的放热损失;从加热方面看,回热加热时换热温差比热源直接加热时小,因而不可逆损失减小了。发电厂的实践表明,采用回热循环可使热经济性提高约10%~15%,因此近代大中型发电厂几乎全部采用回热循环。

极限回热循环要求加热级数无限多,这在系统设计上是不现实的。在工程实践中采用有限级数的给水回热系统,以实现设计优化。讨论影响给水回热系统热经济性的主要因素,通常首先研究所谓理想回热循环,即假定全部为混合式加热器,端差为零,不计新蒸汽、抽汽压损和泵功耗,忽略散热损失。做如上简化后的系统流程如图2.62所示。

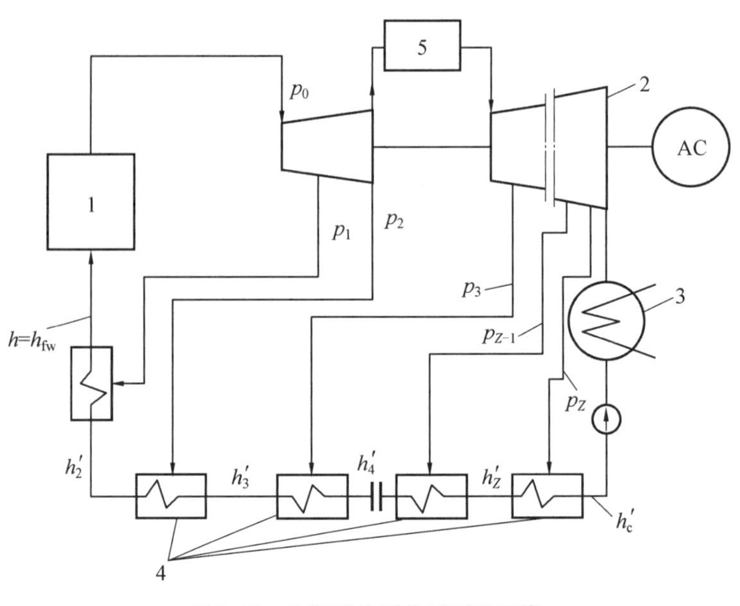

图2.62　Z级理想回热循环及系统

1. 给水回热循环的热经济性

影响给水回热循环热经济性的主要参数为回热加热分配比 τ，相应的最佳给水温度 t_{fw} 和回热级数 Z。三项紧密联系，互相影响。注意：图中，h 为新蒸汽及各级抽汽焓，kJ/kg；h 为各级给水焓，kJ/kg。

(1)汽耗量及汽耗率。

具有 Z 级给水回热系统的汽轮机组的汽耗量(单位 kg/h)为

$$\begin{cases} D_0^{rg}=\left[\dfrac{3\ 600p_e}{(h_0-h_c)\eta_m\eta_{ge}}\right]\left(\dfrac{1}{1-\sum\alpha_i Y_i}\right)=D_0^c\beta \\ Y_i=\dfrac{h_i-h_c}{h_0-h_c} \end{cases}$$

相应的汽耗率 d_0^{rg}(单位 kg/(kW·h))为

$$d_0^{rg}=\frac{D_0^{rg}}{p_e}=\frac{3\ 600}{(h_0-h_c)\eta_m\eta_{ge}}\beta=d_0^c\beta$$

采取回热抽汽后，汽耗量及汽耗率都提高了。

(2)热耗率及热效率。

有回热抽汽系统的热耗率(单位 kJ/(kW·h))为

$$q_0^{rg}=d_0^{rg}(h_0-h_{fw})$$

虽然汽耗率提高了，但给水焓 h_{wf} 也提高了。为了定量判断回热系统对热耗率的影响，应推导相应的热耗率及热效率公式：

$$\eta_t^{rg}=\eta_t^R\cdot\frac{1+A_{rg}}{1+A_{rg}\eta_t^R}=R\cdot\eta_t^R$$

式中　η_t^R——无回热循环(朗肯循环)的热效率；

A^{rg}——回热过程动力系数；

R——相对因子。

由于A_{rg}为正数，而η_l为小于 1 的正数，因此，R总是大于 1，这就是说回热总是提高了热效率，而影响给水回热热经济性的主要参数为回热加热分配比τ，相应的给水温度t_{fw}，以及回热级数Z，三者互有影响，下面将予以分析。

2. 最佳回热分配

对于Z级理想回热循环，通过求取热效率最大值而求其最佳回热分配，由图 2.62 规定主要符号如：

q_i——蒸汽在加热器中凝结放热量；

τ_i——加热器中给水焓升；

α_i——第i级加热器入口给水流量份额；

h_{f0}——新蒸汽压力下饱和水焓；

$h_{f1},h_{f2},\cdots,h_{fZ}$——各抽汽点压力所对应饱和水焓；

$h_1,h_2,\cdots,h_Z$——各抽汽蒸汽焓；

$h_1,h_2,\cdots,h_Z$——各加热器出口给水焓。

上述各参数间相互关系，归纳于表 2.1。

表 2.1　回热系统主要参数间相互关系

加热器级数	α_i	α_{ci}	q_i	τ_i
			$q_0=h_0-h_{f0}$	$\tau_0=h_{f0}-h_{fw}(h_{fw}=h_1')$
1	α_1	$\alpha_{c1}=1-\alpha_1$	$q_1=h_1-h_1'$	$\tau_1=h_1'-h_2'$
2	α_2	$\alpha_{c2}=1-\alpha_1-\alpha_2$	$q_2=h_2-h_2'$	$\tau_2=h_2'-h_3'$
…	…	…	…	…
i	α_i	α_{ci}	$q_i=h_i-h_i'$	$\tau_i=h_i'-h_{i+1}'$
…	…	…	…	…
$Z-1$	α_{Z-1}	$\alpha_{c(Z-1)}$	$q_{Z-1}=h_{Z-1}-h_{Z-1}'$	$\tau_{Z-1}=h_{Z-1}'-h_Z'$
Z	α_Z	α_{cZ}	$q_Z=h_Z-h_Z'$	$\tau_Z=h_Z'-h_C'$
			$q_c=h_c-h_c'$	

第一级加热器的热平衡式为

$$\alpha_1 q_1=\alpha_{c1}\tau_1=(1-\alpha_1)\tau_1$$

$$\alpha_1=\frac{\tau_1}{q_1+\tau_1}$$

$$1-\alpha_1=\frac{q_1}{q_1+\tau_1}$$

第二级加热器的平衡式为

$$\alpha_2 q_2+\alpha_{c2}h_3'=\alpha_{c1}h_2'$$

$$\alpha_2 q_2+(1-\alpha_1-\alpha_2)h_3'=(1-\alpha_1)h_2'$$

$$\alpha_2=(1-\alpha_1)\frac{\tau_2}{q_2+\tau_2}=\frac{q_1}{(q_1+\tau_1)}\frac{\tau_2}{(q_2+\tau_2)}$$

$$\alpha_{c2}=(1-\alpha_1-\alpha_2)=\left(\frac{q_1}{q_1+\tau_1}\right)\left(\frac{q_2}{q_2+\tau_2}\right)$$

以此类推。可得凝汽系数 α_c 为

$$\alpha_c=1-\sum_{i=1}^{Z}\alpha_i=\prod_{i=1}^{Z}\frac{q}{q+\tau}=\prod_{i=1}^{Z}\left(\frac{1}{1+\frac{\tau}{q}}\right)$$

于是回热循环的效率可写为

$$\eta_t^{rg}=1-\frac{\alpha_c q_c}{h_0-h_{fw}}=1-\frac{\alpha_c q_c}{q_0+\tau_0}=1-\frac{q_c}{q_0+\tau_0}\prod_{i=1}^{Z}\left(\frac{1}{1+\frac{\tau}{q}}\right)$$

为了研究回热参数对于系统热经济性的影响,应研究 η_t^{rg} 的最大值。而 η_t^{rg} 的最大值取决于下列变量:

$$F=\frac{q_0+\tau_0}{\alpha_c}=\frac{(q_0+\tau_0)(q_1+\tau_1)\cdots(q_Z+\tau_Z)}{q_1 q_2\cdots q_Z}$$

$$\eta_t^R=1-\frac{q_c}{F}$$

条件为 Z 级理想回热循环而且蒸汽终极参数及给水温度一定(即 q_0、q_c、τ_0 均一定)。

F 为多变量函数,应用数学中优化方法,可求取多变量函数的条件极值。

得到

$$\frac{\tau_1}{\tau_0}=\frac{\tau_2}{\tau_1}=\cdots=\frac{\tau_1}{\tau_{1-1}}=\cdots=\frac{\tau_Z}{\tau_{Z-1}}=m$$

以上即为导得最佳回热分配,称为几何级数关系,系数 k 及 m 可进一步推导,但一般可取 $m=1.01\sim1.04$。

根据类似的原理和方法,还可求得不同的最佳回热分配通式。

同理,可推导得通式为

$$\tau_Z=\frac{q_{Z-1}+\tau_{Z-1}-q_Z}{1+(q_{Z-1}+\tau_{Z-1})\frac{q_Z'}{q_Z}}$$

上式为理想回热循环的最佳回热分配的通式。若进一步简化,便可获得近似的最佳回热分配通式。例如,若 q 随 τ 的变化,即$\frac{\partial q_1}{\partial h_1'}=q_1'=0$,则上式可以简化为

$$\tau_Z=q_{Z-1}+\tau_{Z-1}-q_Z=h_{Z-1}-h_Z=\Delta h_{Z-1}$$

这种回热分配方法是,将每一级加热器的焓升取作等于前一段至本级的蒸汽在汽轮机中的焓降,简称"焓降分配法"。

若忽略各级加热蒸汽凝结放热量的差异,即 $q_1=q_2=\cdots=q_Z$,则简化为

$$\tau_Z=\tau_{Z-1}=\cdots=\tau_1=\tau_0=\frac{h_{f0}-h_c'}{Z+1}$$

这种回热分配的原则是每一级加热器的焓升相等,成为平均分配法。

将 $\tau_Z=\tau_{Z-1}$ 代入

$$\tau_Z=q_{Z-1}+\tau_{Z-1}-q_Z=h_{Z-1}-h_Z=\Delta h_{Z-1}$$

则有

$$\tau_{Z-1}=\Delta h_{Z-1}$$
$$\tau_{Z-2}=\Delta h_{Z-2}$$
$$\vdots$$
$$\tau_2=\Delta h_2$$

而

$$\tau_Z=\tau_{Z-1}=\cdots=\tau_2=\tau_1$$

故，得

$$\Delta h_Z=\Delta h_{Z-1}=\cdots=\Delta h_2=\Delta h_1$$

这种回热分配方法，是将每一级加热器的焓升取作等于汽轮机的各级焓降，简称“等焓降分配法”。

综上可知，理想回热循环最佳回热分配有多种近似解，因简化条件不同，其数值也有所差异。可是在蒸汽参数不高时，差别实际上并不很大。至于实际回热循环，以及有再热的回热循环，也可根据同样的原理与方法获得最佳回热分配的通式。

3. 最佳给水温度

给水回热加热提高了循环吸热过程的平均温度，同时使冷源损失减少，提高了循环的热经济性。最佳给水温度与回热级数和给水回热分配有密切关系。最佳给水温度以各级最佳回热分配为基础，即最佳给水温度是各级最佳回热分配的必然结果。

以单级回热循环为例，若给水温度等于冷凝器压力下的饱和温度 t_c，此时没有回热，循环热效率就是朗肯循环的热效率。当利用回热抽汽来加热给水时，给水温度随着抽汽压力的提高而提高，热效率的增值也随之增加。在抽汽压力达到某一数值时，热经济效益达最大值，此时的给水温度称为最佳给水温度。继续提高抽汽压力，给水温度虽随之相应提高，而热经济性反而开始降低。这是因为，虽然循环吸热量 $q_1=h_0-h_{fw}$ 不断降低，但是每千克蒸汽在汽轮机中做功却减少了，势必要增加汽耗率 d_0，使冷源损失增加，当 d_0 增加较快时，热耗率 $q_0=d_0q_1$ 不断增大，循环的热效率降低。当抽汽压力提高到新汽压力时，给水加热已不属于回热热循，相对热效率的增值成为零。单级回热理论的最佳给水温度为

$$t_{fw,opt}=\frac{t_{s0}+t_c}{2}$$

时，它的热效率达最大值，单级回热时各参量与给水温度的关系如图 2.63 所示。

可以推论，多级抽汽的回热循环也存在给水温度最佳值，它与回热级数、回热在各级中分配有关。

若按平均分配法进行回热分配，最佳给水温度时的焓值为

$$t_{fw,opt}=h'_c+Z\tau=h'_c+\frac{(h_{f0}-h')Z}{Z+1}\quad kJ/kg$$

如若按焓降分配法，最佳给水温度的焓值为

$$t_{fw,opt}=h'_c+\sum_{1}^{Z}\tau=h'_c+(h_0-h_Z)\quad kJ/kg$$

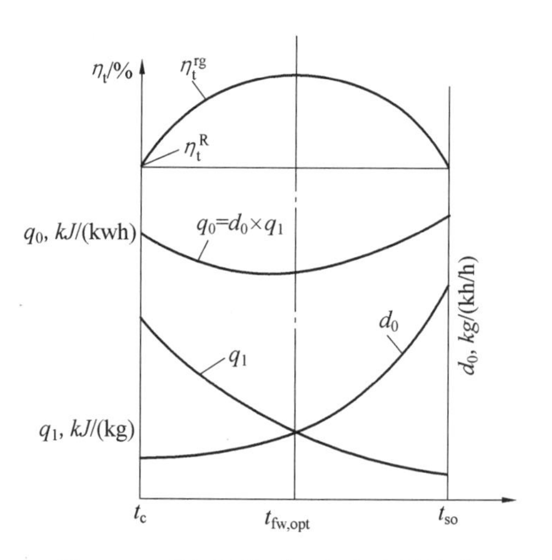

图 2.63　单级回热时 t_{fw} 与各参量的关系

若按几何级数分配法，其最佳给水温度的焓值为

$$t_{fw,opt}=\tau_Z(m^Z+m^{Z-1}+\cdots+m+1)+h_c'=\tau_Z\frac{(m^Z-1)}{(m-1)}+h_c' \quad \text{kJ/kg}$$

4. 最佳回热级数

根据平均分配法的简化条件，q、η 均为定值，则由

$$F=\frac{q_0+\tau_0}{\alpha_c}=\frac{(q_0+\tau_0)(q_1+\tau_1)\cdots(q_z+\tau_z)}{q_1q_2\cdots q_z}$$

$$\eta_t^R=1-\frac{q_c}{F}$$

得出

$$\eta_t^{rg}=1-\left(\frac{q}{q+\tau}\right)^{Z+1}=1-\frac{1}{\left(1+\frac{\tau}{q}\right)^{Z+1}}=1-\frac{1}{\left[1+\frac{h_{f0}-h_c'}{(Z+1)q}\right]^{Z+1}}$$

令

$$\frac{h_{f0}-h_c'}{q}=M$$

当循环参数一定时，M 也为一定值。当 $Z=\infty$ 时，

$$\eta_t^{rg}=1-\frac{1}{e^M}$$

由此式可知，η_t^{rg} 是 Z 的随增函数，即 Z 愈大，η_t^{rg} 愈大，但$\left(1+\frac{M}{Z+1}\right)^{Z+1}$系收敛级数，增长率是递减的，极值为 e^M。

最佳给水温度和回热级数与热经济性的关系如图 2.64 所示，图中坐标：

$$\phi=\frac{\Delta\eta_t^Z}{\Delta\eta_t^\infty},\quad \mu=\frac{t_{fw}-t_c}{t_{s0}-t_c}$$

由图可知，回热循环的基本规律如下所述。

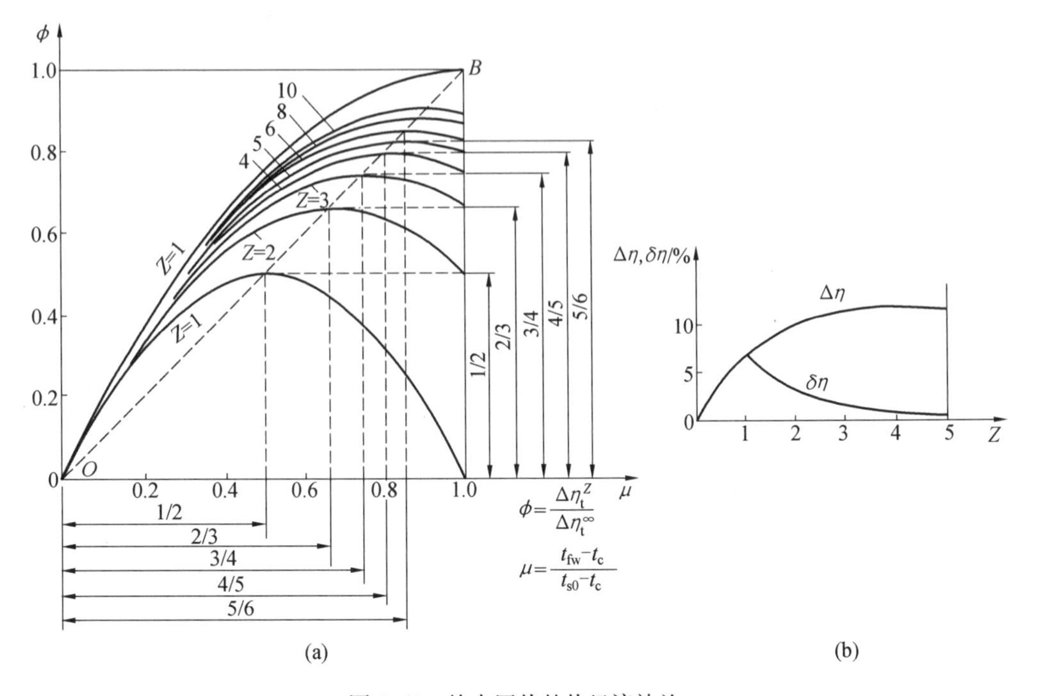

图 2.64　给水回热的热经济效益

回热循环的热经济性随着回热级数增加而提高；同时，它又系收敛级数，提高的幅度随着级数的增加而递减。其数值见表 2.2。

表 2.2　回热级数的热经济效益

项目	级数 Z								
	0	1	2	3	4	5	6	…	Z
ϕ	0	1/2	2/3	3/4	4/5	5/6	6/7	…	$Z/(Z+1)$
η_i 提高幅度递减值	1/2		1/6	1/12	1/20	1/30	1/42	…	$Z/Z(Z+1)$

当给水温度一定时，热经济性也随着回热级数的增加而提高，但其增长率也是递减的，如图 2.64(b)所示

对任一回热级数，均有其相应的最佳给水温度，而且它随着级数的增加而提高。如图 2.64(a)中的 OB 所示

图 2.64(a)中各曲线最高处附近的斜率变化缓慢，因而对任一回热级数的实际给水温度，虽与其最佳值有所偏离，但对热经济性的影响不大。

在考虑回热系统的经济效益时，不能单纯追求热经济性，还必须考虑发电厂全面的技术经济指标，即考虑系统、设备投资、厂用电、折旧费及燃料价格等。通过技术经济比较确定的最佳给水温度，称为经济上的最佳给水温度，它显然低于理论上的最佳给水温度。同样理由，回热级数也是有限的，中参数机组为 1 ~ 3 级；高参数机组为 5 ~ 7 级；超高参数的大容量机组，可达 7 ~ 9 级。国产火电发电机组的回热级数，给水温度及相对效率增长，见

表2.3。

表2.3　国产凝汽式机组的回热级数和给水温度

进汽机蒸汽参数			电功率	回热级数	给水温度	相对效率增长
P/MPa	P/ata	t/℃	P_e/MW	Z	T_{fw}/℃	$\Delta q=\frac{\eta_t^{rg}-\eta_t}{\eta_t}$/%
2.35	24	390	0.75,1.5,3.0	1~3	105~150	6~7
3.43	35	435	6,12,25	3~5	150~170	8~9
8.83	90	535	50,100	6~7	210~230	11~13
12.75	130	535/535	200	7~8	220~250	14~15
13.24	135	550/550	125			
16.18	165	535/535	300,600	7~8	247~275	15~16
		550/550	300			

现代压水堆核电站蒸汽初压对应的饱和温度约为280~290 ℃,但由于上述理由,采用的给水温度几乎都在220~240 ℃范围内,表2.4给出了某些核电站给水回热系统数据。

表2.4　核电机组回热系统数据

电厂名称	Marble Hill	Satsop	Teicastin	Standard	秦山-1
公司	Westinghouse	CE	FRA	KWU	
电功率/MW	1 150	1 300	920	1 000	310
p_0/t_0,MPa/℃	6.82/饱和	7.37/饱和	66/273	64.5/280	5.34/268
回热级数	5+除氧器	—	6	6+除氧器	6+除氧器
给水温度/℃	226.7	232.2	219.4	218	221.5

2.3.4　蒸汽再热系统

工程热力学中研究了理想再热循环,它可以看作无再热的基本循环(即朗肯循环)与再热过程构成的附加循环所组成的循环。采用蒸汽中间再热是否能提高整个再热循环的热效率,取决于附加循环的平均吸热温度是否高于基本循环的相应值。

目前大型火力发电厂大都采用蒸汽中间再热系统,其主要目的是提高蒸汽初参数,从而提高大容量机组的热经济性。但是对于压水堆核电站而言,主要目的在于提高蒸汽在汽轮机中膨胀终点的干度,如图2.65所示。图2.66为饱和蒸汽核汽轮机的 $h-s$ 图。若不采取任何措施,当蒸汽膨胀至5 kPa时,其蒸汽湿度将接近30%。为了保障汽轮机组低压缸的安全运行,设置了中间汽水分离器及低压缺级间去湿结构,但末级叶片湿度仍接近20%(膨胀线A);在此基础上再增加蒸汽中间再热,蒸汽被加热至过热,则末级叶片的湿度约为11%(膨胀线B),图中膨胀线C表示大型火力发电机组的膨胀过程,其排汽湿度约为10%。可见,核汽轮机在采取蒸汽再热措施后,末级湿度已与常规电厂机组相近。

同时有可能使热效率有所提高。

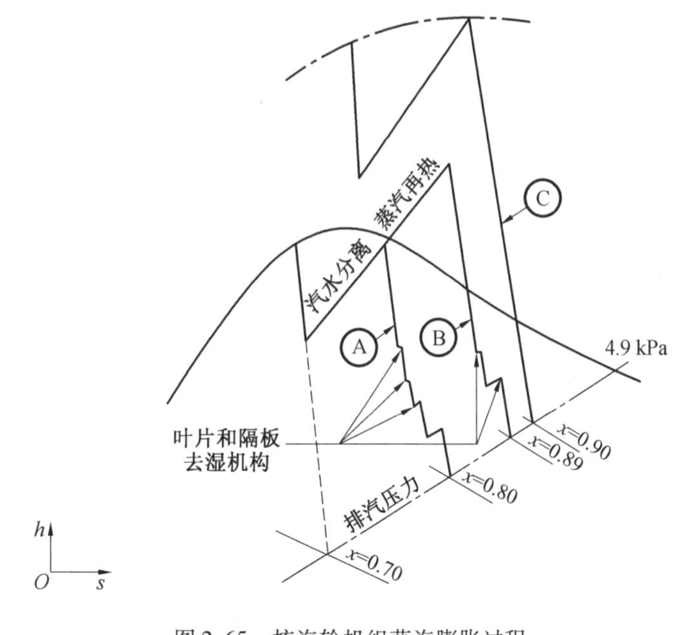

图 2.65　核汽轮机组蒸汽膨胀过程

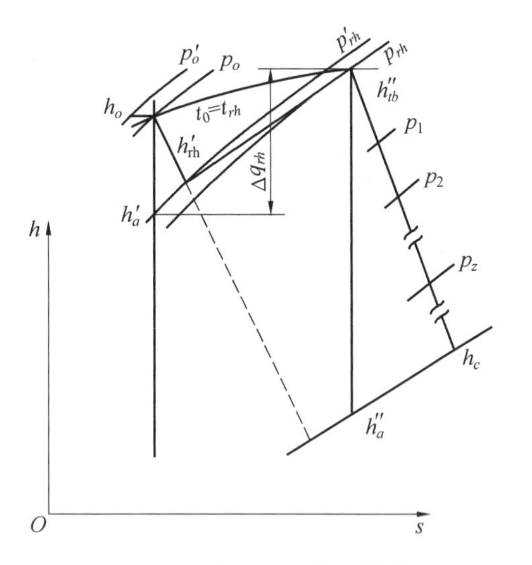

图 2.66　具有 Z 级回热的热循环

1. 汽耗率与热耗率

再热循环中汽轮机组的实际焓降：

$$H_{rh}=H_{rh1}+H_{rh2}=(h_0-h_a')\eta_{ri1}'+(h_{rh}-h_a'')\eta_{ri2}$$

$$(h_0-h_{rh}')+(h_{rh}''-h_c)=h_0-h_c+\Delta q_{rh}\quad \text{kJ/kg}$$

式中　$\Delta q_{rh}=h_{rh}''-h_{rh}'$——中间再热吸收的热量，kJ/kg。

通常，再热机组同时具有回热系统，则汽耗量的通式如下，其中 D_0^c 为纯凝汽机组的汽耗量，β 为由于有再热回热而增大的系数：

$$D_0^{rh}=\left[\frac{3\ 600P_e}{(h_0-h_c+\Delta q_{rh})\eta_m\eta_{ge}}\right]\left(\frac{1}{1-\sum\alpha_jY_j}\right)=D_0^c\cdot\beta\quad kJ/h$$

$$\begin{cases}Y_j=\dfrac{h_i-h_c+\Delta q_{rh}}{h_0-h_c+\Delta q_{rh}}\\ Y_i'=\dfrac{h_i-h_c}{h_0-h_c+\Delta q_{rh}}\end{cases}$$

$$d_0^{rh}=\frac{3\ 600}{(h_0-h_c+\Delta q_{rh})\eta_m\eta_{ge}}\cdot\beta=d_0^c\cdot\beta\quad kJ/h$$

一般说来，具有再热时，H_{rh}增大了，因此与纯回热机组相比，汽耗量及汽耗率都将降低。但同时由于吸收了热量 Δq_{rh}，热耗率与热耗量的变化将取决于多种因素。

$$Q_0^{rh}=D_0^{rh}(h_0-h_{fw})+D_{rh}\Delta q_{rh}\quad kJ/h$$

$$q_0=d_0^{th}\left[(h_0-h_{fw})+\frac{D_{rh}}{D_0^{rh}}\Delta q_{rh}\right]\quad kJ/(kW\cdot h)$$

具体分析指出，再热机组采用回热提高效率的幅度较非再热机组为小，如图 2.67 所示。这意味着再热削弱了回热的效果。

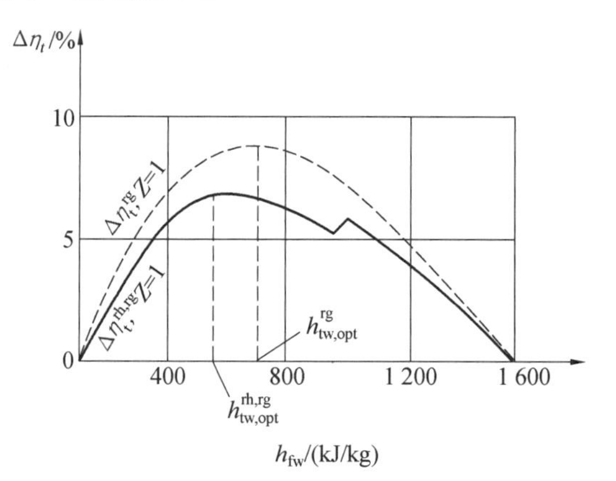

图 2.67　$\Delta_t^{rh,rg}$，Δ_i^{rg} 与 h_{wf}

一级回热情况下，回热循环热效率对于朗肯循环的相对增长为

$$\Delta\eta_t=\frac{\eta_t^{rg}-\eta_t^R}{\eta_t^R}$$

再热回热循环热效率 η_t^{rh} 对于无回热的再热循环的热效率 $\eta_t^{rh\prime}$相对增长为

$$\Delta\eta_t'=\frac{\eta_t^{rh}-\eta_t^{rh\prime}}{\eta_t^{rh\prime}}$$

回热抽汽由“冷”再热抽汽过渡到“热”再热抽汽时，$\Delta\eta_t'$有突降，随再热后回热抽汽压力的降低，$\Delta\eta_t'$增加到最大值，之后 $\Delta\eta_t'$开始降低。有再热回热循环的最佳给水温度，较无再热时的回热循环为低。

2. 最佳再热压力

最佳再热压力涉及许多因素，它们主要是蒸汽初压与初温，中间再热前后的汽轮机内效率，中间再热后的温度与压力，给水温度，回热分配等。在工程设计中允许简化次要因素，故作如下假定(图 2.68)。

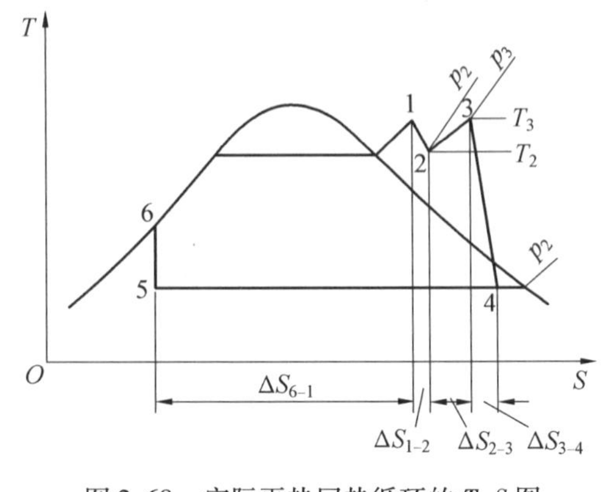

图 2.68　实际再热回热循环的 T–S 图

(1)中间再热后的蒸汽温度等于或接近于新汽温度，因而最佳再热参数的确定，仅需选择最佳再热压力。

(2)采用再热的总是高参数有多级回热的大型机组，其给水回热过程接近于可逆过程，可以用绝热过程 5–6 代替实际的给水回热加热过程，并忽略泵功。

(3)假定再热前膨胀过程 1–2 在蒸汽过热区，再热后膨胀过程 3–4 的末端在饱和蒸汽区。

(4)再热过程的熵增量 ΔS_{2-3} 与温度 T_2 为线性关系，而加热过程 6–1 和膨胀过程 1–2、3–4 的熵增量之和为常数，即

$$M=\Delta S_{5-1}+\Delta S_{1-2}+\Delta S_{3-4}=\text{const}$$

作以上简化的目的在于寻找 p_2 与 T_2 的关系，使 T_2 对 η_t^{rh} 求极值。当 T_2 为最佳值时，η_t^{rh} 为最大值。

$$\eta_t^{rh}=1-\frac{Q_2}{Q_1}=1-\frac{T_4\Delta S_{4-5}}{q_b+\Delta q_{rh}}=1-\frac{M+\Delta S_{2-3}}{q_b+\Delta q_{rh}}T_4$$

$$\left.\begin{aligned}\Delta S_{2-3}&=-\frac{T_3-T_2}{A}\\ \Delta q_{rh}&=\left(\frac{T_3+T_2}{2}\right)\left(\frac{\Delta S_{2-3}}{K}\right)=\frac{T_3^2-T_2^2}{2AK}\\ K&=\frac{T_3^2-T_2^2}{2(h_3-h_2+\Delta h_{rh})A}\end{aligned}\right\}\Rightarrow\eta_t^{rh}=1-2KT_4\frac{AM+T_3-T_2}{2KAq_b+T_3^2-T_2^2}$$

取 η_t^{rh} 对 T_2 的一次偏导数等于零，即得 η_t^{rh} 为最大的极值条件式，并取 $X=AM+T_3$，得

$$T_{2,opt}=X-\sqrt{X^2-2AKq_b-T_2^2}\quad \text{K}$$

为确定 A、K、M 值，可先取任意两个再热压力，例如 $p_2=0.10p1$，$p_2=0.30p1$，再选取 p_2/p_3 及相应汽轮机内效率；然后在 T–S 图上作出工作过程 1–2、3–4，可分别求出 A、K、M、X，取平均值后代入上式，即可求得 $T_{2,opt}$ 及 $p_{2,opt}$。

3. 再热机组的最佳回热分配

对于具有再热的 Z 级理想回热系统，其回热分配的分析方法可参看第 2.3.3 节，同样

用拉格朗日乘子法条件极值。以图 2.69 为例,分析回热分析的特点。

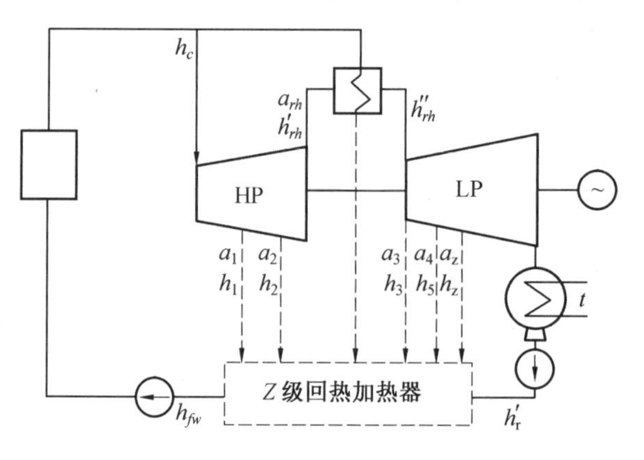

图 2.69　一次再热 Z 级回热系统

$$\eta_t^{rh}=1-\frac{\alpha_c q_c}{q_0+\tau_0+\alpha_{rh}\Delta q_{rh}}=1-\frac{q_c}{F}$$

式中

$$\alpha_{rh}=1-\alpha_1-\alpha_2=\prod_{j=1}^{2}\frac{q_j+\tau_j}{q_j}$$

$$F=\left[(q_0+\tau_0)\prod_{j=1}^{2}\frac{q_j+\tau_j}{q_j}+\Delta q_{rh}\right]\prod_{j=3}^{Z}\frac{q_j+\tau_j}{q_j}$$

要求 η_t^{rh} 为最大值,取决于变量 F 为最大值。可运用拉格朗日法。

取 Φ 对 τ_0、τ_1 的一次偏导数并令其为零,可得

$$\frac{\tau_0}{\tau_1}=\frac{q_0}{q_1}=\frac{q_1}{q_2^0}=m_1$$

取 Φ 对 τ_2、τ_3 的一次偏导数为零,得

$$\tau_2+q_2-\Delta q_{rh}\left[1-\frac{q_1 q_2^0}{(q_0+\tau_0)(q_1+\tau_1)}\right]=(q_3+\tau_3)\frac{q_3}{q_4}$$

取 Φ 对 τ_3、τ_4 的一阶偏导数,并令其为零,依此类推:

$$\frac{\tau_3}{\tau_4}=\frac{\tau_4}{\tau_5}=\cdots=\frac{\tau_{Z-1}}{\tau_Z}=m_2$$

用逐次逼近法,可以求得解。

本章参考文献

[1] 中国核能行业协会. 2019 年 1-12 月全国核电运行情况[EB/OL]. (2020-02-12)[2020-03-13]. https://www.china-nea.cn/site/content/36862.html.

[2] 中国新闻网. 日将福岛核泄漏警戒等级升为“重大异常问题”[EB/OL]. (2013-08-28)[2013-08-28]. https://www.chinanews.com.cn/gj/2013/08-28/5215837.shtml.

[3] 伍浩松,戴定,王树. 2019 年世界核电工业发展回顾[J]. 国外核新闻,2020(2):

23-29.

[4] 中国核能行业协会. 全国核电运行情况(2021 年 1-12 月)[EB/OL]. (2022-01-27)[2022-01-29]. https://china-nea. cn/site/content/39991. html.

[5] 臧希年. 核电厂系统及设备[M]. 2 版. 北京:清华大学出版社,2010.

[6] 郑啸宇, 黄高峰, 曹学武. 利用可选择源项分析 SGTR 事故放射性后果的研究[J]. 核动力工程, 2010, 31(5): 108-112.

[7] 樊雨轩,张竞宇,王晓东,等. 压水堆核电厂蒸汽发生器传热管道破裂事故源项的计算分析[J]. 核技术,2020,43(6):31-36.

第 3 章 火力发电

火力发电一般是指利用可燃物燃烧时产生的热能来加热水，使水变成高温、高压水蒸气，然后由水蒸气推动汽轮机，汽轮机带动发电机来发电的发电方式。以可燃物作为燃料的发电厂统称火力发电厂（简称火电厂）。

最早的火力发电是 1875 年在巴黎北火车站的火电厂实现的。随着发电机、汽轮机制造技术的完善，输变电技术的改进，特别是电力系统的出现，以及社会电气化对电能的需求，20 世纪 30 年代以后，火力发电进入大发展的时期。火力发电机组（简称火电机组）的容量由 200 MW 级提高到 300～600 MW 级（20 世纪 50 年代中期），到 1973 年，最大的火电机组容量达 1 300 MW。大机组、大电厂使火力发电的热效率大为提高，每千瓦的建设投资和发电成本也不断降低。到 20 世纪 80 年代后期，世界最大的火电厂是日本的鹿儿岛火电厂，容量为 4 400 MW。但机组过大又带来可靠性、可用率的降低，因而到 20 世纪 90 年代初，火力发电单机容量稳定在 300～700 MW，火力发电装机容量占我国总装机容量约 70% 以上。火力发电所使用的煤，占工业用煤的 50% 以上。目前我国发电供热用煤占全国煤炭生产总量的 50% 左右。大约全国 90% 的二氧化硫排放由煤电产生，80% 的二氧化碳排放由煤电排放。

火力发电按其作用分为单纯发电的和既发电又供热的；按原动机分为汽轮机发电、燃气轮机发电、柴油机发电；按所用燃料主要分为燃煤发电、燃油发电、燃气发电。为提高综合经济效益，火力发电应尽量靠近燃料基地进行。在大城市和工业区则应实施热电联供。

火力发电是我国主要的发电方式，电站锅炉作为火力发电厂的三大主机设备之一，伴随着我国火电行业的发展而发展。当环保节能成为我国电力工业结构调整的重要方向时，火电行业在“上大压小”的政策导向下积极推进产业结构优化升级，关闭大批能效低、污染重的小火电机组，在很大程度上加快了国内火电设备的更新换代。

至2010年底,单机容量30万kW及以上火电机组占全部火电机组容量的60%以上。火电行业的"上大压小"也推动了电站锅炉向高参数、大容量方向发展。此外,循环流化床锅炉(circulating fluidized bed, CFB)、整体煤气化联合循环发电系统(integrated gasification combined cycle, IGCC)等清洁煤技术逐渐成熟,应用也日益广泛,推动了CFB锅炉与IGCC气化炉的发展。

3.1 火力发电生产过程

图3.1为火力发电生产过程,主要涉及燃料系统、制粉系统、燃烧系统、汽水系统和电气系统等。

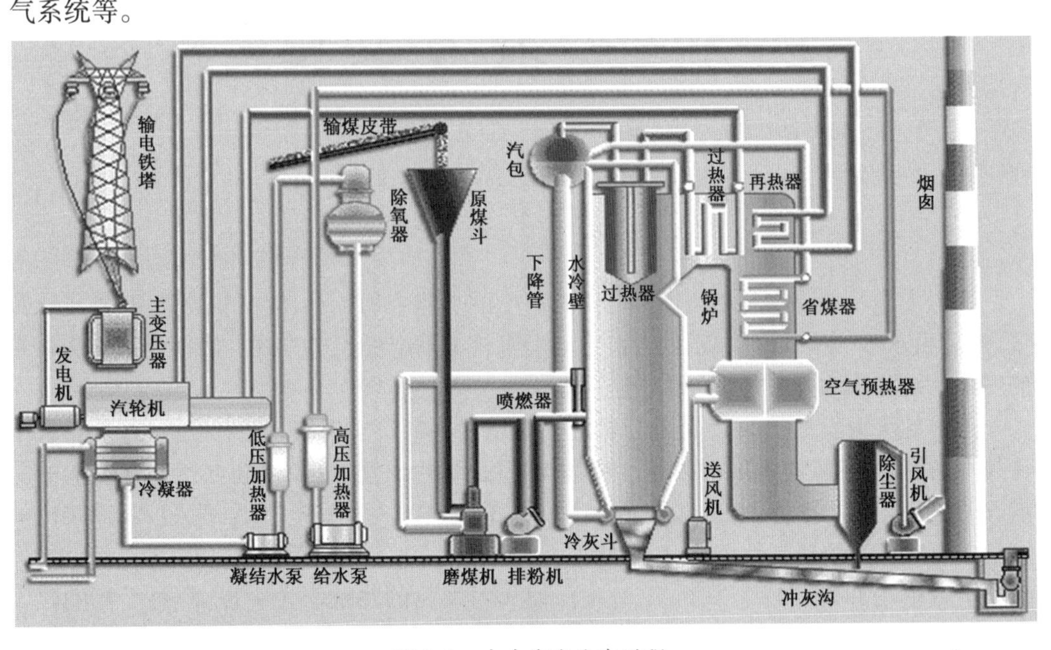

图3.1　火力发电生产过程

燃料系统:利用煤场设备把煤送上输煤皮带,到原煤斗。

制粉系统:源自原煤斗的煤,分离磁性金属后,磨成一定细度的煤粉,送入炉膛进行燃烧。

燃烧系统:供给锅炉所需的燃料及空气,使其在炉膛内进行良好的燃烧。

汽水系统:主要设备包括锅炉、汽轮机、冷凝器、给水泵、除氧器、高压/低压加热器、凝结水泵等。

电气系统:包括发电机、主变压器和输电线路等。

煤通过输煤皮带从煤场运至煤斗中。大型火电厂为提高燃煤效率都是燃烧煤粉的。因此,煤斗中的原煤要先送至磨煤机内磨成煤粉。磨碎的煤粉由热空气携带经排粉机送入锅炉的炉膛内燃烧。煤粉燃烧后形成的热烟气沿锅炉的水平烟道和尾部烟道流动,放出热量,最后进入除尘器,将燃烧后的煤灰分离出来。洁净的烟气在引风机的作用下通过烟囱排入大气。助燃用的空气由送风机送入装设在尾部烟道上的空气预热器内,利用热烟气加热空气。这样,一方面可使进入锅炉的空气温度提高,易于煤粉的着火和燃烧;另一方面可以降低排烟温度,提高热能的利用率。从空气预热器排出的热空气分为两部分:一部分去磨煤机干燥和输送煤粉,另一部分直接送入炉膛助燃。燃煤燃尽的灰渣落入炉膛下面的冷灰斗内,与从除尘器分离出的细灰一起被水冲至灰浆泵,再由灰浆泵送至灰场。

除氧器水箱内的水经过给水泵升压后通过高压加热器送入省煤器。在省煤器内,水受到热烟气的加热,然后进入锅炉顶部的汽包内。在锅炉炉膛四周密布着水管,称为水冷壁。水冷壁水管的上下两端均通过联箱与汽包连通,汽包内的水经由水冷壁不断循环,吸收着煤在燃烧过程中放出的热量。部分水在水冷壁中被加热沸腾后汽化成蒸汽,这些饱和蒸汽由汽包上部流出进入过热器中(在直流锅炉中,由于压力超过临界压力,汽水不能通过汽包分离,需要用汽水分离器分离)。饱和蒸汽在过热器中继续吸热,成为过热蒸汽。过热蒸汽有很高的压力和温度,因此有很大的热势能。过热蒸汽经管道引入汽轮机后,便将热势能转变成动能。高速流动的蒸汽推动汽轮机转子转动,形成机械能。

汽轮机的转子与发电机的转子通过联轴器连在一起。当汽轮机转子转动时便带动发电机转子转动。在发电机转子的另一端连着一个小直流发电机,叫励磁机。励磁机发出的直流电送至发电机的转子线圈中,使转子成为电磁铁,周围产生磁场。当发电机转子旋转时,磁场也是旋转的,发电机定子内的导线就会切割磁力线产生感应电流。这样,发电机便把汽轮机的机械能转变为电能。电能经变压器将电压升高后,由输电线送至电用户。

释放出热势能的蒸汽从汽轮机下部的排汽口排出,称为乏汽。乏汽在冷凝器内被循环水泵送入冷凝器的冷却水冷却,重新凝结成水,此水称为凝结水。凝结水由凝结水泵送入低压加热器并最终回到除氧器内,完成一个循环。在循环过程中难免有汽水的泄漏,即汽水损失,因此要适量地向循环系统内补给一些水,以保证循环的正常进行。高、低压加热器是为提高循环的热效率所采用的装置,除氧器的作用是除去水所含的氧气以减少对设备及管道的腐蚀。

此过程虽然较为复杂,但从能量转换的角度看却很简单,即燃料的化学能→蒸汽的热势能→机械能→电能。在锅炉中,燃料的化学能转变为蒸汽的热势能;在汽轮机中,蒸汽的热势能转变为转子旋转的机械能;在发电机中机械能转变为电能。炉(锅炉)、机(汽轮机)、电(发电机)是火电厂中的主要设备,亦称三大主机。与三大主机相辅工作的设备称为辅助设备或辅机。主机与辅机及与其相连的管道、线路等称为系统。火电厂的主要系统有燃烧系统、汽水系统、电气系统等。

除了上述主要系统外,火电厂还有其他一些辅助生产系统,如燃料系统、水的化学处理系统、灰浆的排放系统等。这些系统与主要系统协调工作,相互配合完成电能的生产任务。大型火电厂要保证这些设备的正常运转,装有大量的仪表,用来监视这些设备的运行状况,同时还设置有自动控制装置,以便及时地对设备进行调节。现代化的火电厂已采用了先进的计算机分散控制系统。其可以对整个生产过程进行控制和自动调节,根据不同情况协调各设备的工作状况,使整个电厂的自动化水平达到了新的高度。自动控制装置及系统已成为火电厂中不可缺少的部分。

3.2 火力发电对煤质的要求

火电厂是以煤、石油、天然气等作为燃料，通过燃烧将燃料的化学能转换为热能，再借助汽轮机等热力机械将热能转换为机械能，并由汽轮机带动发电机将机械能转换为电能。迄今为止，在世界上的绝大多数国家中，火电厂在电力系统中所占的比重都是较大的。根据国际能源署的数据，2019 年全球发电量中有 60% 来自火力发电，其中煤炭占比约为 36%，天然气占比约为 23%，石油占比约为 1%。

火电厂按其作用来分有单纯发电的和既发电又供热的两种类型。前者即指一般的火电厂，后者称为供热式火电厂（或热电厂）。一般火电厂应尽量建在燃料基地或矿区附近，将发出的电用高压线路送往负荷中心，这样既避免了燃料的长途运输，提高了能量输送的效益（燃料中的灰分、杂质可就地处理而不必为此耗费运输力量），还防止了对大城市周围地区的环境污染。通常把这种火电厂称为“坑口电厂”，这是今后建设大型火电厂（特别是烧低质煤的火电厂）的主要方向。

目前我国电厂锅炉所用燃料主要是煤。一般先把煤磨制成煤粉，然后送入炉膛燃烧。煤炭的物理状态对燃烧有一定影响。首先是煤的干湿对燃烧有一定影响。这里的干与湿，是指煤的表面水分。一般来说，水分对燃烧是有害的，燃煤的水分增加，会使燃烧温度下降，导致燃烧不稳，影响火电厂运行的经济性和可靠性。但是，从燃烧动力学角度来讲，煤中含有适当的少量水分，对燃烧煤炭的种类和性质，锅炉燃烧设备的结构、选型、受热面的布置，以及火电厂运行的经济性和可靠性都有很大影响。火电厂应该尽可能供应原设计选用的煤炭品种，有一些变化尚可适应，变化太大就会影响运行的经济性和可靠性。这就要求在设计选用煤种时，一定要落实可靠。要充分考虑到煤炭地区平衡和煤炭运输流向等的变化因素，否则，在电厂投产后，就难以按所选用的设计煤种供应煤炭，只能将尽量与设计相似的煤种和几种煤按比例混合使用。

对火电厂锅炉热力工作影响大的指标主要有：干燥无灰基挥发分 V_{daf}、收到基灰分 A_{ar}、收到基水分 M_{ar}、干燥基全硫分 $S_{t,d}$、收到基低位发热量 $Q_{net,ar}$，以及灰的熔融性（开始变形温度（deformation temperature，DT）（T_1），锥端复圆或锥体开始倾斜；开始软化温度（softening temperature，ST）（T_2），锥尖变曲接到锥托或锥体变成球形；开始熔融温度（flow temperature，FT）（T_3），看不到明显形状，平铺于锥托之上）。

煤粉炉对煤的挥发分适应范围较广，可以设计成燃烧高挥发分的褐煤，也可以设计成燃烧低挥发分的贫煤、瘦煤，甚至无烟煤。但是，煤的挥发分与煤粉炉燃烧器的型式、布置，炉膛的形状、大小，以及燃烧带的敷设有较大的关系；对煤粉炉的点火、助燃系统的设计，空气预热器的大小，制粉系统的型式，以及防爆措施的设计等，都有直接的影响。因此，对已经制造定型并安装投产的某一台煤粉炉来说，不可能各种挥发分的煤都能烧。因此，在供应煤炭时要尽可能考虑锅炉原设计煤种的挥发分。

灰分对燃烧的影响首先表现在对着火的影响。灰分高会使火焰传播速度减慢，而着火推迟，燃烧温度下降，燃烧的稳定性就差。煤的灰分增高，可燃物成分相对减少，煤的发热量降低，而当矿物质变为灰分时还要吸收热量。因此，煤的灰分愈高，理论燃烧温度愈

低，炉膛温度的下降幅度也愈大，煤的燃尽度变差，机械不完全燃烧的热损失增加；而排灰量增大，灰渣的物理热损失也随之增加。但是，由于灰分增高时煤的可燃物成分相应减少，因此飞灰中的可燃物含量随之略有降低。灰分对燃烧也有好处。层状燃烧时，如灰渣在炉箅上保持一定的厚度，不仅能起到保护炉箅不致烧坏的作用，对鼓入的空气也能起到分散均匀的作用。悬浮燃烧时，火焰中所含的灰渣滴对燃烧过程起着催化作用。

水分不能燃烧，因此，煤的水分愈高，可燃物质就相对愈少，发热量愈低。而且，在燃烧时，水分蒸发还要吸收一部分热量，使煤的有效热能降低。在一般情况下，要使煤中1 kg水分蒸发，需要约2 500 kJ的热量。由于水的蒸发热量很大，煤中水分所耗热量比灰分高得多，所以水分对理论燃烧温度的影响比灰分更大。我国发电锅炉用煤的全水分 M_t 大致为2% ~44% 。当入炉煤水分增高时，燃烧产生的水蒸气体积增加，炉膛温度水平降低，炉膛受热面的吸热量减少，这时虽然对流受热面的吸热量增加，但包括排烟温度在内的尾部各段烟温总会有所升高，因而增加了排烟热损失和引风机的耗电量。但是，从燃烧动力学的角度看，煤中含有适当的少量水分对燃烧过程常会产生某些有利的作用，因为高温火焰中的水蒸气对燃烧过程是十分有效的催化剂，水蒸气分子可以加速煤粉残炭的汽化和燃烧；水蒸气还可以提高火焰的黑度，加强辐射传热至燃烧室炉壁；另外，水蒸气分解时产生的氢分子及 OH^- 又可提高火焰的热传导率。

虽然硫在燃烧时能放出一部分热量，每千克硫可发出热量9.199 MJ，但它更主要是不利的成分。因此，硫是煤中的有害物质，煤的硫分愈低愈好。硫燃烧后生成二氧化硫（SO_2）及三氧化硫（SO_3），它们极易与烟气中的水蒸气化合成 H_2SO_3 和 H_2SO_4 蒸气。当遇到低于其露点的金属壁面时，H_2SO_3 和 H_2SO_4 蒸气就会凝结在上面，对金属起腐蚀作用。燃用高硫分煤炭时，锅炉最后的低温部分受热面（省煤器、空气预热器）经常会发生严重的腐蚀，对锅炉的危害很大。

煤的发热量同锅炉燃烧的理论空气量、理论干烟气量和湿烟气量，以及理论燃烧温度有关。烧用的煤发热量低于原设计选用的煤种，理论燃烧温度必然下降，炉内温度水平降低。这不但不利于煤粉的着火和烧尽，而且会导致机械不完全燃烧及排烟热损失增加，锅炉热效率下降。煤发热量下降到一定程度时，将引起燃烧不稳，锅炉灭火甚至发生放炮现象。另外，如果煤的发热量降低，而煤的供应量又不增多，将使蒸汽参数和蒸发量降低。为了保证锅炉蒸汽产量而增加煤的供应量，炉膛出口烟气温度将升高，烟气流量也将增加，从而使各对流受热面的平均温度和烟气流速都增加，于是各对流受热面吸热量也增加，过热蒸气温度将升高。这时，为了保证气温维持在额定值，就必须增加减温器喷水量。省煤器如果原来是不沸腾的，在这种条件下有可能接近或成为沸腾的；如果原来是沸腾的，则增加了沸腾度。热空气温度将提高。锅炉的排烟温度也将提高，排烟热损失从而增加。反之，如果煤的发热量高于原设计水平，炉膛温度必然升高，煤灰大多软化、熔融，容易结渣。发电用煤有一定的质量要求，而发热量就是一个重要的质量指标。

层状燃烧方式对煤的灰熔点要求不高。这是因为燃烧是在炉排上进行的，所以炉膛中心温度低，烟气中的飞灰也少，受热面上结渣的情况不严重；而在炉排上，燃烧层的温度高达1 800 ~2 000 ℃，因此，灰渣在靠近燃烧着的焦层下面呈熔化状态，但由于自下而上的空气对渣层起着冷却作用，所以靠近炉排的灰渣是凝固的，不至于黏结在炉排上。

一般电厂锅炉用煤的要求如下。

(1)发热量。要求收到基低位发热量 $Q_{net,ar}$>23 MJ/kg。坑口电厂由于避免了长途运输,可以充分利用劣质煤,$Q_{net,ar}$的要求可相应降低。

(2)硫分。为减少对锅炉、管道的腐蚀,降低对环境的污染,煤炭的含硫量越低越好。一般要求干燥基全硫分 $S_{t,d} \leq 2.5\%$ 。如燃用高硫煤,则烟气必须先经脱硫,然后方可排入大气。

(3)灰分。电厂锅炉用煤对灰分含量要求不严,一般要求 $A_{ar} \leq 49\%$ 。

(4)灰熔点。锅炉排渣方式不同,对灰熔点要求不一。固态排渣的锅炉,为了不致发生灰渣黏结,一般灰熔点以较高为宜,要求大于 1 200 ℃;液态排渣的锅炉,要求灰熔点不能超过 1 300 ℃。

发电用煤可采用发热量较低的褐煤、中煤,煤泥或灰分大于 30% 的烟煤,甚至还可用煤矸石等低热值燃料。即使是泥炭、石煤、天然焦或油母页岩等,也都可以用来发电。含硫量虽对燃烧本身无多大影响,但其产物对锅炉炉体和管道有较大的腐蚀性。从防止环境污染,保护人民健康出发,发电用煤的硫分越低越好。

3.3 火电厂污染

火电厂生产电能的全过程中,各种排放物对环境的影响超过一定限度会造成环境质量的劣化。这些排放物包括燃料燃烧过程排出的尘粒、灰渣、烟气,电厂各类设备运行中排出的废水、废液,以及电厂运行时发出的噪声。

火电厂污染物分为固体的、液体的和气体的几类以及噪声,主要有以下 6 种。

1. 尘粒

尘粒包括降尘和飘尘。尘粒主要是燃煤电厂排放的。尘粒不仅本身污染环境,还会与二氧化硫、氧化氮等有害气体结合,加剧对环境的损害。其中尤以 10 μm 以下飘尘对人体有害。一般燃煤电厂的飞灰尘粒中,小于 10 μm 的占 20% ~40% 。

2. 二氧化硫(SO_2)

煤中的可燃性硫经在锅炉中高温燃烧,大部分氧化为二氧化硫,其中只有 0.5% ~5% 再氧化为三氧化硫。在大气中二氧化硫氧化成三氧化硫的速度非常缓慢,但在相对湿度较大、有颗粒物存在时,可发生催化氧化反应。此外,在太阳光紫外线照射并有氧化氮存在时,可发生光化学反应而生成三氧化硫和硫酸酸雾,这些气体对人体和动、植物均非常有害。大气中二氧化硫是造成酸雨的主要原因。减少火电厂排放的二氧化硫至关重要。

3. 氮氧化物(NO_x)

火电厂排放的氮氧化物中主要是一氧化氮,其占氮氧化物总量的 90% 以上。一氧化氮生成速度随燃烧温度升高而增大。它的浓度还取决于燃料种类和氮化物的含量。煤粉炉氮氧化物排量为 440 ~530 mg/m^3@6% O_2;液态排渣炉则为 800×10^{-6} ~ $1\,000\times10^{-6}$。二氧化氮会刺激呼吸器官,能深入肺泡,对肺有明显损害。一氧化氮则会引起高铁血红蛋白症,并损害中枢神经。

4. 废水

火电厂的废水主要有冲灰水、除尘水、工业污水、生活污水、酸碱废液、热排水等。除尘水、工业污水一般均排入灰水系统。20 世纪 80 年代我国灰水年排放量有 6 亿多 t,其中一部分 pH 值超标,呈碱性。个别电厂灰水中氟、砷含量超过标准,还有部分电厂灰水悬浮物超标。灰中的氧化钙过高还会引起灰管结垢。

酸碱废液主要来自锅炉给水系统。不同的锅炉给水系统排出的酸碱废液量不同。阴、阳离子处理系统要排出 40% 左右的酸碱废液量,移动床处理系统排出 20% 左右的酸碱废液量。另外,酸洗锅炉的废酸液一般都排入中和池,中和以后再排出。

热排水主要是经过冷凝器以后排出的循环水,一般排水温度要比进水温度高 8 ℃。如热水排入水域后超过水生生物承受的限度,则会造成热污染,对水生生物的繁殖、生长均会产生影响。

5. 粉煤灰渣

粉煤灰渣是煤燃烧后排出的固体废弃物。其主要成分是二氧化硅、三氧化二铝、氧化铁、氧化钙、氧化镁及部分微量元素。粉煤灰渣既是“废物”也是“资源”,如不很好地处置而排入江河湖海,会造成水体污染;乱堆放则会造成对大气环境的污染。

6. 噪声

火电厂的噪声主要有锅炉排汽的高频噪声、设备运转时的空气动力噪声、机械振动噪声,以及电工设备的低频电磁噪声等。其中以锅炉排汽噪声对环境影响最大。锅炉排汽噪声最大可达 130 dB。

3.4 防治污染的措施

防治污染的基本原则是以环境质量标准和污染物排放标准为依据,对各类污染源和污染物采取综合的防治技术措施。

防治大气污染主要有以下一些措施。

(1)采用高效率除尘器。静电除尘器的效率通常非常高,能够达到 90% ~99% 。有些资料甚至提到,静电除尘器的效率可以达到 99.9% 以上。在静电除尘器的直流电压上叠加 25 kV 左右的脉冲电压,还可进一步提高除尘效率。

(2)采用高烟囱。这样做可以将处理后残余的尘粒排入高空加以扩散,以降低尘粒浓度。美国采用了世界最高的烟囱(368 m)。但是,过分加高烟囱并非有效的防治方法。采用高烟囱虽可降低污染物的近地面浓度,但却把污染物扩散到更大的区域。

(3)采用除硫技术。可利用吸收剂(石灰等)、吸附剂(活性炭)或催化剂(氧化钒)除去烟气中的二氧化硫。按工艺流程,除硫系统可分干式和湿式两种。将烟气除硫系统与回收硫的综合利用相结合,还可回收硫黄、硫酸或硫酸铵等副产品。

防治氮氧化物污染的主要措施首先是采用低氮燃烧技术,使炉内生成的 NO_x 减少后,再采用尾部脱硝技术。低氮燃烧技术从锅炉的燃烧系统设计和运行方面设法减少氮氧化物的形成。例如,采用合理设计的低氮燃烧系统,减少主燃区的过剩空气量,或者利用烟气再循环来降低火焰温度,以及采用逐步向炉内供给空气的分段燃烧法等。我国严格控制火电厂氮氧化物排放,《火电厂大气污染物排放标准》(GB 13223—2011)的 NO_x 排放限值为:重点地区执行特别限值,100 mg/m^3;其他地区针对不同炉型及时间段,100 mg/m^3 或 200 mg/m^3。这是世界上最严格的火电厂 NO_x 排放标准。2014 年国家发改委、环境保护部、国家能源局颁布的《煤电节能减排升级与改造行动计划(2014—2020)》要求,到 2020 年,NO_x 排放不高于 50 mg/m^3。

防治水污染要综合考虑各种污水的产生,水量和水质的控制,污水输送集中的方式,污水处理装置的设置和处理方法,以及污水经人工处理后的排放和回收利用,水体、土壤等自净能力诸因素,进行全面规划,采取综合防治措施。水污染的综合防治包括人工处理与自然净化(土地处理、水体自净等)相结合,无害化处理与综合利用(如利用火电厂排放的热水流入水库以发展养殖业,但同时避免热污染)相结合,以及在可能条件下推行闭路循环用水系统,发展无废水或少废水生产工艺等。总之,要综合考虑水资源规划、水体用途、经济投资和自净能力,运用系统工程方法,采用优化方案解决水污染的问题。利用火电厂的粉煤灰(它本来也是一种污染物)净化污水是一个很好的综合利用实例。粉煤灰经过酸处理并加以活化后,和石灰及少量聚合电解质一起使用,可清除大部分工业废水和城市废水中的污染物。

粉煤灰和炉渣的处理和利用自 20 世纪 20 年代开始为世界各国所研究,取得了许多成果。美国已将粉煤灰列为 12 种重要的固体原料之一。日本、丹麦等国的煤渣已全部得到利用。我国自 20 世纪 60 年代以来,对粉煤灰的研究和利用也取得了较大的进展。粉煤灰用于农业,可改善土壤的物理结构,提高土地温度和储水能力。粉煤灰含有磷、钾、镁、硼、钼、锰、钙、铁、硅等植物所需的化学元素,适量施用粉煤灰能促进植物的生长,增加产量,还能提高作物的抗病能力。在工业方面,粉煤灰和煤渣可用来制造砌筑砂浆和墙体材料等。从煤渣中还可回收能源,例如利用炉渣(其中含碳)烧制黏土砖,可节省燃料。此外,我国近年在利用火电厂的液态渣方面也取得了进展。采用增钙技术可使煤渣成为水泥和墙体材料的优质原料;钙增加后可吸收煤中的硫,生成硫化钙,成为煤渣中的活性组分,并可减少排入大气中的二氧化硫。增钙液态渣工艺与煤粉炉排灰工艺相比,渣的利用价值高,可节约用水,可减少二氧化硫排放量,有利于环境保护。但这种工艺需改用立式旋风炉,并要求使用优质煤,因而难以广泛应用。火电厂的粉煤灰数量很大,由于技术经济条件的限制,还不能全部利用,需要堆存一部分。因此,火电厂在选择厂址时,即应预先考虑设置可堆存 10~20 年的贮灰场。可根据电厂所处的地理位置,选择附近的小沟、洼地、废河湾、煤矿塌陷区修建贮灰场。它的底部要有防水防渗设施。贮灰场要妥善管理,应在已堆满的贮灰场上覆土造田,植树种草,或进行表面药物处理,防止粉煤灰飞扬。

噪声污染是局部性的和无后效的。当噪声源的声输出停止后,污染立即消失,不留下任何残余物质。因此,噪声的防治主要是控制声源和声的传播途径,以及对接收者进行保护。例如,对炉膛、风道共振引起的噪声,采用隔声板可取得降噪 10~20 dB 的效果;对进气、排气噪声,安装微孔消声器可降低 10~30 dB;对机械转动部件动态不平衡引起的噪声,进行平衡调整可降低 10~20 dB;安装隔声罩可使电机噪声降低 10~20 dB。

3.5 煤粉燃烧技术

火电厂煤粉燃烧技术主要包括直流煤粉燃烧技术、旋流煤粉燃烧技术和 W 火焰煤粉燃烧技术。

3.5.1 直流煤粉燃烧技术

直流煤粉燃烧技术是指煤粉燃烧器出口气流为直流射流或直流射流组的煤粉燃烧技术，主要包括四角切圆和墙式切圆煤粉燃烧技术两种。

1. 四角切圆煤粉燃烧技术

以某电厂4#锅炉为例，该炉为670 t/h 抽气供热机组配套锅炉，为超高压、中间再热、自然循环、平衡通风、干式固态排渣、单炉膛、四角切圆燃烧、Π 型布置、汽包锅炉。锅炉的炉膛采用正方形布置，宽度和深度均为11 660 mm，高为41 187 mm，锅炉炉膛结构示意图如图3.2所示。

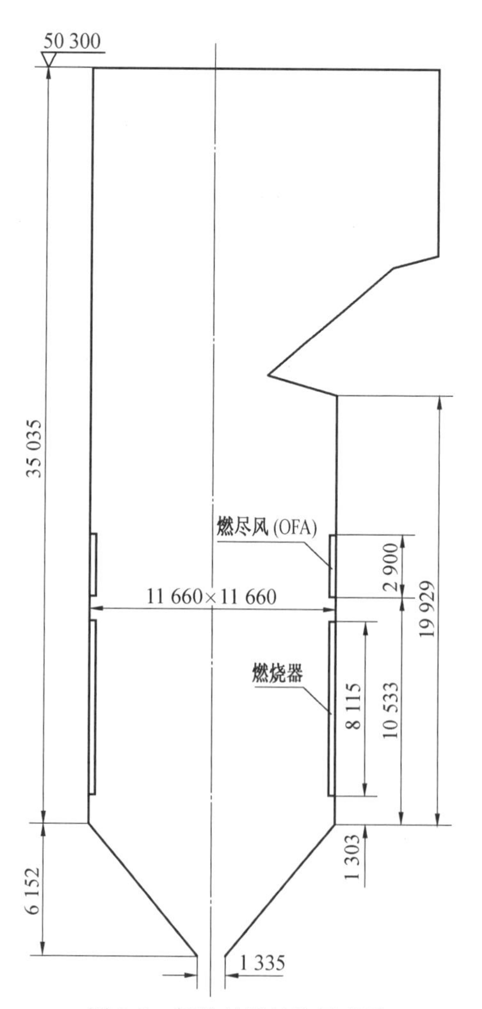

图3.2 锅炉炉膛结构示意图

锅炉横截面为正方形，在四角布置 5 层百叶窗式水平浓淡分离直流燃烧器，采用切圆燃烧方式。共配有 5 台 ZGM95 系列正压直吹式中速辊子磨煤机，每台磨煤机带一层（4 只）直流煤粉燃烧器，设计 3 台磨煤机可带满负荷，2 台磨煤机备用，煤质较差时投运 4 台磨煤机。燃烧器采用四角大风箱结构设计，风箱由隔板分隔成风室（二次风室入口设有导流隔板）。改造前锅炉没有燃尽风喷口，但其顶层二次风的喷口很大，在炉膛高度方向采取两头大中间小的束腰型配风方式。锅炉采用以水平浓淡分离直流燃烧器结合炉内垂直分级燃烧技术为核心的立体分级低 NO_x 燃烧系统改造方案。改造后，增加两层燃尽风喷口，适当调整一、二次风喷口尺寸。改造后燃烧器布置情况如图 3.3 和图 3.4 所示。

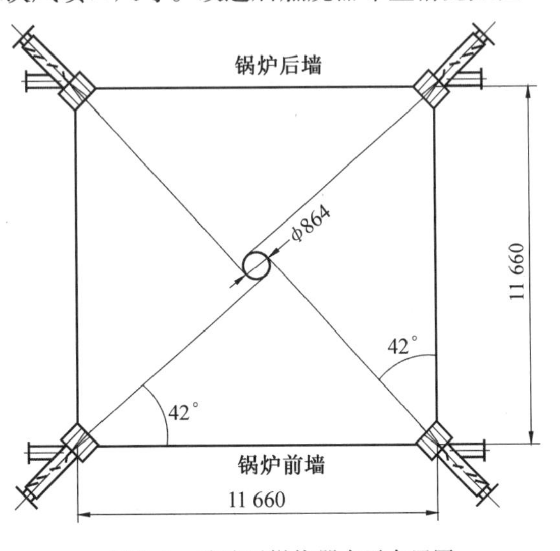

图 3.3　改造后燃烧器水平布置图

四角切圆燃烧煤粉锅炉的炉内过程是一个非常复杂的湍流流动与燃烧化学反应过程，流动是典型的三维多组分气固两相流动，热量的传递包含热传导、对流换热和辐射换热三种基本的传热方式，煤粉燃烧化学反应包括多组分气相的燃烧和固体颗粒的燃烧两部分。本节采用数值模拟方式直观地揭示该燃烧技术下炉内的气相湍流流动、气固两相流动、传热过程和煤粉燃烧过程、NO_x 的生成及分布特性。二次风和燃尽风速度为 28.73 m/s，油风速度为 30 m/s。

现场工业试验得到了 B 层一次风水平截面两条中心上部分点的切向速度值，因此取 B 层一次风水平截面为研究对象，对比冷态实验与数值模拟的结果，如表 3.1 和图 3.5 所示。

表 3.1　试验值与计算值数据统计

	切圆直径/mm		最大切向速度/($m \cdot s^{-1}$)			
	前后墙	左右墙	前墙	后墙	左墙	右墙
试验值	9 900	10 200	12	14	12.5	13.7
计算值	9 088.5	9 088.5	10.23	11.31	14.54	10.67
相对误差/%	8.2	10.9	14.8	19.2	-16.3	22.1

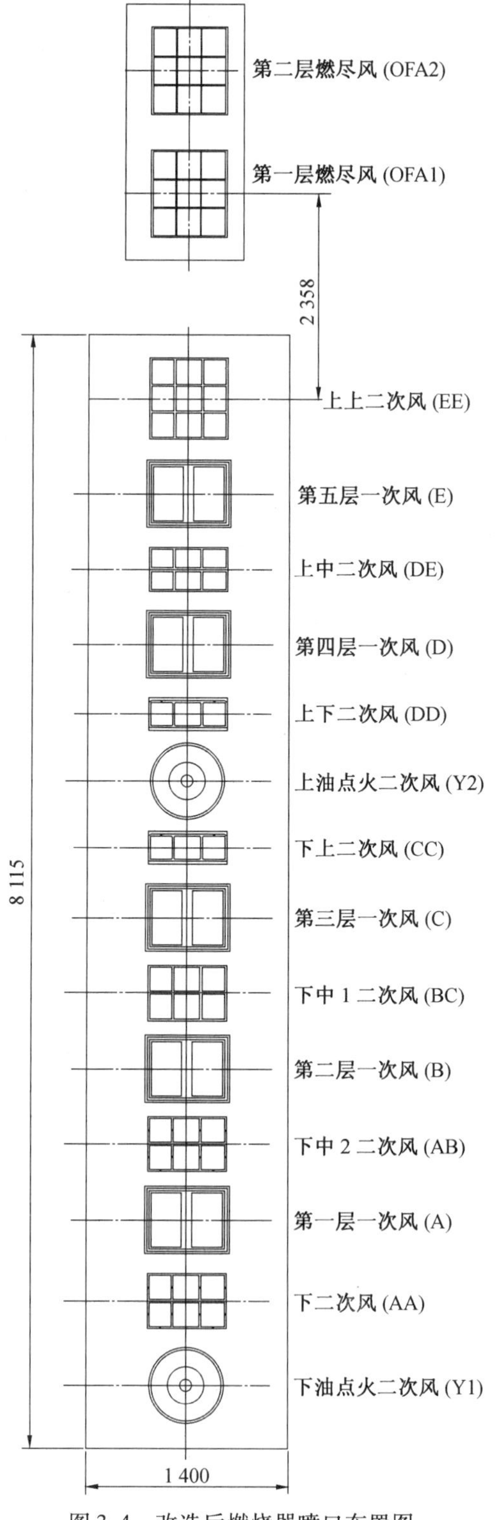

图 3.4　改造后燃烧器喷口布置图

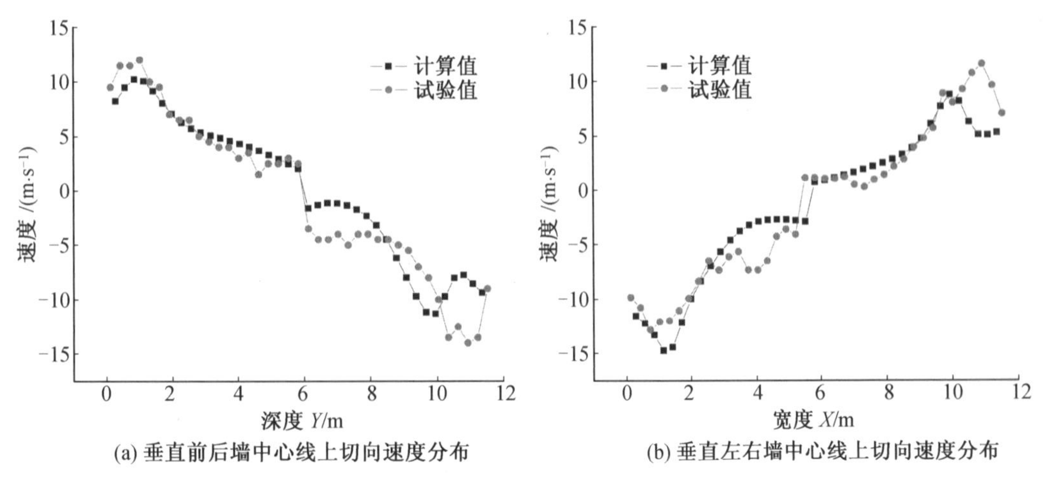

图 3.5　B 层一次风水平截面两条中心线上切向速度分布计算值与试验值比较

从图 3.5 中可知：比较计算值与试验值，分别在靠近前后墙与左右墙处出现速度峰值，并且速度峰值位置基本相同，说明数值模拟与冷态试验结果趋势是一致的；对比切圆直径大小，前后墙切圆直径试验值为 9 900 mm、计算值为 9 088.5 mm，左右墙切圆直径试验值为 10 200 mm、计算值为 9 088.5 mm，试验值与计算值的切圆直径相差不大；对比最大切向速度，前墙最大切向速度试验值为 12 m/s、计算值为 10.23 m/s，后墙最大切向速度试验值为 14 m/s、计算值为 11.31 m/s，左墙最大切向速度试验值为 12.5 m/s、计算值为 14.54 m/s，右墙最大切向速度试验值为 13.7 m/s、计算值为 10.67 m/s，最大切向速度计算值与试验值有一定的差别，考虑到冷态试验测量中存在的误差，以及数值模拟离散方法和差分格式会带来不可避免的误差，可认为计算值基本准确。

图 3.6 为数值模拟得到的 B 层一次风水平截面速度矢量图，由图可知炉内四角射流相互影响，在炉膛中间形成一个近似的圆形结构，符合四角切圆燃烧锅炉内气流的一般规律。从全炉切向空气动力场的数值模拟结果来看，开启 A、B、C 三层一次风运行时，炉内切向空气动力场基本合理：四角气流在炉内形成逆时针旋转的切圆。炉内气流充满度较好，无明显冲刷壁面现象。

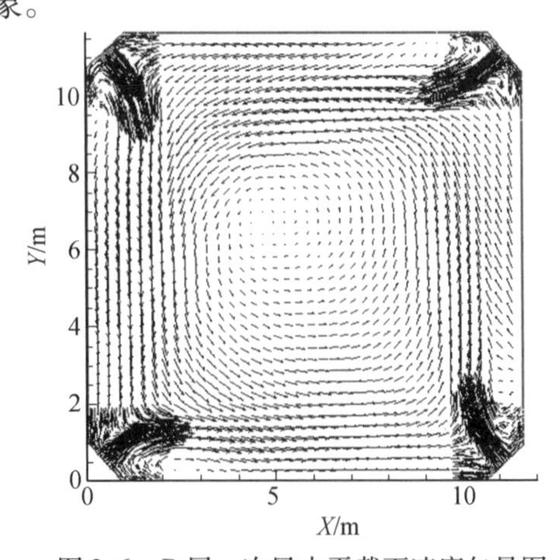

图 3.6　B 层一次风水平截面速度矢量图

数值模拟结果与冷态试验结果基本一致，数值模拟能够基本反映炉内实际流场的规律，表明数值模拟的冷态结果准确可靠，验证了采用的模型与计算方法的准确性。

对颗粒相方程的边界条件处理为煤粉颗粒由一次风喷口喷入炉膛，假定喷口处颗粒的速度等于气流速度。假定颗粒与壁面之间是弹性碰撞，即颗粒撞上壁面后按镜面反射回来继续跟随气流流动。根据对象特点和煤粉燃烧特性，对计算物理模型进行合理简化，所模拟对象的简化假设主要有：

（1）考虑炉内流体的流动为定常流动。

（2）各边界条件入口速度均匀。

（3）假设煤粉颗粒为球形，粒径范围为 10 ~ 100 μm，颗粒粒径服从 Rosin-Rammler 尺寸分布，颗粒密度为 1 300 kg/m^3。

（4）由于网格划分的困难，根据周界风的风量和二次风喷口面积将一次风喷口边界的周界风均匀折算到 7 层二次风中。

根据现场热态试验对二次风正常配风工况（工况 1）进行数值模拟。试验煤质的元素分析及工业分析见表 3.2，各喷口风速见表 3.3，一次风温 353 K，二次风温 580 K，下三层一次风喷口喷入煤粉，各角一次风喷口煤粉质量流量见表 3.4。

表 3.2　煤质分析

名称	符号	单位	数值
全水分	M_t	%	8.6
干燥无灰基挥发分	V_{daf}	%	39.82
干燥无灰基固定碳	FC_{daf}	%	60.18
收到基灰分	A_{ar}	%	29.46
固定碳	FC_{ar}	%	37.11
收到基碳	C_{ar}	%	51.07
收到基氢	H_{ar}	%	2.88
收到基氮	N_{ar}	%	0.86
收到基全硫	St_{ar}	%	0.72
收到基氧	O_{ar}	%	6.41
空气干燥基高位发热量	$Q_{gr,ad}$	MJ/kg	20.84
收到基低位发热量	$Q_{net,ar}$	MJ/kg	19.02

表 3.3　工况 1 各喷口的风速　　单位:m/s

喷口	工况 1
第一层燃尽风(OFA2)	35.1
第一层燃尽风(OFA1)	63.7
上上二次风(EE)	27.7
上中二次风(DE)	27.7
上下二次风(DD)	29
上油点火二次风(Y2)	9.3
下上二次风(CC)	28.2
第三层一次风(C)	23.2
下中 1 二次风(BC)	27.7
第二层一次风(B)	24.3
下中 2 二次风(AB)	27.9
第一层一次风(A)	23.2
下二次风(AA)	28.3
下油点火二次风(Y1)	11.5

注:本表中风速值为根据冷态试验测得的风速计算得到的热态值,周界风折算到二次风中。

表 3.4　各角一次风喷口煤粉质量流量　　单位:kg/s

名称	工况 1
一次风(A)	2.36
一次风(B)	2.78
一次风(C)	2.63

注:本表中煤粉质量已折算为干燥基。

对二次风正常配风工况进行现场热态实验时,分别在标高为 20.85 m 和 25.5 m 的各墙中心位置的看火孔处用远红外光学高温计测量线上的最高温度,模拟值和试验值对比见表 3.5,可以看出标高为 20.85 m 和 25.5 m 处的烟气最高温度的模拟值与试验值有一定的差别,考虑当用光学高温计测量物体温度时,如果被测物体不是黑体,则其发射率小于黑体的发射率(黑体的发射率为 1),此时,仪器测出的温度要低于实际温度,同时试验工况条件波动,认为计算模型能够较好地定性和定量反映炉内燃烧温度水平变化。

另外,模拟得到的炉膛出口 O_2 浓度为 3.2%,而试验测得排烟处 O_2 浓度为 3.33%,试验值与模拟值是非常接近的。根据以上温度水平和 O_2 浓度对比可知模拟结果和试验结果基本相符,可以证明本节采用的模型及计算方法是可行的,可应用于其他工况的计算。

表 3.5 标高为 20.85 m 和 25.5 m 水平截面炉膛中心线温度对比 单位:K

标高	20.85 m	25.5 m
试验值	1 600	1 654
模拟值	1 654	1 644
误差	54	-10

炉内气流的合理流动是组织燃烧的关键因素。炉内气流的速度分布、射流的卷吸、射程、回流区的大小决定着煤粉气流的着火、火焰的传播等。各燃烧器组合射流间的相互影响对于火焰与燃料空气混合物间热、质传递,燃烧过程中的结渣、腐蚀起重要作用。对于四角切圆燃烧锅炉,炉内一个很重要的特征就是切圆燃烧,当切圆形成后,炉膛横断面上气流的运动类似于具有固定角速度的固体圆柱的旋转运动。

图 3.7 和图 3.8 分别为工况 1 的 B 层一次风水平截面的速度矢量图和等速度线图,从图中可以看出,炉内混合强烈,每个角的射流从喷口射出,行程约 2 m 处受到上游射流的冲刷,在上游射流的冲刷和炉内螺旋上升气流的撞击两方面的共同作用下发生较大的偏转,从而使四个角的射流形成了充满度较好的切圆。一次风射流衰减较慢,喷口处风速约 24 m/s,行程约 6 m 处衰减为约 16 m/s。四角射流根部两侧均存在回流区,起到卷吸高温烟气的作用,有利于煤粉的点燃。

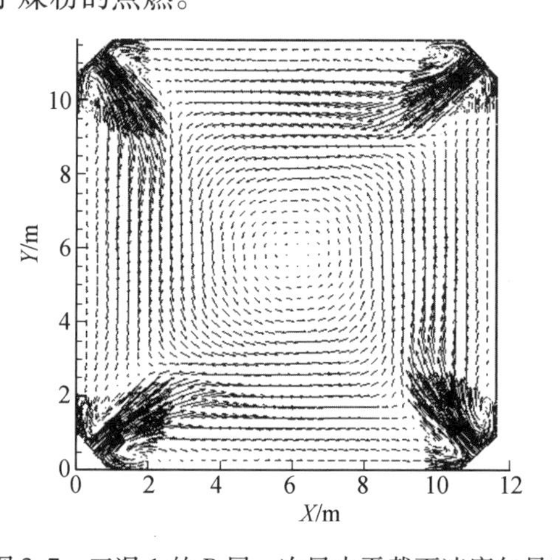

图 3.7 工况 1 的 B 层一次风水平截面速度矢量图

图 3.9 为工况 1 的 A 层、C 层一次风水平截面的速度矢量图,图 3.10 为工况 1 的燃尽风 OFA1、OFA2 中心水平截面的速度矢量图。从图 3.7 和图 3.9 中可以看出,A、B、C 层一次风的四角射流均形成了切圆,气流混合强烈,炉膛充满度高,组织的流场较好,有利于燃烧的稳定。燃尽风速度较大,气流刚性较强,衰减较慢,形成的切圆最小,有利于减少上部炉膛的热偏差。

图 3.11 为工况 1 炉膛宽度中心截面等速度线图和速度矢量图,从图中可以看出,在燃烧器区域与冷灰斗交接面处都有回流产生,形成旋涡。从燃烧器出来的气流大部分向上流动,有一小部分向下流动,进入冷灰斗。

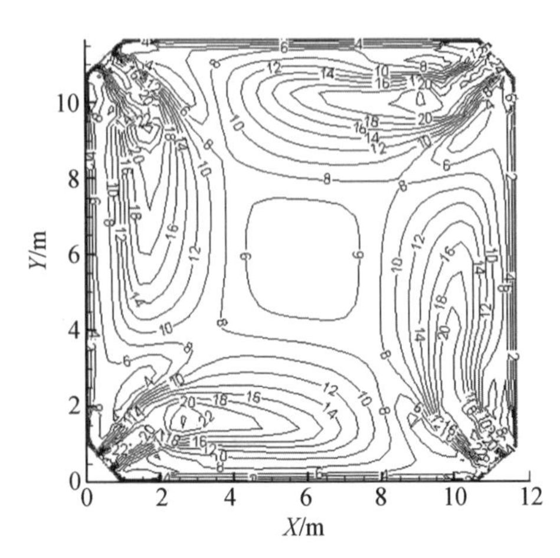

图 3.8　工况 1 的 B 层一次风水平截面等速度线图(单位:m/s)

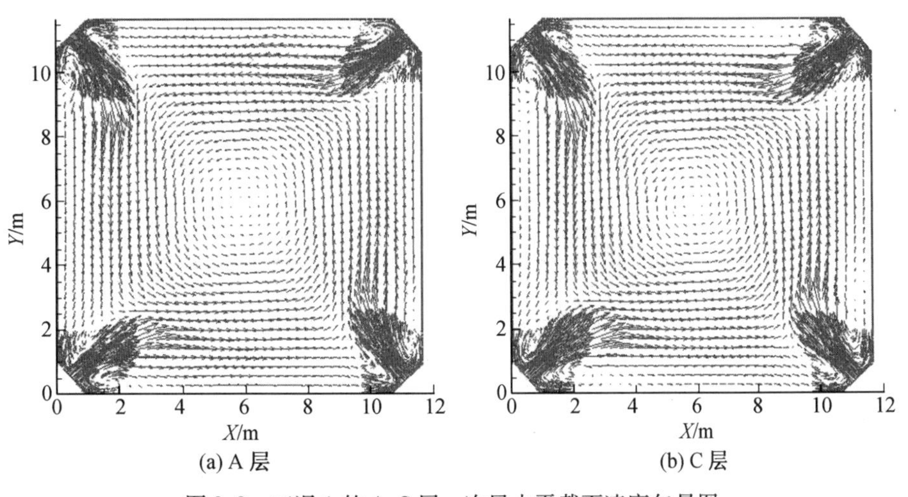

(a) A 层　　(b) C 层

图 3.9　工况 1 的 A、C 层一次风水平截面速度矢量图

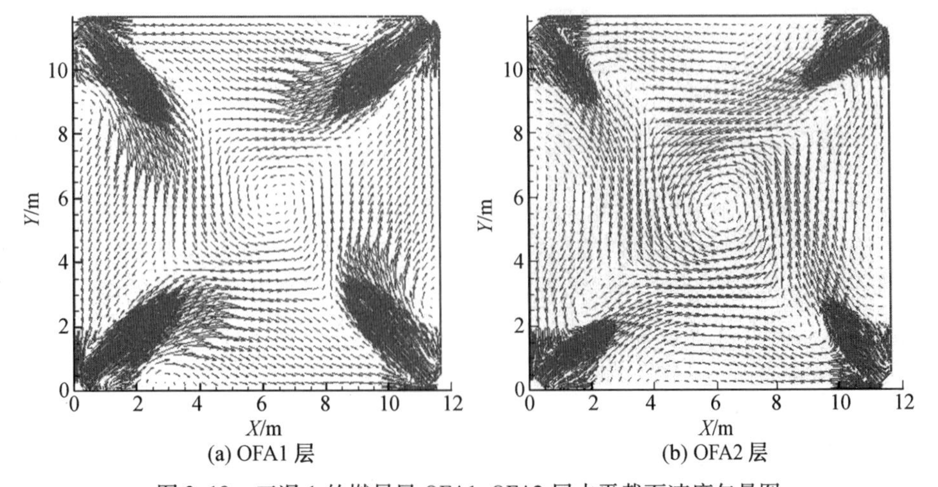

(a) OFA1 层　　(b) OFA2 层

图 3.10　工况 1 的燃尽风 OFA1、OFA2 层水平截面速度矢量图

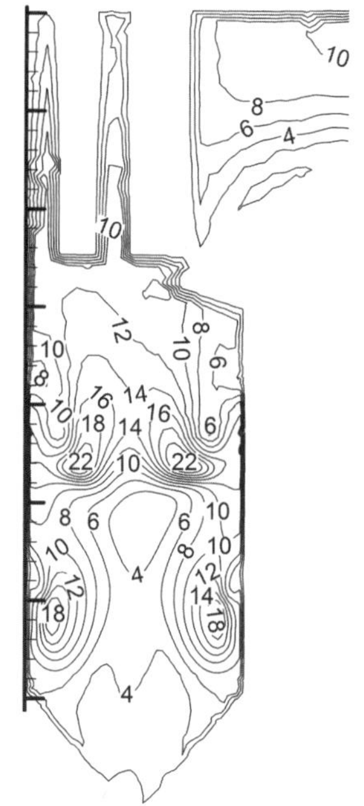

(a) 等速度线图(单位:m/s)

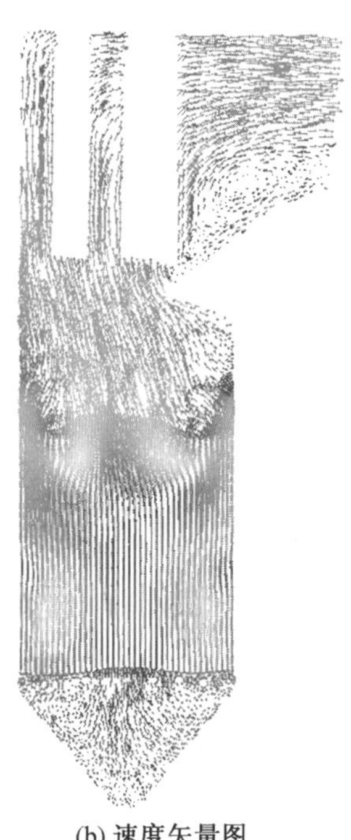
(b) 速度矢量图

图3.11 工况1炉膛宽度中心截面等速度线图和速度矢量图

图3.12为工况1的A层一次风水平截面的温度分布图。从图中可以看出煤粉气流离开喷口后被迅速加热升温,在高温烟气冲刷下,煤粉射流边缘很快到达1 500 K,着火速度快,燃烧稳定。风粉混合物射流的温度随着行程先升高后降低,温度升高体现了煤粉受热升温和燃烧放热的过程,而后温度逐渐降低体现了二次风的混入及辐射换热的影响。由图3.12可知一次风水平截面大部分区域温度不超过1 600 K,有利于减少热力型NO_x。

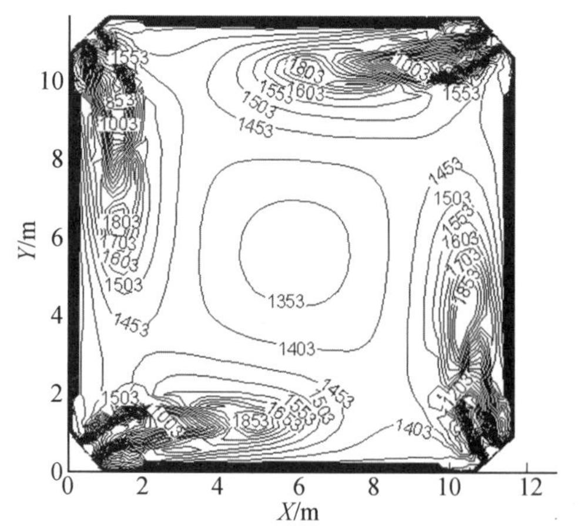

图3.12 工况1的A层一次风水平截面的温度分布图(单位:K)

图3.13为工况1的B层一次风水平截面的温度分布图,图3.14为工况1的C层一次风水平截面的温度分布图。3层一次风水平截面的温度分布情况类似。炉膛中心的温度随着高度的增加而有所增加,A层一次风炉膛中心的温度为1 353 K,B层一次风炉膛中心的温度为1 403 K,C层一次风炉膛中心的温度为1 419.9 K。

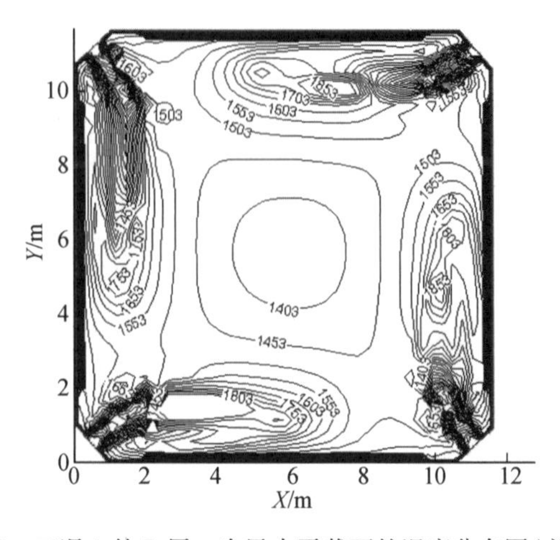

图 3.13　工况 1 的 B 层一次风水平截面的温度分布图(单位:K)

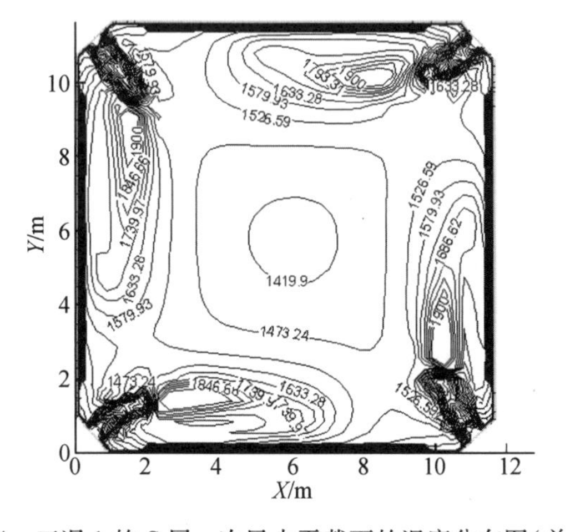

图 3.14　工况 1 的 C 层一次风水平截面的温度分布图(单位:K)

图 3.15 为工况 1 炉膛竖直中心截面的温度分布图。从结合图 3.12 至图 3.15 可以看出在 A、B、C 层一次风区域,炉膛中心温度较低,射流形成的环形区域温度较高,局部温度达到 1 820 K,而从 C 层一次风往上的 5 层二次风喷口不断补充的二次风在支持煤粉继续燃烧的同时由于火焰向水冷壁辐射而降低了火焰温度,因此主燃烧器区域大部分区域温度在 1 600 K 以下,有力地减少了热力型 NO_x。燃尽风区域补充了足够的空气才使煤粉充分燃烧,释放更多的热量,导致燃尽风区域温度较高,但最高区域温度也不超过 1 850 K,热力型 NO_x 的生成量有限。炉膛内垂直方向的温度水平随着炉膛高度的增加而逐渐增加,过了燃尽风区域后随高度增加而逐渐降低。

图 3.16 是工况 1 的 A 层一次风 O_2、CO、CO_2 浓度分布图。比较图 3.16 和图 3.12 可以看出,对同一股风粉射流,从喷口开始 2 m 行程以内,煤粉受到上游高温烟气的冲刷和加热迅速升温点燃,边流动边燃烧消耗氧气,生成 CO_2,释放热量,气流温度迅速上升。由于采用了水平浓淡燃烧器,向火侧的浓煤粉反应剧烈,O_2 浓度梯度比淡侧煤粉大。行程达到 4 m 左右时,O_2 接近完全消耗,原先燃烧生成的大量 CO_2 在缺氧的条件下与焦炭反应生成了 CO,该反应为吸热反应。从图 3.16 和图 3.12 中可以看出风粉混合物在行程

4 m 后 CO 浓度逐渐增加，相应地 CO_2 浓度下降，射流温度水平也有所下降。

图 3.15　工况 1 炉膛竖直中心截面的温度分布图（单位:K）

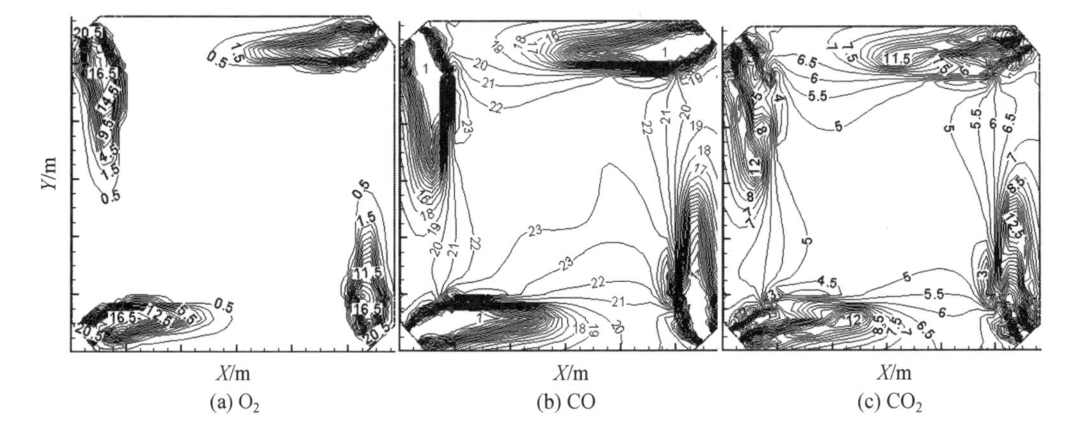

(a) O_2　(b) CO　(c) CO_2

图 3.16　工况 1 的 A 层一次风 O_2、CO、CO_2 浓度分布图（单位:%）

从图 3.16 至图 3.18 中可以看出 3 层一次风区域氧量很少，燃料在缺氧富燃料条件下燃烧，O_2 随着煤粉的点燃和燃烧迅速耗尽。主燃区还原性气氛不仅可以抑制燃料型 NO_x 的生成，还可以促使析出的大量挥发性氮（HCN，NH_i）生成燃料型 NO_x 速率降低，并有利于 HCN 和 NH_i 还原部分生成的 NO_x。

图 3.19 为工况 1 炉膛竖直中心截面 CO、CO_2、O_2 浓度分布图。由图可知主燃区温度较高区域 CO_2 浓度也高，由于氧量不足，燃烧不充分，大部分 CO_2 转化为 CO，炉膛中部大部分区域 CO 浓度很高，说明空气分级燃烧在主燃区创造了良好的还原性气氛，降低了燃烧温度，减少了热力型 NO_x 的生成；该工况主燃区过量空气系数仅为 0.83，缺乏足够的

氧,使析出的大量挥发性氮(HCN,NH_i)生成燃料型 NO_x 速率降低,还促使部分生成的 NO_x 向 N_2 转化。到燃尽风区域,补充了燃烧需要的相对充足的氧量,CO 浓度降低,其燃烧转化为 CO_2,释放热量造成燃尽区温度上升,较高的温度和氧化性气氛会使 NO_x 有所增加,但相对于主燃区 NO_x 的减少量而言,增量并不大,且随着燃尽风往上、温度降低,NO_x 浓度也有所降低。随着流动向上发展,由于湍流的掺混作用,O_2、CO_2、CO 的浓度分布趋于均匀,O_2 浓度逐渐减小,CO 浓度也逐渐降低且到炉膛出口处几乎为零。

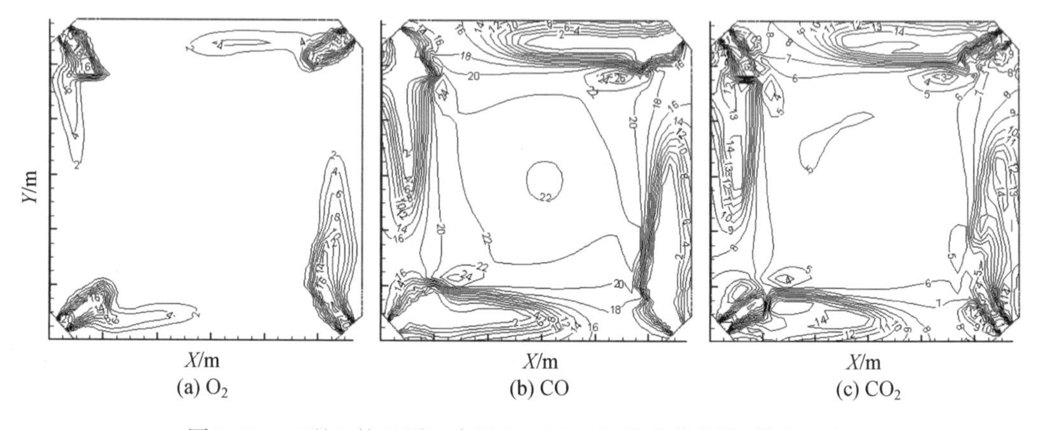

图 3.17　工况 1 的 B 层一次风 O_2、CO、CO_2 浓度分布图(单位:%)

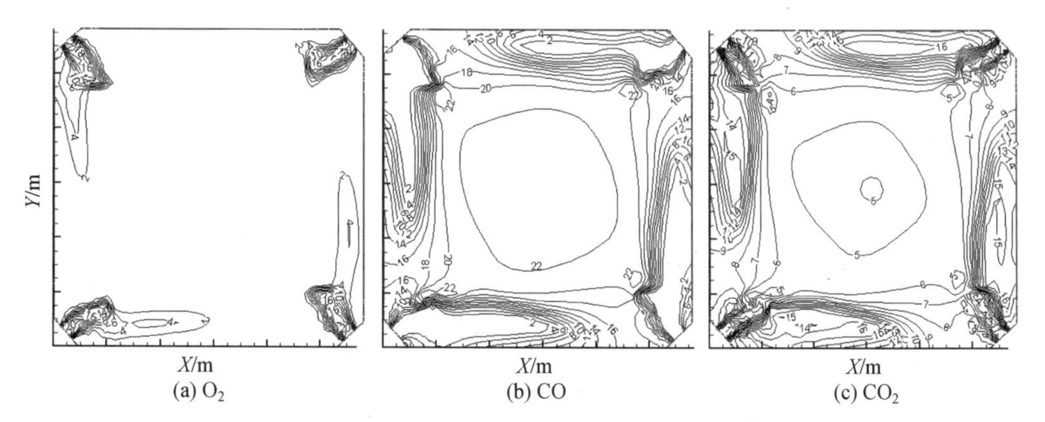

图 3.18　工况 1 的 C 层一次风 O_2、CO、CO_2 浓度分布图(单位:%)

控制燃烧过程中 NO 的生成,主要是控制燃料型 NO 的生成。由燃料型 NO 的生成机理可知,按以下原则组织燃烧有利于 NO 排放的极小化。在挥发分析出和燃烧的初期,促使煤粉气流与热烟气尽可能快地混合,提高煤粉细度,这样可以提高热解温度和加热速度,使更多的燃料氮在这个阶段得到释放。在挥发分燃烧阶段,减小局部过量空气系数,创造局部缺氧环境,使释放出的燃料氮尽可能多地通过 NO 的还原反应生成 N_2,这时虽然燃料中的燃料氮析出很多,但由于还原性气氛的存在,NO 的生成量却大大减小。同时由于缺乏氧气,燃烧不充分,释放的热量少,烟气温度上升缓慢,抑制热力型 NO 生成。约在 800 ~1 000 ℃,挥发分燃烧结束,焦炭开始燃烧后,火焰温度将逐渐升高,继续保持局部的缺氧环境,有利于 NO 被还原;热力型 NO 生成量与 O_2 浓度的平方根成正比,即使火焰温度达到 1 600 ℃,在缺氧的条件下也会减少热力型 NO 的生成。

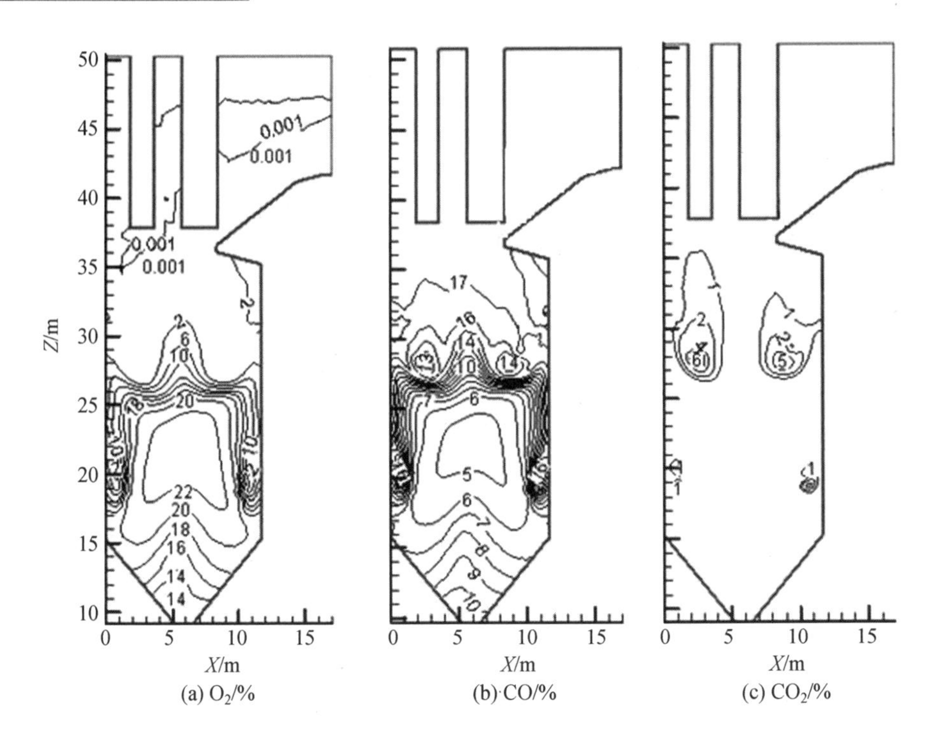

(a) O_2/%　(b) CO/%　(c) CO_2/%

图 3.19　工况 1 炉膛竖直中心截面 CO、CO_2、O_2 浓度分布图(单位:%)

本节研究的锅炉采用了立体分级技术将水平浓淡燃烧器和空气分级技术相结合,充分体现了上述原则。水平浓淡燃烧器具有升温迅速的优点,颗粒加热率的提高会增加燃烧早期燃料氮的析出。空气分级技术将燃烧分为两个阶段,第一个阶段从主燃烧器供入理论空气量的 80%,使燃料在缺氧的富燃料条件下燃烧,燃烧速度和燃烧温度降低,燃料中的氮在还原性气氛中将被分解生成大量的 HN、HCN、CN 和 NH_i 等,它们相互复合生成 N_2 或将已生成的 NO 还原分解,有效减少燃料型 NO 的生成,同时燃烧温度的降低也可以抑制热力型 NO 的产生。第二个阶段剩下的空气作为燃尽风在火焰上部送入,使燃料进入空气过剩区(过量空气系数 $\alpha>1$)燃烧。这时空气量多,但残余的焦炭氮已经很少,生成了少量的燃料型 NO;燃尽区焦炭充分燃烧,温度较高,会产生一定量的热力型 NO,但增量不大,总体 NO 量是降低的。

表 3.6 中给出了模拟得到的工况 1(正常配风工况)炉膛出口的 NO 浓度,现场热态试验测得的炉膛出口 NO 浓度为 286.84 mg/m^3(O_2 的体积分数 $\varphi_{O_2}=6\%$)。以下工况中氮氧化物的计算均采用此方法。

表 3.6　工况 1 炉膛出口 NO 浓度模拟值(试验值为 286.84 mg/m^3)

	挥发分氮/%	焦炭氮/%	NO 浓度/(mg·m^{-3})
本次模拟	0.935	1.81	300.59

图 3.20(a)为工况 1 的 A 层一次风水平截面的 NO 浓度分布图,由图 3.20、图 3.12 及图 3.16 可以看出,NO 浓度最高处对应着射流上的温度最高处和 O_2 即将耗尽处,造成这一现象的原因有二:一是局部的高温导致热力型 NO 生成;二是此前的 O_2 浓度较高,挥

发分析出产生的中间产物在 O_2 的作用下向 NO 转化，燃料型 NO 积累，在 O_2 耗尽前达到峰值。最高温度区域以后，氧量几乎为 0，CO 浓度逐渐增加，NO 在还原性气氛中向 N_2 转化。图 3.20(b) 和图 3.20(c) 显示的工况 1 的 B 层和 C 层一次风水平截面的 NO 浓度分布具有类似特点。

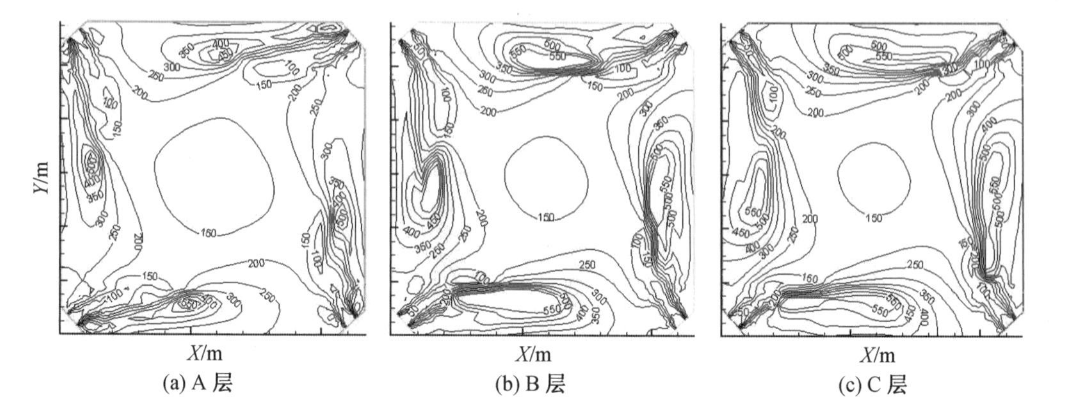

(a) A 层　(b) B 层　(c) C 层

图 3.20　工况 1 中 A、B、C 层一次风水平截面的 NO 浓度分布图(单位:10^{-6})

由图 3.20 和图 3.21 可以看出，工况 1 主燃区底部 3 层投运的一次风区域，射流形成的环形区域 NO 浓度最大，中心 NO 浓度较小。由于工况 1 主燃区过量空气系数仅为 0.83，随着高度的上升，主燃区底部积累的部分 NO 被还原，NO 浓度减小。燃尽区温度较高，产生了热力型 NO，同时也被燃尽风稀释，NO 浓度有所增加，就炉膛整体的 NO 水平而言，增幅不大。

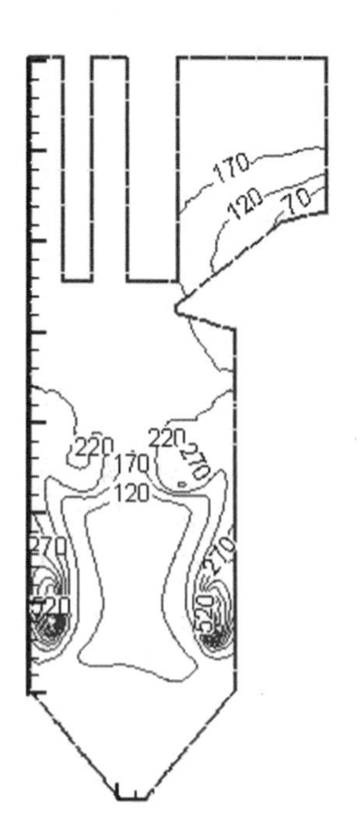

图 3.21　工况 1 炉膛竖直截面 NO 浓度分布图(单位:10^{-6})

工业试验现场通过调整二次风配风方式来降低 NO 排放量,本节对二次风正常配风(工况 1)和推迟配风(工况 2)两种配风方式进行了 NO 浓度的计算。两个工况的各喷口风速见表 3.7,煤质分析见表 3.2。

表 3.7 两个工况的各喷口风速 单位:m/s

喷口	工况 1	工况 2
第一层燃尽风(OFA2)	35.1	33.6
第一层燃尽风(OFA1)	63.7	60.9
上上二次风(EE)	27.7	53.2
上中二次风(DE)	27.7	53.2
上下二次风(DD)	29	41.2
上油点火二次风(Y2)	9.3	8.9
下上二次风(CC)	28.2	26.5
第三层一次风(C)	23.2	23.5
下中 1 二次风(BC)	27.7	26.5
第二层一次风(B)	24.3	24.2
下中 2 二次风(AB)	27.9	18.2
第一层一次风(A)	23.2	22.4
下二次风(AA)	28.3	18.2
下油点火二次风(Y1)	11.5	10.9

由于炉内的温度水平和燃烧气氛对于 NO 浓度有很大影响,本节将结合炉膛内部的温度、氧量和 CO 浓度来分析 NO 的分布情况。

图 3.22 所示为工况 1 和工况 2 面平均温度、O_2 浓度、CO 浓度和 NO 浓度随高度的变化,图中所示高度为从炉膛底部到折焰角之间的范围,图中 4 条竖线分别标示了下油二次风(Y1)喷口下沿、上上二次风(EE)喷口上沿、第一层燃尽风(OFA1)下沿和第二层燃尽风(OFA2)上沿的位置,这 4 条线把炉膛分为由下到上 5 部分:冷灰斗区域(Ⅰ)、主燃烧器区域(Ⅱ)(简称主燃区)、主燃烧器以上燃尽风以下的区域(Ⅲ)、燃尽风区域(Ⅳ)(简称燃尽区)和上部炉膛区域(Ⅴ)。以下分别分析这 5 个部分发生的燃烧反应、烟气温度和气体组分浓度分布特点。

(1)Ⅱ区域,煤粉受热分解、挥发分和部分焦炭燃烧,工况 1 在此区域以燃料型 NO 的生成为主,工况 2 在此区域热力型 NO 和燃料型 NO 都有生成。燃料型 NO 的相关反应主要是挥发分 N 转化为挥发分型 NO 和部分焦炭 N 转化为焦炭型 NO,与此同时部分 NO 在相对缺氧的条件下被还原成 N_2。

在该区域底部,由于工况 2 下面的两层二次风(AA、AB)的风速小于工况 1,因此此处工况 2 的 O_2 浓度比工况 1 小,燃烧反应不如工况 1 剧烈,烟气温度比工况 1 稍低,低于 1 500 K,热力型 NO 几乎没有生成;CO 浓度则比工况 1 稍高,还原性气氛比工况 1 强,燃料型 NO 的生成也比工况 1 少,因此在标高为 22.5 m 以下的主燃区工况 2 的 NO 浓度比工况 1 小。

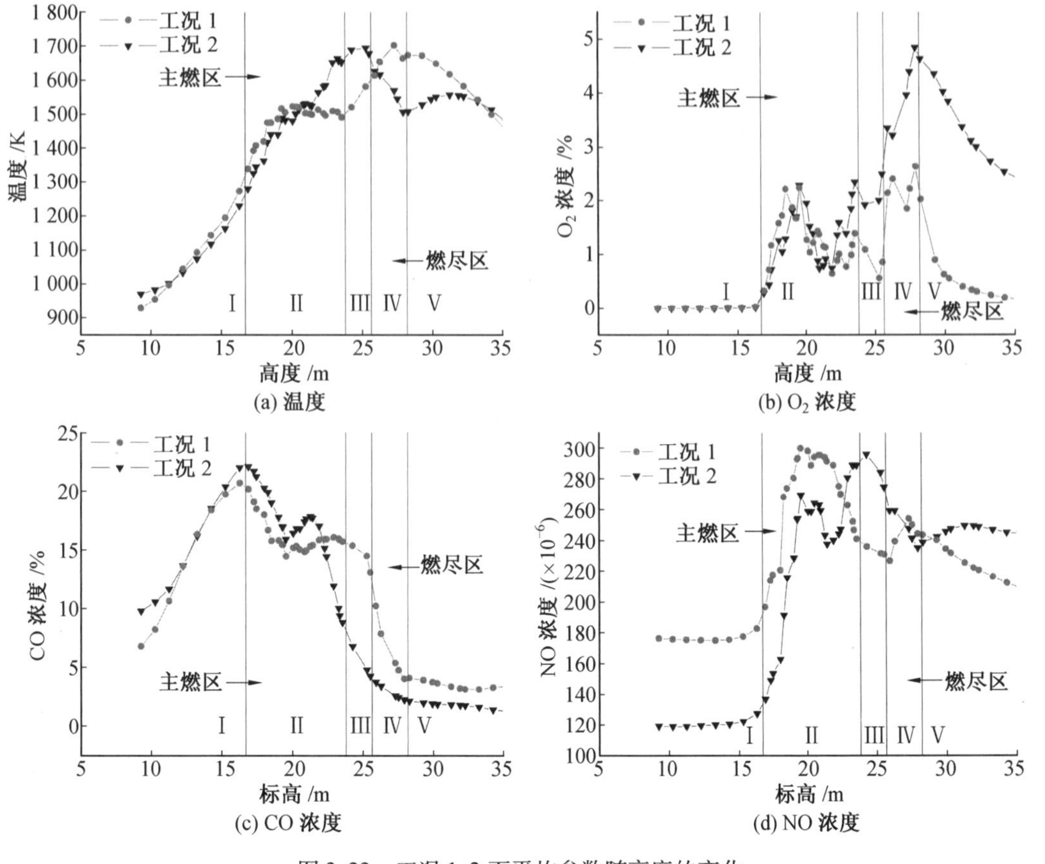

图 3.22　工况 1、2 面平均参数随高度的变化

随着高度的上升，各层二次风不断补充空气，O_2 浓度增加，部分焦炭燃烧，在燃烧器下部区域积累的 CO 燃烧转化为 CO_2，两个工况的 CO 浓度都有所下降。从图 3.22(d)中可以看出，到了Ⅱ区域上部，工况 1 的 NO 浓度下降幅度很大，而工况 2 的 NO 浓度有所上升，这是因为工况 2 的上面 3 层二次风风速远大于工况 1，氧量比工况 1 充足，焦炭和 CO 燃烧比工况 1 充分，导致工况 2 的烟气温度大幅上升，产生了大量的热力型 NO，CO 浓度急剧下降，高温和氧化性气氛有利于燃料型 NO 的生成；而工况 1 主燃区的过量空气系数仅 0.83，空气量不足，焦炭燃烧不充分，释放的热量被沿高度不断补入的各层二次风吸收，平均烟气温度基本没有上升，维持在 1 500 K 左右，热力型 NO 的生成量小，CO 浓度则有上升，强化了还原性气氛，促使原先产生的 NO 在还原性气氛下转化为 N_2。

(2)Ⅲ区域，部分焦炭继续燃烧，该区域热力型 NO 和燃料型 NO 都有生成，燃料型 NO 的相关反应主要是部分焦炭 N 转化为焦炭型 NO。

此区域部分焦炭燃烧释放热量，且没有冷空气进入冷却烟气温度，两个工况的烟气温度都上升，氧量都有所下降。不同的是，由于工况 2 主燃区过量空气数为 1.03，焦炭燃烧比较充分，该工况烟气平均温度在此区域达到最高点，相应地产生了更多的热力型 NO 和燃料型 NO；而工况 1 在主燃区的过量空气系数仅为 0.83，焦炭燃烧不完全，因此在此区域内平均烟气温度有所上升，但是没达到峰值，温度水平比工况 2 低，CO 浓度很高，仍处

于还原性气氛，热力型 NO 虽然有所增加，但是生成的没有被还原的多，所以该区域工况 1 的 NO 浓度远低于工况 2，且呈下降趋势。

（3）Ⅳ区域，两层燃尽风补入了大量空气，支持部分焦炭燃烧的同时冷却烟气温度。该区域 NO 发生的反应主要是热力型 NO 的生成。

两个工况的氧量都随高度增加呈上升趋势，CO 浓度都随高度增加下降，工况 1 下降幅度更大。工况 1 的氧量在两层燃尽风之间有一个低谷，说明工况 1 第一层燃尽风的 O_2 消耗速度很快，在主燃区未燃尽的焦炭剧烈燃烧，释放的热量使烟气平均温度在两层燃尽风之间达到最高值，随后被第二层燃尽风冷却；与高温相伴而生的热力型 NO 及剩余的少量焦炭 N 的转化使工况 1 的平均 NO 浓度也在两层燃尽风之间达到一个峰值。对于工况 2 而言，焦炭进入燃尽风区域之前燃烧已较完全，因此释放的热量小于燃尽风吸收的热量，烟气温度有所下降，在 1 500～1 600 K 范围内，热力型 NO 几乎不生成，焦炭 N 也基本在此前的区域完成转化，补充的空气使该区域的 NO 浓度随高增加度而下降。

（4）Ⅴ区域，剩余焦炭继续燃烧，工况 2 烟温有小幅回升，然后在前后墙辐射的影响下随高度的增加而降低，工况 1 的烟温则一直随高度的增加而降低，在折焰角处工况 2 的烟温高于工况 1；两个工况的氧量和 CO 浓度都随着高度的增加而下降，工况 2 的氧量高于工况 1，相应地，工况 1 未燃烧的 CO 比工况 2 多。

（5）Ⅰ区域，几乎没有煤粉的燃烧反应，扩散到此区域的 CO 被氧化，CO 和 O_2 浓度都随高度降低而减少。由于大部分燃料 N 在主燃区已充分反应被氧化成 NO 或还原成 N_2，故该区域仅有微量燃料 NO 生成。由于烟气平均温度低于 1 300 K，几乎不产生热力型 NO。NO 浓度基本维持不变。

由以上 5 个区域的温度和气体组分分布特点可以看出，Ⅱ、Ⅲ区域为主燃区，主燃区的 NO 浓度决定了最终的 NO 排放水平。工况 2 在主燃区的过量空气系数为 1.03，提供了足够的 O_2 支持煤粉燃烧，烟气温度比工况 1 高，且处于氧化性气氛，产生的热力型 NO 和燃料型 NO 都比工况 1 多。模拟得到的工况 1 和工况 2 的炉膛出口 NO_x 浓度分别为 300.59 mg/m^3、348.21 mg/m^3（$\varphi_{O_2}=6\%$），热态试验测得的值分别为 286.84 mg/m^3、351.89 mg/m^3（$\varphi_{O_2}=6\%$），与未采用 NO 控制技术时四角切圆直流燃烧器排放水平500～1 200 mg/m^3（$\varphi_{O_2}=6\%$）相比，模拟和试验结果都表明采用水平浓淡燃烧器和空气分级技术相结合的燃烧方式有效地减少了 NO 的排放。对于本节模拟的对象，正常配风工况更有利于减少 NO 的排放。

为了进一步考察氧量不同时氮氧化物的排放情况，对采用正常配风方式时过量空气系数分别为 1.13、1.19 和 1.23 时的三个工况进行了模拟计算，这三个工况分别对应表 3.8中的工况 3、工况 4 和工况 5。

图 3.23 所示为工况 3、工况 4 和工况 5 面平均温度、O_2 浓度、CO 浓度和 NO 浓度随高度的变化，图中四条竖线对应位置同图 3.22。以下就分别分析冷灰斗区域（Ⅰ）、主燃烧器区域（Ⅱ）、主燃烧器以上燃尽风以下的区域（Ⅲ）、燃尽风区域（Ⅳ）和上部炉膛区域（Ⅴ）这 5 个部分发生的燃烧反应、烟气温度和气体组分浓度分布特点。

表 3.8　各工况的风速　　　　单位:m/s

喷口	工况 3	工况 4	工况 5
第一层燃尽风(OFA2)	36	19	36.4
第一层燃尽风(OFA1)	62.2	68.7	63.0
上上二次风(EE)	20.3	22.4	30.1
上中二次风(DE)	20.3	22.4	30.1
上下二次风(DD)	20.3	22.4	30.1
上油点火二次风(Y2)	9.9	11	10.1
下上二次风(CC)	20.3	22.4	30.1
第三层一次风(C)	24.0	23.0	24.2
下中 1 二次风(BC)	20.3	22.4	30.1
第二层一次风(B)	24.9	25.1	24.5
下中 2 二次风(AB)	20.3	22.4	30.1
第一层一次风(A)	23.1	22.7	22.9
下二次风(AA)	46	65.6	46.9
下油点火二次风(Y1)	20.3	32.6	12.4

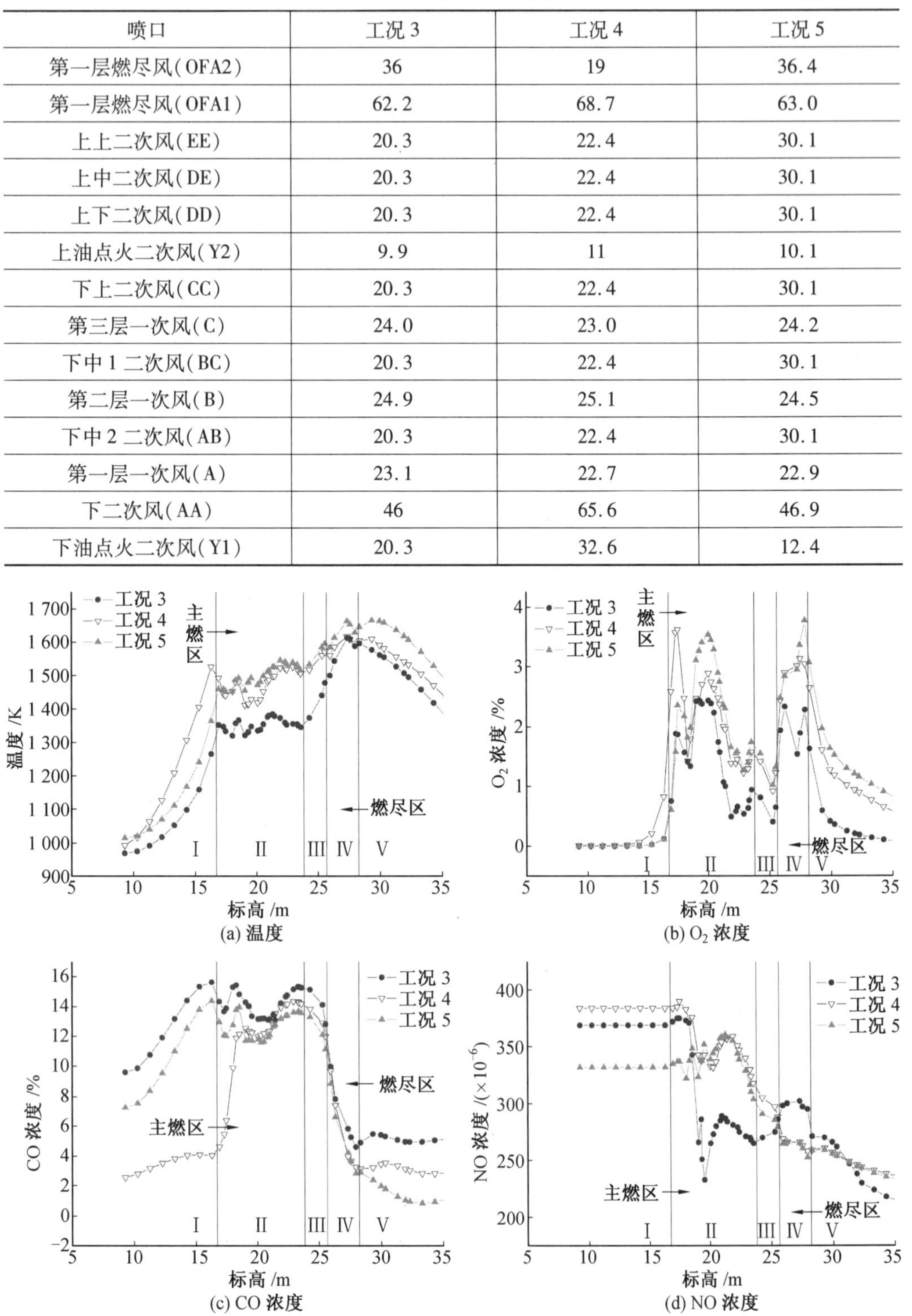

图 3.23　工况 3、4、5 面平均参数随高度的变化

(1)Ⅱ区域,煤粉受热分解、挥发分和部分焦炭燃烧,由于三个工况主燃区的过量空气系数分别为0.75、0.81和0.84,空气量不足,煤粉燃烧释放的热量不够,平均烟气温度低于1 600 K,因此生成的热力型NO很少,以燃料型NO的生成为主。燃料型NO的相关反应主要是挥发分N转化为挥发分型NO和部分焦炭N转化为焦炭型NO,与此同时部分NO在相对缺氧的条件下被还原成N_2。

根据表3.8所示的配风情况可知,在Ⅱ区域底部,工况4的下二次风(AA)和下油二次风(Y1)最大,给入的氧量最充足,燃烧最剧烈,体现在图3.23(b)中,工况4的氧量在Ⅱ区域底部比其他两个工况高,且CO浓度比其他两个工况低,温度也比其他两个工况稍高。

Ⅱ区域底部也是挥发分N析出转化的阶段,在此阶段如果给入的氧量较多,挥发分N析出形成的中间产物HCN向NO转化的量也大。工况3~5的下二次风(AA)和下油二次风(Y1)风量大小关系为工况4>工况3>工况5,从图3.23(d)中可以看出工况4在燃烧的初期积累了浓度较高的NO,工况3次之,工况5最低。

随着高度的上升,各层二次风不断补充空气,氧量增加,部分焦炭燃烧,在燃烧器下部区域积累的CO燃烧转化为CO_2,在Ⅱ区域中部,三个工况的氧量上升,CO浓度都有所下降。由于主燃区整体的过量空气系数小于1,在缺氧的条件下,燃烧生成的CO_2又在Ⅱ区域上部被还原为CO,因此在Ⅱ区域上部三个工况的CO浓度都有所上升。CO浓度越大,还原性气氛越强,NO向N_2转化的趋势越明显,因此NO随CO浓度的上升而减少,图3.23(c)和3.23(d)中Ⅱ区域中部和上部这一现象非常明显。

(2)Ⅲ区域,部分焦炭继续燃烧,Ⅱ区域积累的CO也被燃烧转为CO_2,CO和O_2浓度都下降。该区域没有冷空气进入,三个工况的温度都有所上升。但燃烧仍不充分,温度水平仍然不高,热力型NO很少生成,以燃料型NO的生成为主,关于NO的反应主要是部分焦炭N转化为焦炭型NO和已经生成的NO被还原。

(3)Ⅳ区域,部分焦炭继续燃烧,温度水平较高,该区域热力型NO和燃料型NO都有生成,关于燃料型NO的反应主要是部分焦炭N转化为焦炭型NO。

由于燃尽风补充了大量的氧气,剩余焦炭开始充分燃烧,主燃区积累的CO也急剧燃烧,三个工况的CO浓度大幅下降,温度则先随着高度增加而上升,在两层燃尽风之间达到峰值,随后随着高度的增加而逐渐降低。

此区域工况4和工况5的氧量变化趋势一致,工况5的O_2浓度大于工况4,而工况3的氧量在两层燃尽风之间有一个低谷,说明工况3在主燃区未燃尽的焦炭比另外两个工况多,导致第一层燃尽风的O_2消耗速度很快。同样的,由于工况3未能在主燃区转化的焦炭N比其他两工况多,第一层燃尽风补充了大量氧气的条件下其转化为NO,导致工况3的NO浓度在燃尽风区域有所上升,随后被第二层燃尽风稀释,浓度降低。工况4和工况5也存在部分未能在主燃区转化的焦炭N转化为NO,但同时也被两层燃尽风稀释,这两个因素的共同作用使两个工况的NO浓度缓慢下降。

(4)Ⅴ区域,剩余焦炭继续燃烧,三个工况的烟气温度受前后墙辐射的影响随高度的增加而降低,工况5给入的空气量最多,燃烧最充分,到达折焰角处的烟气温度最高,工况4次之,工况3最低。三个工况的氧量和CO浓度都随着高度的增加而下降。工况5的氧量最高，工况 4 次之，工况 3 最低。CO 浓度则相反，工况 5 最低，工况 4 次之，工况 3 最高。

（5）Ⅰ区域，几乎没有煤粉的燃烧反应，扩散到此区域的 CO 被氧化，CO 和 O_2 浓度都随高度降低而减小。由于大部分燃料 N 在主燃区已充分反应被氧化成 NO 或还原成 N_2，因此该区域仅有微量燃料型 NO 生成。由于烟气平均温度低于 1 300 K，几乎不产生热力型 NO。NO 浓度基本维持不变。

表 3.9 给出了炉膛出口处 O_2 与 NO 浓度，模拟值和试验值吻合良好，工况 3 的 O_2 和 NO 排放量最低。模拟和试验得到的三个工况的 NO 排放量都不超过 350 mg/ · m^3（φ_{O_2} = 6%），远低于未采用 NO_x 控制技术时四角切圆直流燃烧器排放水平 500 ~ 1 200 mg/m^3（φ_{O_2}=6%）。

表 3.9　三种工况下 O_2 和 NO 排放量试验值和模拟值的对比

工况	模拟得到的 O_2 排放量/%	试验得到的 O_2 排放量/%	模拟得到的 NO 排放量/（mg · m^{-3}）	试验得到的 NO 排放量/（mg · m^{-3}）
3	2.37	2.38	315.26	287.73
4	3.55	3.35	340.02	323.53
5	3.97	3.95	346.87	331.44

为考察燃尽风对氮氧化物的影响，关闭两层高位燃尽风喷口，采用正常配风方式，将风量折算到各层二次风喷口，对炉内的燃烧及污染物生成过程进行模拟，并与开启燃尽风喷口时的正常配风工况进行对比。为叙述方便，以下简称无燃尽风的工况为工况 6。两个工况的各喷口风速见表 3.10。

表 3.10　两个工况的各喷口风速　　单位：m/s

喷口	工况 1	工况 6
第一层燃尽风（OFA2）	35.1	0
第一层燃尽风（OFA1）	63.7	0
上上二次风（EE）	27.7	46.7
上中二次风（DE）	27.7	46.7
上下二次风（DD）	29	48.0
上油点火二次风（Y2）	9.3	28.3
下上二次风（CC）	28.2	47.1
第三层一次风（C）	23.2	23.5
下中 1 二次风（BC）	27.7	46.7
第二层一次风（B）	24.3	24.2
下中 2 二次风（AB）	27.9	46.9
第一层一次风（A）	23.2	22.4
下二次风（AA）	28.3	47.3
下油点火二次风（Y1）	11.5	30.5

图 3.24 所示为两种工况面平均温度、O_2 浓度、CO 浓度和 NO 浓度随高度的变化，图中四条竖线对应位置同图 3.22。以下就分别分析冷灰斗区域（Ⅰ）、主燃烧器区域（Ⅱ）、主燃烧器以上燃尽风以下的区域（Ⅲ）、燃尽风区域（Ⅳ）和上部炉膛区域（Ⅴ）这 5 个部分发生的燃烧反应、烟气温度和气体组分浓度分布特点。

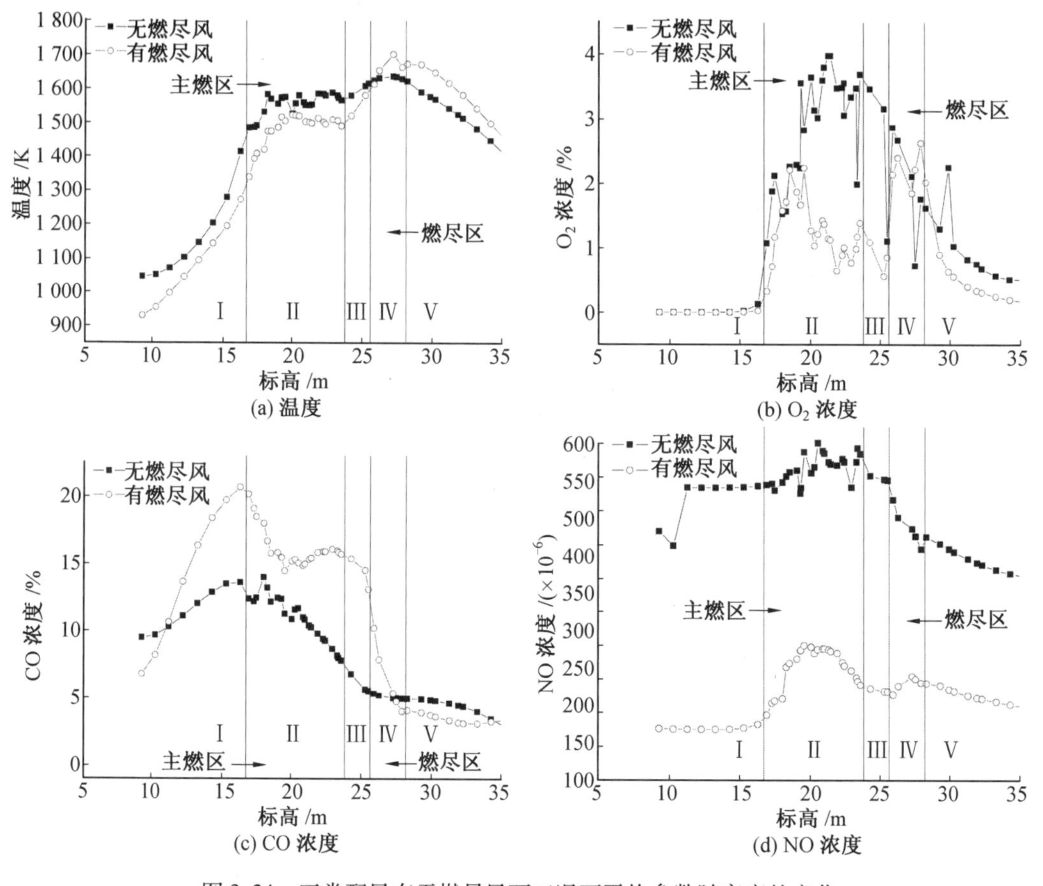

图 3.24　正常配风有无燃尽风两工况面平均参数随高度的变化

（1）Ⅱ区域，有关煤粉的反应有受热分解、挥发分和焦炭燃烧。从图 3.24（a）中可以看出两个工况在此区域的温度变化趋势相近，工况 6 在此区域的烟气平均温度高于工况 1，同时从图 3.24（b）和图 3.24（c）中可以看出，工况 6 在此区域的平均 O_2 浓度高于工况 1，CO 浓度则相反。这是由于工况 1 的过量空气系数仅为 0.83，氧量不足；工况 6 把工况 1 燃尽风的风量全部通过主燃区的二次风喷口给入，因此工况 6 氧量充足，煤粉燃烧比工况 1 充分，释放了更多的热量。

在此区域，工况 1 的烟气平均温度低于 1 600 K，NO 的生成以燃料型 NO 的生成为主，关于燃料型 NO 的反应主要是挥发分 N 转化为挥发分型 NO 和部分焦炭 N 转化为焦炭型 NO，因此由于氧量不足，部分 NO 在相对缺氧的条件下被还原成 N_2。工况 6 烟气平均温度约 1 600 K，热力型 NO 和燃料型 NO 都有生成，主燃区处于氧化性气氛，促进了 NO 的生成，从图 3.24（d）中可以看出，工况 6 的 NO 浓度远大于工况 1。

（2）Ⅲ区域，部分焦炭继续燃烧释放热量，且没有冷空气进入冷却烟气温度，两个工况的烟气温度都上升，氧量都有所下降。

在该区域，工况1热力型NO和燃料型NO都有生成，关于燃料型NO的反应主要是部分焦炭N转化为焦炭型NO。工况1在主燃区的过量空气系数仅为0.83，焦炭燃烧不完全，因此这个区域内平均烟气温度有所上升，但是没达到峰值，温度水平比工况1低，CO浓度很高，仍处于还原性气氛，热力型NO虽然有所增加，但是生成的没有被还原的多，所以该区域工况1的NO浓度仍然远低于工况6，且呈下降趋势。工况6在此区域的NO浓度变化不大，说明燃料型N在主燃区基本转化完全。

（3）Ⅳ区域，对于工况1，两层燃尽风补入了大量空气，支持部分焦炭燃烧的同时冷却烟气温度，此区域的初始阶段，燃烧释放的热量大于冷空气吸收的热量，面平均温度随高度上升至一个峰值，随后空气的冷却作用大于燃烧放热的作用，面平均温度开始随高度上升而下降。对于工况6，剩下少量的未燃尽焦炭继续燃烧，面平均温度缓慢上升，温度水平略高于主燃区。

工况1的氧量随高度增加呈上升趋势，且在两层燃尽风之间有一个低谷，说明工况1第一层燃尽风的O_2消耗速度很快，在主燃区未燃尽的焦炭剧烈燃烧，释放的热量使烟气平均温度在两层燃尽风之间达到最高值，随后被第二层燃尽风冷却；与高温相伴而生的热力型NO及剩余的少量焦炭N的转化使工况1的面平均NO浓度也在两层燃尽风之间达到一个峰值。对于工况6而言，焦炭进入燃尽区之前燃烧已较完全，焦炭N也基本在此前的区域完成转化，该区域的NO浓度由于掺混和扩散随高度增加缓慢下降。

（4）Ⅴ区域，工况1剩余焦炭继续燃烧，烟温有小幅回升，然后在前后墙辐射的影响下随高度的增加而降低，工况6的烟温则一直随高度的增加而降低，在折焰角处工况6的烟温高于工况1；两个工况的氧量和CO浓度都随着高度的增加而下降，工况6的氧量略高于工况1，两个工况CO浓度基本不再变化。

（5）Ⅰ区域，几乎没有煤粉的燃烧反应，扩散到此区域的CO被氧化，CO和O_2浓度都随高度降低而减小。由于大部分燃料N在主燃区已充分反应被氧化成NO或还原成N_2，因此该区域仅有微量燃料型NO生成。由于烟气平均温度低于1 300 K，几乎不产生热力型NO。NO浓度基本维持不变。

由以上5个区域的温度和气体组分分布特点可以看出，Ⅱ、Ⅲ区域为主燃区，主燃区的NO浓度决定了最终的NO排放水平。工况6在主燃区提供了足够的O_2支持煤粉燃烧，烟气温度比工况1高，且处于氧化性气氛，产生的热力型和燃料型NO都比工况1多。模拟得到的工况1和工况6的炉膛出口NO浓度分别为300.59 mg/m^3、604.63 mg/m^3（$\varphi_{O_2}=6\%$），工况6的模拟结果符合未进行燃尽风改造前的排放水平，表明采用燃尽风喷口有效地减少了NO的排放。

燃尽风喷口位置的确定取决于燃料由一次风喷口进入炉膛后流动至燃尽风喷口的停留时间。燃尽风与一次风距离过近，不利于风粉分级，使得燃料在燃烧阶段即与燃尽风混合，弱化了空气分级效果，不利于降低NO_x排放；而燃尽风与一次风间距过大，则会直接

导致火焰中心上移，不但会导致过热器超温，同时会使更多的燃料未能充分燃尽，直接导致飞灰可燃物含量增加，从而降低锅炉燃烧效率。对小容量锅炉的改造，必须在二者之间寻求一个平衡。

煤粉在炉内的停留时间，按式(3.1)计算：

$$\tau=\frac{4.19\phi}{k_j\dfrac{98T}{273P}\times\dfrac{Q}{V}}\ \mathrm{s} \tag{3.1}$$

式中 ϕ——炉膛充满度系数，一般为0.6～0.8，当四角布置切圆燃烧方式时 ϕ 较高，对冲布置时次之，前墙布置时最低；

k_j——每发出4.19 MJ热量产生的烟气体积，主要与煤的水分及过量空气系数有关；

P——炉膛内烟气压力，kPa；

Q——炉内每小时析出的热量，MW；

V——炉膛容积，m^3；

T——炉膛平均温度，$T=0.9\sqrt{T_{jr}T''_l}$，K；

T_{jr}——绝热燃烧温度，K；

T''_l——炉膛出口烟气温度，K。

本节各工况的燃尽风的位置均未改变，其中下层燃尽风标高为25.9 m，两层燃尽风竖直距离为2 m。为考察燃尽风高度对氮氧化物的影响，对燃尽风的位置进行调整，另外选择5个不同燃尽风高度工况，各工况下层燃尽风中心线标高见表3.11，两层燃尽风相对位置不发生改变。二次风均采用正常配风方式。图3.25所示为6种不同燃尽风高度工况面平均温度、O_2 浓度、CO浓度和NO浓度随高度的变化，图中四条竖线对应位置同图3.22。

表3.11 不同燃尽风高度工况安排

工况	下层燃尽风中心线标高/m	停留时间/s
工况7	25.320	0.35
工况8	25.9	0.43
工况9	26.703	0.55
工况10	27.395	0.65
工况11	28.086	0.75
工况12	28.778	0.85

不改变各个喷口的风速和煤粉质量流量，仅改变燃尽风的高度对各工况主燃区影响不大。由图3.25可以看出这6个工况主燃区的温度和气体组分浓度分布趋势基本相同。

图3.25(a)所示为面平均温度随高度的变化。主燃区底部三层一次风喷口喷入风粉混合物，在炉内高温火焰的辐射下升温、燃烧、放热，在图中可见此区域面平均温度随着高

度的增加而急剧升高；到主燃区上部，各层二次风补充到炉膛中支持煤粉燃烧的同时冷却了火焰温度，使面平均温度随高度的变化趋势呈一个平台，保持在1 500 K左右。主燃区过后，随着燃尽风大量空气的进入，未燃尽的焦炭剧烈燃烧，面平均温度上升到最高，且燃尽风位置越低，温度峰值出现得越早，且随着燃尽风高度的增加，温度峰值降低。

图3.25(b)所示为面平均 O_2 浓度随高度的变化。从图中可以看出，O_2 浓度的变化幅度较大，主燃区上部氧量较低，至燃尽区后，每个工况的氧量都出现两个峰值，第一个峰值出现在下层燃尽风上部，第二个峰值出现在上层燃尽风上部，此后空气和未燃尽的混合均匀并逐渐反应，氧量逐渐降低。

图3.25(c)所示为面平均CO浓度随高度的变化。从图中可以看出，主燃区底部由于空气量较少，形成了富燃料的还原性气氛，煤粉燃烧不完全，产生了大量的CO，此后随着高度的上升、各层二次风补入，CO进一步燃烧，浓度逐渐降低；到了主燃区上部，CO浓度有一定的增加，强化了主燃区的还原性气氛，有利于减少NO的生成。随着高度进一步增加，进入燃尽风区域，燃尽风补入了充足的 O_2，支持燃烧，CO的浓度逐渐降低，且燃尽风高度越低的工况，CO的浓度降低得越早。到了炉膛上部区域，6个工况的CO浓度基本不再变化。

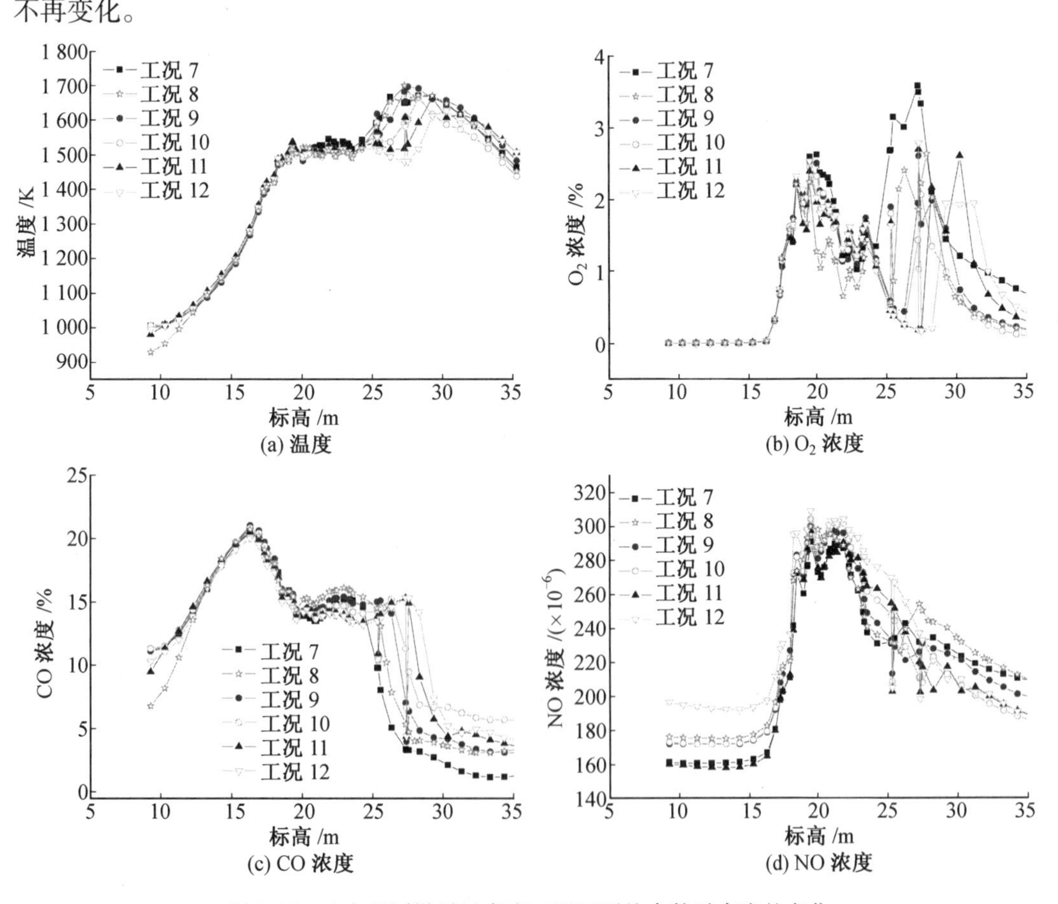

图3.25　6个不同燃尽风高度工况面平均参数随高度的变化

图3.25(d)所示为面平均NO浓度随高度的变化。从图中可以看出,6个工况的NO浓度在主燃区的变化趋势基本相同:主燃区底部,即煤粉燃烧的初期,NO大量生成,浓度最高;由于主燃区整体处于还原性气氛,NO生成和消减的综合作用中NO的消减量多于NO的生成量,因此,随着高度的增加,NO浓度下降。到达燃尽风区域后,氧量的增加和温度峰值的出现使得热力型NO的生成速度加快,NO浓度随着高度的增加而出现小的峰值,此后又随着高度的增加而呈下降趋势。燃尽风高度越低的工况,NO浓度峰值出现的位置越低。

从图3.25(a)中可以看出燃尽风位置较高的工况燃尽区温度峰值低于燃尽风位置较低的工况,相应的,热力型NO的生成量也较少,因此,从总体来看,下层燃尽风中心线标高从25.320 m增加至27.395 m,炉膛出口的NO浓度随着燃尽风位置的升高而降低;工况10至工况12,炉膛上部的NO浓度基本一致。以工况7的NO排放浓度308.6 mg/m^3为标准,工况8~12的NO浓度下降幅度如表3.12和图3.26所示,从表中可以看到,下层燃尽风中心线标高从为25.320 m上升至27.395 m,即煤粉从主燃区到燃尽区的停留时间从0.35 s延长到0.65 s时,NO浓度下降了14.91%,下降幅度最大,下层燃尽风中心线标高继续升高至28.086 m和28.778 m,NO浓度相比于25.32 m的工况分别下降了约14.00%、14.71%,可见燃尽风位置到达一定高度以后继续升高对NO减排没有正面影响。

表3.12　以工况7为基准各工况NO浓度下降幅度

工况	工况8	工况9	工况10	工况11	工况12
下降幅度/%	2.59	7.71	14.91	14.00	14.71

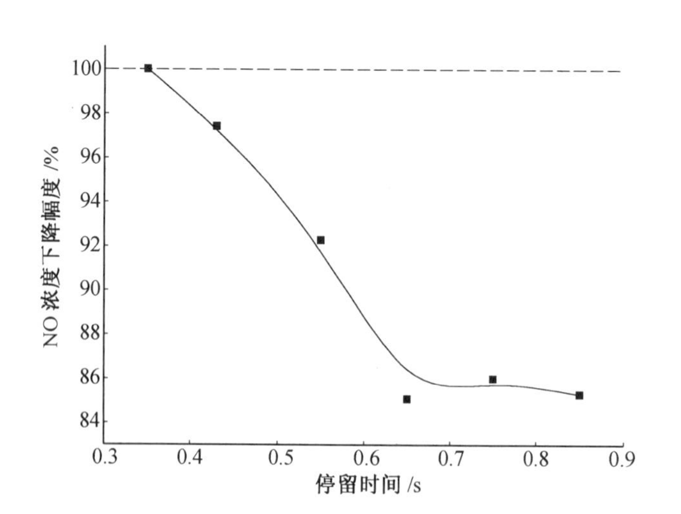

图3.26　煤粉从主燃区到燃尽区不同停留时间对NO_x浓度下降幅度的影响

2. 墙式切圆煤粉燃烧技术

墙式切圆锅炉继承了切圆燃烧的优点,将燃烧器喷口布置在壁面热负荷最高区域,即布置在矩形炉膛的四墙中心附近,既充分利用了切圆燃烧方式中特有的气粉混合强烈,各射流之间相互协作,上游射流高温烟气可点燃下游煤粉气流,湍动度大,燃尽率高的优点,又吸收了 W 形火焰、U 形火焰中射流空气卷吸炉内高温烟气的特点。另外,切圆旋转的高温烟气能直接冲刷至燃烧器喷口焰根部,这是以往的切圆燃烧方式及 W 形、U 形火焰燃烧方式都不具备的。

传统四角切圆燃烧方式中,燃烧器布置在四角上,上游射流点燃下游射流,相互协作达到稳定燃烧的效果。由于炉膛是四方形的,从炉壁四周各点到达切圆中心距离不等,炉内切圆旋转的热气流对四周辐射热负荷也不等。且燃烧器喷口冷煤粉气流会降低角部温度,导致壁面中间区域的局部温度远高于四角喷口处,这就较易导致水冷壁局部温度大于灰熔点温度。此时,如果炉内实际切圆过大或有个别射流偏斜,就会产生结渣。将燃烧器布置在四墙中心附近,一方面,利用四墙中心附近所受投射热负荷高,可强化煤粉着火的特点;另一方面,燃烧器布置在四墙中心附近后,可吸收大量的着火热,降低此处壁面热负荷,使燃烧器区域四周壁面热负荷分布均匀,消除局部温度偏高现象。燃烧器四墙中心布置时,喷口距炉膛中心距离大大缩短,射流刚性较强。假设射流的扩展角相同,作用点处的射流宽度相对四角置燃烧器射流要小,所以上游对下游射流的推动力及范围大大减小,从而使下游射流的转偏减小。同时,由于射流由喷口至火焰中心的距离较短,当射流到达火焰中心时,仍保持着较大的速度和湍流度,因此炉内燃料、空气和热烟气可充分混合,有利于燃料的燃尽。另外,四墙切圆方式射流两侧补气条件好,射流与壁面夹角一般为 80°~90°,因此,基本不会受到射流两侧压差的影响。将燃烧器四角布置改为四墙布置,射流刚性增强,相邻射流互相作用强烈,使切圆在燃烧器区域旋转剧烈,而且炉膛内燃烧器区域湍流强度增大,传热传质加强,燃烧好。炉内气流强烈旋转、湍动,使气流旋转上升过程中所受阻碍作用增大,旋转必然迅速衰减,到达炉膛出口处仅剩下很弱的残余旋转。

本节利用数值模拟,详细介绍 600 MW 烟煤墙式切圆锅炉的炉内空气动力特性,温度分布特性,组分分布特性,氮氧化物生成特性,炉内配风对于氮氧化物生成的影响和热负荷分布特性。

该锅炉采用 Π 形布置,墙式切圆燃烧方式,采用的低 NO_x 燃烧技术为 PM+MACT 技术,达到分级燃烧降低 NO_x 排放目的,炉膛沿高度方向分为主燃区、还原区和燃尽区。主燃区布置有 6 层 PM 燃烧器,配有 6 台磨煤机,每台磨煤机向同一层一次风口供粉,一台备用,运行时,最上面一组燃烧器不投运。在 OFA 区布置有 2 层喷口。在 SOFA 区布置有 8 层喷口,采用角式布置。主燃区采用墙式布置。计算域下至锅炉冷灰斗底部,上至顶棚,炉膛高为 65.95 m。炉膛横截面尺寸为 17.666 m×17.628 m。主燃区假想切圆直径 8.811 m。图 3.27 为炉膛结构示意图和燃烧器的布置形式。

燃用煤质的工业分析和元素分析见表 3.13。SOFA 风率为 35% 条件下,炉内风量分配情况见表 3.14。本节计算的基准工况为 SOFA 风率为 35% ,因此分析时主要针对基准工况,其他工况的确定原则为减小 SOFA 风率而增大主燃区的二次风率。

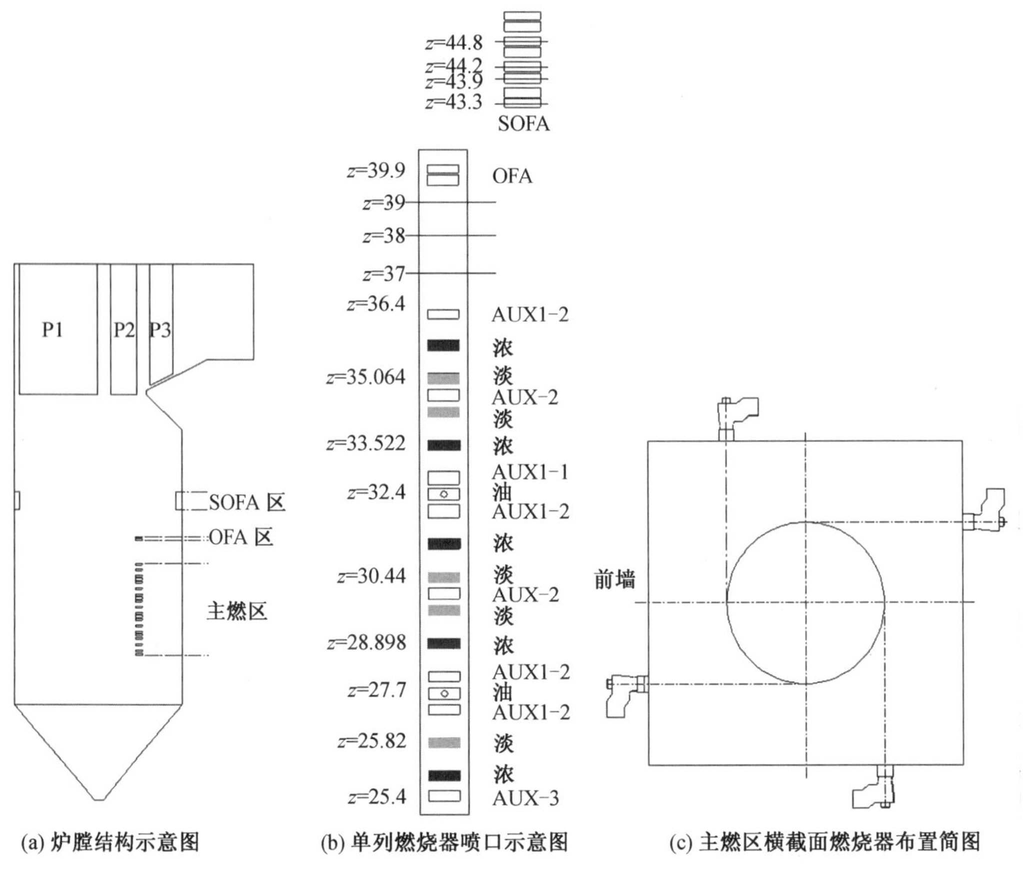

(a) 炉膛结构示意图　(b) 单列燃烧器喷口示意图　(c) 主燃区横截面燃烧器布置简图

图 3.27　炉膛结构示意图及燃烧器的布置形式(单位:m)

表 3.13　燃用煤质的工业分析和元素分析

工业分析/%				元素分析/%					
M_{ar}	M_{ad}	A_{ar}	V_{daf}	C_{ar}	H_{ar}	O_{ar}	N_{ar}	S_{ar}	$Q_{net,ar}$/(MJ·kg^{-1})
10.29	1.53	21.94	33.33	55.63	3.29	7.5	0.86	0.492	22.03

注:M_{ar}为收到基水分;M_{ad}为干燥基水分;S_{ar}为收到基硫分。

表 3.14　炉内风量分配情况

SOFA 风率	35%	25%	15%
主燃区的总空气量与理论空气量的比值	0.7	0.807	0.91
OFA 风量与理论空气量的比值	0.056	0.071	0.087
SOFA 风量与理论空气量的比值	0.419	0.297	0.178
过量空气系数	1.175	1.175	1.175

炉内气流的合理流动是组织好燃烧的关键因素。炉内气流的速度分布,射流的卷吸、射程,回流区的大小决定着煤粉气流的着火、火焰的传播等。各燃烧器组合射流间的相互影响对于火焰与燃料空气混合物间热、质传递,燃烧过程中的结渣、腐蚀起重要作用。

由于该墙式切圆锅炉采用的是 PM 燃烧器，并且 SOFA 区为角式布置，而主燃区为墙式布置，因此在选取特征截面进行分析时，主要选取第四层一次风浓喷口截面、淡喷口截面，第二层 AUX-2 喷口截面，即三个相邻的喷口截面，以及最上层 SOFA 喷口截面。

由图 3.28 可知，炉膛内形成完整的切圆，并且位于炉膛中心，切圆较大，炉内气流充满度较好，同时，可以看到炉膛四角处会形成回流区，回流区可以卷吸高温烟气，因此，炉内不会形成死角。另外，比较图 3.28(a)(b)(c)可以看出，截面的速度场分布是类似的，这是由于二次风的速度高，动量大。因此，其对于组织流场起到了决定性的作用，控制着切圆的大小和炉内的速度分布。燃尽风的加入使得炉内切圆直径明显减小，由于燃尽风速度大、刚性强，因此射流的衰减很慢。并且燃尽风的角式喷入使得氧气与主气流的混合强化，有助于煤粉的燃尽。

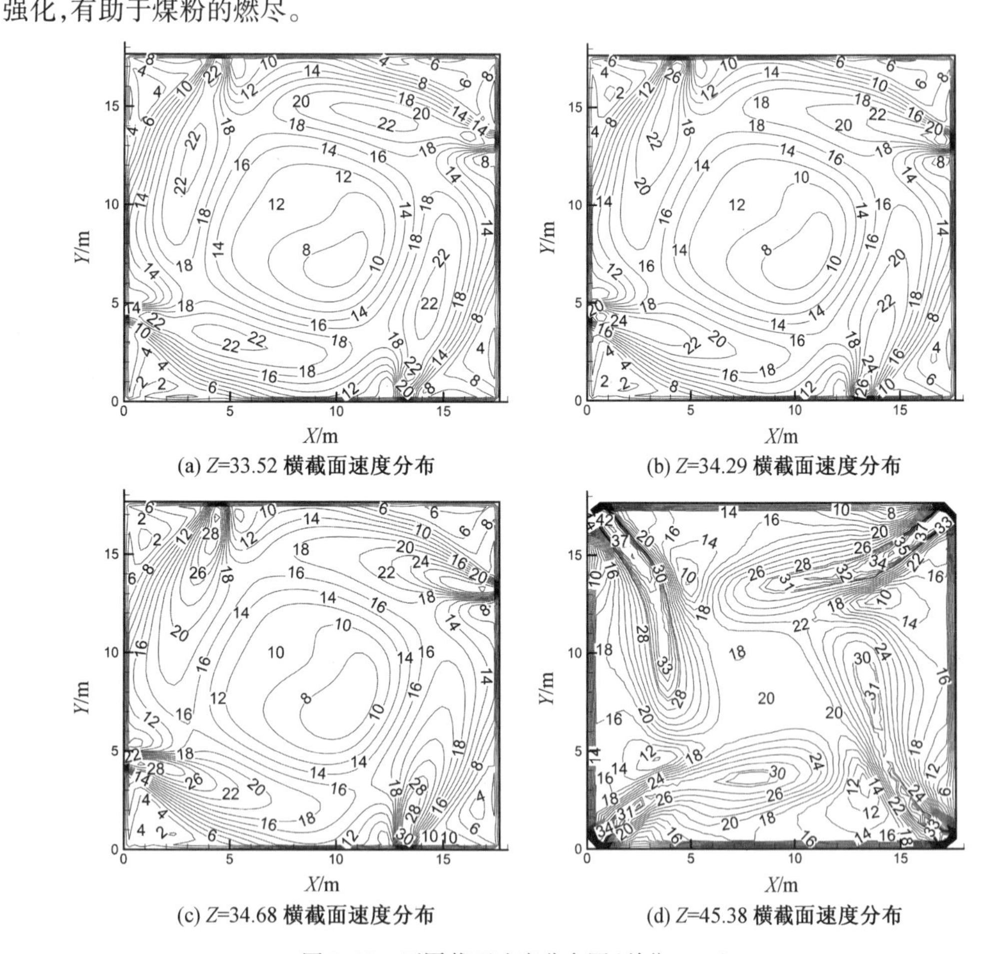

图 3.28　不同截面速度分布图(单位:m/s)

炉内温度分布影响煤的燃烧、燃尽及结渣等。从图 3.29 中可以看出炉内温度分布均匀性较好，高温区呈现圆环状，炉膛中心和水冷壁附近温度低，环状区域温度高，炉内最高温度区位于水冷壁中心一定距离处，该区域燃烧最为剧烈。淡喷口截面的温度梯度要高于浓喷口截面，这主要是由于淡煤粉需要着火热比较低，因此燃烧较快。而二次风射流的温度梯度比一次风要小。随着速度的增加温度梯度变小。到燃尽区后由于燃尽风速度较大，将环状高温区破坏成 5 个高温区，其中有 4 个高温区位于炉膛的壁面中心附近，呈现三角形，而中心区域的高温区要大于边壁附近的高温区。

从中心纵向截面温度分布图（图 3.30）来看，火焰形状饱满，充满度好，烟气温度在 1 300 K以上所占的区域大约占折焰角以下 3/5 的区域，煤粉在高温条件下停留时间长，燃尽充分。在炉膛上部辐射屏区由于受到高温辐射过热器的吸热作用，烟气温度逐渐下降至 1 000 ℃左右。模拟得到的炉膛出口（分隔屏下部）平均温度为 1 322 ℃，与设计值 1 320 ℃相符合。进入水平烟道的烟气温度适中，可以避免出现高温过热器结渣或超温的问题。

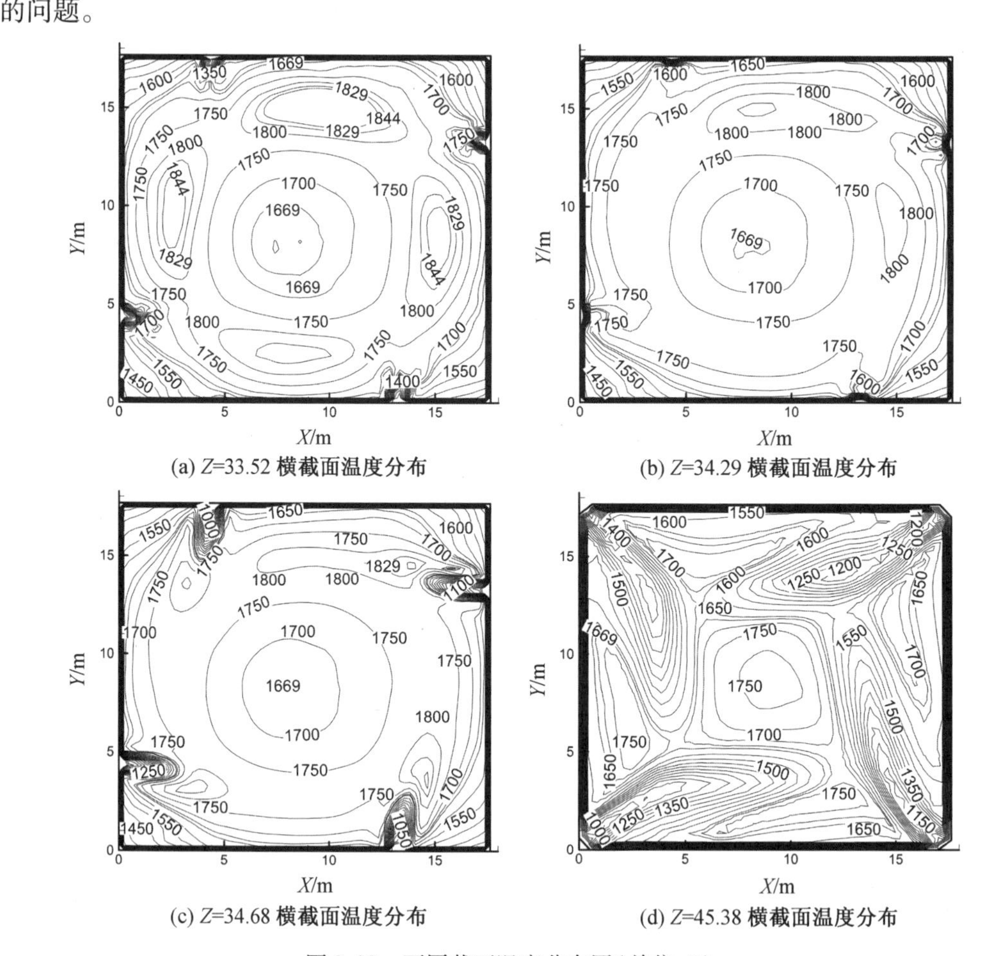

(a) Z=33.52 横截面温度分布　(b) Z=34.29 横截面温度分布

(c) Z=34.68 横截面温度分布　(d) Z=45.38 横截面温度分布

图 3.29　不同截面温度分布图（单位：K）

从不同截面 O_2 浓度分布图（图 3.31）来看，一次风浓喷口射流的 O_2 浓度梯度最大，沿着射流方向，O_2 浓度呈现先降低后增加再降低的趋势，煤粉气流的着火燃烧会消耗大量 O_2 致使在喷口附近 O_2 的浓度梯度很大，迅速降低，下部二次风的引入会使氧量升高，炉膛中心的氧量也会被卷吸过来，在射流处燃烧，大量消耗氧量使得 O_2 浓度又逐渐降低。在炉膛壁面附近处 O_2 由于大量消耗而浓度很低，远小于 1%。总体来看主燃区大部分区域 O_2 浓度较低，在 O_2 浓度低的氛围下有利于减少氮氧化物的生成。燃尽区补充了大量的 O_2，整个截面 O_2 浓度较高，但壁面附近的 O_2 浓度依然较低。

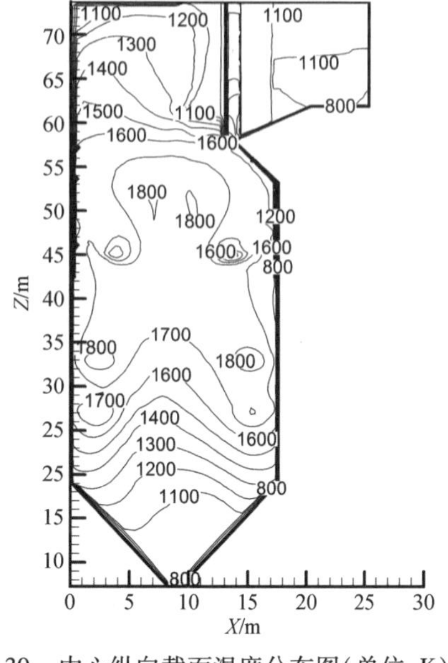

图 3.30　中心纵向截面温度分布图(单位:K)

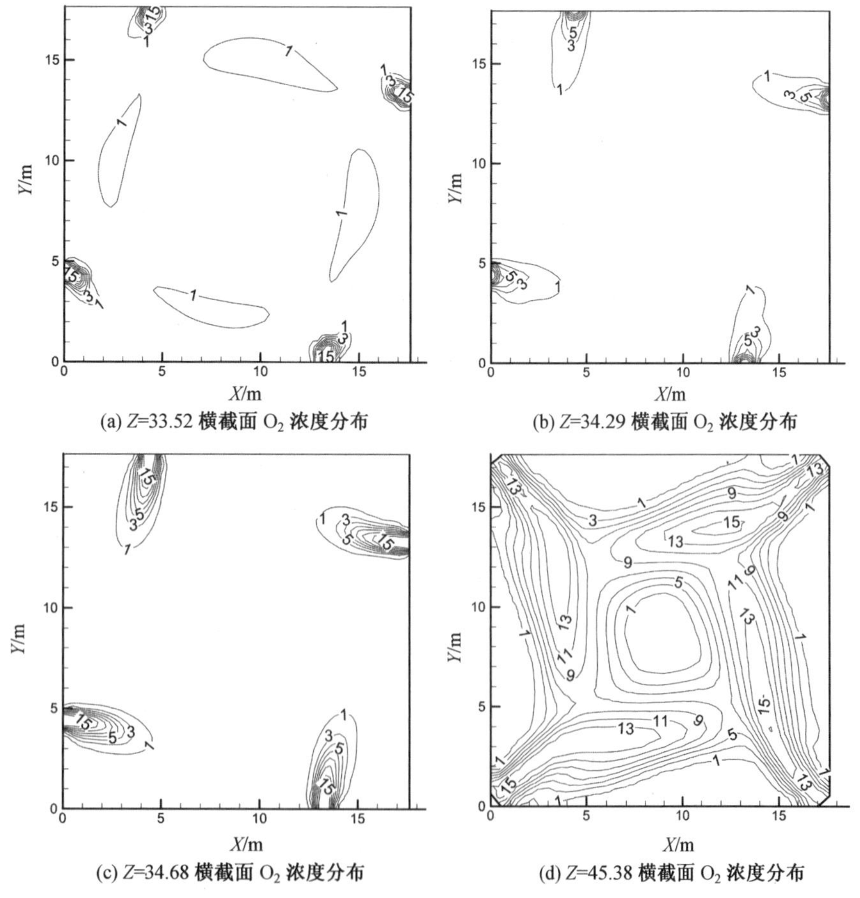

(a) Z=33.52 横截面 O_2 浓度分布

(b) Z=34.29 横截面 O_2 浓度分布

(c) Z=34.68 横截面 O_2 浓度分布

(d) Z=45.38 横截面 O_2 浓度分布

图 3.31　不同截面 O_2 浓度分布图(单位:%)

从不同截面 CO 分布图(图 3.32)来看,浓喷口截面的 CO 浓度最大并且主要集中在喷口附近,当 O_2 的浓度达到几乎耗尽时,CO 浓度达到了最大值。在此之前 CO 浓度是逐渐升高的,这表明浓喷口截面富燃料燃烧。随后 CO 浓度又逐渐降低,这是由于从上下方扩散的 O_2 可以使残余的 CO 继续燃烧燃尽。从淡喷口横截面 CO 浓度分布图(图 3.32(b))可以看出 CO 的高浓度区逐渐扩大,这可以从 9% CO 浓度等值线看出。这说明浓喷口附近未燃尽的焦炭会在该区域进一步燃尽,同时,该截面喷入的淡煤粉气流也需要燃烧燃尽。该区域总体 O_2 浓度的缺乏,导致 CO 浓度进一步升高。

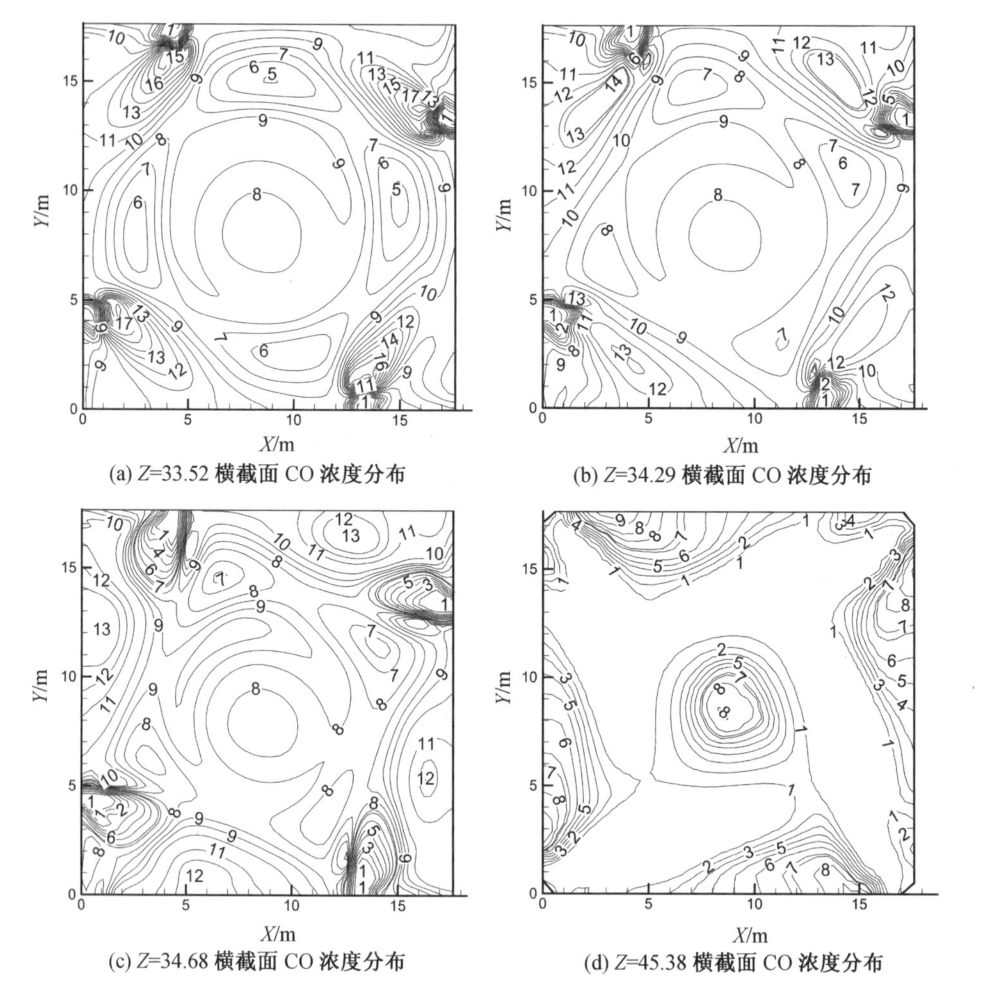

图 3.32 不同截面 CO 浓度分布图(单位:%)

从二次风喷口截面 CO 浓度分布图(图 3.32(c))中可看出,二次风喷入后 CO 浓度沿着二次风射流方向逐渐增大,这主要是由于此时的 O_2 浓度仍然用来提供焦炭的燃烧。SOFA 区域大量燃尽风的喷入使得 CO 浓度大大降低,并且在主射流区域,CO 浓度非常低,接近于 0。这一方面是大量 SOFA 风的稀释作用,另一方面是燃尽作用,此区域的 CO 的高浓度区域集中在射流根部水冷壁附近。

对比图 3.32 中(a)(b)与图 3.33 中(a)(b)来看,CO_2 浓度分布与 CO 浓度分布呈现相反的趋势。从沿着射流方向的 CO_2 浓度分布来看，CO_2 浓度随着燃烧的进行而逐渐变大，并且梯度与 CO 浓度降低的梯度基本相同，因此，随着燃烧的进行 CO 向 CO_2 转化。但是从图 3.32(c)与图 3.33(c)的对比来看，CO_2 浓度与 CO 浓度的趋势相同。其原因为：实际上对于每股射流，都经历了 O_2 浓度消耗向 CO 转化的过程。在射流初期，由于射流中没有 CO 和 CO_2 的存在，因此 CO 和 CO_2 都会大量产生，由于一次风射流截面射流中煤粉的浓度较高，因此燃烧速率很高，CO 与 CO_2 浓度也很高，但对于二次风截面，由于残余的未燃尽煤粉浓度相对较低，因此燃烧速率降低，相应的 CO 和 CO_2 浓度也降低。

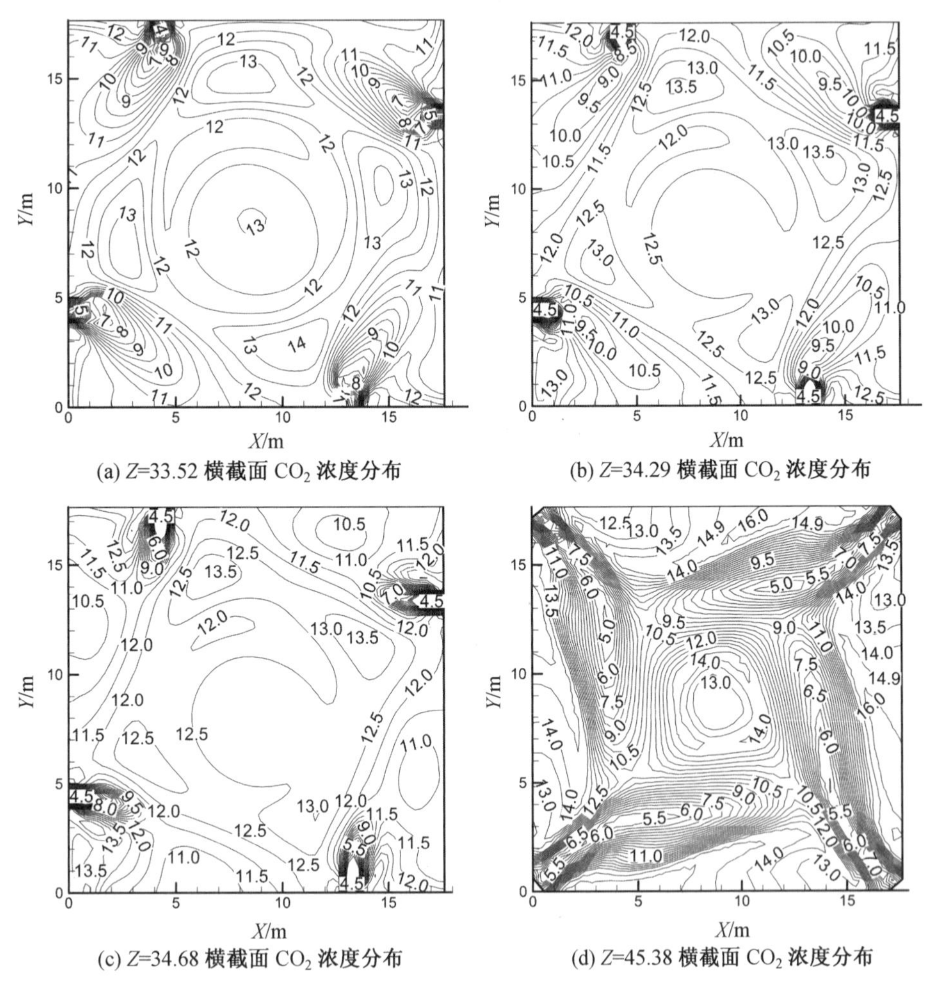

图 3.33　不同截面 CO_2 浓度分布图(单位:%)

对于炉内氮氧化物的研究，很多人已经做过，但是对于与炉内氮氧化物相关的分析还很不深入，大多分析沿高度方向 O_2 浓度和温度的变化，从总体上分析氮氧化物的变化。由于炉内燃烧过程的复杂性，以及氮氧化物生成的多因素控制性，深入研究氮氧化物的生成特性及生成过程，对于炉内控制氮氧化物的生成是至关重要的，本节的研究就专门针对燃料型 NO、热力型 NO 及总体 NO 的生成特性。

由图 3.34 所示燃料型 NO 的生成速率来看，燃料型 NO 的产生区域主要在射流的初期区域和 SOFA 区及以上区域。此外，能够看到 NO 在 SOFA 区及以上区域大量产生，该区域的范围要比主燃区射流初期区域的范围大得多。燃料型 NO 主要由 HCN 的氧化产生，所以燃料型 NO 的大量生成需要有较高的 O_2 浓度，和较高的 HCN 浓度，而 HCN 的产生最初是由挥发分析出，焦炭的燃烧引起的，HCN 的释放速率正比于焦炭的燃烧速率。因此，燃料型 NO 将会主要产生在挥发分析出阶段和焦炭燃烧阶段。从图 3.35 和图 3.36 来看，挥发分析出阶段发生在燃烧器入口不远处，在该区域既存在较高的 O_2 浓度，又有较高的挥发分析出速率，因此会产生大量的 NO。从图 3.37 和图 3.34(d)来看，在距离喷口一定距离处的焦炭燃烧区域，NO 的生成速率为负值，图 3.38 中在该区域 HCN 的生成速率也为负值。这种分布趋势的形成是由于焦炭的燃烧消耗大量的氧气，造成该区域处于缺氧状态，因此，虽然有较高的焦炭燃烧速率，但不会有大量 NO 生成。由于该区域焦炭的燃烧速率较高，因此会产生大量的 HCN。HCN 与挥发分析出阶段，大量氧化的 NO 反应生成 N_2。因此焦炭在缺氧的气氛下燃烧促进了焦炭燃烧时释放产生 HCN，与已经产生的 NO 发生均相消减反应生成 N_2。因此，主燃区焦炭在还原性气氛下燃烧是降低主燃区的氮氧化物排放的关键，这也是炉内空气分级燃烧的主要目的。在图 3.34 中 SOFA 区 NO 生成速率很高，因此大量的 NO 会在该区域产生。从图 3.36、图 3.37 和图 3.38(c)可以看出，SOFA 区焦炭燃烧速率与 O_2 浓度都很高。一方面，主燃区未燃尽的焦炭会在 SOFA 区燃烧，另一方面，该区域由于 SOFA 风的喷入，O_2 浓度很高。焦炭燃烧产生的 HCN 会在氧

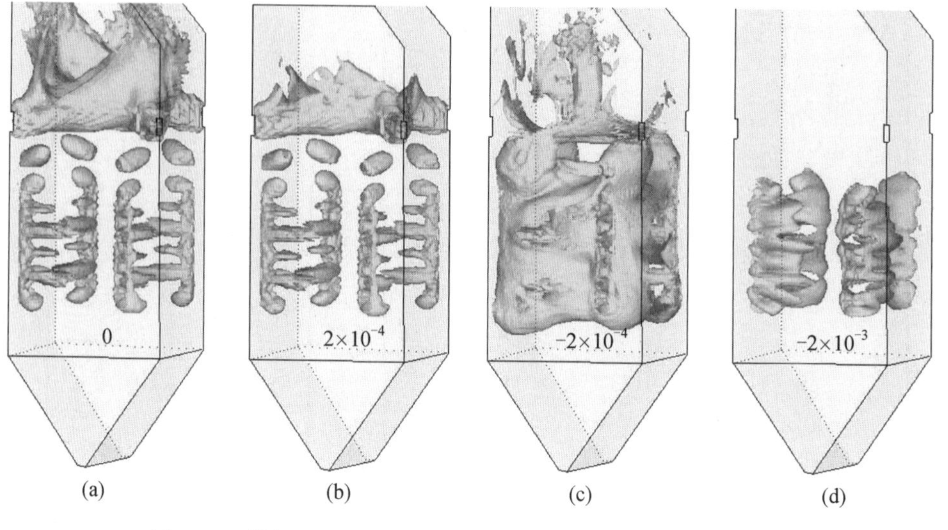

图 3.34 燃料型 NO 生成速率等势面(单位：g · mol · m^{-3} · s^{-1})

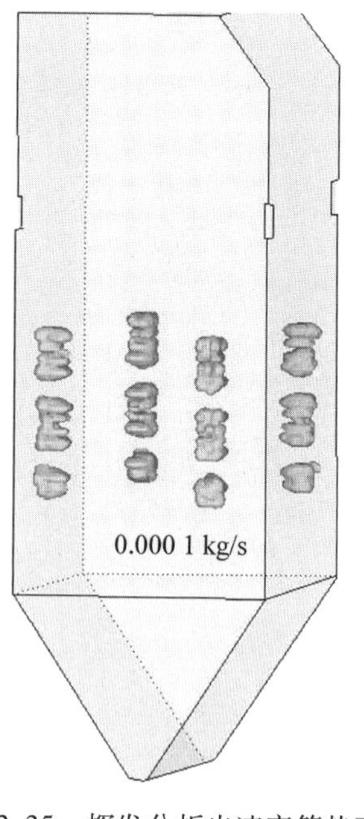

图 3.35 挥发分析出速率等势面

气充足条件下转化为 NO，因此，在该区域有大量的 NO 生成。综合上述分析，燃尽区氧量太大对于氮氧化物排放是不利的，会使 SOFA 区 NO 浓度大幅度增加，不利于 NO 的减排。

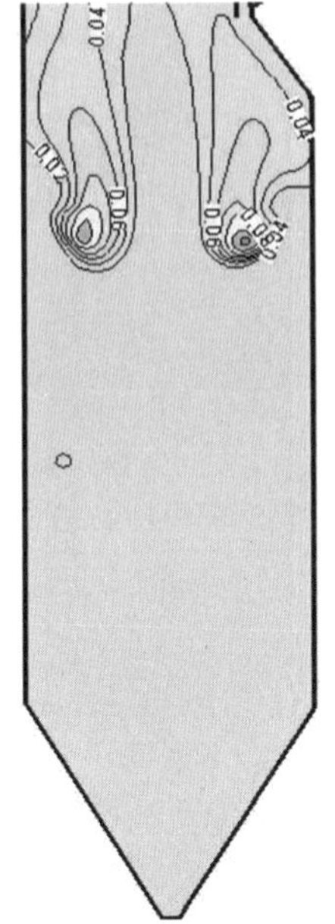
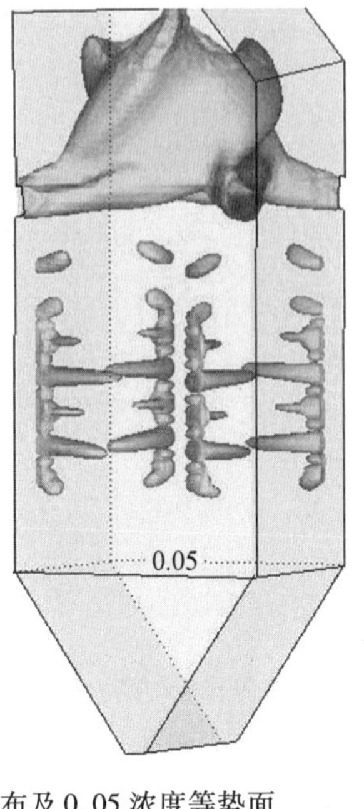

图 3.36　O_2 浓度分布及 0.05 浓度等势面

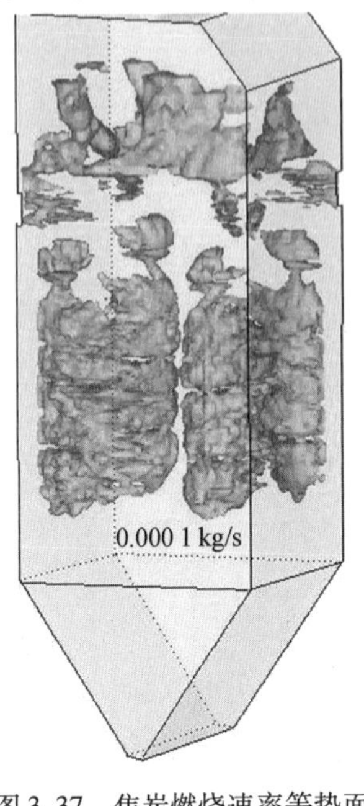

图 3.37　焦炭燃烧速率等势面

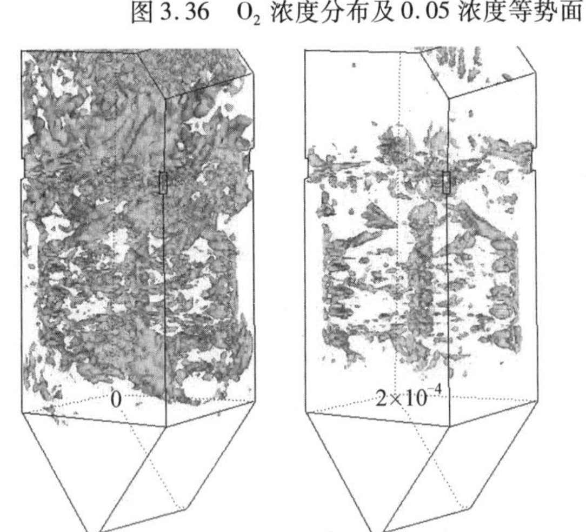

图 3.38　HCN 生成速率等势面（单位：$g\cdot mol\cdot m^{-3}\cdot s^{-1}$）

结合图 3.39 所示热力型 NO 生成速率等势面，图 3.40 所示温度分布和图 3.37 所示焦炭燃烧速率等势面可以看出，热力型 NO 在燃烧器下部温度较低处没有产生。主要集中在焦炭燃烧区和燃尽区。热力型 NO 对温度和 O_2 的依赖性很强，尤其对于温度的依赖性很强。从温度分布来看焦炭剧烈燃烧区的温度在 1 800 K 左右，燃烧温度很高。燃烧温度高于 1 450 ℃时，温度每增加 100 ℃，NO 的生成速度将增加 6～7 倍，燃烧温度低于 1 450 ℃时，几乎观测不到 NO 的生成反应。因此，在焦炭剧烈燃烧区产生大量的热力型 NO。在 SOFA 区及上部由于温度很高，O_2 浓度也很高，因此也产生了大量的热力型 NO。

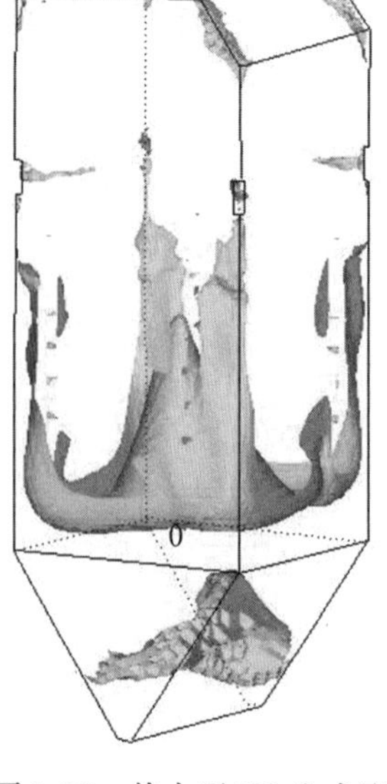

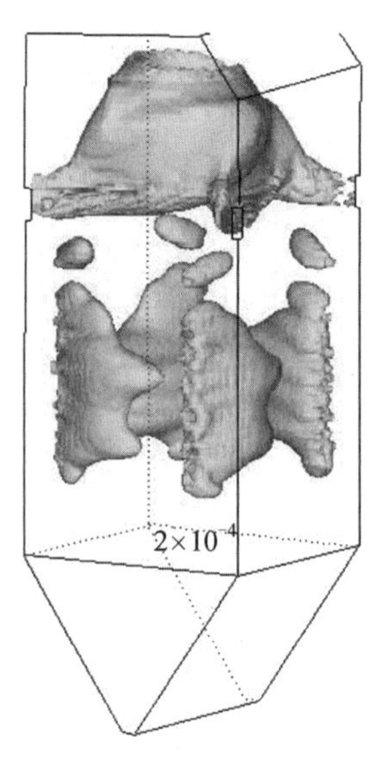

图 3.39　热力型 NO 生成速率等势面(单位:g · mol · m^{-3} · s^{-1})

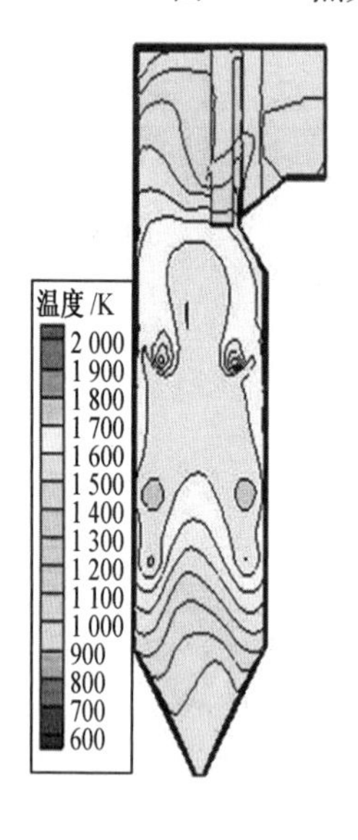

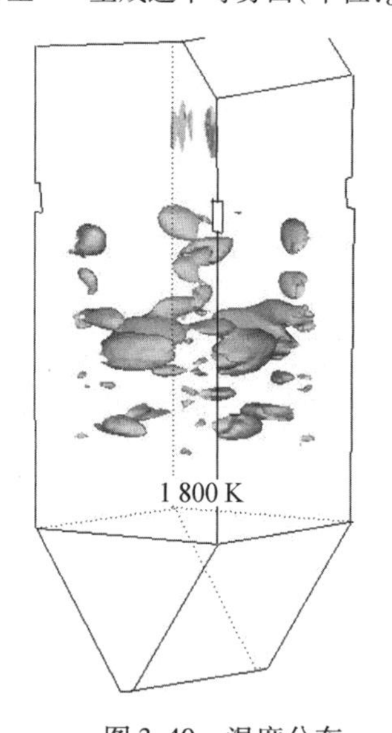

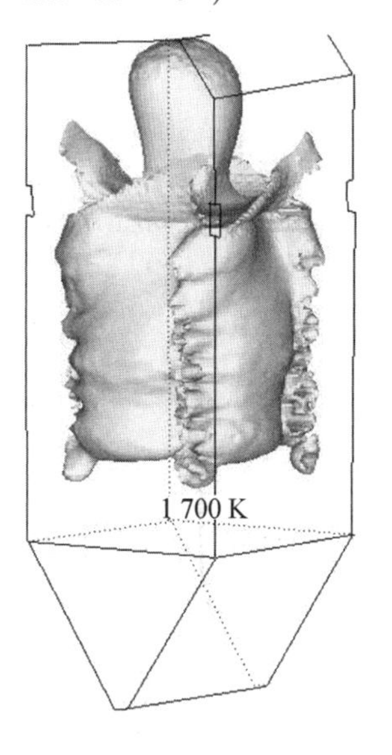

图 3.40　温度分布

从图 3.41 所示总 NO 生成速率等势面来看,其与图 3.34 所示燃料型 NO 生成速率等势面相似,但并不相同。同时,总 NO 生成速率也不是热力型与燃料型 NO 生成速率的简单叠加。在主燃区,焦炭剧烈燃烧区产生的热力型 NO 会和燃烧时释放的 HCN 发生均相消减反应,因此不会增加总体的 NO 量。在 SOFA 区,由于大量热力型 NO 和燃料型 NO 的生成,该部分的总 NO 生成速率大致为二者的叠加。但这种叠加也不是简单的叠加,因为热力型 NO 和燃料型 NO 的产生都要消耗氧气。

挥发分的析出和焦炭的燃烧对早期 NO 的生成有重要的影响。而挥发分的析出速率和焦炭的燃烧速率在射流的早期梯度变化明显,那么深入研究某一燃烧器射流,研究挥发分析出和焦炭燃烧对 NO 的生成速率的影响,对深入研究燃烧早期 NO 的生成特性具有重要的价值，可以为低 NO_x 燃烧提供理论依据。本节选取一次风射流中心线来反映燃烧初期氮氧化物生成情况。从图 3.42 中可以看到射流入口处 NO 生成速率发生剧烈的变化，而在炉膛内部生成速率则比较均匀。

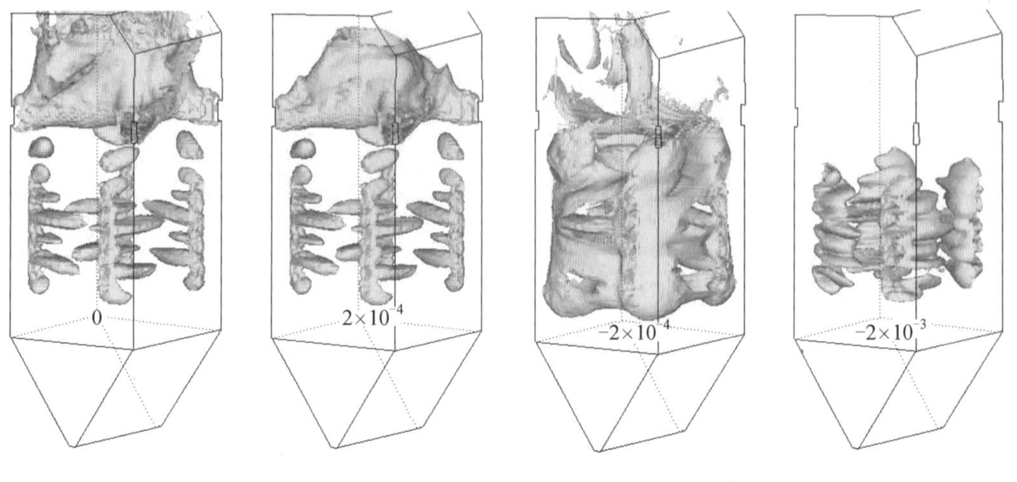

图 3.41　总 NO 生成速率等势面（单位：g · mol · m^{-3} · s^{-1}）

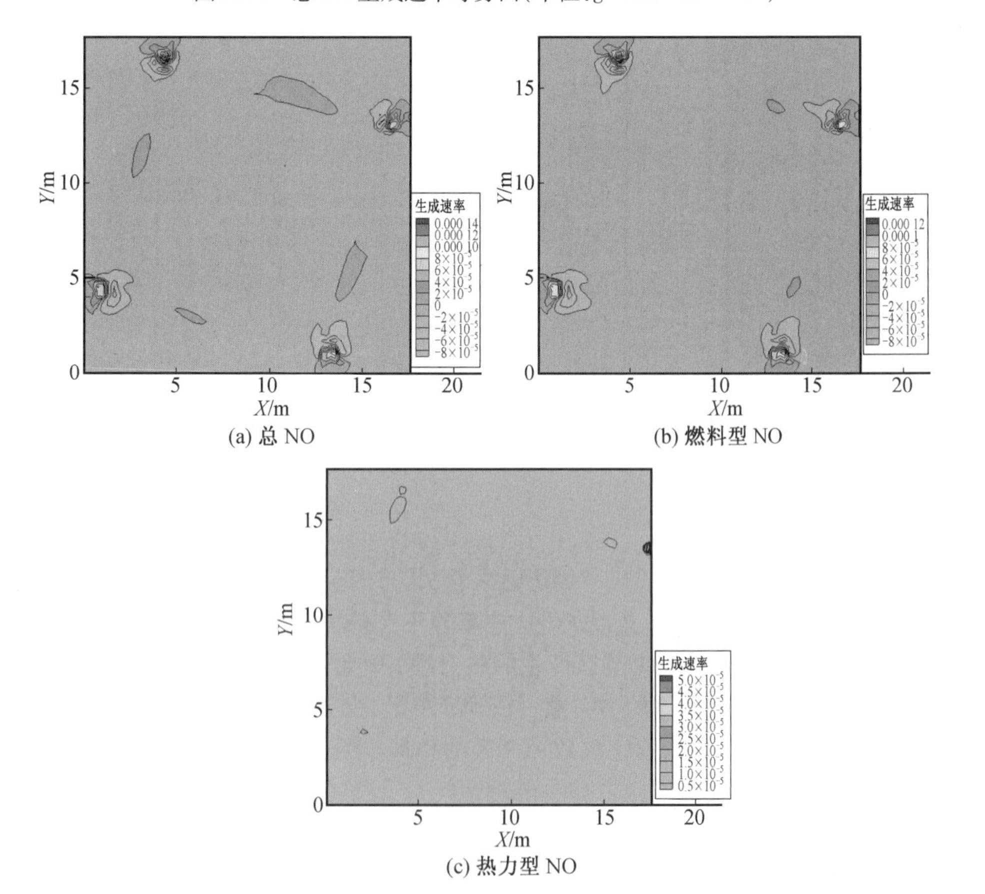

图 3.42　一次风截面 NO 生成速率（单位：kg · mol · m^{-3} · s^{-1}）

图 3.43 和图 3.44 显示在燃烧器入口 3 m 内,各参数发生剧烈变化,而后平稳。在燃烧器入口附近首先挥发分析出产生 HCN,由于射流不断受到上游热气流的冲击,因此射流温度升高,挥发分析出速率增加,因此 HCN 生成速率迅速增加,在 O_2 充足条件下 HCN 转化为 NO 的速率增加。到达焦炭燃烧温度后焦炭燃烧,并随温度的升高反应速率增大。挥发分析出和焦炭燃烧的双重作用,促使早期产生 HCN 的速率很大,超过 HCN 氧化为 NO 的速率,使 HCN 生成速率迅速增加。在距离燃烧器 1 m 处,HCN 生成速率达到最大值。而后由于煤粉内挥发分的减少和 O_2 浓度的降低,挥发分析出速率变慢,因此 HCN 产生速率变慢。同时焦炭燃烧速率也由于 O_2 的消耗而降低,释放 HCN 速率也变慢,两种因素共同结果造成 HCN 生成速率迅速降低。随着反应的进行,NO 与 HCN 的均相消减反应,以及 HCN 的氧化反应对 HCN 量的消耗大于挥发分析出与焦炭燃烧生成 HCN 的量,因此,HCN 的消减速率增大,最终由于反应物的消耗,反应速率趋于 0。

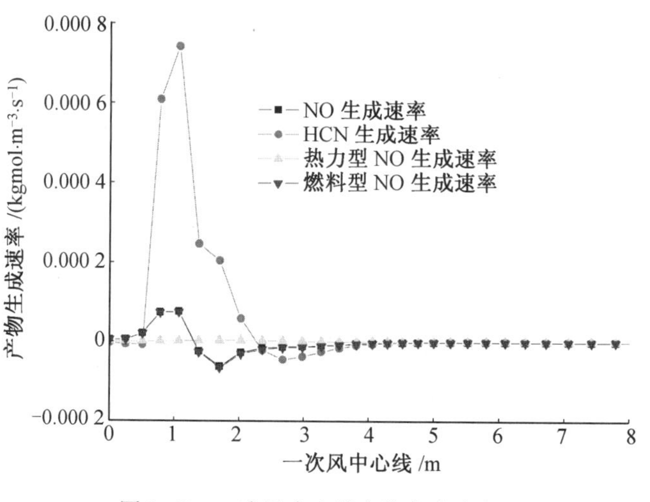

图 3.43　一次风中心线产物生成速率

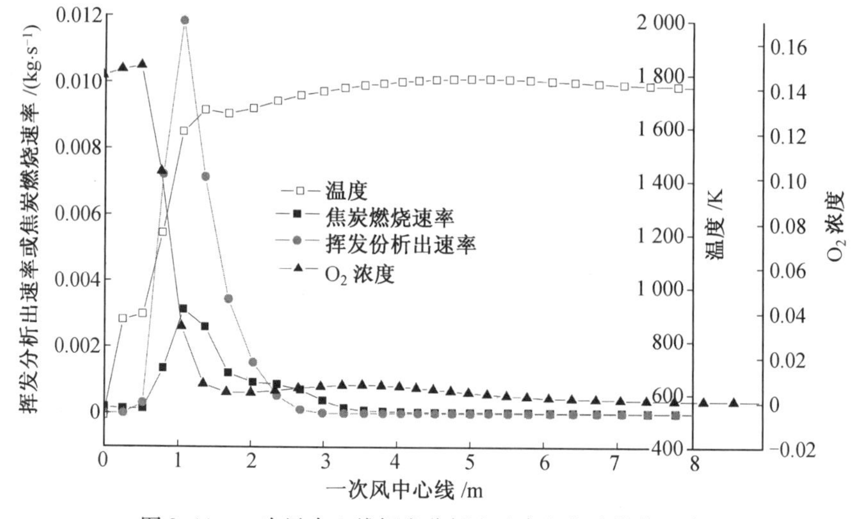

图 3.44　一次风中心线挥发分析出速率与焦炭燃烧速率

NO 生成速率首先随着 HCN 生成速率的增加而增大，当 HCN 速率最大时，NO 的生成速率也最大。NO 生成速率的减小，一方面是由于 O_2 浓度降低，HCN 氧化为 NO 的速率降低，另一方面是由于 HCN 不断积累，会迅速与 NO 发生均相消减反应生成 N_2，并且 NO 也会和固定碳反应生成 N_2，综合效果使得 NO 生成速率降低，甚至出现负值即 NO 的消减速率大于生成速率，这是由剩余焦炭与 NO 的异相反应及 HCN 与 NO 的均相消减反应消耗的 NO 量大于 HCN 氧化反应生成的 NO 的量。随焦炭燃烧速率的降低与 HCN 的消减，NO 的消减反应速率和生成反应速率都降低，最终趋于 0。在早期燃烧中，热力型 NO 的生成速率与燃料型 NO 的生成速率相比可以忽略不计。

由于 NO 的反应速率的剧烈变化集中于燃烧器出口区域不远处，并且对于挥发分的析出和焦炭的燃烧依赖较大，因此，改进的燃烧方式要尽量使挥发分迅速析出，焦炭迅速燃烧，有利于降低 NO 的排放，例如增大一次风中煤粉的浓度。

SOFA 风率是空气分级燃烧技术的关键参数，对降低 NO 排放有决定性影响，选取 SOFA 风率为 35%、25%、15% 来研究 SOFA 风率对于燃烧过程的影响。

从图 3.45 中可以看出，3 种 SOFA 风率情况下，温度分布是相似的，在主燃烧区由于煤粉的燃烧释放热量，温度升高；在还原区由于没有 O_2 喷入，燃烧放出热量小于烟气与水冷壁的换热量，因此温度降低；在 SOFA 区由于大量低温 SOFA 的喷入温度迅速降低，达到最低点。同时，主燃区未完全燃烧产物和剩余焦炭在大量 O_2 补充下剧烈燃烧放出热量，SOFA 风率越大，温升越明显，并使炉膛出口烟温升高。此外，SOFA 风率越大时，主燃区温度水平越低，沿炉膛高度的温度分布越均匀。

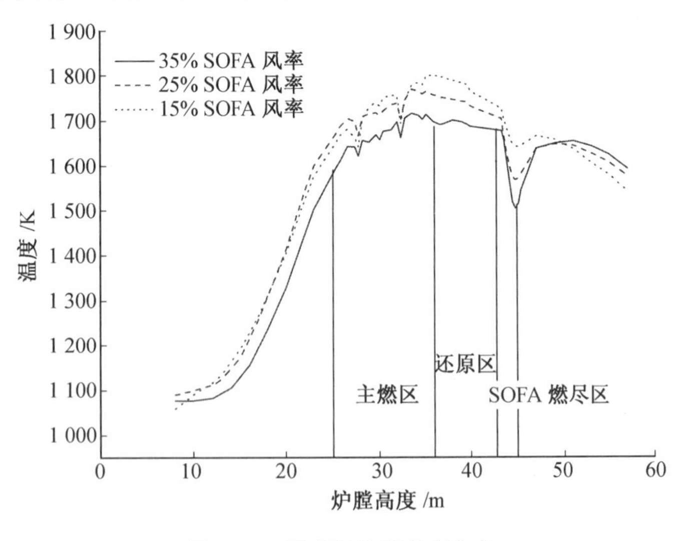

图 3.45　温度随炉膛高度分布

由图 3.46 可以看出，在主燃区以下，15% SOFA 风率时主燃区的 O_2 浓度远远大于 35% 和 25% SOFA 风率时主燃区的 O_2 浓度，同时主燃区二次风的交替喷入使得主燃区 O_2 浓度交替上升，在 SOFA 区 O_2 浓度迅速上升。而后剧烈燃烧又使 O_2 浓度迅速下降。但是，炉膛出口 O_2 浓度并不是随着 SOFA 风率下降而单调下降的，在 25% SOFA 风率工况下，混合情况要好于 15% SOFA 风率工况下，剩余焦炭燃烧消耗大量 O_2 使炉膛出口 O_2

浓度小于15% SOFA风率工况下 O_2 浓度。

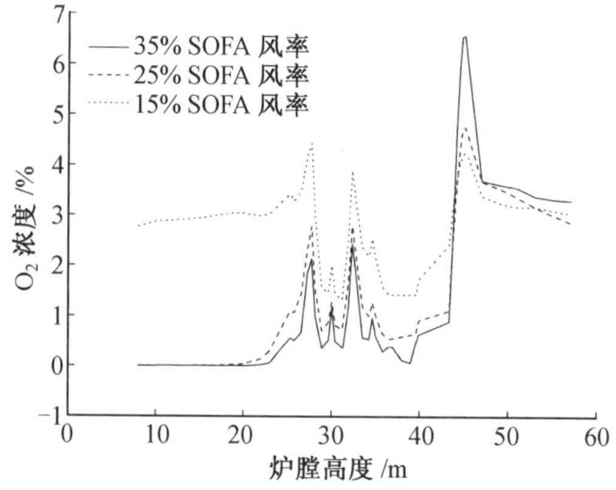

图3.46　O_2 浓度随炉膛高度的分布

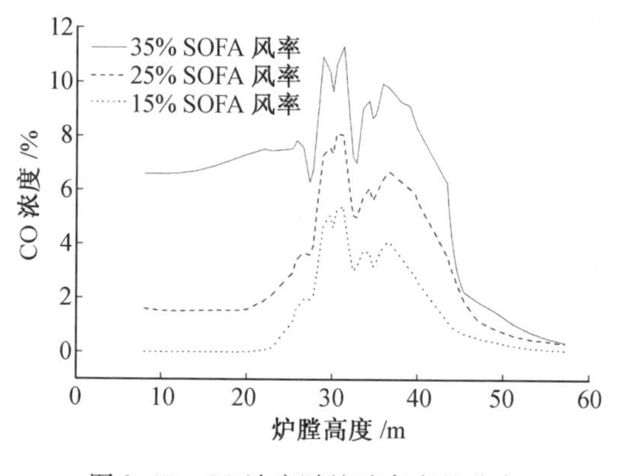

图3.47　CO浓度随炉膛高度的分布

由图3.47可以看出,SOFA风率增大使主燃区风率减小,产生的CO浓度相应增加。但在SOFA区的上部,各工况的CO浓度都降低到很低。

由图3.48可以看出15% SOFA风率下,主燃区由于燃烧剧烈形成大量的燃料型NO和部分热力型NO,因此,主燃区NO的浓度远远要高于其他两工况。基本规律为主燃区 O_2 浓度越高,NO浓度越高。在SOFA区,由于大量SOFA风的喷入,NO浓度先降低,而后由于煤粉的进一步燃烧又产生了一部分燃料型NO,使得NO浓度升高。而且,在燃尽区NO浓度的升高值与SOFA风率是成正比的。由文献可知,在此区域焦炭燃烧时释放出来的N先转化为HCN,在 O_2 浓度充足下会转化为NO,而同时HCN又会与NO反应生成 N_2。因此,由图3.48可以看出:35% SOFA风率下,氧化反应生成NO的量大于还原反应消耗NO的量,NO浓度增加;而25%和15% SOFA风率下还原反应消耗NO的量大于氧化反应生成NO的量,NO浓度有所降低。

由计算可得:25% SOFA风率下炉膛出口 O_2 浓度为0.029,炉膛出口NO浓度为 141.2×10^{-6},折算成 $\varphi_{O_2}=6\%$ 下的 NO_x 排放量为240 mg/m^3($\varphi_{O_2}=6\%$);15% SOFA风率下炉膛出口 O_2 浓度为0.03,炉膛出口NO浓度为 308.5×10^{-6},换算成出口 $\varphi_{O_2}=6\%$ 时,NO的排放量为528 mg/m^3($\varphi_{O_2}=6\%$)。

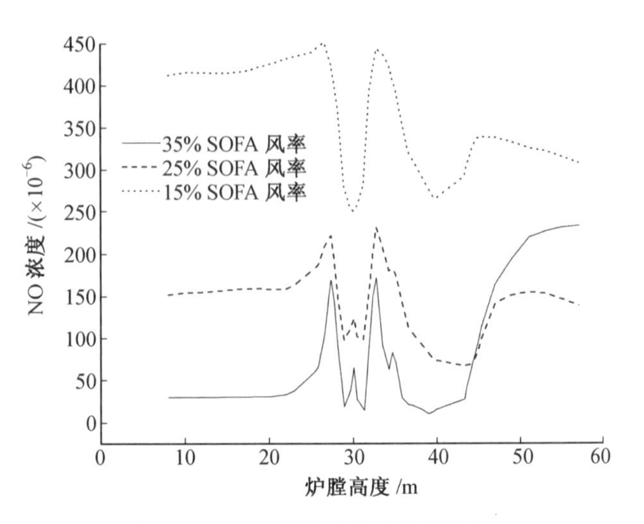

图 3.48　NO 浓度随炉膛高度分布

因此,深度分级条件下,不一定会获得较低的 NO_x 排放。选择合理的 SOFA 风率是十分必要的,在本节条件下得到的最佳 SOFA 风率为 25% ,可为工程实际选择 SOFA 风率提供理论依据。

绝大多数研究者认为,采用切向燃烧方式的锅炉中,由于烟气做螺旋上升运动,在目前所采用的燃烧器布置和炉膛结构下,当烟气到达折焰角时,仍然存在相当大的残余旋转,造成水平烟道区出现相当大的流动不均匀,从而产生烟温偏差。当炉内切圆逆时针旋转时,右侧的烟气发生短路,快速从屏式过热区穿过,放热量少,因此烟温高;左侧的烟气没有短路,并且在左侧的屏式过热区有绕流现象,绕流之后再流向水平烟道,因此放热量多,烟温低。减小烟温偏差的关键是减少残余旋转。

在炉膛出口处的气流旋转可以用烟道气流不均匀系数及水平烟道两侧气流速度相对比值表示。本节采用在设计旋流燃烧器时采用的旋流强度的概念,它是气流切向动量矩和轴向动量矩的比值:

$$n=\frac{\int_0^R wur^2\mathrm{d}r}{D\int_0^R u^2 r\mathrm{d}r} \tag{3.2}$$

式中　R——炉膛水利半径。

式(3.2)可以变换为

$$n=\frac{\int_A wur\mathrm{d}A}{D\int_A u^2\mathrm{d}A} \tag{3.3}$$

式中　D——特征长度,本节取为炉膛截面平均宽度,m;

u——烟气轴向速度,m/s;

w——烟气切向速度,m/s;

r——气流旋转半径,m;

A——炉膛截面积,m^2。

式(3.3)分子表示炉膛某一截面上烟气的切向动量矩,分母表示炉膛某一截面上烟气的轴向动量矩。

从图3.49来看,炉膛上部温度小于下部温度,靠近左墙温度大于靠近右侧温度。由于气流旋转使得左侧烟速高于右侧,因此气流的换热时间要低于右侧,所以左墙附近温度较高。这与上节中切圆燃烧的通用情况是相符的。

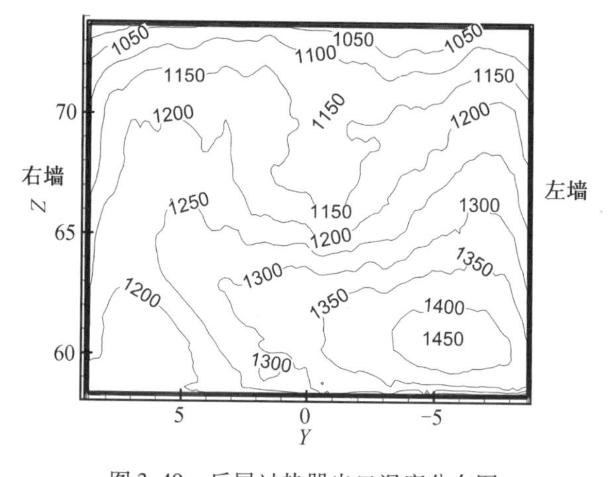

图3.49　后屏过热器出口温度分布图

从图3.50中可以看出在主燃区的下方的很大的区域即25 m以下,旋流强度的数值都为负值,也就是分子的旋转动量矩是向下的。这表明下部燃烧器的射流有一部分是向下流动的。到主燃区后,旋流强度呈直线增加,也就是旋转强度越来越大,到主燃烧器的上部,旋流强度逐渐变小,但减小的速度是不同的,35% SOFA风率下,旋流强度减小的速度最快。SOFA风的上部,减小速度逐渐变小。

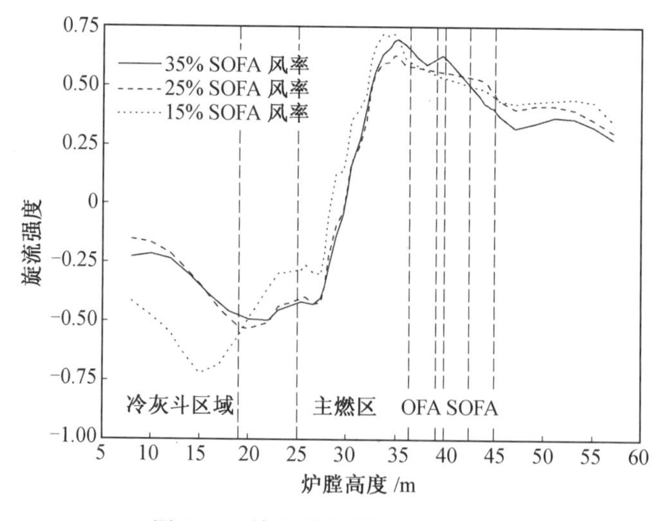

图3.50　旋流强度随炉膛高度变化

通过对比,可以看出SOFA风率越小,炉膛出口残余旋转动量矩越大,这主要是由于SOFA风率越小,主燃区的二次风率越大,旋转动量矩变大。当SOFA风率为15%时,旋转动量矩几乎没有显著的增大,炉膛出口旋流强度最大。

由图 3.51 可知,随着 SOFA 风率增加,炉膛出口烟温偏差减小,这与旋转动量矩的减小有关,但总体来看,烟温偏差并不大,35% SOFA 风率下,炉膛出口烟温偏差为 60 K。

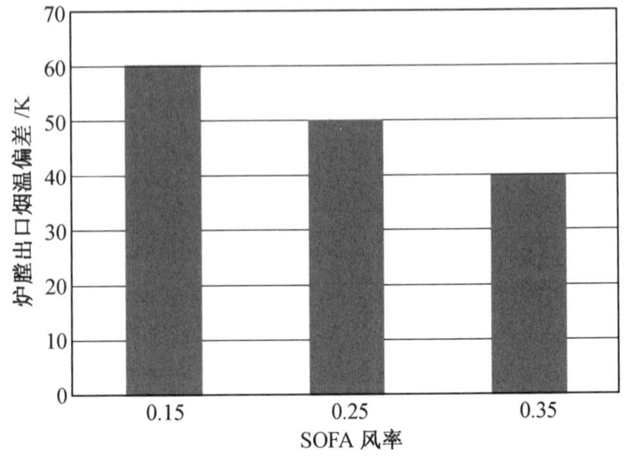

图 3.51　SOFA 风率对炉膛出口烟温偏差影响

炉膛内沿高度方向的平均温度分布可以说明燃烧沿高度方向剧烈程度的分布。从图 3.52 中可以看出,在主燃区的下部存在着剧烈的温升过程。进入主燃区以后由于煤粉的不断给入热量不断累积,烟气温度逐渐升高,接近主燃区的上部达到最大值,约为 1 450 ℃,由于主燃区的过量空气系数为 0.7,因此还有大量的未完全燃烧产物存在,所以这种燃烧过程依然继续,在主燃区上部仍然能够保持很高的温度。到达燃尽区以后由于燃尽风的大量喷入,温度从 1 400 ℃降到 1 260 ℃,随后又有一个升温过程,未完全燃烧产物燃尽后,温度迅速下降,到达屏式过热器下方温度约为 1 300 ℃。

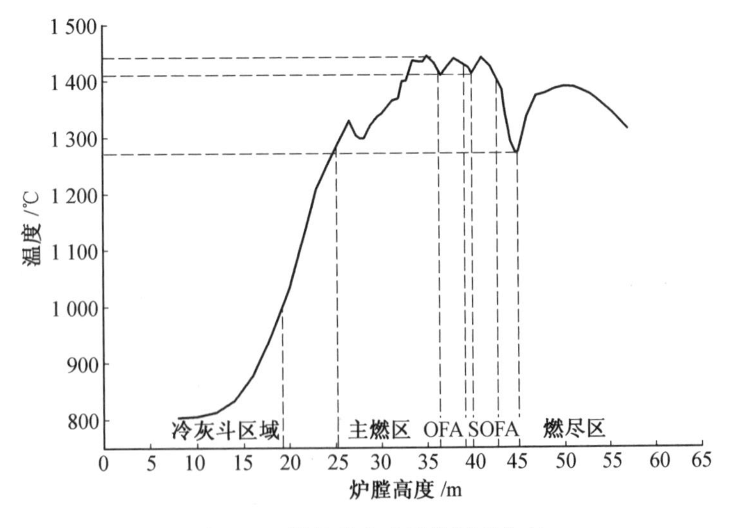

图 3.52　沿炉膛高度平均温度分布

由于四墙燃烧器的布置是相同的,因此可以只研究单面墙的热负荷分布来反映热负荷分布的趋势。主燃区热负荷沿宽度的分布形态为近 V 形,如图 3.53 和图 3.54 所示。

但是,这种 V 形对炉墙中心不是对称的,而是偏向水冷壁的右侧,这是由于一次风和二次风的喷入会降低水冷壁左侧区域的壁面热负荷,所以在该区域热负荷会急剧下降,同时也产生了最高壁面热负荷向右侧移动的结果。一、二次风的降温作用是有区别的。从图 3.53中可以看出,一次风虽然风速小,但是温度低,所以降温作用很明显。相比而言二次风的降温作用则不那么明显,如图 3.54 所示。

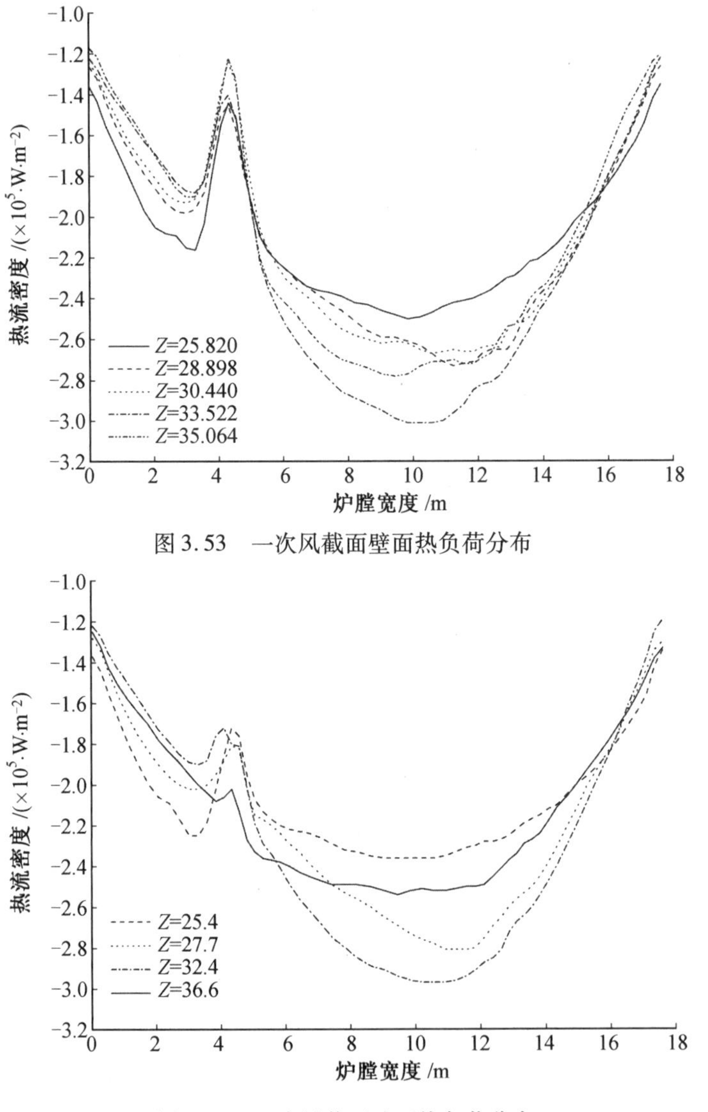

图 3.53　一次风截面壁面热负荷分布

图 3.54　二次风截面壁面热负荷分布

由图 3.55 可知,整体的热负荷分布呈现 W 形。随着与主燃区的距离增加,水冷壁中心部位的热负荷最高,且较为均匀,与主燃区的距离继续增大,在左侧的燃烧器上部出现热负荷的高点,这是因为随着高度的升高,在此高度存在煤粉的燃烧燃尽,此区域附近的温度较高,受到辐射热较大。而在 14 m 高度左右也会出现一个高温区,这是由于临墙的燃烧器出口附近煤粉燃烧,与这一区域的距离较近所以产生强烈的辐射作用。因为随高度的增加切圆变大,燃烧强烈的区域距离壁面越来越近,所以随着高度增加最大热负荷增加。

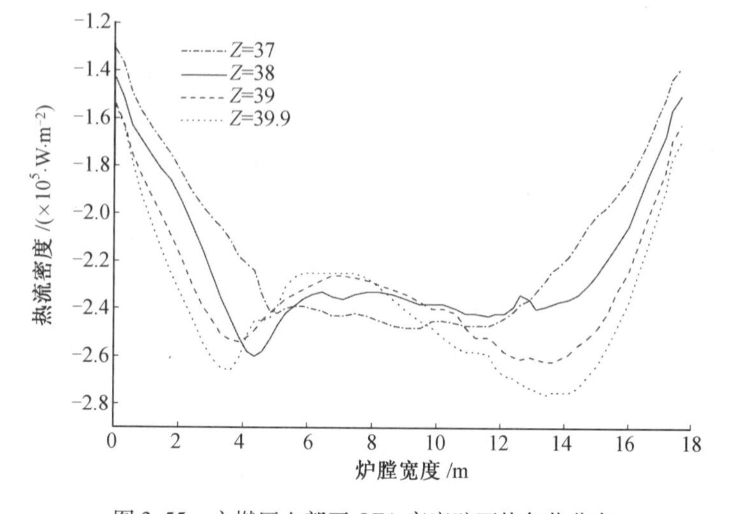

图 3.55　主燃区上部至 OFA 高度壁面热负荷分布

壁面热负荷与壁面附近的温度分布有着直接的联系。如图 3.56 所示,可以从边缘的温度等值线的变化来分析热负荷的变化,从 $Z=38$ 到 $Z=39.6$,高温等值线逐渐靠近壁面,给予壁面强烈的辐射作用,同时由于沿高度速度的增大,对流换热也增加,在双重作用下最大壁面热负荷逐渐增大。同时也能看出,在炉内的中部的大部分区域温度很高,并且温度均匀,这也是四墙切圆燃烧的优点所在,这种温度分布保证了难燃煤的燃烧和燃尽。

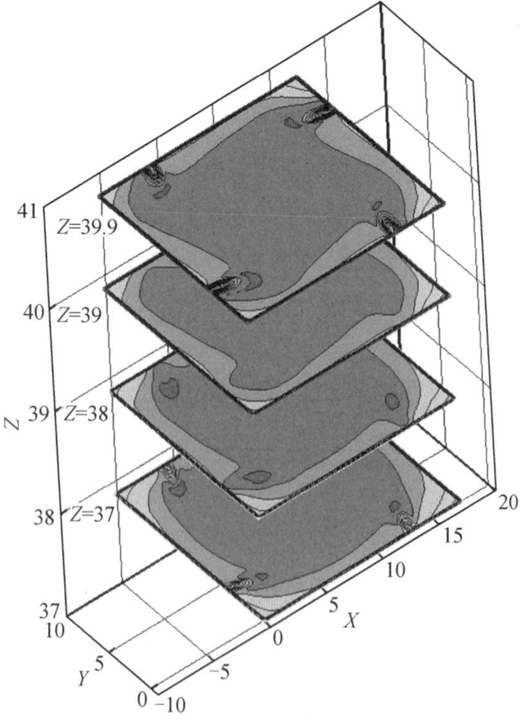

图 3.56　不同高度截面温度分布

图3.57为SOFA区壁面热负荷分布,随着高度的增加,最大热负荷逐渐降低,这是由于随高度增加,大量的燃尽风喷入,对于温度降低的作用很明显。

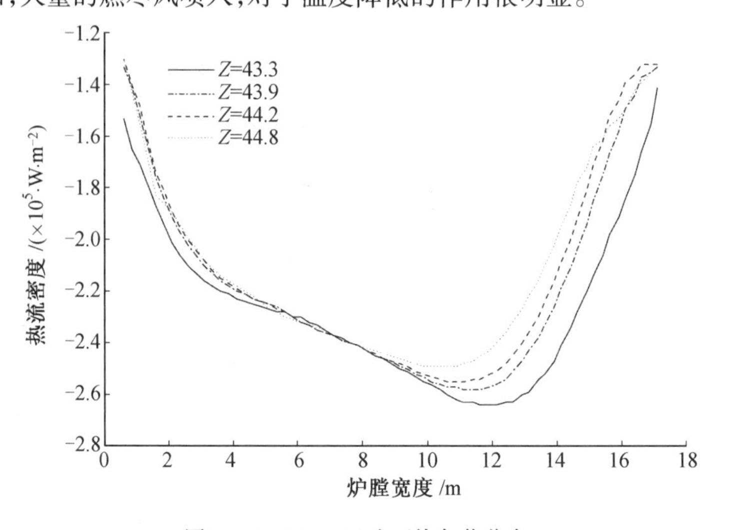

图3.57 SOFA区壁面热负荷分布

图3.58为壁面热负荷分布云图,可以看出沿着整个主燃烧器高度上,在偏离壁面中心线燃烧器的对侧部位存在一个高壁面热负荷区域,最高壁面热负荷位于主燃区的中上部,由于在主燃区存在强烈的煤粉燃烧过程,并且随着高度上升不断会有一、二次风混入,风量的加大导致切圆的膨胀,使高温区更加靠近壁面。在主燃区的上部至SOFA区,存在两个高温区。第一个高温区位于主燃区的上部,第二个高温区在靠近边缘部位,而且这个高温区比主燃区上部的高温区要大很多。因此,靠近该墙的临墙布置的燃烧器上部煤粉的燃烧起到重要的作用。在SOFA区的上部,随着不完全燃烧产物的燃烧和燃尽,壁面热负荷逐渐降低。尤其是到达屏区后,这种壁面热负荷降低的梯度很大。

壁面热负荷	
16	-40 000
15	-60 000
14	-80 000
13	-100 000
12	-120 000
11	-160 000
10	-180 000
9	-200 000
8	-220 000
7	-229 195
6	-234 864
5	-235 232
4	-235 274
3	-241 934
2	-263 601
1	-280 000

(a) 前墙 (b) 后墙 (c) 左墙 (d) 右墙

图3.58 壁面热负荷分布云图(单位:W/m^2)

3.5.2 旋流煤粉燃烧技术

旋流燃烧器出口气流是旋转气流,通过各种形式的旋流器使气流旋转。它的着火主要靠旋流气流中心形成的回流区卷吸高温炉烟点燃煤粉。我国早期的燃烧器多为旋流燃烧器,后来随着切圆燃烧方式成为我国煤粉炉所采用的主要燃烧方式,直流燃烧器逐渐发展壮大,现在是以直流燃烧器为主,旋流燃烧器和直流燃烧器并存。随着机组的大型化,因为旋流燃烧器拥有直流燃烧器没有的优点,所以旋流燃烧器在大容量锅炉中得到了重视和发展。

相比于采用直流燃烧器的锅炉,采用旋流燃烧器的锅炉有以下优点。

(1)旋流煤粉燃烧器可采用单面墙或双面墙对冲布置形式,每只燃烧器形成的气流对周围介质具有较高的卷吸率,在出口处各股气流能够快速混合,有利于缩短火焰长度。

(2)气流旋转强烈,在射流中心形成高温烟气回流区,作为稳定的热源来引燃风粉混合物,提高火焰稳定性,单只燃烧器可独立稳定自身火焰。

(3)旋转射流轴向速度衰减较快,射程短,这就减小了火焰碰撞冲刷水冷壁的机会,使炉膛结渣及高温腐蚀易于控制。

(4)炉膛截面尺寸的确定比较自由,便于与对流烟道的尺寸相配合。当机组容量较大时,可不增加单只燃烧器功率,而只增加燃烧器个数,采用二次风分隔式风箱,根据煤质变化和燃烧需要来精确调节风粉比。

(5)炉膛横截面内烟气温度和烟气速度比较均匀,使过热蒸汽温度偏差较小,并可降低整个过热器和再热器的管壁最高温度。

由此可见,旋流燃烧器与直流燃烧器相比,在煤粉燃烧的稳定性、防止结渣和高温腐蚀,以及避免过热器的气温偏差等方面有一定的优势。

旋流燃烧器根据不同的分类标准,有不同的分类方法。按旋流器的型式,其可分为蜗壳式、轴向叶片式和切向叶片式三类。根据二次风的供入方式及一次风粉中煤粉浓度的不同,其可分为普通型、分级燃烧型和浓缩型三类。

普通型旋流燃烧器是指二次风通过燃烧器集中送入炉内,一次风粉混合物没有浓缩的旋流燃烧器。

(1)双蜗壳旋流煤粉燃烧器。一、二次风分别经过一次风蜗壳、二次风蜗壳后以旋流的形式进入炉内。在一、二次风蜗壳的入口装有舌形挡板,用以调节气流的旋流强度,但调节性能不好。中心风有的以直流的形式进入炉内,有的经过蜗壳以旋流的形式进入炉内。实际运行表明,其能燃用烟煤、褐煤和贫煤,阻力系数大,低负荷稳燃能力差。

(2)切向可动叶片燃烧器。二次风通过可动的切向叶片被送入炉膛,改变叶片的角度可使二次风产生不同的旋流强度。一次风有不旋转和旋转两种。Babcock 公司的燃烧器一次风不旋转,一次风口处设有多层盘式稳焰器,稳焰器后形成一个高温烟气的回流区。稳焰器可通过遥控气缸沿轴向移动,有的一次风管内壁铸有凸起的螺旋线,其旋向与一次风的旋向相同。实际运行表明,其叶片易卡死,调节性能差,低负荷稳燃能力差。

(3)轴向可动叶轮燃烧器:二次风一部分经叶轮产生旋转,另一部分流过旁路,不经过叶轮,为直流风,一次风基本上是直流的,但通过调节一次风入口处的舌形挡板,可以使

一次风产生微弱的旋转。利用拉杆移动叶轮，可以改变直流气流和旋转气流的比例，从而改变气流的总旋转强度。它主要用于燃用烟煤和褐煤。

（4）轴向可动叶片-蜗壳型燃烧器。二次风的旋流器为叶片，调节直叶片的倾角可以改变二次风的旋流强度。一次风经过蜗壳进入炉膛。燃烧器段一次风管内壁铸有螺旋线，与一次风的旋向相同。一次风管铸螺旋线与光管结构相比，中心回流区变小。

分级燃烧型旋流燃烧器是指二次风通过燃烧器分两级或两级以上送入炉内，一次风风粉混合物没有浓缩的旋流燃烧器。

（1）双通道外混式旋流燃烧器。燃烧器中心装有中心管，管内装有点火装置，在中心管头部加装一扩锥，一次风以直流的形式喷入炉膛，二次风分成两部分，其中旋流二次风通道内有旋流器，二次风经过旋流器后旋转。旋转的二次风与中心扩锥配合可产生回流区，卷吸炉内的高温烟气，保证煤粉及时着火及火焰稳定。二次风大部分经过轴向固定叶片由旋流二次风道进入炉内，另一小部分以直流的形式由直流二次风道以较高速度喷入炉膛。通过改变旋流和直流二次风入口挡板的开度调节其风量比例，可调节燃烧结构。

（2）双调风旋流燃烧器。B&W 公司的双调风旋流燃烧器结构如图 3.59 所示。煤粉气流在一次风管内经导向器和圆锥导向器使煤粉分布均匀。一次风粉混合物以直流的形式喷入炉膛。二次风分成两部分，内二次风道中设有轴向可动叶片，外二次风道中安装有可调节的切向或轴向叶片，使内、外二次风旋转。一般，一次风量占 15% ~30%，内二次风量占 35% ~45%，外二次风量占 55% ~65%。调节内外二次风的比例和气流的旋转强度，可以调节一、二次风的混合。一次风量较小，在燃烧器出口形成富燃料区，内、外二次风分级送入配合富燃料区并形成较低温度和分级燃烧，有利于减少 NO_x 的生成。同时，二次风所占比例较大，可以把燃烧中心的还原性气氛和炉墙隔开，以防止炉墙、水冷壁结渣或腐蚀。但其在我国的应用表明：当燃烧器布置在前后墙时，在燃烧器区域的两侧墙水冷壁出现了严重的高温腐蚀。

（3）SM 型燃烧器。一次风不旋转，二次风通过轴向叶片形成旋转气流。一、二次风量占燃烧所需总空气量的 80% ~90%，其余空气从燃烧器喷口周边外一定距离处对称布置的四个二级空气喷口以直流的形式送入炉膛。其可用于液态及固态排渣煤粉炉。

（4）RSFC 型燃烧器。一次风不旋转，二次风由三个分风道进入炉膛，每个分风道中均装有旋流器，其中一个风道中可以掺入再循环烟气或三个风道中均可以掺入再循环烟气。调节各二次风流量及旋流强度可以保证燃烧器出口附近的径向分层燃烧。采用此燃烧器，煤粉燃尽率略有下降，NO_x 排放下降，可防止发生高温腐蚀。

浓缩型旋流燃烧器是指一次风粉混合物经过浓缩，通过提高煤粉浓度来改善煤粉的着火及燃烧条件的旋流煤粉燃烧器。

（1）PAX 燃烧器。在燃用低挥发分贫煤和半无烟煤时，美国 B&W 公司采用 PAX 型燃烧器配中速磨直吹式系统（图 3.60）。携带煤粉的一次风送入燃烧器时，靠燃烧器入口的弯头利用惯性力把一次风粉分为两股：弯头内侧的一股含 50% 一次风和原来煤粉的 10%，由在燃烧器周围另开的三次风口喷入炉膛，弯头外侧的一股含 50% 一次风和原来煤粉的 90%，进入燃烧器和热风混合后作为一次风喷入炉膛。此时一次风不旋转，二次风通过轴向叶片形成旋转气流。其由于提高了一次风温和煤粉浓度，燃烧稳定性提高。

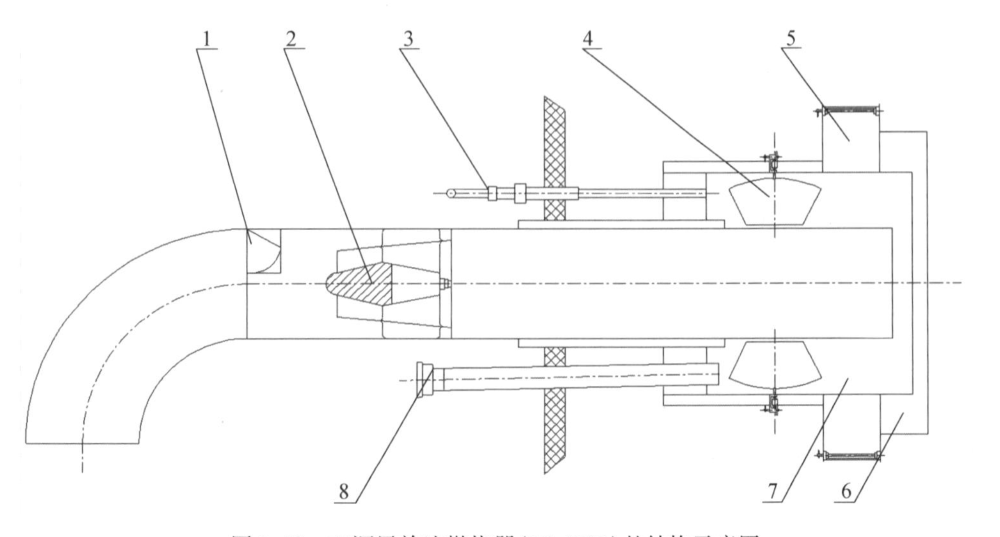

图 3.59　双调风旋流燃烧器(EI-DBR)的结构示意图
1—导向器;2—均流装置;3—调风盘操作杆;4—内二次风轴向叶片;
5—外二次风切向叶片;6—外二次风道;7—内二次风道;8—窥视孔

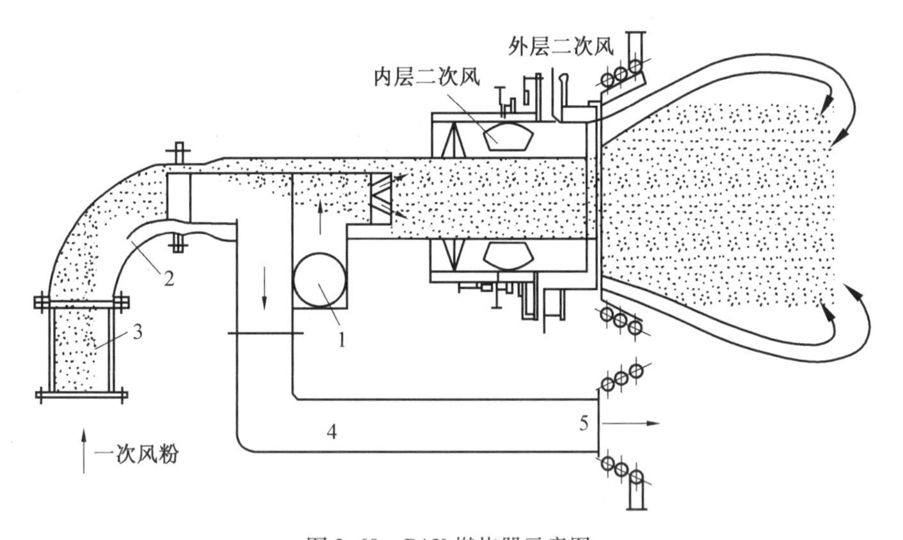

图 3.60　PAX 燃烧器示意图
1—热空气;3—分离板;3—偏心管;4—乏气管;5—乏气喷口

(2)WR 型旋流燃烧器。日本 IHI 公司开发了一种带有卧式分离器的 WR 型旋流燃烧器,其出口结构示意图如图 3.61 所示。喷口是 WR 型旋流燃烧器的关键部分,煤粉管道自上而下通过弯头进入煤粉喷口,形成下半部浓煤粉气流和上半部淡煤粉气流。出口处有一水平放置的 V 形钝体,使煤粉气流在出口形成一个回流区,有助于稳燃。周界风上、下部分面积大一些,而两侧部分小些,使主气流向火面很快与高温烟气接触,易于着火。弯头的作用是在低负荷运行时调节隔离挡板,将一次风煤粉混合物引入弯头,浓煤粉气流被送入燃烧器中央的低负荷喷口,淡煤粉气流由燃烧器的基本负荷喷口喷出。

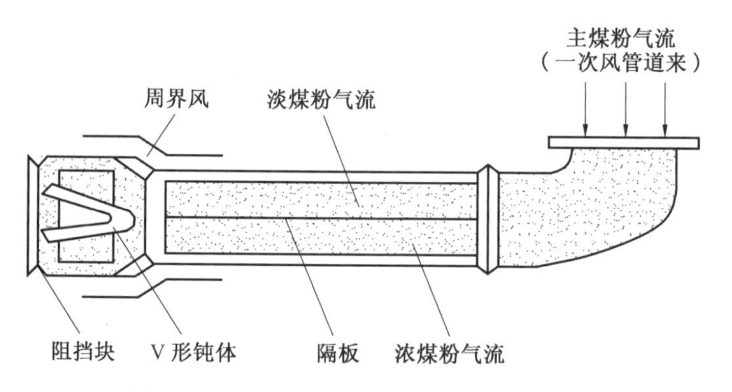

图3.61　WR型旋流燃烧器出口结构示意图

(3)径向浓淡旋流燃烧器。其是综合高浓度煤粉燃烧技术和旋流燃烧器稳定火焰的原理而设计的,其结构示意图如图3.62所示。一次风经过煤粉浓缩器进行浓淡分离,含粉浓度较高的气流走内侧环形通道,含粉浓度较低的气流走外侧环形通道,形成径向浓淡燃烧。二次风采用双通道式调风器,内层通道利用轴向弯曲叶片产生旋转气流作为内二次风,外层通道不旋转的直流风作为外二次风,利用旋转的内二次风和外二次风的不同比例混合来改变出口气流的旋流强度。旋转气流产生的回流区卷吸高温烟气先点燃容易着火的浓煤粉气流,进而引燃外侧的淡煤粉气流。

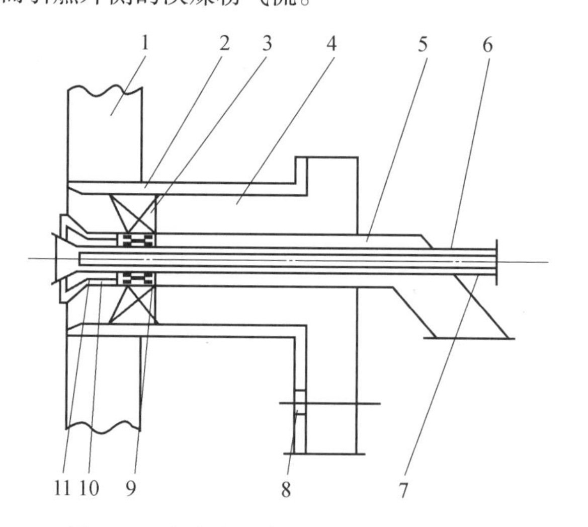

图3.62　径向浓淡旋流燃烧器结构示意图

1—炉墙;2—直流二次风喷口;3—旋流器;4—旋流二次风喷口;5——次风喷口;6—中心风管;7—点火装置;8—直流二次风口;9—煤粉浓缩器;10—淡一次风喷口;11—浓一次风喷口

(4)中心给粉旋流燃烧器。2003年哈尔滨工业大学提出了一种中心给粉旋流燃烧器,其结构示意图如图3.63所示。该燃烧器内二次风叶片采用轴向弯曲叶片,外二次风叶片采用切向叶片,去除了浓一次风口、导流环和中心扩锥。其主要特点是不设置中心管,燃烧器一次风通道位于燃烧器的中心,一次风为直流。在燃烧器一次风通道中安装一个或多个锥形分离器，使煤粉集中于燃烧器的中心并喷入炉内。这种燃烧器既解决了浓淡燃烧器存在的中心扩口磨损问题，又减小了一次风阻力，并有利于安装和维修。同时，煤粉喷入位置正对中心回流区的中心部分，增加了穿过回流区的煤粉量，并延长了煤粉在回流区的停留时间，有利于煤粉的燃尽及减少 NO_x 形成。

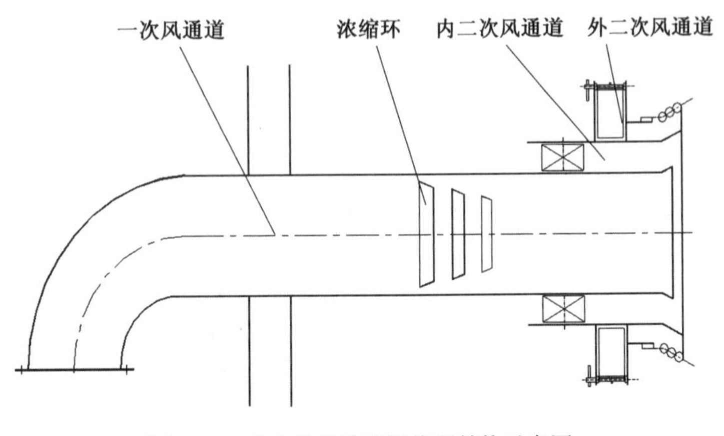

图 3.63　中心给粉旋流燃烧器结构示意图

本节针对某电厂 11 号炉北京巴布科克 · 威尔科克斯有限公司生产的 B&W B-1025/17.5-M 型 300 MW 锅炉进行详细阐述。该锅炉为亚临界参数、自然循环、一次中间再热、固态排渣、单炉膛单汽包平衡通风、露天布置、全钢构架的 Π 形煤粉锅炉。锅炉的额定蒸发量为 1 025 t/h，过热蒸汽压力设计值为 17.5 MPa，锅炉装置简图如图 3.64 所示，锅炉采用的 EI-DRB 燃烧器如图 3.59 所示。锅炉主要技术参数见表 3.15。

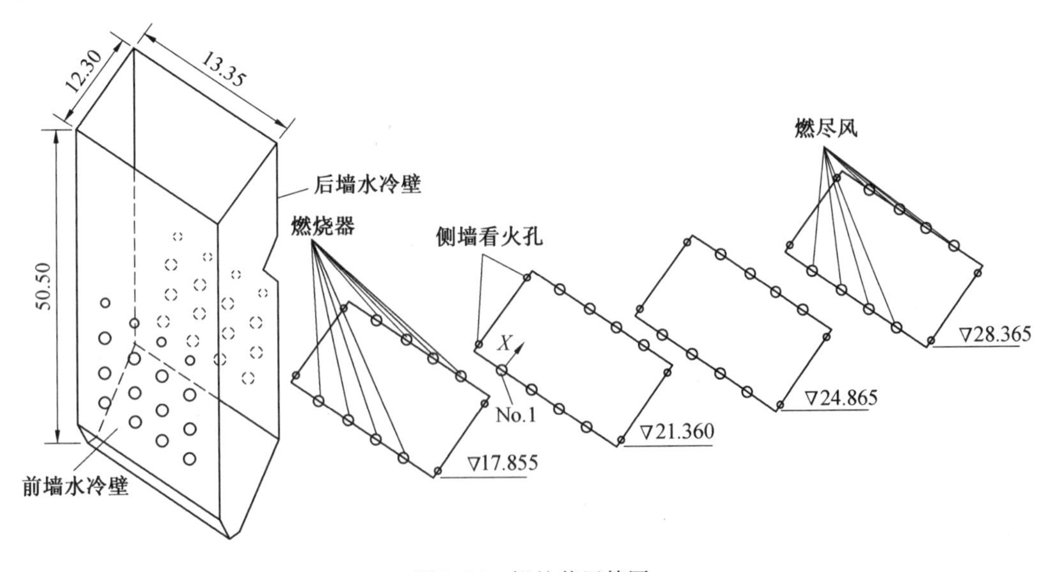

图 3.64　锅炉装置简图

锅炉设计煤种为山西阳泉无烟煤和晋中地区贫煤，燃烧系统采用冷一次风机热风送粉、前后墙对冲燃烧方式。制粉系统采用中间储仓式制粉系统，每台炉配备 4 台

MG3570B.00 型钢球磨煤机，在矩形燃烧室的前后墙上，分 3 层共布置 24 只 B&W 公司标准的 EI-DRB，配有高能点火装置的 24 只机械雾化式油枪分置于各旋流燃烧器中，相邻两层燃烧器中间布置有制粉系统乏气喷口。在尾部竖井设置两台三分仓容克式空气预热器。锅炉设计与校核煤种分析见表 3.16。

表 3.15　锅炉主要技术参数表

项　目	单位	BMCR(最大值)	THA(额定值)
额定蒸发量	t/h	1025	897.1
再热蒸汽流量	t/h	840	741.6
汽包工作压力	MPa	18.74	18.24
锅炉计算效率	%	92.25	92.35
再热蒸汽进口温度	℃	325	312
再热蒸汽出口温度	℃	540	540
给水温度	℃	279	271
热风温度(一次风/二次风)	℃	401/382	386/372
排烟温度(未修正)	℃	132	124
锅炉计算效率	%	92.25	92.35

表 3.16　设计与校核煤种分析

项　目	符　号	单　位	设计煤种	上校核煤	下校核煤
全水分	M_t	%	6.80	8.00	5.20
空气干燥基水分	M_{ad}	%	0.83	1.25	1.06
收到基灰分	A_{ar}	%	27.55	21.82	30.91
收到基挥发分	V_{ar}	%	9.83	12.26	8.39
干燥无灰基基挥发分	V_{daf}	%	14.98	17.47	13.13
收到基碳	C_{ar}	%	59.73	64.30	59.00
收到基氢	H_{ar}	%	2.81	3.09	2.10
收到基氧	O_{ar}	%	0.61	0.62	0.58
收到基氮	N_{ar}	%	0.80	0.67	0.71
收到基全硫	St_{ar}	%	1.70	1.50	1.50
收到基低位发热量	$Q_{net,ar}$	MJ/kg	22.75	24.54	21.94
固定碳	FC_{ar}	%	55.56	57.92	55.50

锅炉实际运行过程中存在锅炉 NO_x 排放量较大(满负荷时达到 1 346 mg/m^3

(φ_{O_2}=6%)，中等负荷时为945 mg/m^3(φ_{O_2}=6%)问题，影响了锅炉安全环保运行。通过对同炉型同负荷锅炉工业试验的研究，经过分析及经验总结，锅炉出现以上问题的原因如下。

(1)炉内空气分级燃烧效果差。

国内外煤粉锅炉采用最广泛、技术最为成熟的主流低 NO_x 燃烧技术是空气分级技术。采用合理的空气分级技术可使 NO_x 的排放浓度减至未采取任何限制措施时的30%左右。增加燃尽风实现了炉内轴向空气分级燃烧，降低了主燃区过量空气系数，使主燃区还原性气氛增强，可降低烟气中 NO_x 的排放量。该厂锅炉虽然采用了炉内空气分级燃烧，但是燃尽风量较小，炉内分级燃烧效果差。

(2)EI-DRB 低 NO_x 特性差。

旋流燃烧器依靠内、外二次风形成的旋转射流形成中心回流区，卷吸高温烟气点燃一次风煤粉，并使之稳定燃烧。同时，中心回流区内卷吸的高温烟气，O_2 含量低，CO 含量高，形成还原性气氛，大量煤粉集中在中心回流区内燃烧可降低 NO_x 排放量。而 EI-DRB 结构使大量煤粉集中在一次风喷口四周，与中心回流区不匹配，无法在燃烧器中心形成富燃料的还原性区域，不利于燃烧初期 NO_x 的大量减排。

通过对设计参数进行分析，从机组运行的安全性和经济性出发，对该锅炉进行性能优化。

(1)更换燃烧器。将原24只 EI-DRB 全部更换为中心给粉旋流燃烧器(图3.63)，保留原燃烧器二次风箱。

(2)增加新型燃尽风装置。在原燃尽风上部3.585 m位置、两层水平刚性梁之间(尽量靠近下部的水平刚性梁)新增一层燃尽风；新增的这层燃尽风共布置8个燃尽风喷口，与原燃尽风喷口形成错列布置，且新增的这层燃尽风可在下倾角度0°～15°范围内向下摆动。增加燃尽风量，将燃尽风率增加到25%～30%(占总风量)。燃尽风结构示意图如图3.65所示。

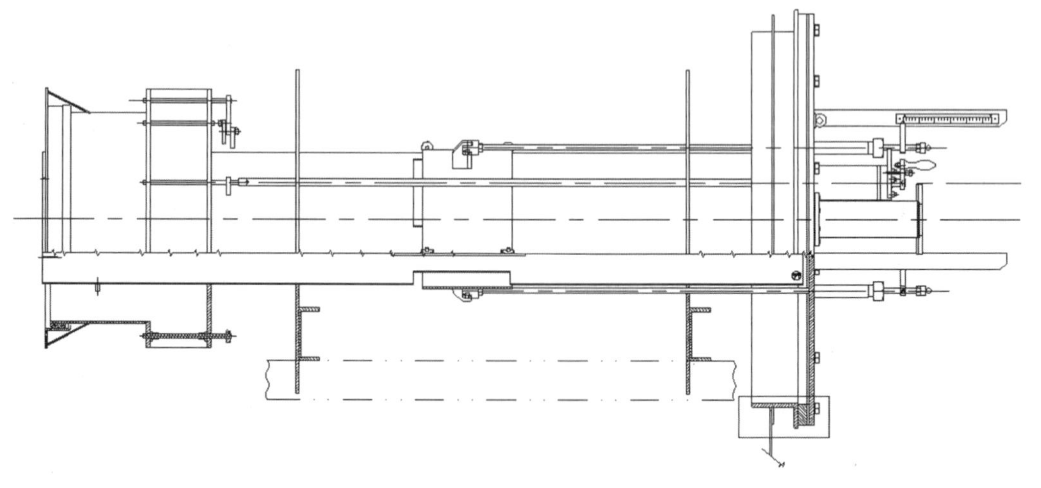

图3.65　燃尽风结构示意图

针对锅炉结构和热力计算结果进行燃烧器的初步设计,最终通过单相试验确定合适的燃烧器结构。在单相模型试验台中,通过改变外二次风叶片的角度、二次风扩口长度等都可以改变燃烧器出口的射流旋流强度。表3.17给出了中心给粉旋流燃烧器冷态模化试验参数。

表3.17 中心给粉旋流燃烧器冷态模化试验参数

U_1	U_2	U_3	P_1	P_2	P_3
10 m/s	8.93 m/s	15.78 m/s	2.73 kg·m/s	1.89 kg·m/s	5.36 kg·m/s

注:U_1、U_2、U_3 分别为一次风、内二次风和外二次风的风速;P_1、P_2、P_3 分别为一次风、内二次风和外二次风的动量。

对外二次风径向叶片角度为25°、内二次风轴向叶片角度为64°和60°的两种工况进行了冷态模化试验的对比,在这两种情况中又详细比较了不同的内二次风扩口的长度对燃烧器模型的射流流场的影响。试验条件为一次风、内二次风和外二次风的风量分配均保持不变。试验参数和结果见表3.18。

表3.18 中心给粉旋流燃烧器结构试验参数和结果

结构	风量分配			基本结构参数		射流参数
	R_1/(kg·s^{-1})	R_{2n}/(kg·s^{-1})	R_{2w}/(kg·s^{-1})	L_{2n}/mm	L_{2w}/mm	D_h/d_1
A	4.56	3.01	4.91	88.2	117.6	0.99
B	4.56	3.01	4.91	58.8	117.6	0.92
C	4.56	3.01	4.91	29.4	117.6	0.86
a	4.56	3.01	4.91	88.2	117.6	0.87
b	4.56	3.01	4.91	58.8	117.6	0.84
c	4.56	3.01	4.91	29.4	117.6	0.81

注:R_1、R_{2n}、R_{2w} 分别为一次风、内二次风和外二次风的质量流量;L_{2n}、L_{2w} 分别为内、外二次风扩口的长度;D_h 为中心回流区的最大直径;d_1 为燃烧器模型外二次风扩口直径。

从表3.18和图3.66中可以明显看出,A、B和C结构的回流区直径较大,a、b和c结构回流区直径较小,大小仅约为外二次风扩口直径的0.8倍,同时,试验中观察发现边界不稳定。在实际运行时回流区直径较大可以卷吸更多的下游高温烟气,从而可增加中心回流区的还原性气氛,使得燃烧进行得更为顺利。

产生上述现象主要是因为内、外二次风扩口的长度一定的情况下,内二次风轴向叶片角度由64°减小为60°,内二次风轴向叶片角度减小使得内二次风的旋流强度变弱,内、外二次风混合后旋流强度也会随之减小,使得整个旋转射流的卷吸效果减弱,产生的回流区的最大直径也减小。因为电厂燃用的煤种较差,所以需要回流区大些,从而更好地形成对高温烟气的卷吸效应,促使煤粉稳定燃烧。但回流区又不能过大,否则会引起飞边,不利于煤粉的稳定着火和燃烧,会影响锅炉的正常运行,还不利于控制污染物的产生。

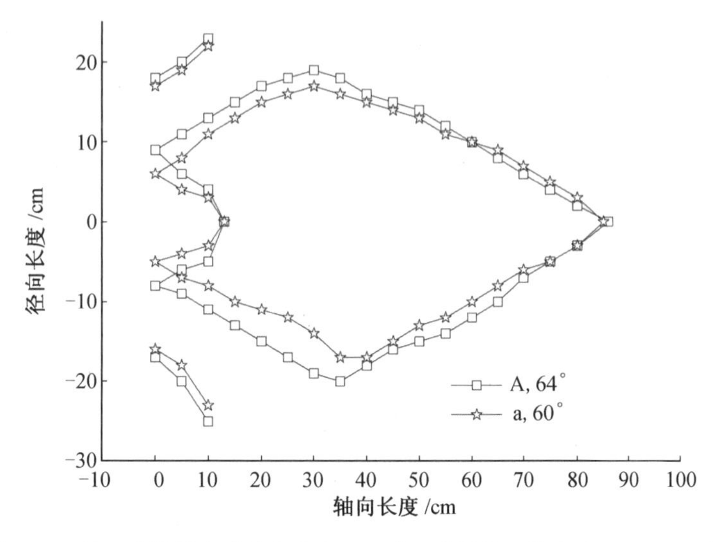

图 3.66　外二次风径向叶片角度为 25°,内二次风扩口长度为 88.2 mm,内二次风叶片角度分别为 64°、60°时空气动力场

由表 3.18 及图 3.67 可以看出,A 结构的回流区最大直径比 B 和 C 结构要大些,当内二次风扩口的长度为 88.2 mm、外二次风扩口的长度为 117.6 mm 时,L_{2n}/L_{2w}为 0.75 燃烧器模型的射流流场可形成较为合适的回流区,该工况下,回流区最大直径为 385 mm,为外二次风扩口直径的 0.99 倍,可以满足煤粉稳定燃烧的需要。

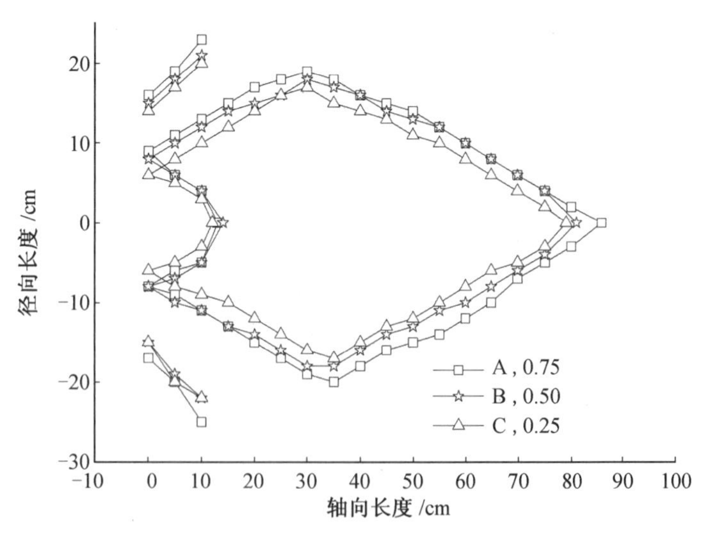

图 3.67　外二次风径向叶片角度为 25°,内二次风叶片角度为 64°,内二次风扩口长度分别为 88.2 mm、58.8 mm、29.4 mm(L_{2n}/L_{2w}分别为 0.75,0.50 和 0.25)时空气动力场

燃烧器内二次风风量改变是通过调整二次风挡板开度来实现的。通过研究不同二次风挡板开度下燃烧器区域烟气成分、温度及 NO_x 排放等的特性,对不同运行参数下中心给粉旋流燃烧器性能进行分析研究,可以得出更好的运行方式,来完成对电厂锅炉运行的指导工作。表 3.19 给出了具体试验参数。

表 3.19　不同二次风挡板开度下 300 MW 负荷的试验工况安排

工况	下层二次风箱	中层二次风箱	上层二次风箱	下层 OFA 风箱	上层 OFA 风箱
1	100	100	100	100	100
2	100	60	60	100	100

图 3.68 为不同二次风挡板开度下燃烧器出口区域温度分布。沿轴向方向，升温速率先增大后减小，烟气温度先增大后趋于平稳，而且二次风挡板全开的工况下温度更高，各测点处均高于上中层二次风挡板开 60% 的工况。

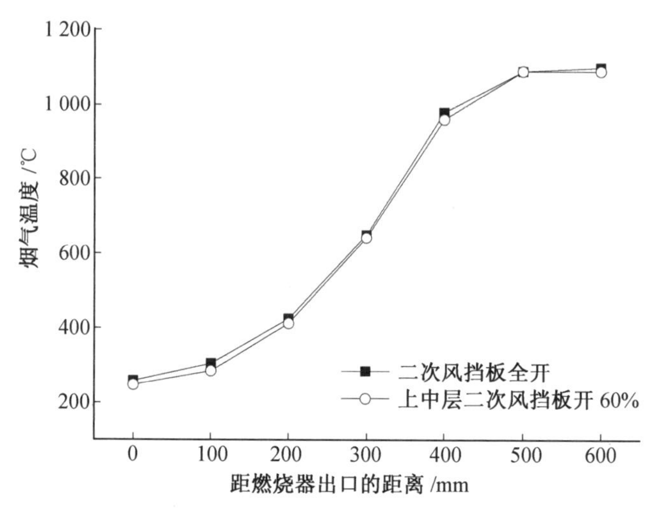

图 3.68　不同二次风挡板开度下燃烧器出口区域温度分布

这是因为一、二次风在燃烧器出口处开始混合，由于混合气流温度低，在离燃烧器出口较短的距离内升温速率也较小，而随着混合物继续深入，煤粉在高温烟气的作用下迅速着火，升温速率增大；随着燃烧的稳定进行，气体温度逐渐趋于平稳，升温速率逐渐减小。

图 3.69 为不同二次风挡板开度下燃烧器出口区域 O_2 浓度分布。如图 3.69(a) 所示，沿射流方向，不同二次风挡板开度下 O_2 浓度都是先缓慢下降再急剧下降最后趋近于 0，并且二次风挡板全开时 O_2 浓度要高于上中层二次风挡板开 60% 时。从图 6.39(a) 中可以看出 0～400 mm 距离内，O_2 浓度变化不大，该段区域位于二次风扩口内，煤粉没有发生着火；400 mm 附近对应的是前墙水冷壁区域，从该区域开始，随着探入炉内深度的增加，O_2 浓度逐渐降低，这是由于煤粉喷入炉内，迅速着火，消耗大量的氧气，同时由于该区域的过量空气系数较低，800 mm 之后 O_2 浓度维持在较低水平。如图 3.69(b) 所示，靠近侧墙水冷壁区域的 O_2 浓度要高一些，说明不会发生侧墙水冷壁的高温腐蚀，随着探入深度的增加，逐渐接近燃烧器中心线附近，O_2 浓度逐渐减小，说明该区域的燃烧情况比较剧烈。

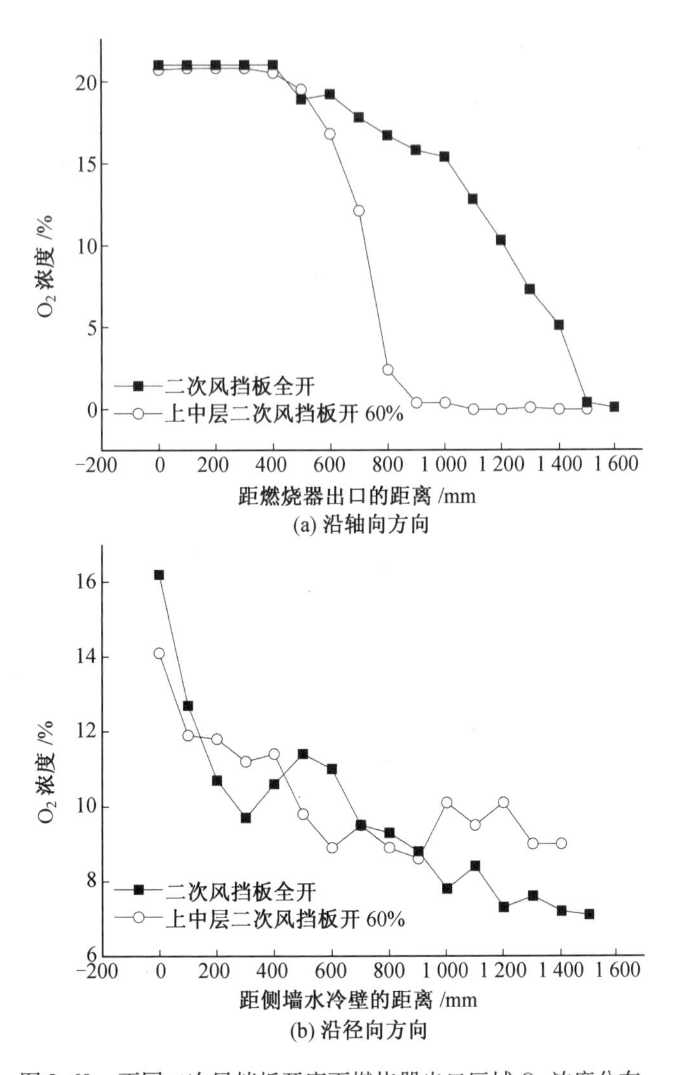

图 3.69　不同二次风挡板开度下燃烧器出口区域 O_2 浓度分布

图 3.70 为不同二次风挡板开度下燃烧器出口区域 CO 浓度分布。如图 3.70(a)所示，两种工况下沿射流方向的 CO 浓度都是先增加后逐渐减少，二次风挡板全开时，CO 最大浓度为 33 500×10^{-6}，上中二次风挡板开 60% 时，CO 最大浓度为 42 600×10^{-6}，在燃烧器中心区域上中层二次风挡板开 60% 时的 CO 浓度要高于二次风挡板全开时。煤粉在喷入炉内时，由于下游高温烟气的回流，煤粉在 400 mm 附近被点燃，该区域附近的 O_2 充足，CO 的生成量较少，随着探入炉内深度的增加，O_2 消耗较快，使得该区域的过量空气系数进一步降低，还原性气氛增强，CO 的生成量逐渐增加，尤其是在 800 mm 之后，CO 的生成量增加较快。如图 3.70(b)所示，靠近侧墙水冷壁区域附近的 CO 生成量较低，随着探入炉内深度的增加，逐渐靠近燃烧器中心线区域，CO 的生成量要高于水冷壁区域。

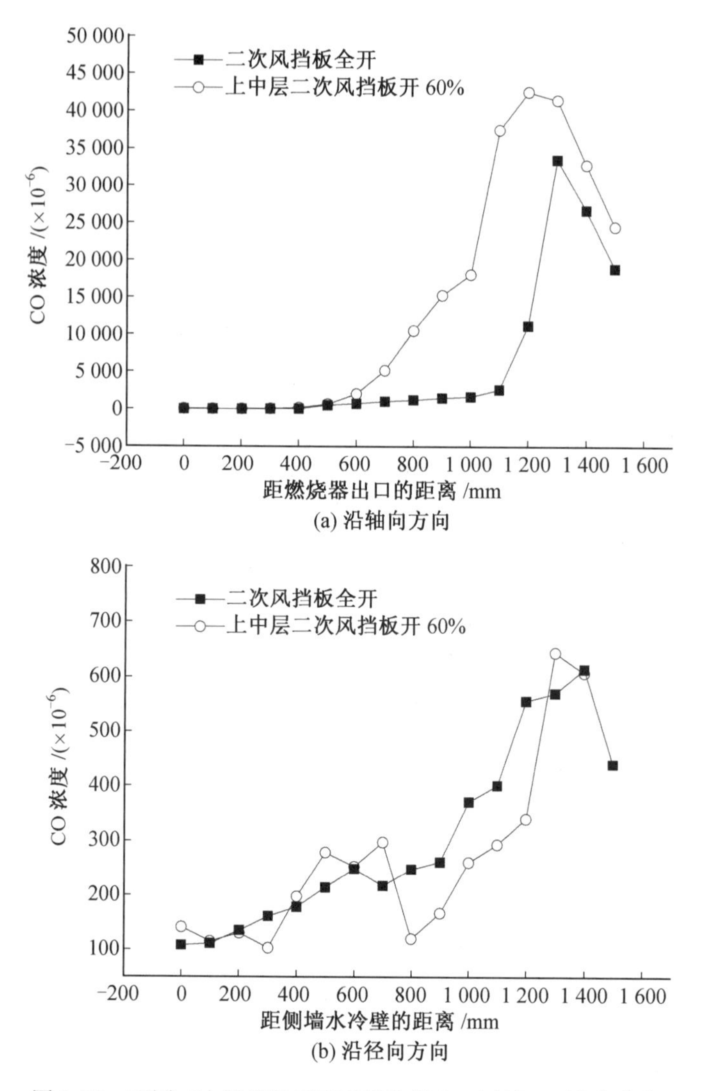

图 3.70　不同二次风挡板开度下燃烧器出口区域 CO 浓度分布

图 3.71 为不同二次风挡板开度下燃烧器出口区域 CO_2 浓度分布。如图 3.71(a)所示，沿射流方向，两种工况下的 CO_2 浓度都是先增加而后维持在一个较高水平，但二次风挡板全开时 CO_2 浓度要高于上中层二次风挡板开 60% 的情况。煤粉在喷入炉内时，由于下游高温烟气的回流，煤粉可以及时点燃，因此从 400 mm 开始煤粉剧烈燃烧，CO_2 的生成量增加，在 800 mm 之后，随着 O_2 的大量消耗，还原性气氛增加，CO_2 的生成量变化较小，但维持在一个较高的水平。如图 3.71(b)所示，靠近侧墙水冷壁区域的氧量较多，同时由于该区域的煤粉浓度较低，生成的 CO_2 也较少，随着探入炉内深度的增加，逐渐接近燃烧器中心线附近，CO_2 的生成量也有所增加。

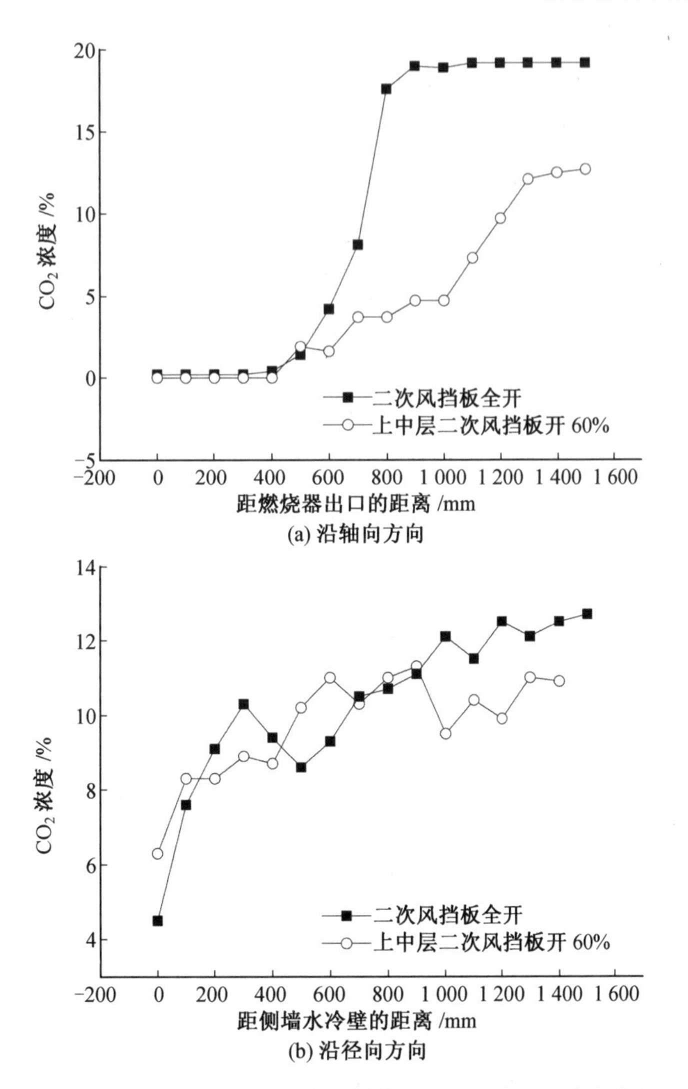

图 3.71　不同二次风挡板开度下燃烧器出口区域 CO_2 浓度分布

如图 3.72 所示,不同二次风挡板开度下燃烧器出口区域 NO_x 浓度分布先升高后降低最后趋于平稳。距离燃烧器出口 400 mm 位置,NO_x 浓度逐渐增加,由于该区域的氧量充足,煤粉着火及时,温度迅速升高,使得 NO_x 生成量增加,而随着 O_2 的消耗,还原性气氛增强,使得 NO_x 的浓度明显降低。然而,二次风挡板全开时 NO_x 浓度高于上中层二次风挡板开 60% 时,这是由于二次风挡板全开时氧量更多,使得燃烧区域的还原性气氛减弱,因此 NO_x 生成较多,发生还原的 NO_x 减少。

图 3.73 为光学式高温计从炉膛看火孔处测量得到的炉内烟气温度分布。从图中可以看出两个工况下烟气温度分布差别较小,而且炉膛越往上温度越高,大致在 23.6 ~ 27 m处温度达到最大值,均有合理的温度分布,燃烧器区域温度较高,炉内燃烧情况稳定。

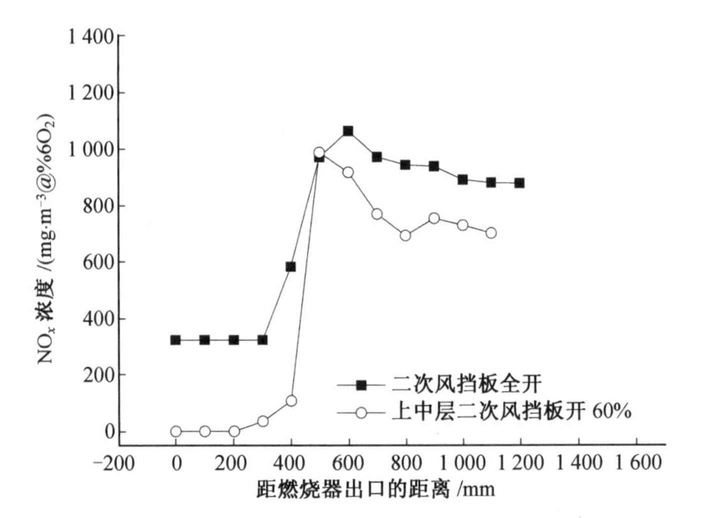

图 3.72　不同二次风挡板开度下燃烧器出口区域 NO_x 浓度分布

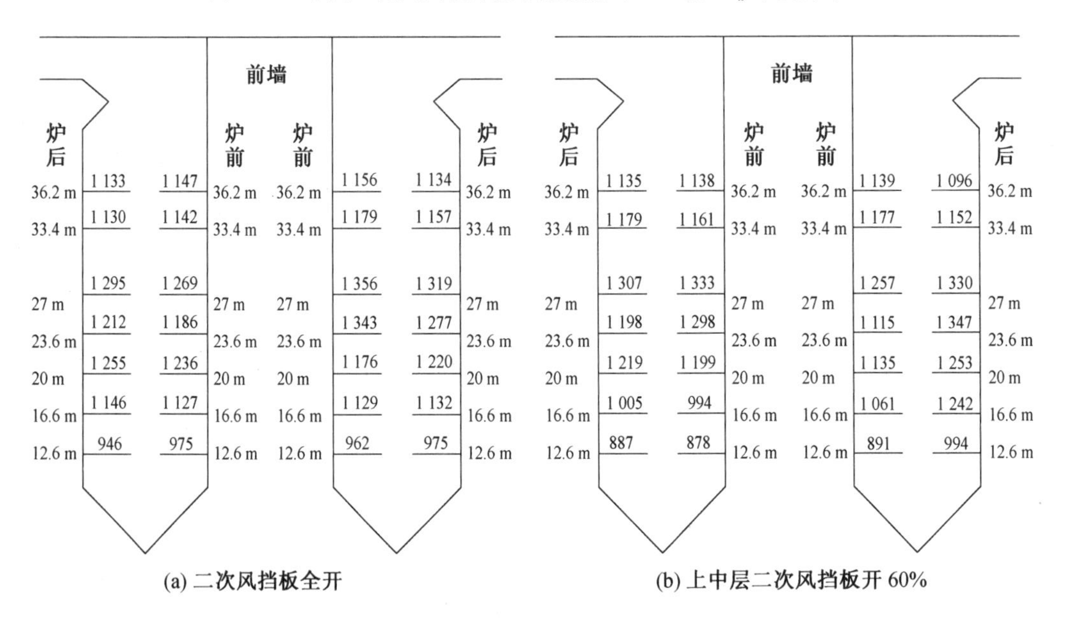

(a) 二次风挡板全开　　(b) 上中层二次风挡板开 60%

图 3.73　炉内烟气温度分布

在燃烧器层，尤其是中层和上层燃烧器，及 16.6 m 和 20 m 处，二次风挡板全开时炉内烟气温度明显高于上中层二次风挡板开度 60% 时。这是由于二次风挡板全开时，二次风风量较大，燃烧器区域煤粉燃烧时二次风补入及时且量大，这些都直接促使了此区域燃烧的稳定进行，使得温度保持在一个较高的水平；而上中层二次风挡板开度为 60% 时，二次风风量明显减少，导致主燃区氧量较少，煤粉燃烧剧烈程度较弱，致使此区域温度较二次风挡板全开时有所降低。

在燃尽风层温度出现最大值，是因为燃烧器层与燃尽风层距离较近，主燃区烟气温度随着高度上升温度下降很少，而随着燃尽风的喷入，O_2 补入，使得未能燃尽的煤粉开始燃烧，这部分的燃烧反应又使得烟气整体温度继续上升，从而出现峰值。

经测定锅炉在300 MW负荷时,两个工况的飞灰可燃物含量分别为4.45%和5.58%,大渣可燃物含量分别为6.59%和6.18%(表3.20),左右两侧空气预热器出口的平均NO_x排放量分别为735 mg/m^{3}和693 mg/m^3(实测值折算到$\varphi_{O_2}=6\%$)。锅炉的排烟热损失分别为5.03%和3.63%,固体未完全燃烧热损失分别为3.7%和5.79%,气体未完全燃烧热损失均为0.01%,锅炉散热效率均为0.45%,则锅炉热效率分别为90.81%和90.12%。

表3.20　飞灰、大渣可燃物分析

项目	单位	二次风挡板开100%	二次风挡板开60%
飞灰可燃物含量	%	4.45	5.58
大渣可燃物含量	%	6.59	6.18

锅炉燃尽风率的调整是通过调整燃尽风挡板开度来实现的。研究不同燃尽风挡板开度下燃烧器区域温度、炉内烟气温度及NO_x排放等的特性,可以得出最佳的运行方式,来完成对电厂锅炉运行的指导工作。表3.21给出了具体试验参数。

表3.21　不同燃尽风挡板开度下300 MW负荷的试验工况安排

工况	下层二次风箱	中层二次风箱	上层二次风箱	下层OFA风箱	上层OFA风箱
3	100	100	100	100	100
4	100	100	100	60	60

图3.74为不同燃尽风挡板开度下燃烧器出口区域温度分布。沿轴向方向,烟气温度都是先增大后趋于平稳,而且升温速率逐步升高,两种工况温度变化基本一致。这是因为一、二次风在燃烧器出口处开始混合,由于混合气流温度低,在离燃烧器出口较短的距离内升温速率也较小,而随着继续深入炉内,煤粉在高温烟气的作用下迅速着火,使得温度迅速升高,然而,由于燃尽风风量较小,其变化对燃烧器出口区域温度影响不大,这就使得

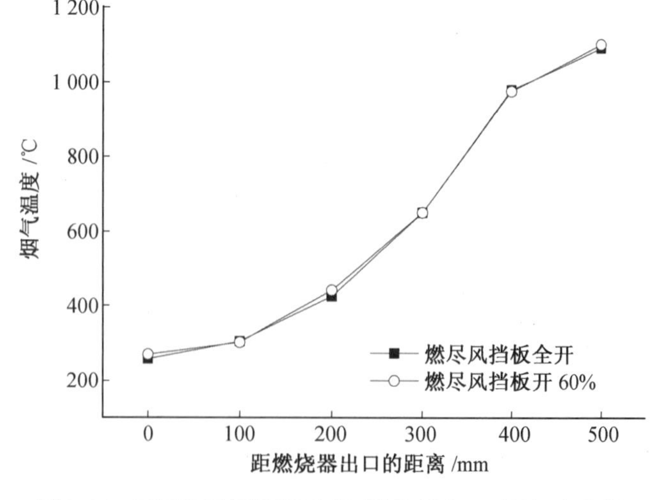

图3.74　不同燃尽风挡板开度下燃烧器出口区域温度分布

两种工况下燃烧器出口区域温度变化基本一致。

图3.75为光学式高温计从炉膛看火孔处测量得到的炉内烟气温度分布。从图中可以看出两个工况下烟气温度分布差别较小，而且炉膛越往上温度越高，大致在23.6～27 m处温度达到最大值，均实现了合理的温度分布，燃烧器区域温度较高，炉内燃烧情况稳定。

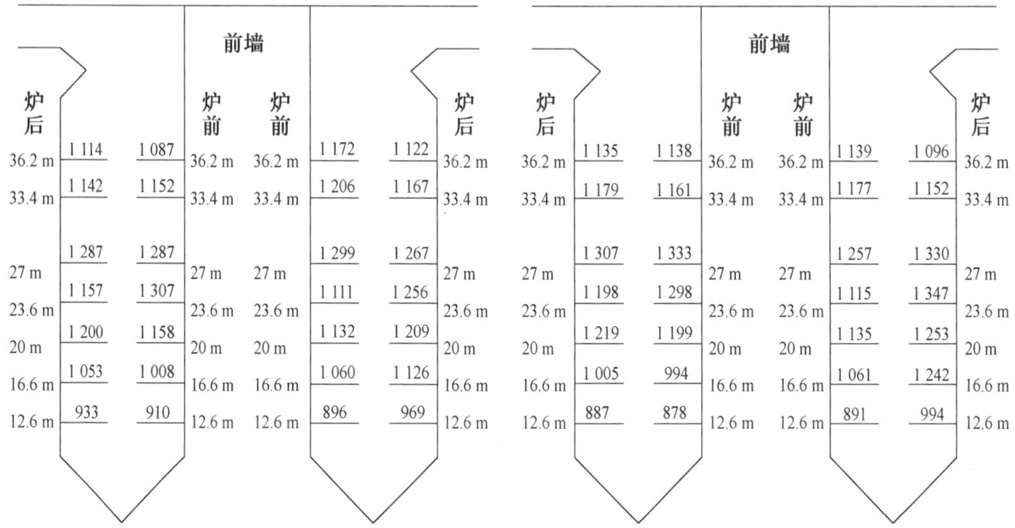

(a) 燃尽风挡板全开　(b) 燃尽风挡板开60%

图3.75　炉内烟气温度分布

两种工况下，二次风挡板均为全开，所以上中下燃烧器层主燃区温度差别不大。而在燃尽风层温度出现最大值，这是因为燃烧器层与燃尽风层距离较近，主燃区烟气温度随着高度上升温度下降很少，而随着燃尽风的喷入，O_2 补入，使得未能燃尽的煤粉开始燃烧，这部分的燃烧反应又使得烟气整体温度继续上升，从而出现峰值。两个工况中烟气温度出现了明显的高低之分，燃尽风挡板全开时此区域烟气温度明显低于燃尽风挡板开度60%时。这是由于燃尽风风温较低，随着燃尽风挡板开度的减小，较冷的燃尽风喷入量减少，使得烟气温度降低程度减弱，致使两个工况下此区域温度出现差别。

经测定锅炉在300 MW负荷时，两个工况的飞灰可燃物含量(表3.22)分别为5.45%和6.12%，炉渣可燃物含量为6.59%和3.71%，左右两侧空气预热器出口的平均 NO_x 排放量为735 mg/m^3 和781 mg/m^3(实测值折算到 $\varphi_{O_2}=6\%$)。锅炉的排烟热损失为5.72%和5.31%，固体未完全燃烧热损失分别为3.7%和3.37%，气体未完全燃烧热损失均为0.01%，锅炉散热效率均为0.45%，则锅炉热效率分别为90.21%和90.86%。

表3.22　飞灰、大渣可燃物分析表

项目	单位	燃尽风挡板开100%	燃尽风挡板开60%
飞灰可燃物含量	%	5.45	6.12
大渣可燃物含量	%	6.59	3.71

根据以上调试结果可知，在 300 MW 负荷下，二次风挡板及燃尽风挡板全开时，锅炉的综合指标较好，空气预热器出口的平均 NO_x 排放量为 735 mg/m^3($\varphi_{O_2}=6\%$)，NO_x 排放量相比改造前(1 346 mg/m^3($\varphi_{O_2}=6\%$))大幅降低，降幅达到 45%。

试验研究了 230 MW 负荷下，不同二次风挡板开度对煤粉燃烧和 NO_x 排放影响。改变二次风挡板开度即改变二次风风量，通过研究不同二次风挡板开度下燃烧器区域烟气成分、温度及 NO_x 排放等的特性，对不同运行参数下中心给粉旋流燃烧器性能的分析研究，可以得出更好的运行方式，来完成对电厂锅炉运行的指导工作。表 3.23 给出了具体试验参数。

表 3.23　不同二次风挡板开度下 230 MW 负荷的试验工况安排

工况	下层二次风箱	中层二次风箱	上层二次风箱	下层 OFA 风箱	上层 OFA 风箱
1	100	100	100	100	100
2	100	60	60	100	100

图 3.76 为不同二次风挡板开度下燃烧器出口区域温度分布情况。沿轴向方向，烟气温度都是先增大后趋于平稳，升温速率也是先增大后减小，而且二次风挡板全开时温度更高，均高于同一个测点上中层二次风挡板开 60% 时。这是因为一、二次风在燃烧器出口处开始混合，由于混合气流温度低，在离燃烧器出口较短的距离内升温速率也较小，随着继续深入炉内，煤粉在高温烟气的作用下迅速着火，升温速率也随之增大，而随着燃烧逐渐达到稳定，炉内气体温度也趋于平稳，升温速率逐渐减小。然而，随着二次风挡板开度的减小，二次风风量减少，一、二次风的混合效果减弱，二次风所供给的氧量减少，燃烧不充分，回流区也会随之减小，卷吸高温烟气量也减少，这些都导致燃烧器区域的温度较低。

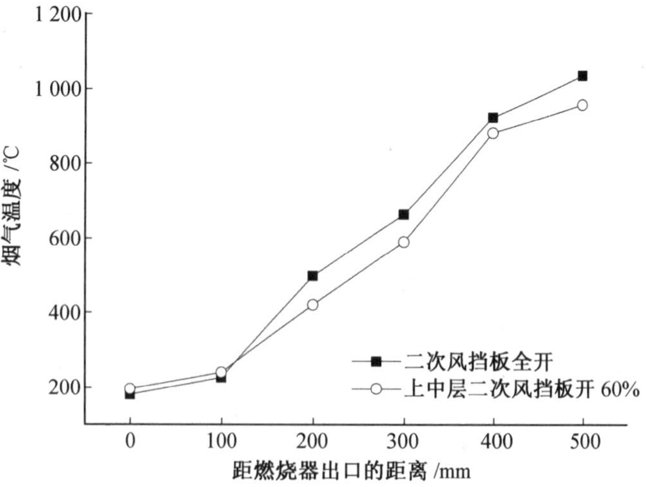

图 3.76　不同二次风挡板开度下燃烧器出口区域温度分布

图 3.77 为不同二次风挡板开度下燃烧器出口区域 O_2 浓度分布。如图 3.77(a)所示，沿射流(轴向)方向，不同二次风挡板开度下 O_2 浓度都是先缓慢下降再急剧下降最终趋于平稳，并且二次风挡板全开时 O_2 浓度要高于上中层二次风挡板开 60% 时。靠近侧

墙水冷壁区域的 O_2 浓度要高一些，说明不会发生侧墙水冷壁的高温腐蚀，随着探入深度的增加，逐渐接近燃烧器中心线附近，O_2 浓度逐渐减小，说明该区域的燃烧情况比较剧烈。如图3.77(b)所示，沿径向方向，两种二次风挡板开度下的 O_2 浓度都是逐渐减小。中上层二次风挡板开度变小，使得通过二次风送入炉膛的空气量减少，因此随着探入深度的增加，越靠近燃烧器中心线附近区域，O_2 浓度降低得越多。

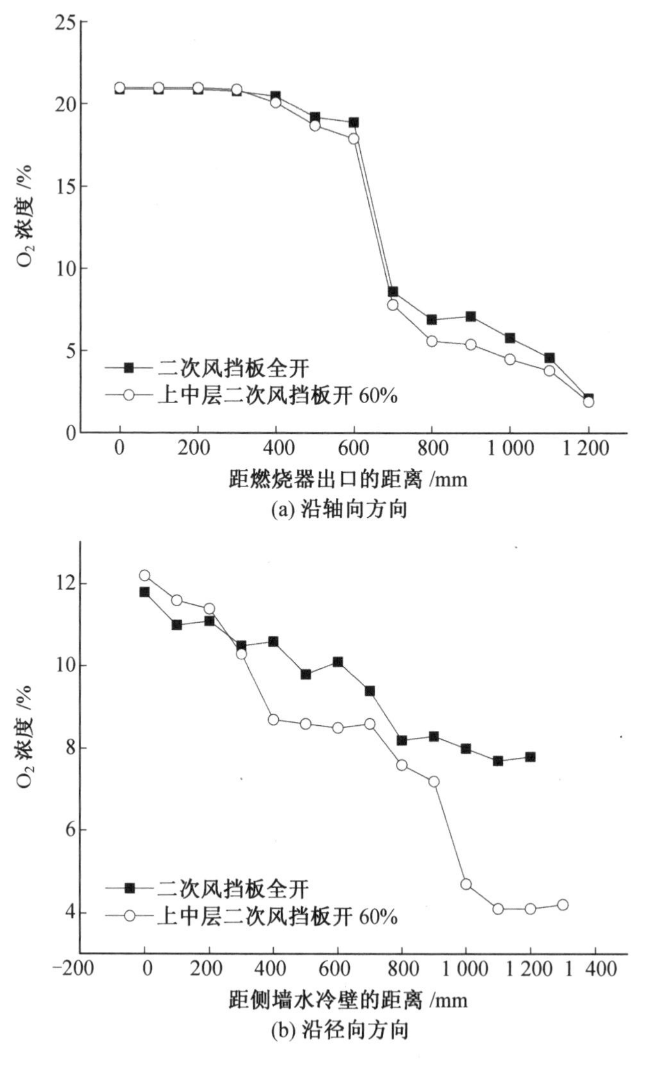

图3.77 不同二次风挡板开度下燃烧器出口区域 O_2 浓度分布

图3.78为不同二次风挡板开度下燃烧器出口区域 CO_2 浓度分布。如图3.78(a)所示，沿射流(轴向)方向，两种工况下的 CO_2 浓度都是先增加而后维持在一个较高水平，但二次风挡板全开时的 CO_2 浓度要高于上中层二次风挡板开40%时。煤粉在喷入炉内时，由于下游高温烟气的回流，煤粉可以及时点燃，因此从600 mm处开始煤粉剧烈燃烧，CO_2 的生成量增加，在800 mm处之后，随着氧量的大量消耗，还原性气氛增加，CO_2 的生成量增加较小，但维持在一个较高的水平，使得 CO_2 浓度高于上中层二次风挡板开40%的情

况。如图 3.78(b)所示,靠近侧墙水冷壁区域的氧量较多,同时由于该区域的煤粉浓度较低,生成的 CO_2 也较少,随着探入深度的增加,逐渐接近燃烧器中心线附近,CO_2 的生成量也有所增加。

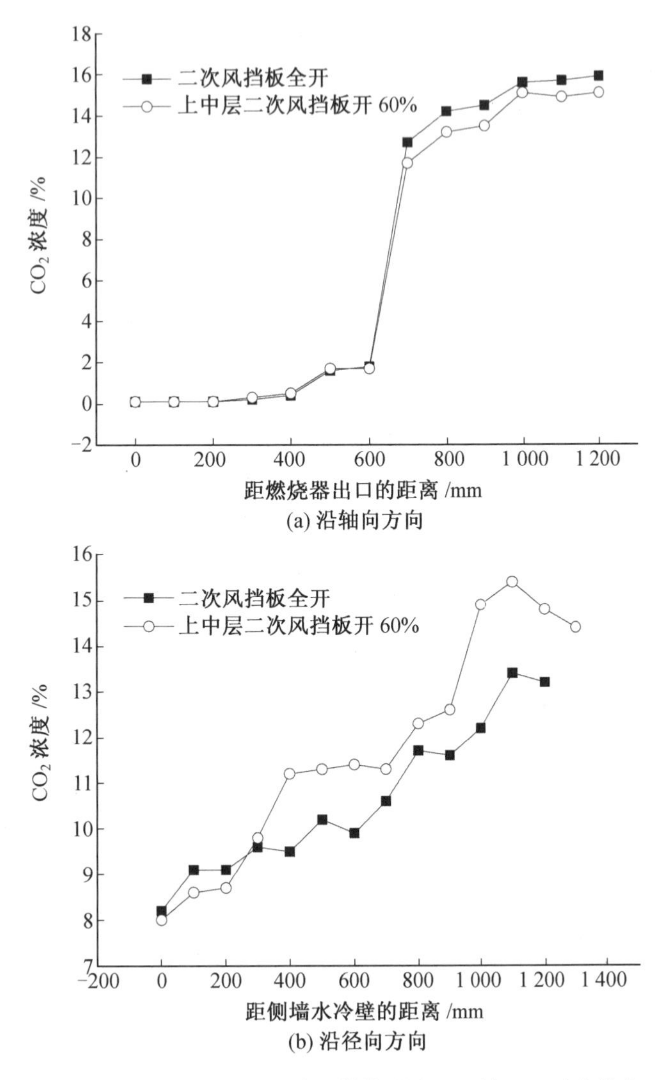

图 3.78　不同二次风挡板开度下燃烧器出口区域 CO_2 浓度分布

图 3.79 为不同二次风挡板开度下燃烧器出口区域 CO 浓度分布。如图 3.79(a)所示,两种工况下沿射流(轴向)方向的 CO 浓度都是先增加后逐渐减少,二次风挡板全开时 CO 最大浓度为 $3\ 560\times10^{-6}$,上中层二次风挡板开 40% 时 CO 最大浓度为 $3\ 890\times10^{-6}$。与二次风挡板全开的工况下相比,燃烧器中心区域上中层二次风挡板开 60% 的工况下 CO 浓度较高。煤粉在喷入炉内时,由于下游高温烟气的回流,煤粉在 400 mm 处附近被点燃,该区域附近的氧量充足,CO 的生成量较少,随着探入深度的增加,O_2 消耗较快,使得该区域的过量空气系数进一步降低,还原性气氛增强,CO 的生成量逐渐增加,尤其是在 800 mm处之后,CO 的生成量增加较快。如图 3.79(b)所示,沿径向方向,两种工况下 CO

浓度都是逐渐增加,这是由于随着深入炉内,从靠近水冷壁到接近燃烧区,伴随着燃烧的进行,CO 浓度逐渐升高。

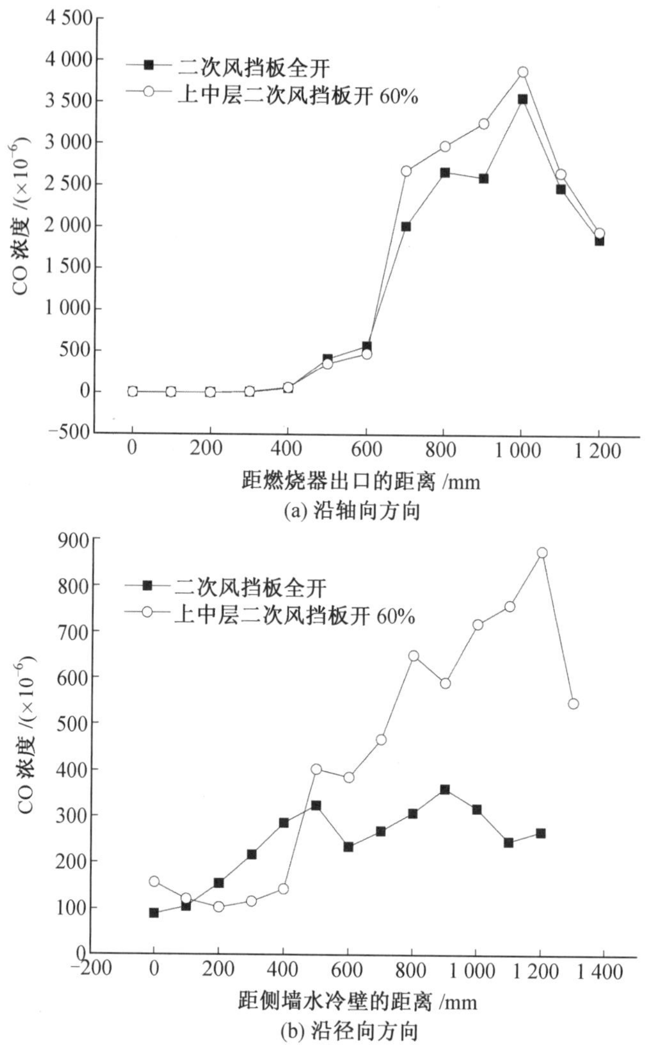

图 3.79 不同二次风挡板开度下燃烧器出口区域 CO 浓度分布

如图 3.80 所示,不同二次风挡板开度下燃烧器出口区域 NO_x 浓度分布先升高后降低最后趋于平稳。燃烧器出口附近的位置,NO_x 浓度逐渐增加,由于该区域的氧量充足,煤粉着火及时,温度迅速升高,使得 NO_x 生成量增加,而随着 O_2 浓度的消耗,还原性气氛增强,使得 NO_x 的浓度明显降低。

图 3.81 为光学式高温计从炉膛看火孔处测量得到的炉内烟气温度分布。从图中可以看出两个工况下烟气温度分布差别较小,而且炉膛越往上温度越高,大致在 23.6 ~ 27 m处温度达到最大值,均有合理的温度分布,燃烧器区域温度较高,炉内燃烧情况稳定。

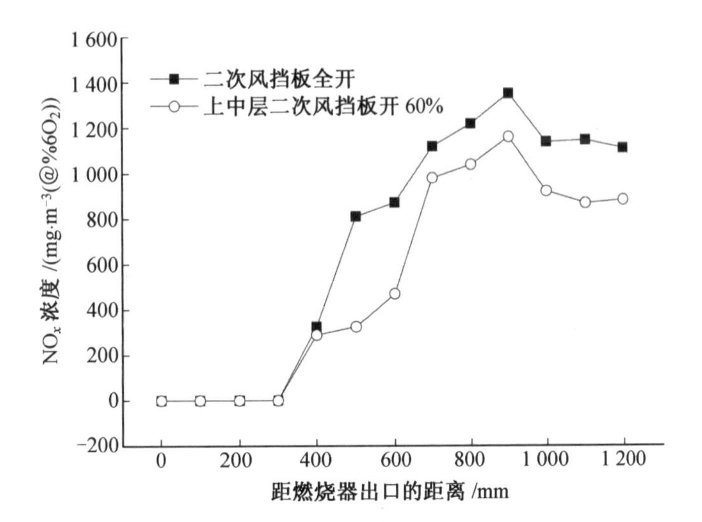

图 3.80　燃烧器出口区域 NO_x 浓度分布

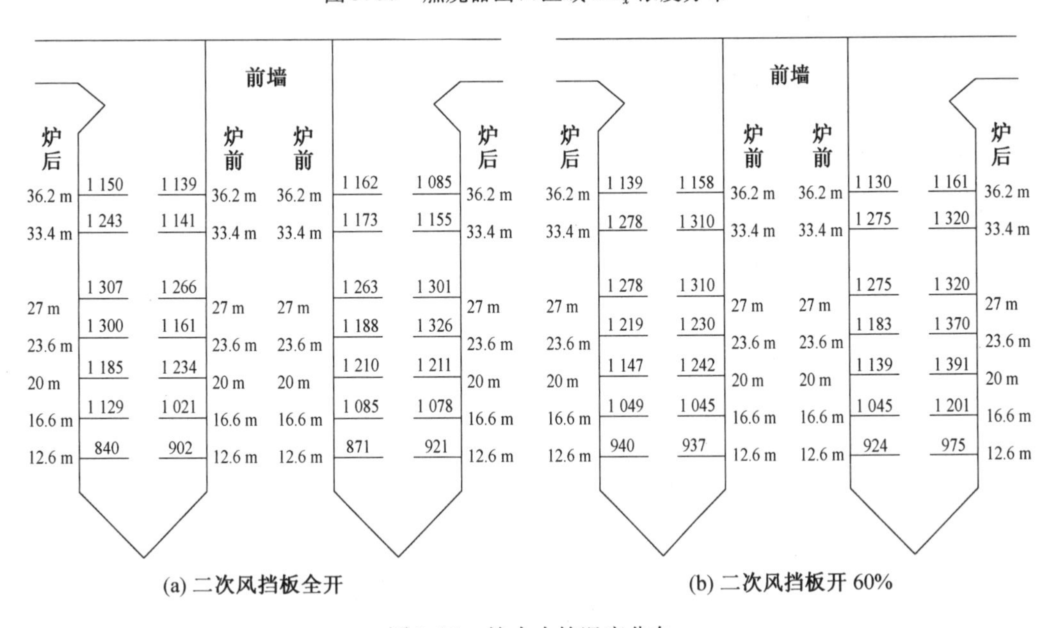

图 3.81　炉内火焰温度分布

在燃烧器层，尤其是中层和上层燃烧器，及 16.6 m 和 20 m 处，二次风挡板全开时炉内烟气温度明显高于上中层二次风挡板开度 60% 时。这是由于二次风挡板全开时，二次风风量较大，燃烧器区域煤粉燃烧时二次风补入及时且量大，这些都直接促使了此区域燃烧的稳定进行，使得温度保持在一个较高的水平；而上中层二次风挡板开度为 60% 时，二次风风量明显减少，导致主燃区氧量较少，煤粉燃烧剧烈程度较弱，致使此区域温度较二次风挡板全开时有所降低。

在燃尽风层温度出现最大值，是因为燃烧器层与燃尽风层距离较近，主燃区烟气温度随着高度上升温度下降很少，而随着燃尽风的喷入，O_2 补入，使得未能燃尽的煤粉开始燃烧，这部分的燃烧反应又使得烟气整体温度继续上升，从而出现峰值。

经测定锅炉在230 MW负荷时，两个工况的飞灰可燃物含量分别为4.78%和5.14%，大渣可燃物含量分别为3.82%和5.42%，左右两侧空气预热器出口的平均NO_x排放量分别为635 mg/m^{3}和592 mg/m^3（实测值折算到$\varphi_{O_2}=6\%$）。锅炉的排烟热损失为3.89%和4.64%，固体未完全燃烧热损失分别为4.84%和4.56%，气体未完全燃烧热损失均为0.01%，锅炉散热效率均为0.42%，则锅炉热效率分别为90.84%和90.37%。飞灰、大渣可燃物分析见表3.24。

表3.24 飞灰、大渣可燃物分析

项目	单位	工况4	工况5
飞灰可燃物含量	%	4.78	5.14
大渣可燃物含量	%	3.82	5.42

因此，在230 MW负荷且上中层二次风挡板开度为60%、下层二次风挡板和燃尽风挡板开度为100%时，锅炉的综合指标较好，空气预热器出口的平均NO_x排放量为592 mg/m^3（$\varphi_{O_2}=6\%$），NO_x排放量比改造前（945 mg/m^3（$\varphi_{O_2}=6\%$））大幅降低，降幅达到37%；而在该工况下锅炉运行稳定，炉膛负压稳定，主蒸汽压力、主蒸汽温度达到了设计要求，锅炉过、再热器减温水总量，排烟温度，飞灰及大渣可燃物含量均与改造前基本相同。

3.5.3 W火焰煤粉燃烧技术

根据我国发电用煤质量标准，按挥发分含量由高到低可将动力用煤分为褐煤、烟煤、贫煤和无烟煤（干燥无灰基挥发分V_{daf}低于10%）。我国是世界上少数无烟煤储量丰富的国家之一。无烟煤已探明储量占全国保有煤储量的12%以上，主要集中分布在山西、贵州两省。低挥发分煤（贫煤、无烟煤）和高灰分低发热量煤为难燃煤，占我国动力用煤的五分之二以上。这就决定了我国相当一部分电站必须利用难燃煤来进行发电。低挥发分煤煤化程度高，挥发分含量较低，煤发热量中挥发分的发热量的比例低，着火比较困难；煤的岩相结构紧密而稳定，孔隙率小，可磨性弱，反应性低，燃尽差。因此，低挥发分煤的特点是着火与燃尽都比较困难，需要较高的着火与燃尽温度，以及较长的燃尽时间。

从燃烧学和实践经验的角度可以得出强化低挥发分煤等难燃煤燃烧有如下几个技术措施。

（1）提高煤粉细度。磨得细，反应的表面积增大，风粉混合物的着火品质得到提高，使煤粉挥发物析出和燃烧的时间大为提前。

（2）提高一次风中的煤粉浓度。要使风粉混合物在燃烧器喷口附近就达到着火温度，就应具有较高的煤粉浓度，尽可能维持较低的空气份额，以加速煤粉对热量的吸收。

（3）提高一次风混合物进口温度和热空气温度。

（4）采用较低的一次风速。这是为了延长煤粉在燃烧器喷口附近的停留时间，以及改善煤粉空气混合物的加热条件，提高气流的升温速率。

（5）增加高温烟气回流到燃烧器前的数量。实现高温烟气回流，控制回流的数量和回流区的形状是增加外部着火热源最有效的措施之一。

(6)增强对着火区域的热辐射,使着火区域具有高的燃烧室温和燃烧室壁温,燃烧室温度水平应尽可能提高,以使煤粉尽早达到着火条件。使用较多且行之有效的方法是在燃烧器区域敷设耐火材料(卫燃带),减少炉膛这一区域的吸热水平,从而提高炉膛温度。

(7)增加燃料在炉内的停留时间,延长火焰行程。为使燃料颗粒充分燃尽,应使颗粒有尽可能长的燃尽路程,与此紧密相关的就是炉膛的形状和燃烧器的布置方式。

(8)各次风分级送入参加燃烧,改善加热和着火条件。

(9)将风、粉均匀地分配到各组燃烧器。

(10)使用火焰驻定装置,如钝体和稳燃环等。

(11)适当增大过量空气系数。为保证余焦的燃尽,过量空气系数应选得高一些。煤质变差时过量空气系数宜向上扬,以确保余焦后期的燃尽。然而,过量空气系数高时氮氧化物排放量也会处于高水平。

关于难燃煤在电站锅炉的利用一直是电站锅炉燃烧的难题。在 20 世纪 50 年代,我国相当大部分燃用贫煤的电站锅炉都采用蜗壳式旋流燃烧器。20 世纪 60 年代初,我国从捷克引进四角切圆燃烧液态排渣锅炉燃烧低灰熔点贫煤,最大蒸发量为 200 t/h。我国此后开始自行研制 230 t/h 与 410 t/h 的无烟煤液态排渣锅炉。我国于 20 世纪 80 年代初,投运了一些国产 670 t/h 燃用贫煤和无烟煤的切圆燃烧固态排渣煤粉锅炉;20 世纪 80 年代末投运了引进的 220 t/h“U”型火焰贫煤锅炉和国产 670 t/h 燃用无烟煤的切圆燃烧液态排渣锅炉;20 世纪 90 年代起,投运了 2 台采用 PAX(primary air exchange,一次风置换)型双调风燃烧器的 670 t/h 墙式燃烧固态排渣贫煤煤粉锅炉,以及一些国产 1 025 t/h 燃用贫煤的固态排渣煤粉锅炉,其中大部分为切圆燃烧,少数为墙式燃烧。同时开始从国外引进 300 MW 级的 W 火焰固态排渣煤粉锅炉,以及从芬兰引进 410 t/h 燃用贫煤的循环流化床锅炉。到目前为止,我国电站锅炉所用的燃烧方式几乎包括了所有各种低挥发分煤的燃烧方式。其中较为引人注目的是 W 火焰锅炉,目前已成为燃用低挥发分煤种的主力炉型,基本解决了利用低挥发分煤发电大型锅炉运行的稳定性和可靠性,首次实现了低挥发分煤特别是无烟煤燃烧锅炉的高参数化和大容量化。

与常规锅炉不同,W 火焰锅炉的炉体沿炉高方向可分为上下两部分,下炉膛的深度比上炉膛大 80% ~120% 。由于炉深的不同,在上下炉膛的结合部形成炉拱。一次煤粉气流和部分二次风的喷嘴布置于拱上,这部分煤粉和气流从上往下喷入炉膛。而剩余的二次风则由拱下前后墙的二次风喷口通入炉膛。一次煤粉气流着火后向下伸展,在下炉膛下部与二次风相遇后折转向上,在炉膛中心区域上升,从而形成 W 形火焰,燃烧产物气流上升进入上炉膛。按福斯特惠勒公司的解释,W 火焰锅炉的燃烧过程分为三个阶段:起始阶段,煤粉在低扰动的状态下引入炉膛;燃烧阶段,由于二次风与三次风的高速引入,混合强烈;辐射冷却阶段,烟气进入炉膛上部烟道,除了继续以低扰动状态使燃料燃尽外,对受热面进行辐射得以冷却。相比于其他形式的锅炉,W 火焰锅炉能通过一次风的下射延长煤粉的行程,又能通过炉膛中心高温烟气的回流加热一次煤粉气流,是燃用难燃煤的

重要炉型。

W 火焰锅炉主要包括以下 4 种类型:美国福斯特惠勒（Foster Wheeler,FW）型 W 火焰锅炉和美国巴威（Babcock & Wilcox, B&W）型 W 火焰锅炉、英国斗山巴布科克（Doosan Babcock Energy Limited,DBEL）型 W 火焰锅炉,以及法国斯坦因（Stein）型 W 火焰锅炉。按照所配备的燃烧器结构的不同,W 火焰锅炉可分为两大类,其中 FW、DBEL 和 Stein 型 W 火焰锅炉均为直流燃烧器 W 火焰锅炉（简称直流 W 火焰锅炉）,仅有 B&W 型 W 火焰锅炉为旋流燃烧器 W 火焰锅（简称旋流 W 火焰锅炉）。目前,我国 W 火焰锅炉保有量占世界 W 火焰锅炉保有量的 80% 以上。与切圆锅炉和墙式对冲锅炉相比,W 火焰锅炉尽管在促进无烟煤着火和燃尽方面具有较强的优势,但在实际运行中依然存在诸多问题:煤粉着火晚,燃烧稳定性和燃尽仍较差,最低不投油稳燃负荷率为 45% ~ 52% ;飞灰可燃物含量多数为 8% ~15% ;特别地,NO_x 排放超高,为 1 000 ~2 000 mg/m^3（$\varphi_{O_2}=6\%$）。

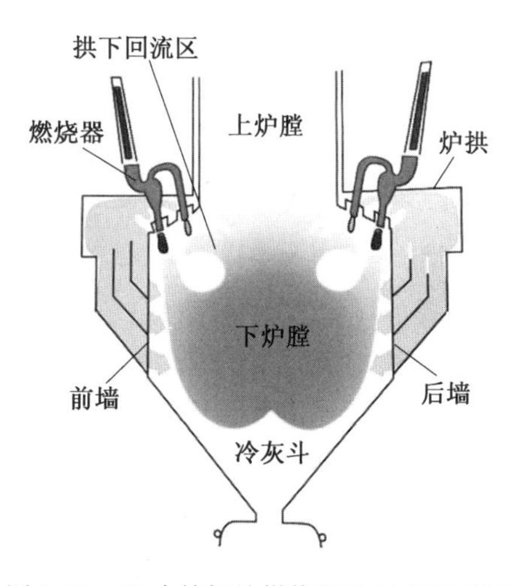

图 3.82　W 火焰锅炉燃烧组织方式原理图

FW 公司开发的 W 火焰燃烧技术已有 50 多年的历史。其主要的技术特点是双旋风分离式燃烧器结合双进双出正压直吹制粉系统,如图 3.83 所示。双旋风分离式燃烧器竖直地布置在拱上,它主要由煤粉输入管、格栅分离器、双旋风筒、淡煤粉气流管、消旋叶片等部件组成。一次煤粉气流通过煤粉输入管,经由格栅分离器均匀地分成两部分,进入两个旋风筒。在每个旋风筒里,由于惯性分离的作用,形成浓淡两股煤粉气流,分别经由旋风筒喷口和淡煤粉气流管出口竖直向下进入炉膛。二次风分为拱上和拱下两部分。拱上二次风约占二次风总量的 30% ,在浓淡气流旁边形成环形二次风喷入炉膛。拱下二次风约占二次风总量的 70% ,经过竖直水冷壁间形成的缝隙式喷口分三层(D 层、E 层和 F 层)供入炉膛。通过旋风分离式燃烧器进行浓淡分离将提高锅炉的稳燃性能,而拱下二次风的分级给入则会有利于氮氧化物的生成。其采用的制粉系统大部分为双进双出钢球磨正压直吹系统。

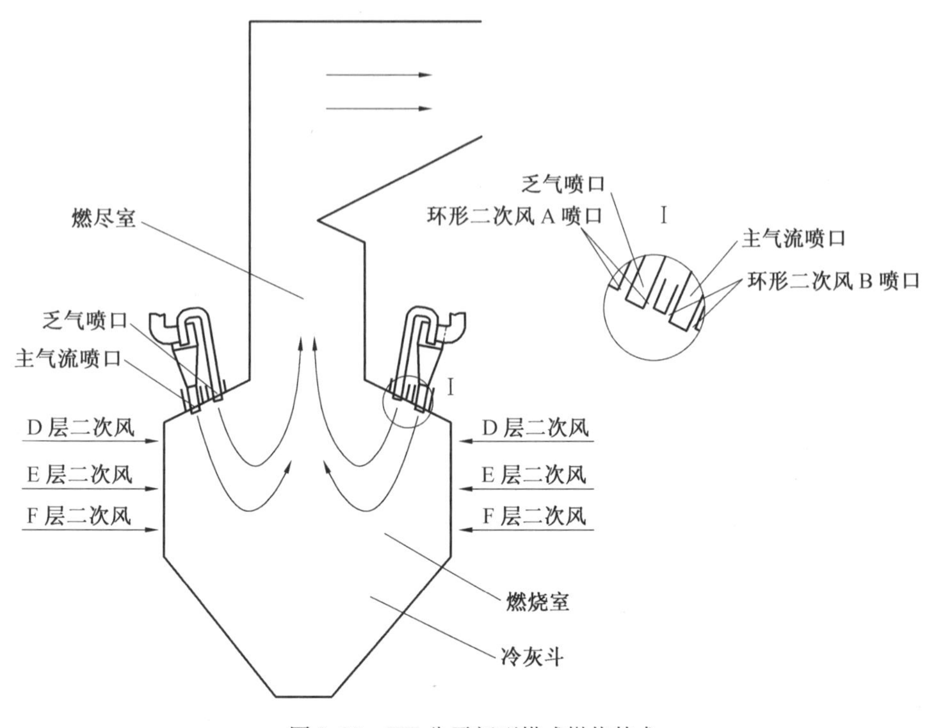

图 3.83　FW 公司新型拱式燃烧技术

B&W 型 W 火焰锅炉最主要的技术特点是其在拱上布置的燃烧器为叶片式旋流燃烧器。与直吹和中间储仓式制粉系统均能匹配，根据制粉系统的不同可采用不同的旋流燃烧器，均能获得较高的一次风温和煤粉浓度，有利于低挥发分煤的着火和燃烧。在拱下布置有三次风（制粉乏气）和分级风喷口，形成一定的分级燃烧，既可降低氮氧化物排放，又可在炉膛下部增强煤粉的后期混合，有利于火焰的下冲。其燃烧系统结构如图 3.84 所示。B&W 型 W 火焰锅炉拱上的燃烧器主要有以下两种。

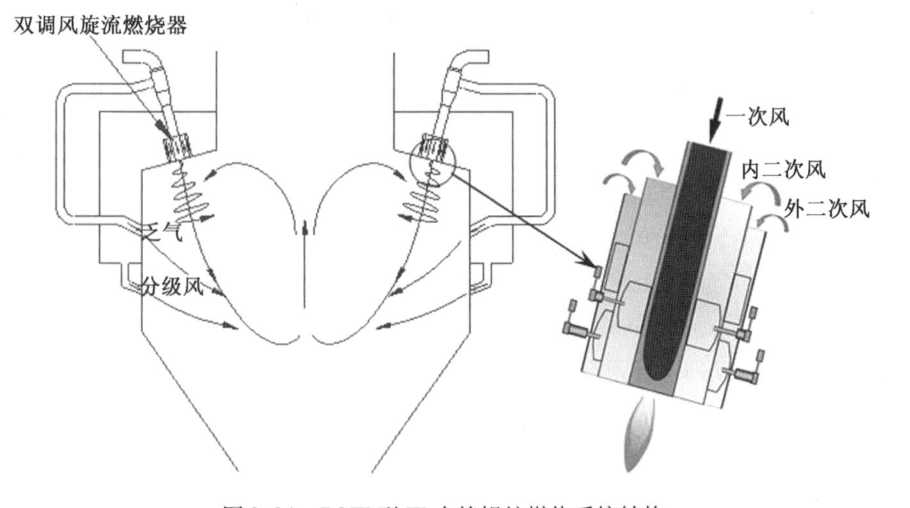

图 3.84　B&W 型 W 火焰锅炉燃烧系统结构

(1)EI-XCL 燃烧器。这种燃烧器一次风管外设有内外两层二次风,通过调整二次风道内的叶片角度可以改变二次风的旋流强度。内层二次风用于引燃煤粉,外层二次风用于补充煤粉燃烧所需的空气。调风器采用一个可滑动的风筒来控制进入二次风区域的二次风量,从而调节进入内外区的风量比。它一般与中间储仓式制粉系统相匹配。

(2)PAX 燃烧器。PAX 燃烧器最具有特色的是结构简单的内置式一次风换风装置,它巧妙地利用了煤粉气流流经连接一次风管道及燃烧器弯头所产生的离心力的效果来达到分离目的。一次风粉气流进入燃烧器前的偏心弯头导管后,被分离出来的大部分煤粉随富粉气流向前流动,其余的细粉和 50% 的原一次风经内侧乏气管抽出,从乏气风喷嘴送入炉内。同时,一股高温的热空气引进分离器进入煤粉喷嘴与富粉气流混合后直接进入燃烧器喷嘴。在端部,这种燃烧器也采用类似 EI-XCL 燃烧器用的双调风结构来增强燃烧。这种燃烧器主要与中速磨直吹制粉系统相匹配。

英国 DBEL 公司在 W 火焰锅炉的炉拱上也布置有旋流燃烧器,但不同于 FW 型 W 火焰锅炉采用的燃烧器,其喷口采用的是直流缝隙的形式。选择这种形式,主要考虑的是将煤粒迅速加热,窄长喷口向炉内喷射呈长方形的煤粉气流,其辐射面将远大于圆形喷口的射流,有利于煤粉的及时着火。另外,大部分的二次风助燃空气主要由炉拱上的狭缝喷口供入炉膛,二次风狭缝喷口和一次风狭缝喷口相间布置。由二次风箱内引出一股热风形成三次风,在靠近冷灰斗处通过狭缝式喷口通入炉膛(图 3.85),它仅用来为与冷灰斗斜管接角的边缘火焰提供足量空气以防其熄灭。其制粉系统为正压式双进双出钢球滚筒磨煤机。

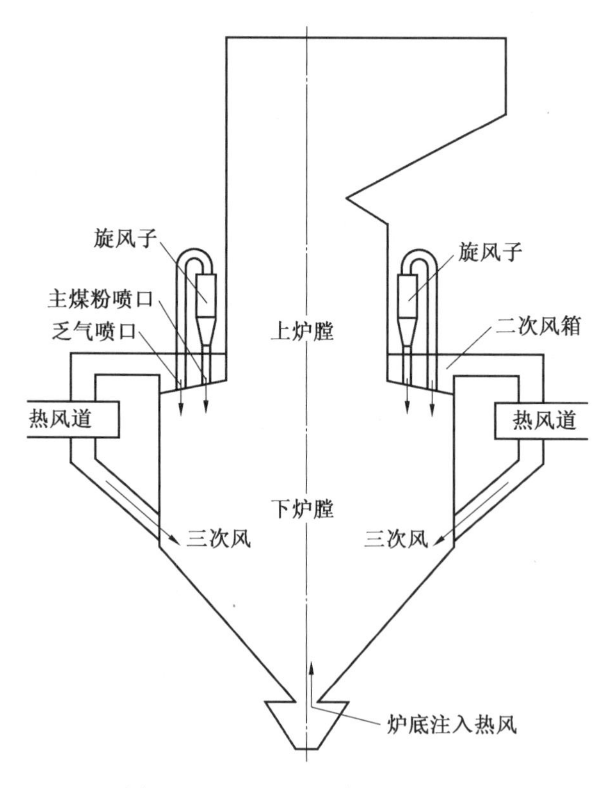

图 3.85　DBEL 型 W 火焰锅炉简图

Stein 公司采用的燃烧器较为简单,为直流缝隙式燃烧器,没有旋风分离装置。与 DBEL 公司的锅炉类似,其二次风喷口也采用直流缝隙的形式,在拱上与一次风喷口交错布置。二次风箱内引出两股二次风形成上三次风和下三次风,由前后墙缝隙式喷口通入炉膛。上下三次风中间还有一次乏气喷口,中间储仓式制粉系统产生的乏气由此喷口通入炉膛(图 3.86)。

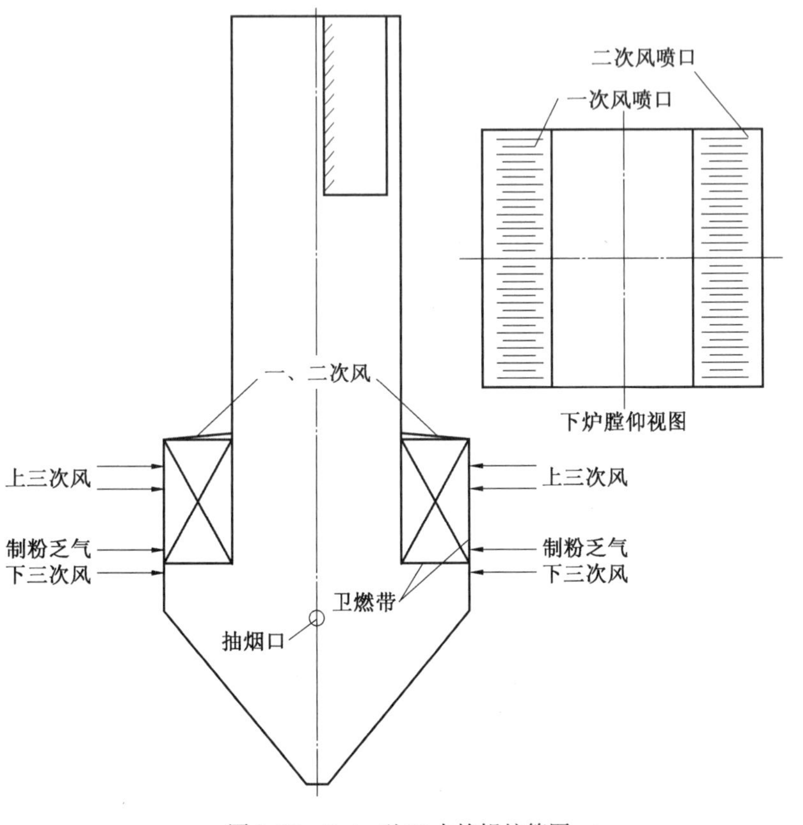

图 3.86　Stein 型 W 火焰锅炉简图

基于射流引射机制、浓淡燃烧和炉内深度分级燃烧理念,哈尔滨工业大学提出了 W 火焰锅炉多次引射分级燃烧技术,如图 3.87 所示,在拱上由炉膛中心向前后墙依次布置一次风、内二次风、乏气和外二次风,在拱下布置下倾的三次风(作为分级风),在拱部靠近喉口处布置燃尽风。

在这一技术中,一次风布置在靠近炉膛中心一侧,有利于及时着火;由高速的内、外二次风和下倾的三次风依次引射风速较小的一次风粉下行,从而获得较大的煤粉气流下射深度,同时还实现了随燃烧进行逐渐供风,保证了煤粉燃尽和稳燃;将乏气布置在一次风与前、后墙之间,实现了浓淡燃烧;内二次风、外二次风、三次风和燃尽风逐级给入,实现了多次分级燃烧,可保证低氮氧化物排放;此外,靠近前、后墙水冷壁的外二次风还可有效防止结渣。由此可见,这一技术是在 W 火焰锅炉内组织高速射流分 3 次引射一次风粉下射的同时构建 3 级空气分级燃烧,因而称之为 W 火焰锅炉多次引射分级燃烧技术。

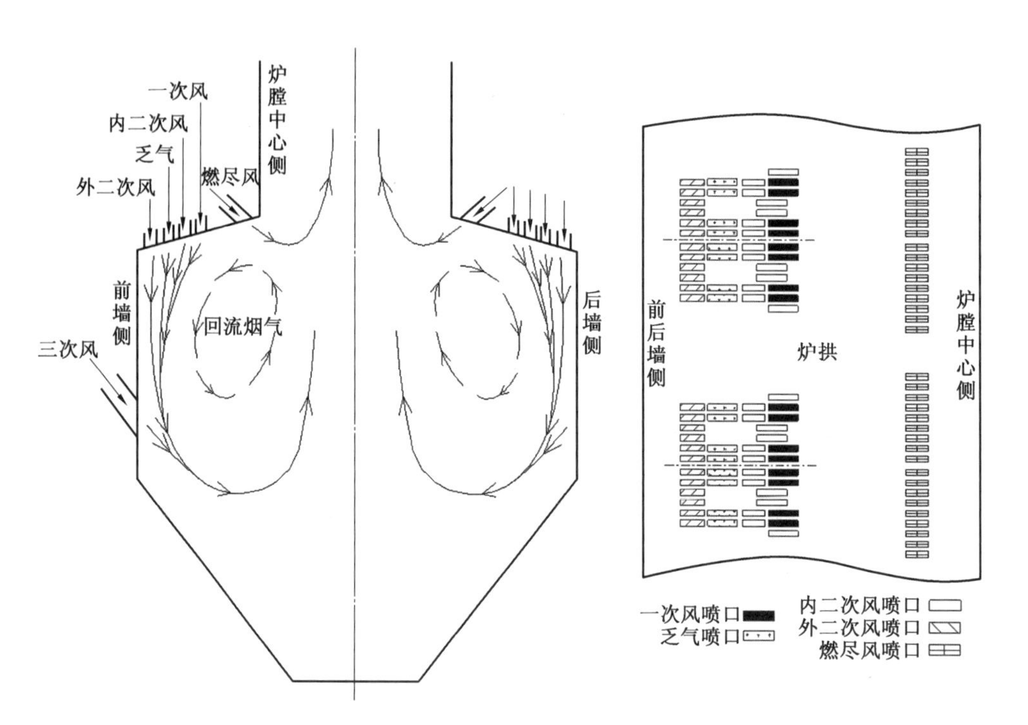

图 3.87　W 火焰锅炉多次引射分级燃烧技术

对于 W 火焰锅炉多次引射分级燃烧技术原理,可从及时着火与稳燃、高效燃烧、防结渣、低 NO_x 生成、水冷壁壁温偏差小且壁温整体较低共 5 个方面来分析。

(1)及时着火与稳燃原理。

及时着火与稳燃原理体现在以下 3 个方面。

①一次风靠近炉膛中侧布置,在一次风与炉膛中心之间再无二次风或乏气布置,一方面一次风下方区域烟气温度高,另一方面一次风与内二次风不是相间布置,使得这两股射流之间接触面积小,一次风在着火前将不受二次风或乏气的稀释,从而在一次风下方区域形成了高温、高煤粉浓度区域,而煤粉浓度高,着火热减小,着火温度低,因而煤粉气流着火提前且火焰稳定性提高。

②一次风喷口在炉宽方向较为集中布置(图 3.87),一方面使一次风受拱下高温回流烟气加热的受热面较大,另一方面由于一次风相对集中布置而延缓了一次风射流的衰减,因而煤粉气流着火提前且火焰稳定性提高。

③三次风下倾有利于维持炉内流场稳定,这有利于炉内稳定燃烧。

(2)高效燃烧原理。

高效燃烧原理体现在以下 5 个方面。

①一次风靠近炉膛中心布置,因靠近炉膛中心区域温度高,煤粉气流喷入炉膛后能与拱下高温回流烟气混合,可及时着火和稳定燃烧而提高燃尽程度。

②集中布置的一次风入炉时射流刚性较强且着火后射流衰减较慢,这一方面有利于延长一次风粉的下射深度,另一方面有利于增加一次风粉在向火侧的受热面,此两者均有利于煤粉颗粒燃尽。

③动量较大的内、外二次风和三次风逐级引射携带一次风粉下行，使得一次风粉深入冷灰斗区域，煤粉颗粒在高温的下炉膛具备足够的停留时间而获得较好燃尽。

④三次风下倾喷入，这有利于建立稳定的流场而使炉内燃烧更均匀，有利于提高燃尽。

⑤虽然炉内形成深度分级燃烧条件，但燃尽风在靠近喉口的较佳位置处下倾喷入，使得燃尽风与上行高温烟气的混合点位于喉口附近区域，有利于延长燃尽时间而确保燃尽。

(3)防结渣原理。

防结渣原理体现在以下 3 个方面。

①煤粉浓度高的一次风靠近炉膛中心布置，而煤粉浓度很低的乏气靠近前、后水冷壁侧布置且位于内二次风和外二次风之间，一方面外二次风阻隔了乏气和一次风中的煤粉颗粒冲刷水冷壁，另一方面一次风粉受内、外二次风引射而不会冲刷炉拱，因而下炉膛前、后水冷壁和拱部靠近炉膛中心的高温区域不易结渣。

②动量较大的三次风在下行气流的压制作用下靠近冷灰斗下行，在冷灰斗表面形成一层空气膜，因而冷灰斗不易结渣。

③应用多次引射分级燃烧技术时，还在锅炉的 4 个切角(即翼墙)上通入防结渣风，旨在减轻翼墙结渣。

(4)低 NO_x 生成原理。

低 NO_x 生成原理体现在以下 4 个方面。

①拱下燃烧器区域组织第一级分级燃烧。为避免二次风过早混入一次风粉中，在拱上形成了一次风与二次风分离、二次风分成两级而逐步携带一次风粉下行的低 NO_x 燃烧器布置方式，使一次风煤粉长时间处于远离化学当量比燃烧状态，抑制了 NO_x 生成。

②拱下燃烧器区域组织浓淡燃烧。一次风靠近炉膛中心侧向火布置，而乏气移至靠近前、后墙水冷壁侧背火布置，设置在乏气与一次风之间的内二次风(其动量较大)延迟了一次风与乏气的混合，实现了浓淡燃烧，这有利于抑制 NO_x 生成。

③三次风区域组织第二级分级燃烧。采用较高的三次风率，由于拱部二次风较少，拱下燃烧器区域化学当量比较低，抑制了着火前期燃料型 NO_x 的大量生成；同时将三次风下倾喷入可推迟煤粉气流与三次风的混合，使煤粉处于低氧燃烧状态，抑制 NO_x 生成。

④喉口区域组织第三级分级燃烧。在靠近喉口的较佳位置处布置下倾喷入的燃尽风，在炉内构建深度分级燃烧条件，有效抑制了 NO_x 生成。

(5)水冷壁壁温偏差小且壁温整体较低原理。

针对超临界 W 火焰锅炉存在的水冷壁壁温偏差过大和壁温严重超出允许值的问题，在应用多次引射分级燃烧技术的系统中高速的内、外二次风近前后墙集中布置(图 3.88)，三次风高速下倾喷入而贴向冷灰斗近壁区域，以及在较为稳定的流场炉内燃烧趋于稳定，这为控制超临界 W 火焰锅炉水冷壁壁温和减小其壁温偏差创造了有利条件，有利于避免水冷壁鳍片拉裂和爆管事故的发生，保证了锅炉安全运行。

本节对一台新建的某电厂 350 MW 超临界参数变压直流锅炉展开详细论述。该锅炉为双炉拱单炉膛，组织 W 型火焰燃烧形式，一次再热，平衡通风，固态排渣，全钢架结构，Π 形露天布置。图 3.88 为其炉膛结构简图。该炉膛被炉拱分为上炉膛和下炉膛两部分，炉膛总高为 47.36 m，其中上炉膛高度为 28.2 m。上炉膛深度为 8.022 m，下炉膛深度为

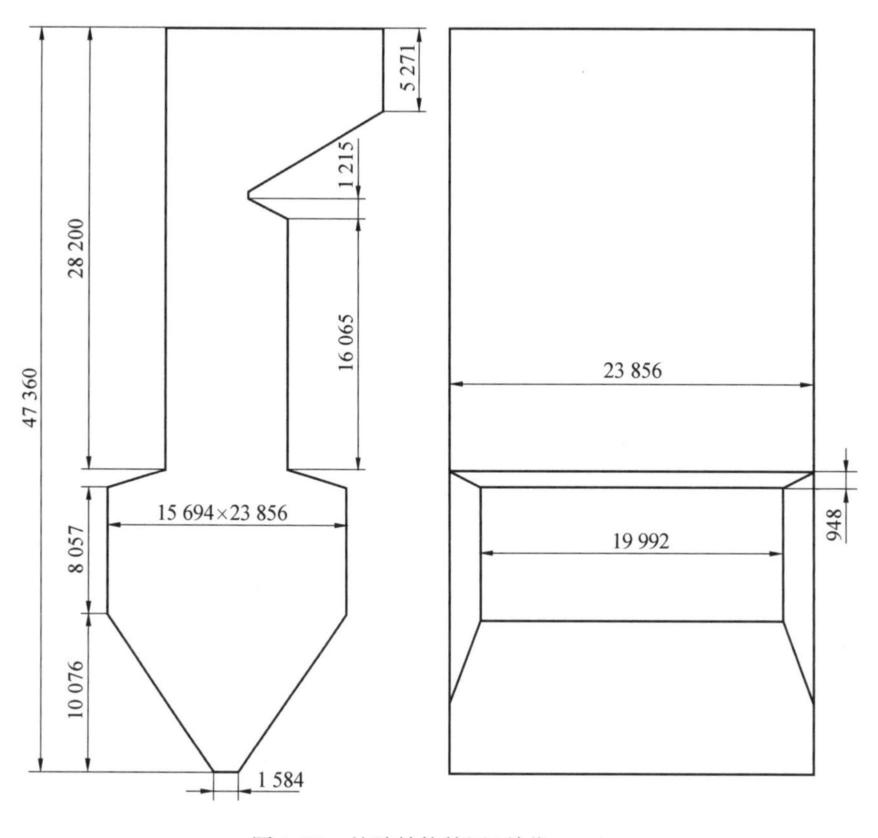

图 3.88　炉膛结构简图(单位:mm)

15.694 m。炉拱与水平方向夹角为 15°,折焰角和冷灰斗与水平方向夹角均为 55°,固态排渣口宽度为 1.584 m。为了更好地使煤粉燃烧过程中火焰具有较好的充盈度,以及避免冲刷前后墙水冷壁,在炉膛结构设计上增加了翼墙。锅炉运行参数见表 3.25,锅炉的设计煤种为无烟煤,锅炉燃用煤质分析见表 3.26。

表 3.25　锅炉运行参数

名称	单位	BMCR	BRL
主蒸汽流量	t/h	1 100	1 038.5
主蒸汽温度	℃	571	571
主蒸汽压力	MPa	25.4	25.28
再热器进口压力	MPa	4.56	4.27
再热器进口温度	℃	325	318.1
再热器出口压力	MPa	4.37	4.09
再热器出口温度	℃	569	569
再热蒸汽流量	t/h	936	880.8
给水温度	℃	285	276

注:BMCR 为锅炉最大蒸发量工况,主要是在满足蒸汽参数,炉膛安全情况下的最大出力;BRL 为锅炉额定工况,锅炉在额定蒸汽参数、额定给水温度,使用设计燃料,并保证锅炉设计效率时所规定的蒸发量。

表 3.26　锅炉燃用煤质分析

名　称	符　号	单　位	设计煤种	校核煤种
收到基碳	C_{ar}	%	52.73	52.05
收到基氢	H_{ar}	%	1.35	1.02
收到基氧	O_{ar}	%	0.42	0.21
收到基氮	N_{ar}	%	0.53	0.65
收到基硫	S_{ar}	%	3.99	2.65
收到基灰分	A_{ar}	%	32.98	33.42
收到基水分	M_{ar}	%	8	10
干燥无灰基挥发分	V_{daf}	%	8.97	8.16
收到基低位发热量	$Q_{net.ar}$	kJ/kg	19 450	18 500
空气干燥基水分	M_{ad}	—	1.68	1.88
变形温度	DT	℃	1 095	1 107
软化温度	ST	℃	1 168	1 174
熔化温度	FT	℃	1 278	1 278

对于 W 火焰锅炉而言,三次风下倾角度能够直接影响下炉膛中的水平动量,容易造成气流在炉膛中心处的剧烈挤压,很容易引起流场偏斜。不同的三次风下倾角度水平速度分量和竖直速度分量上存在不同,这将体现在对拱上气流的“引射”和“拦截”的双重作用上,从而有可能影响拱上气流的下射深度。若气流在炉膛内的下射深度较小,煤粉颗粒在炉膛停留时间相对较短,会影响煤粉的燃烧和燃尽,导致锅炉效率降低;相反,若气流的下射深度过大,煤粉颗粒容易冲刷冷灰斗,导致冷灰斗壁面出现热疲劳和结渣,进而影响锅炉的安全运行;除此之外,恰当的三次风下倾角度也会防止气流冲刷前后墙水冷壁。

合适的二、三次风配比能够更好地实现煤粉分级燃烧,有利于煤粉颗粒的燃尽,同时能有效避免气流对前后墙及冷灰斗的冲刷及磨损。因此,在确定了三次风下倾角度的情况下,需要对二、三次风配比进行探讨,得到合理的运行锅炉运行参数。

本节设计了三次风下倾角度分别为 0°、10°、20°和 30°的 4 个工况。各喷口风速、风温及给煤量见表 3.27。

表 3.27　各喷口风速、风温及给煤量

三次风下倾角度		0°	10°	20°	30°	风温/K	给煤量/(kg · s^{-1})
风速/(m · s^{-1})	浓煤粉气流	12	12	12	12	393	34
	淡煤粉气流	15	15	15	15	393	11.2
	二次风	31.9	31.9	31.9	31.9	628.6	—
	三次风	31.9	31.9	31.9	31.9	628.6	—
	OFA	31.9	31.9	31.9	31.9	628.6	—

图3.89为不同三次风下倾角度下炉内速度分布。从图中可以看出，当三次风下倾角度改变时，拱上气流从燃烧器喷口喷出后下行进入炉膛，在下行的过程中气流冲量不断减少，拱上气流下行至三次风喷口处与三次风进行混合。混合后的气流将受到三次风的“携带”作用继续下行然后折转向上。由于燃烧器是关于炉膛中心线对称分布的，因此前、后墙气流会在炉膛中心线处混合，形成相对对称的W形流场。此外，当气流上行至炉拱下部区域时，形成了较为对称的两个回流区，这部分回流区由于静压值较小，高温烟气被卷吸至拱下，使得从燃烧器喷口射出的煤粉颗粒迅速吸收热量然后析出挥发分着火和燃烧。三次风下倾角度的大小将主要影响下炉膛的流场，三次风从喷口射出后以一定的下倾角度进入炉膛，逐渐扩散并且与下行的拱上气流相互混合，然后“携带”气流继续下行。由于炉膛下部的空间相对较小，因此当气流受到减小的炉膛空间的挤压作用时会折转向上流动。随着三次风下倾角度的增大，三次风水平动量将逐渐减小，而竖直方向动量将逐渐增大。因此，在三次风风量和风速一定的情况下，三次风下倾角度的增大将会导致三次风射流竖直向下的动量增大，同时由于水平方向动量的减小，不能较好地阻拦拱上气流的下射。分析三次风下倾角度为0°和10°时的计算结果，由于水平动量较大，因此对拱上下行气流起到了很好的“拦截”作用。分析三次风下倾角度增加为20°和30°时的计算结果，三次风气流竖直动量分量较大，拱上气流下射至三次风喷口位置处时受到三次风的“引射”作用，继续下行至冷灰斗区域，这样便使得煤粉颗粒从拱上燃烧器喷口射出后能够较长时间停留在炉内，极大地保证了燃烧和燃尽。但当三次风下倾角度增大至30°时，气流下行至冷灰斗中部区域时明显冲刷了冷灰斗，不利于锅炉的安全运行。

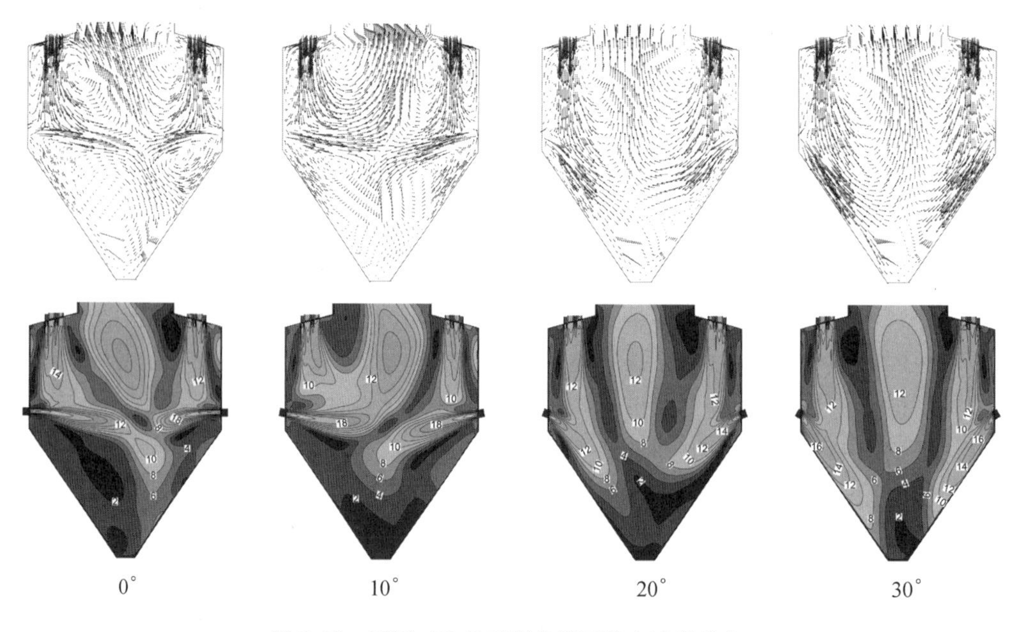

图3.89　不同三次风下倾角度下炉内速度分布

图3.90为三次风下倾角度下炉内温度场分布。从图中可以看出，温度的分布趋势与

速度相吻合。不同三次风下倾角度下,炉膛内部的高温区域均出现在下炉膛靠近炉膛中心处。随着三次风下倾角度的增大,三次风对拱上气流的“引射”作用增强,引起火焰中心下移。这是由于在其他各喷口参数不变的情况下,随着三次风下倾角度的增大,拱上各喷口的下行气流下行至三次风区域时受到三次风的“引射”作用而继续下行,下射深度增加,延长了煤粉颗粒行程,煤粉燃烧放出更多的热量,因此随着三次风下倾角度的增大,冷灰斗区域温度升高。当三次风下倾角度增大到30°时,冷灰斗内的温度明显高于其他3种工况,同时由于下倾角度较大,拱上下行气流更加靠近冷灰斗水冷壁,因此该工况下容易造成冷灰斗结渣及产生热疲劳现象。

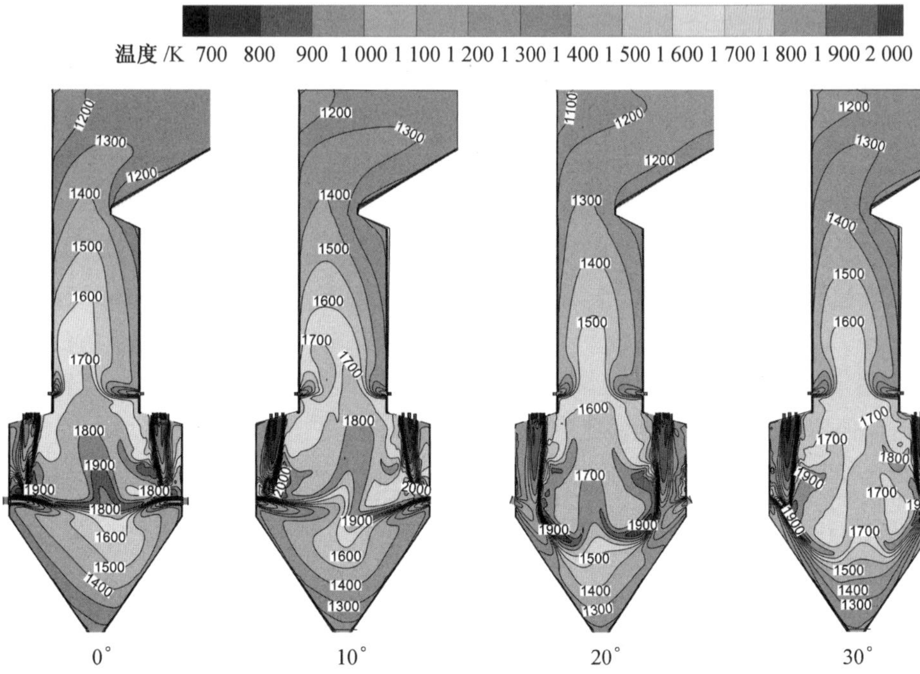

温度/K 700 800 900 1 000 1 100 1 200 1 300 1 400 1 500 1 600 1 700 1 800 1 900 2 000

0° 10° 20° 30°

图 3.90 不同三次风下倾角度下炉内温度分布

图 3.91 为不同三次风下倾角度下沿炉膛高度的烟气平均温度分布。4 个工况的烟气平均温度整体趋势基本一致——先升高后降低,即烟气平均温度随着炉膛高度的增加而升高,在 12 m 左右烟气温度达到最高值,然后有所降低。在 0 ~ 9 m 炉膛高度区间内烟气平均温度水平较低,并随着炉膛高度的增加而有所升高,这是因为该区域处于冷灰斗区域,煤粉气流和三次风气流的混合气流没有深入该区域内进行燃烧。分析三次风下倾角度为 0°的工况,在 11.4 m 左右出现了“波谷”,这是由于该区域位于三次风喷口位置,大量温度较低的三次风喷入炉膛导致该区域温度有所降低。然而随着三次风下倾角度的增大,三次风不能很好地拦截拱上气流,使得三次风喷入炉膛后迅速与高温烟气混合,在曲线中不再出现“波谷”。在炉膛高度 9 ~ 18.75 m 范围内,烟气平均温度出现了第一个“波峰”,这是由于该区域位于煤粉燃烧的主要区域,并且拱上煤粉气流与三次风气流的混合气流在 12 m 左右发生燃烧,伴随着炉膛高度的升高烟气温度有所降低。随着三次风下倾

角度的增大，由于火焰中心下移，烟气平均温度的峰值所对应的炉膛高度也有所降低。随着燃烧反应的继续发展，煤粉颗粒中的可燃物逐渐减少，加上拱上燃烧器喷口处温度较低的气流的喷入，使得烟气温度逐渐减低，直到靠近燃烧器布置位置 18 m 左右出现“波谷”。在经历了燃烧器喷口处大量冷风喷入之后，烟气平均温度有所升高，即在喉口处出现了第二个“波峰”。随着三次风下倾角度的增大，三次风对拱上气流的引射作用增加，使得更多的煤粉颗粒在炉膛中下部区域内进行燃烧，伴随着上行烟气的未燃尽的煤粉颗粒减少，在高温回流区区域内出现的“波峰”值降低。在 20.77 m 左右，由于燃尽风的喷入，烟气平均温度有所降低，出现“波谷”。此后，未燃尽的煤粉颗粒受到 OFA 气流的作用，在该区域处发生再燃，烟气平均温度相对有所升高。随着煤粉颗粒的燃尽，烟气在上行过程中与受热面进行对流换热作用，烟气温度逐渐降低。

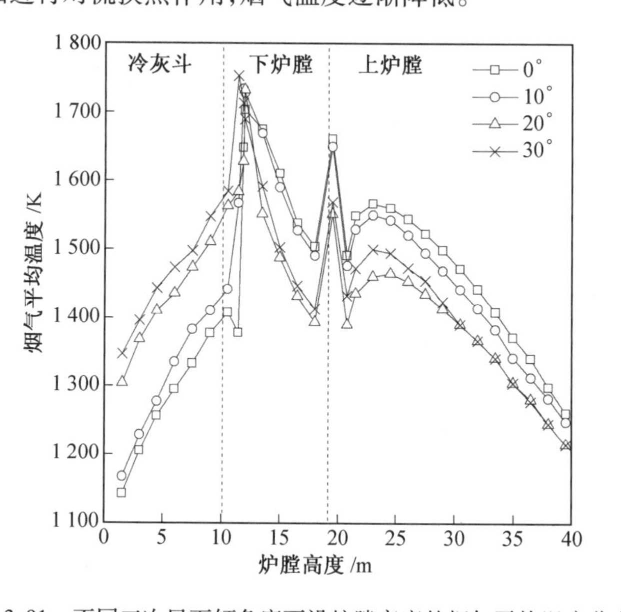

图 3.91　不同三次风下倾角度下沿炉膛高度的烟气平均温度分布

图 3.92 为不同三次风下倾角度下炉内 O_2 浓度分布。从图中可以看出，各个工况下的炉内 O_2 浓度分布与炉内温度分布较为吻合。对于不同的三次风下倾角度，炉内 O_2 浓度最高值均出现在拱上煤粉气流及各级风刚射入炉膛的区域。对于拱下回流区区域，由于气流卷吸的高温烟气使得煤粉颗粒迅速着火燃烧，消耗了大量的 O_2，因此在该区域内 O_2 浓度较低，同时较低的 O_2 浓度使该区域处于贫氧氛围，有利于减少 NO_x 的生成。相对于拱下回流区区域，冷灰斗区域 O_2 浓度较高，这是由于拱上下行的煤粉气流不容易到达该区域组织煤粉燃烧。布置在拱上的燃烧器射出的煤粉气流在下行过程中与三次风混合并逐渐转向炉膛中心向上流动，煤粉颗粒伴随着这一过程而发生燃烧，逐渐消耗了 O_2，因此 O_2 浓度有所降低。随着三次风下倾角度的增大，三次风对拱上气流的“引射”作用增强，煤粉颗粒在更加靠近冷灰斗区域处进行燃烧，因此 O_2 浓度较低的区域随着三次风下倾角度的增大而下移，这与之前分析的炉内温度分布是相吻合的。在 OFA 区域，气流与

上行的烟气逐渐混合，使得未燃尽的煤粉颗粒得到 O_2 的及时补充而进一步燃尽，O_2 浓度逐渐降低并趋于平缓。

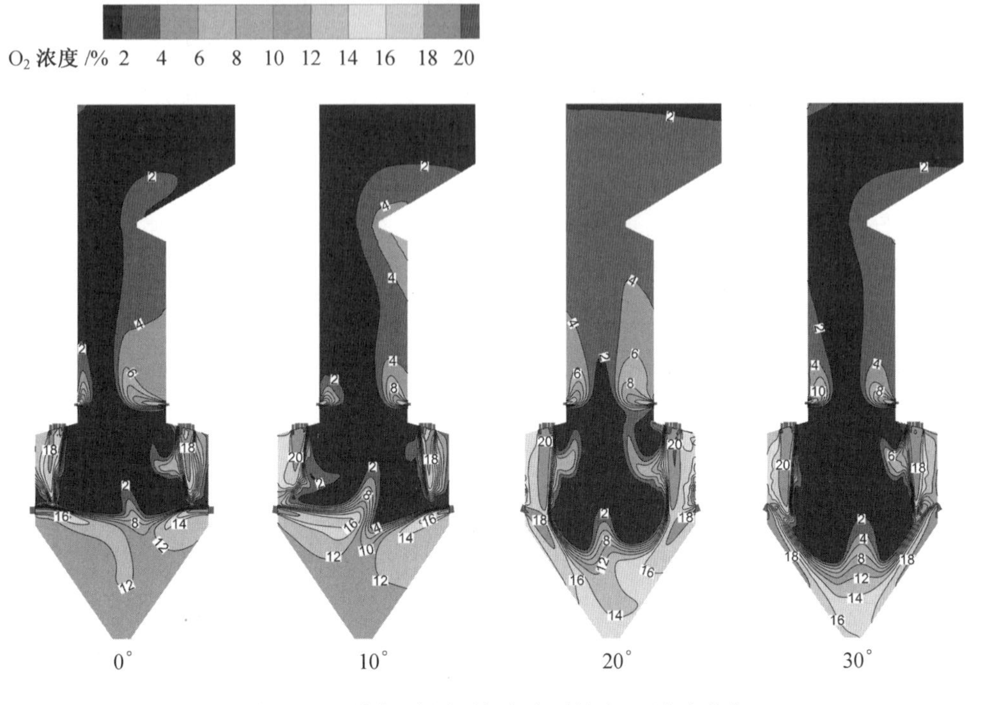

图 3.92　不同三次风下倾角度下炉内 O_2 浓度分布

图 3.93 为不同三次风下倾角度下沿炉膛高度的平均 O_2 浓度分布。分析三次风下倾角度为 0°和 10°的工况，在 0 ~ 10 m 冷灰斗区域内平均 O_2 浓度为 12% 左右，这是由于三次风的“拦截”作用使得煤粉气流没有深入该区域内进行燃烧，这与图 3.92 所呈现的规律是相同的。三次风下倾角度改变为 20°和 30°时，三次风动量在竖直方向上的分量增大，对拱上煤粉气流起到了很好的引射作用，使得煤粉气流深入该区域进行燃烧，平均 O_2 浓度随炉膛高度升高而降低。当炉膛高度为 10 ~ 12m 时，由于发生了剧烈的燃烧，该区域内平均 O_2 浓度迅速降低，并在 12m 左右出现了“波谷”，此后随着拱上气流的补入，平均 O_2 浓度有所升高。在靠近喉口处位置，由于没有空气的补入，因此平均 O_2 浓度降低，即出现第二个“波谷”。当达到燃尽风区域时，大量的燃尽风的喷入使得该区域 O_2 浓度出现峰值。随后，未燃尽的煤粉颗粒在该区域内发生再燃，进一步消耗了 O_2，使得 O_2 浓度有所降低。随着未燃尽煤粉颗粒的减少，O_2 浓度逐渐降低。

图 3.94 为不同三次风下倾角度下炉内 NO 浓度分布。从图中可以看出，不同工况下的炉内 NO 浓度分布规律与炉内温度和 O_2 浓度分布是相吻合的。冷灰斗区域内 NO 浓度较低，这是由于拱上气流很难达到冷灰斗下部区域进行燃烧。在拱下煤粉射流区域内，NO 浓度值也相对较低，这是由于煤粉颗粒吸收高温烟气热量使得挥发分迅速析出并着火燃烧，消耗了大量的 O_2，所以该区域处于贫氧状态，不利于 NO 的生成。NO 含量最高

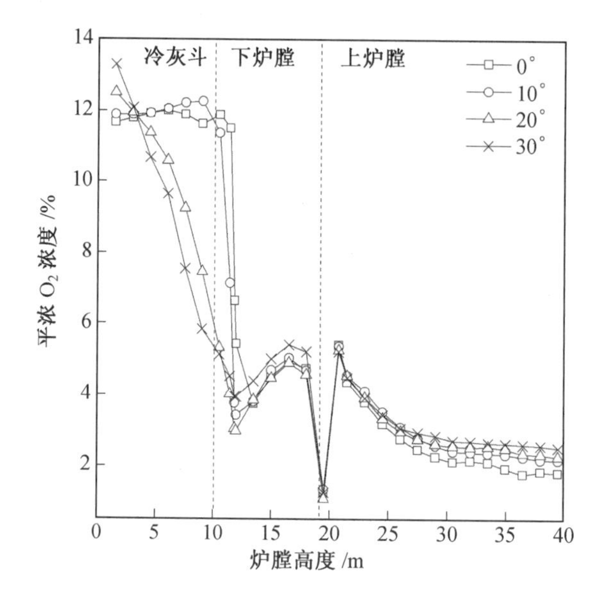

图 3.93　不同三次风下倾角度下沿炉膛高度的平均 O_2 浓度分布

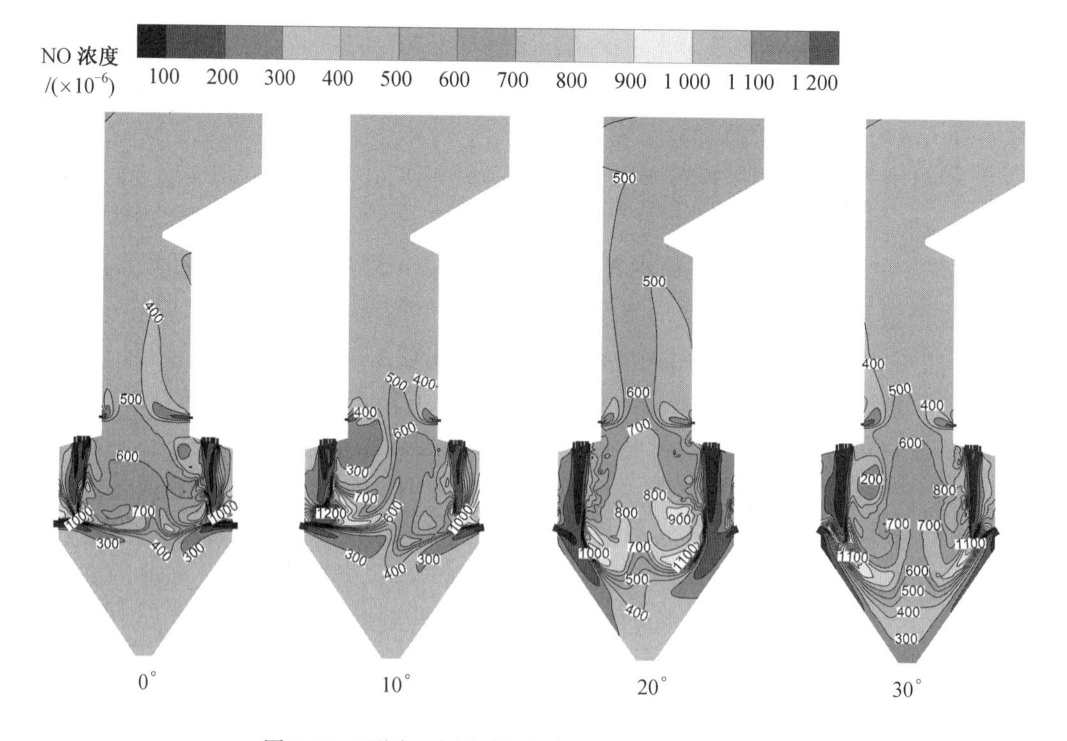

图 3.94　不同三次风下倾角度下炉内 NO 浓度分布

的区域出现在拱上气流与三次风交界面处。分析可知其原因为煤粉颗粒从拱上射出后吸收回流区高温烟气的热量而发生挥发分的析出过程，然后在继续下行过程中煤粉颗粒逐渐与三次风气流相混合，发生剧烈的着火过程，煤粉颗粒在这种“富氧高温”条件下燃烧产生了大量的燃料型 NO。除此之外，由于该区域内烟气温度水平较高，也促进了一部分热力型 NO 的生成。随着煤粉颗粒与三次风气流混合气流向炉膛中心流动并转折向上，NO 也在不断生成，这是由于煤粉颗粒燃烧逐渐消耗了该区域的 O_2，使该区域处于还原性氛围，燃烧生成的 NO 在还原性气氛下逐渐与焦炭、HCN、NH_3 等中间产物发生还原反应，因此虽然该区域内发生了较为剧烈的燃烧过程，但是 NO 生成浓度较靠近三次风喷口区域有所降低。随着气流的继续上行，NO 浓度逐渐降低。当上行至 OFA 区域时，虽然补充了一定量的 O_2，但是由于燃料中的 N 已经被大量消耗，加之该区域的温度水平难以达到高温富氧的条件，因此在 OFA 区域内 NO 的浓度并不是太高。随着三次风下倾角度的增大，燃料型 NO 的生成区域下移，同时由于煤粉颗粒的行程延长，更多的煤粉颗粒在炉膛中下部完成了燃烧和燃尽过程，使得炉膛出口 NO 排放量有所降低。

图 3.95 为不同三次风下倾角度下沿炉膛高度的平均 NO 浓度分布。从总体上看，三次风下倾角度为 0°和 10°时的 NO 浓度要大于三次风下倾角度为 20°和 30°时的 NO 浓度。煤粉着火的初期首先是挥发分的析出，其析出的 N 逐渐被氧化成一定浓度的 NO。分析三次风下倾角度为 0°和 10°的工况，由于煤粉气流着火的距离相对靠上，同时在三次风下倾角度较小的情况下补入了较多的 O_2，此时生成的 NO 浓度较高。伴随着 O_2 的不断消耗，NO 浓度将逐渐降低。当三次风下倾角度为 20°和 30°时，拱上煤粉气流在三次风的携带作用下进入炉膛中下部区域内进行燃烧，O_2 浓度较低，因此下炉膛 NO 浓度较低。在一次风煤粉气流与三次风的交界面上，由于 O_2 的大量补入，该区域处于高温富氧的条件下，燃料型 NO 的生成量较高，因此在三次风喷口 12 m 左右出现了 NO 浓度的“峰值”。随着燃烧的进行，O_2 浓度降低较快，还原性气氛增强，烟气中的更多已经生成的 NO 被焦炭及烟气中的 HCN、NH_3 等还原成 N_2，NO 浓度在 12 m 以后逐渐降低。在喉口附近出现 NO 浓度短暂升高，这是由于当气流到达该区域后，空间减小。在 OFA 喷口处，由于气流的扩散作用降低了 NO 浓度，因此在 20.77 m 左右出现了“波谷”。随着气流向上流动，未燃尽的煤粉颗粒在 OFA 气流提供的 O_2 作用下会产生少量的 NO，NO 浓度有所升高，但是由于此时煤粉中的 N 含量已经不是太高，因此在此处的 NO 峰值并不太大，这也从另一方面反映了在锅炉中布置燃尽风能够一定程度上抑制 NO 生成。此后，随着烟气在炉膛内继续向上流动，O_2 浓度逐渐降低，上炉膛还原性气氛增强，NO 浓度逐渐降低。

结合以上分析，增加三次风下倾角度能够增加三次风竖直动量分量，增加对拱上气流的携带作用，使得煤粉颗粒在炉内的行程延长，促进煤粉颗粒的燃尽，同时火焰中心下移，炉膛出口烟气温度及 NO_x 排放量降低。但是，过大的三次风下倾角度容易造成对前后墙及冷灰斗的冲刷与磨损，不利于锅炉的安全运行。因此，为了判断出最佳的三次风下倾角度，仅从温度分布、速度分布、O_2 浓度分布和 NO_x 浓度分布来分析是不够的，还需要结合炉膛出口参数来分析，综合考虑锅炉运行安全性与经济性，给出最佳三次风下倾角度。

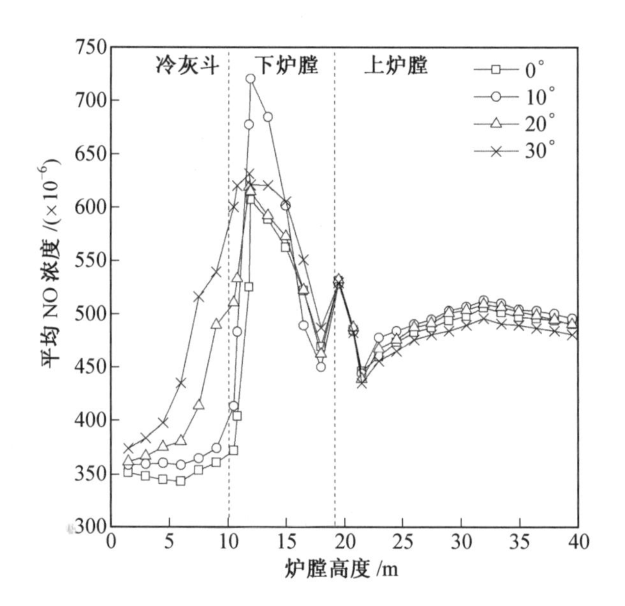

图 3.95 不同三次风下倾角度下沿炉膛高度的平均 NO 浓度分布

表 3.28 给出了不同三次风下倾角度下的炉膛出口参数，从表中可以看出，不同的三次风下倾角度下炉膛出口的烟气温度、组分浓度的变化规律与之前的分析吻合性较好。随着三次风下倾角度从 0°增加到 30°，炉膛出口烟气温度从 1 225 K 降低到 1 185 K，O_2 浓度从 2.36% 升高至 2.78%，NO_x 排放量从 843 mg/m^3（$\varphi_{O_2}=6\%$）降低至 798 mg/m^3（$\varphi_{O_2}=6\%$）左右。分析三次风下倾角度为 20°和 30°的工况，各参数变化不大。然而，从图 3.90 中可以发现，三次风下倾角度为 30°时出现了冲刷冷灰斗的现象。综合考虑，认为三次风下倾角度 20°较为合适，从锅炉安全运行方面考虑不要大于 30°。

表 3.28 不同三次风下倾角度下炉膛出口参数

三次风喷口下倾角度	烟气温度/K	O_2 浓度/%	NO_x 排放量（$\varphi_{O_2}=6\%$）/（mg · m^{-3}）
0°	1 225	2.36	843
10°	1 211	2.55	821
20°	1 201	2.69	804
30°	1 185	2.78	798

在三次风下倾角度 20°基础上，研究二、三次风配比对炉内燃烧特性的影响。保持二、三次风喷口总面积，三次风下倾角度，二次风风率和三次风的风率之和 58.89% 不变，设计二次风风率为 15%、25%、28.35% 和 35% 共 4 个工况。以上工况均是在三次风下倾角度为 20°的基础上进行设计的。不同二次风风率下各喷口风速及风温、给煤量见表 3.29。

表 3.29　不同二次风风率下各喷口风速、风温及给煤量

二次风风率		15%	25%	28.35%	35%	风温/K	给煤量/(kg·s^{-1})
风速/(m·s^{-1})	浓煤粉气流	12	12	12	12	393	34
	淡煤粉气流	15	15	15	15	393	11.2
	二次风	16.88	28.13	31.9	39.38	628.6	—
	三次风	45.84	35.4	31.9	24.96	628.6	—
	OFA	31.9	31.9	31.9	31.9	628.6	—

图 3.96 为不同二、三次风配比下炉内速度分布。分析各个工况均能形成较为对称的 W 形流场，即拱上喷出的前、后墙下行气流均能下行至三次风喷口区域然后折转向上，在前后拱下部区域形成较为对称的回流区，该回流区位于拱下煤粉射流区域，能够卷吸高温烟气，这对于实际锅炉能够保证煤粉气流的着火和燃烧。除此之外，由于在燃烧器布置中外二次风靠近前后墙竖直布置，这样在前后墙区域内的刚性较强的气流竖直下行，并且该布置距离能保证下倾气流不出现冲刷前后墙的现象，这在实际锅炉中能够使前后墙水冷壁区域处于氧化性氛围，提高灰熔点，有利于避免前后墙水冷壁出现结渣现象。从图中还可以看出，当二次风风率较小时，拱上气流的下射深度较小，三次风不能很好地实现对拱上气流的“引射”作用，这样就导致三次风作为分级风组织炉内流场及补充燃烧的作用体现得不明显。随着二次风风率的增大，拱上下行气流的下射深度增加，不仅可以保证煤粉颗粒在炉内停留更久，促进煤粉颗粒的燃烧和燃尽，也能使得三次风作为分级风的作用体现得更加明显。

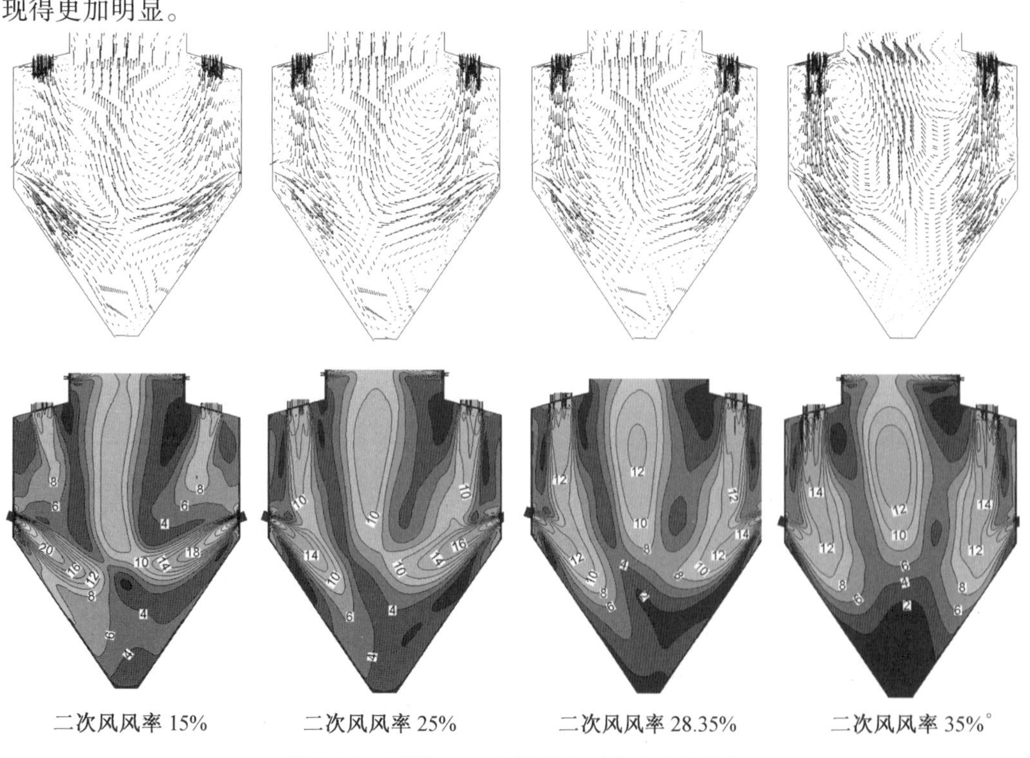

图 3.96　不同二、三次风配比下炉内速度分布

从图 3.96 中还可以看出，当二次风风率较小时，拱下三次风风率较大，同时三次风具有下倾 20°的倾角，这就使得三次风在水平方向上的动量分量相对较大，因此前后墙对称布置三次风时在二次风风率较小的工况下三次风气流容易相互挤压，即出现前(后)墙气流压制后(前)墙气流的现象。随着二次风风率的增加，拱下三次风风率减小，这一现象逐渐减弱，因此流场和速度场较为对称。

图 3.97 为不同二、三次风配比下炉内温度分布。从图中可以看出，温度的分布趋势和速度相吻合。对于不同的二、三次风配比，炉内的高温区域均出现在炉膛中心。通过对炉内速度分布的分析，可知当二次风风率较小时，流场出现了轻微偏斜，导致煤粉颗粒在燃烧的过程中出现偏斜，出现不太对称的温度场。对于实际锅炉，温度场偏斜容易导致水冷壁超温，产生热疲劳及结渣等问题，在实际运行时应当避免出现这种情况。当二次风风率为 28.35% 和 35% 时，温度场较为对称。当二次风风率为 15% 时，由于拱上气流的下行速度较小，煤粉在靠近燃烧器不远的距离就发生了着火和燃烧。随着二次风风率的增大，拱上气流的下射刚度增强，煤粉颗粒在更加靠近下炉膛区域内进行燃烧。同时，三次风对拱上气流的“引射”作用更加明显，因此冷灰斗内温度升高，这将导致发生结渣现象，在实际锅炉运行中应当避免。

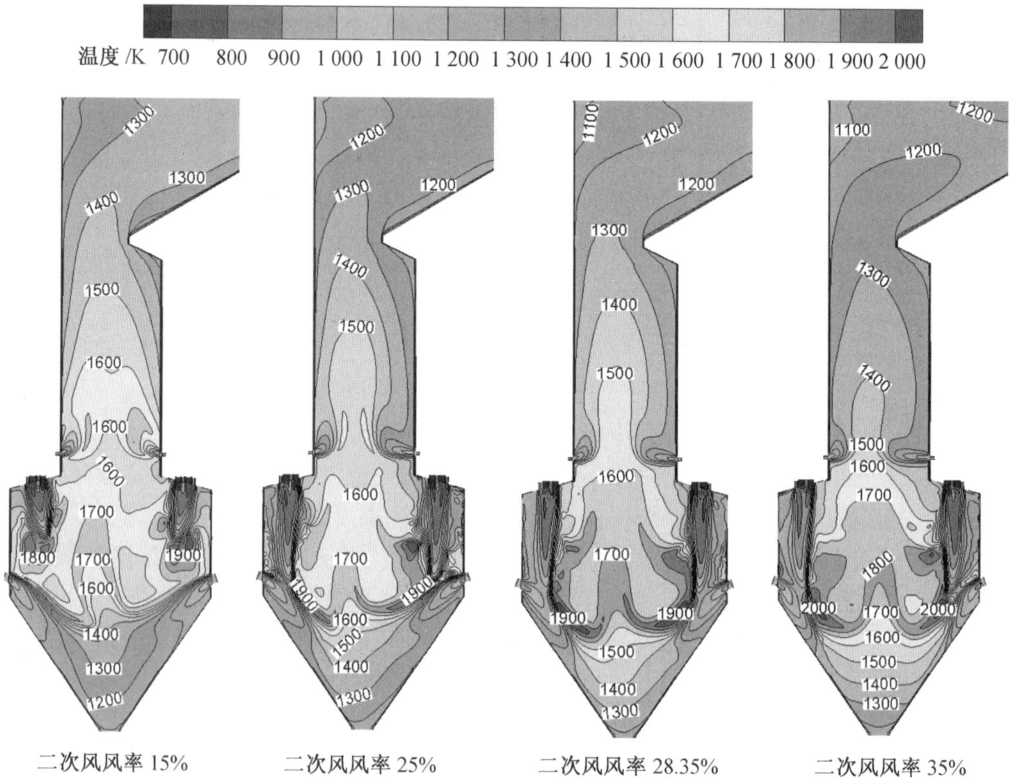

温度/K 700 800 900 1 000 1 100 1 200 1 300 1 400 1 500 1 600 1 700 1 800 1 900 2 000

二次风风率 15%　二次风风率 25%　二次风风率 28.35%　二次风风率 35%

图 3.97　不同二、三次风配比下炉内温度分布

图 3.98 为不同二、三次风配比下沿炉膛高度的烟气平均温度分布。从图中可以看出，4 个工况下的烟气平均温度分布趋势总体上基本一致——沿炉膛高度方向烟气平均

温度先升高后降低。但是在冷灰斗内,沿炉膛高度烟气平均温度具有较大区别,随着二次风风率的增加,冷灰斗区域烟气平均温度逐渐升高。这是由于当二次风风率增大时,拱上气流的下射刚性增强,更多的煤粉颗粒在靠近下炉膛进行燃烧。在12 m左右烟气平均温度出现“波峰”,并且二次风风率越大,峰值所对应的炉膛高度越小。这与图3.96所示的结果是一致的。此后随着烟气的扩散及拱上气流的喷入,大量冷风混入高温烟气导致烟气平均温度有所降低。在燃烧器出口区域18.75 m处,由于从燃烧器喷口处喷出大量的冷风,烟气平均温度降低,出现“波谷”。此后,烟气温度有所升高,在喉口附近达到峰值。在OFA区域21 m左右,由于OFA的喷入烟气温度有所降低,出现“波谷”。同时,OFA的喷入使得未燃尽的煤粉继续发生燃尽,烟气温度有所升高。随后,随着烟气的逐渐扩散,烟气平均温度逐渐降低。

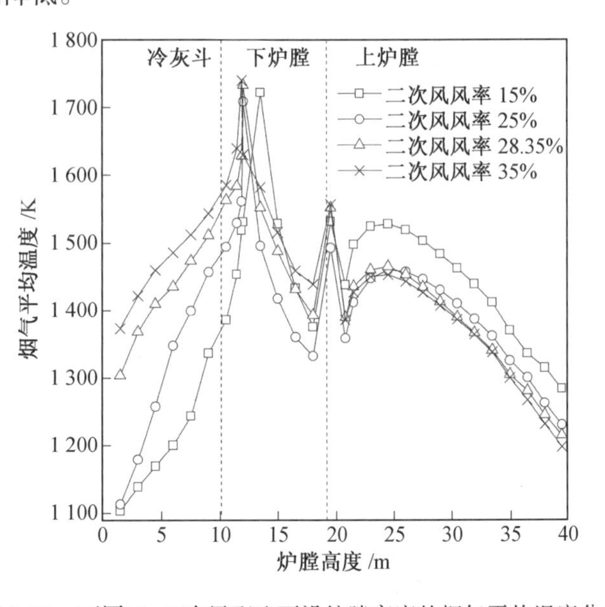

图3.98　不同二、三次风配比下沿炉膛高度的烟气平均温度分布

图3.99为不同二、三次风配比下炉内O_2浓度分布。从图中可以看出,炉内O_2浓度分布与温度分布吻合性较好。对于不同的二、三次风配比工况,炉内O_2浓度最高值均出现在拱上煤粉气流及各分级风刚射入炉膛的区域。在拱下回流区,由于气流卷吸的高温烟气使得煤粉颗粒迅速着火燃烧,消耗了大量的O_2,因此在该区域内O_2浓度较低,同时较低的O_2浓度使得该区域处于贫氧气氛,有利于抑制NO_x的生成。与拱下回流区不同的是,在冷灰斗区域内O_2浓度较高,这是由于拱上下行的煤粉气流不容易达到该区域组织煤粉燃烧,这使得冷灰斗内处于氧化性气氛,有利于防止冷灰斗结渣。从拱上射出的煤粉气流在下行过程中逐渐与二、三次风混合,并在冷灰斗处折转向上流动。煤粉颗粒在流动过程中发生燃烧逐渐消耗了O_2,因此O_2浓度有所降低。随着二次风风率的增大,煤粉受到速度较高的二次风的携带作用下行,同时三次风的“拦截”作用减弱,因此煤粉颗粒可以下行至更远的距离进行燃烧,在冷灰斗区域内O_2浓度呈现减小的趋势。

图3.100为不同二、三次风配比下沿炉膛高度的平均O_2浓度分布。从图中可以看出,在整个冷灰斗内O_2浓度相对较高,使冷灰斗空间处于氧化性气氛,能够有效防止冷灰

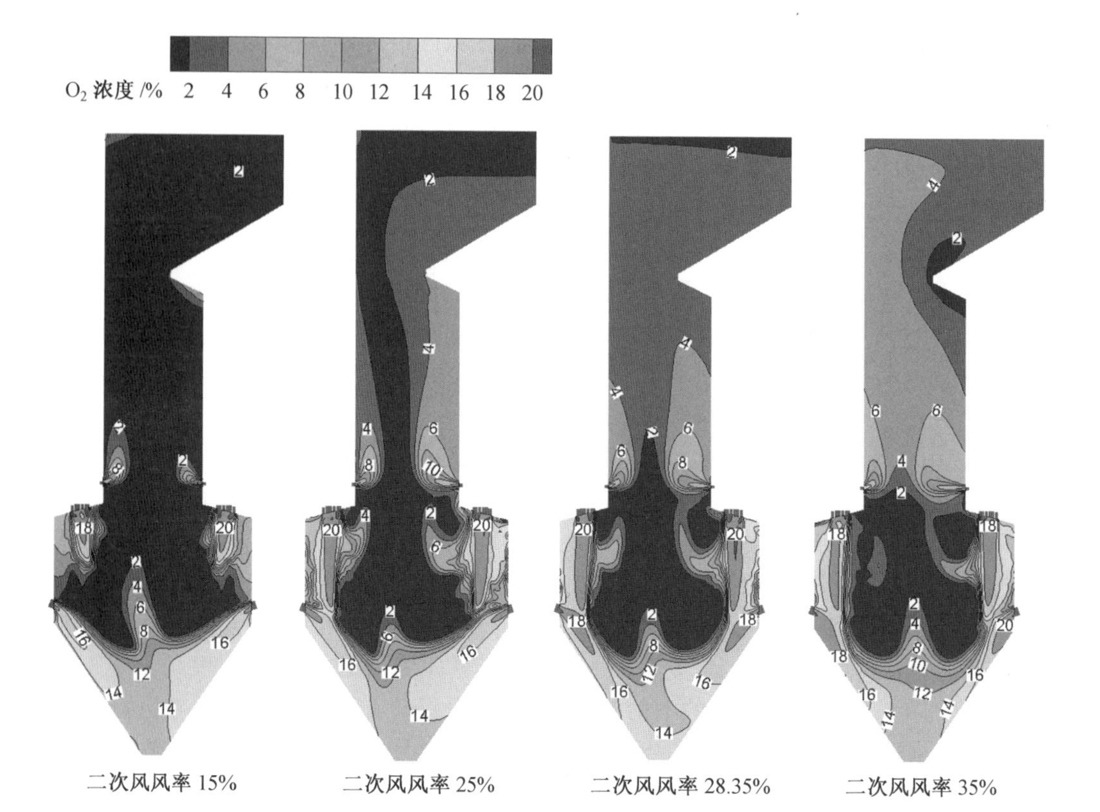

图 3.99　不同二、三次风配比下炉内 O_2 浓度分布

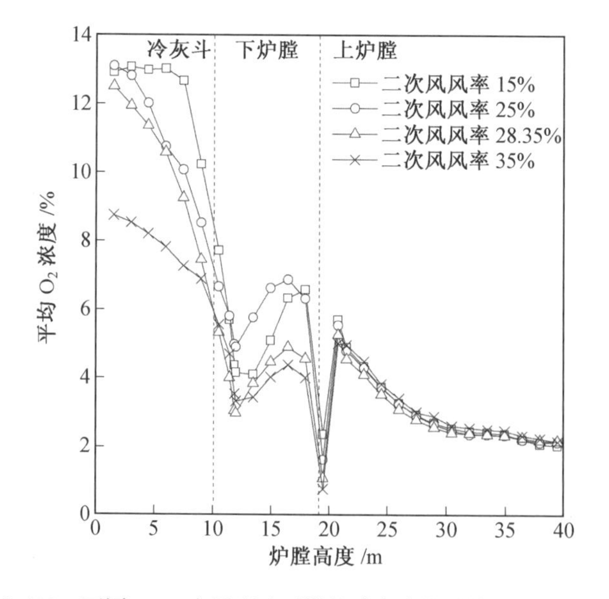

图 3.100　不同二、三次风配比下沿炉膛高度的平均 O_2 浓度分布

斗高温腐蚀和结渣，保证锅炉安全运行。下炉膛区域 O_2 浓度相对较低，由于煤粉燃烧主要发生在该区域，能够保证煤粉颗粒在贫氧状态下燃烧，有效抑制 NO_x 的生成。上炉膛

区域是燃尽区,有一部分未燃尽的煤粉颗粒在此区域内再燃,使得该区域 O_2 浓度也相对较低并趋于平缓。在下炉膛空间内,当二次风风率较小时,拱上气流的下行深度较小,煤粉颗粒在下炉膛中上部进行燃烧,因此 O_2 浓度相对较高。当二次风风率为35%时,拱上煤粉气流下射深度较大,煤粉颗粒在更加靠近冷灰斗的区域内进行燃烧,因此在该区域内 O_2 浓度较其他工况明显降低。在12 m左右出现的 O_2 浓度的“波谷”是由煤粉颗粒燃烧消耗了 O_2 所致。18.75 m左右的“波峰”是由拱上气流喷入炉膛引起的。在靠近喉口处位置,由于没有空气的补入,平均 O_2 浓度降低,即出现第二个“波谷”。20.77 m左右的“波峰”是由燃尽风喷入炉膛引起的。随后,未燃尽的煤粉颗粒在该区域内发生再燃,进一步消耗了 O_2,使得 O_2 浓度有所降低。随着未燃尽的煤粉颗粒逐渐减少,O_2 浓度变化不大。

图3.101为不同二、三次风配比下炉内NO浓度分布。NO浓度的分布情况和炉内温度分布相似,主要集中在下炉膛。当二次风风率较小时,炉内流场的偏斜造成了NO浓度也不对称。但是,由于二次风风率较小,导致二次风速较低,携带的拱上煤粉气流在靠近下炉膛中上部空间进行燃烧,因此冷灰斗区域内NO浓度相对较低,在 300×10^{-6} ~ 500×10^{-6} 范围内。当二次风风率增大时,较多的煤粉颗粒在下炉膛下部及冷灰斗附近进行燃烧,加上三次风的补入,使得该区域处于高温富氧环境,因此NO浓度较高。当二次风风率为35%时,拱上煤粉气流的下射深度更大,煤粉颗粒在更加靠近冷灰斗位置处着火燃烧,因此NO浓度最高值的位置更加靠近冷灰斗。在上炉膛,由于大部分煤粉颗粒已经燃尽,并且随着烟气的逐渐扩散烟气温度降低,NO浓度较低。

图3.102为不同二、三次风配比下沿炉膛高度的平均NO浓度分布。各工况NO浓度趋势基本一致。在冷灰斗内,NO浓度较低,下炉膛作为煤粉颗粒燃烧的主要区域,NO浓度较高。从图中可以看出,在冷灰斗内,随着二次风风率的增大,NO浓度有所增加,这是由于二次风下射刚性增大,使得煤粉颗粒在更加靠近冷灰斗区域内燃烧。在下炉膛12 m左右的主燃区内,高温富氧的燃烧条件使得NO浓度出现峰值。由于二次风射流刚性的增大,NO浓度出现峰值所对应的炉膛高度有所降低。在拱下射流区域内,煤粉颗粒燃烧消耗了大量的 O_2,抑制了NO生成。在喉口附近出现NO浓度短暂升高,这是由于当气流到达该区域后,空间减小。当二次风风率较小时,由于拱上煤粉气流的射流刚性较弱,较多的煤粉颗粒在更加靠近拱下高温区附近燃烧,这种高温富氧条件可以很大程度上促进NO的生成。当二次风风率较大时,大部分煤粉颗粒在下炉膛下部进行燃烧,出现的燃料型NO浓度峰值较小。此后,在OFA射流区域处,OFA的喷入使得烟气得到稀释,NO浓度有所降低。随后,未燃尽的煤粉颗粒进一步发生再燃,产生一定量的NO。随着煤粉颗粒的燃尽和 O_2 的消耗,NO浓度逐渐降低。

综合分析,随着二次风风率的增大,拱上二次风风速增加,能够携带煤粉气流下射更深,煤粉颗粒在炉内的停留时间较长,有利于煤粉颗粒的燃尽。然而,炉内高温区域更加靠近冷灰斗区域,容易造成对冷灰斗的冲刷和结渣,不利于锅炉的安全运行。因此,为了得到最佳的二、三次风配比,仅结合温度分布、速度分布、O_2 浓度分布和 NO_x 浓度分布来分析是不够的,还需要结合炉膛出口参数来分析,综合考虑锅炉运行安全性与经济性给出最佳的二、三次风配比。

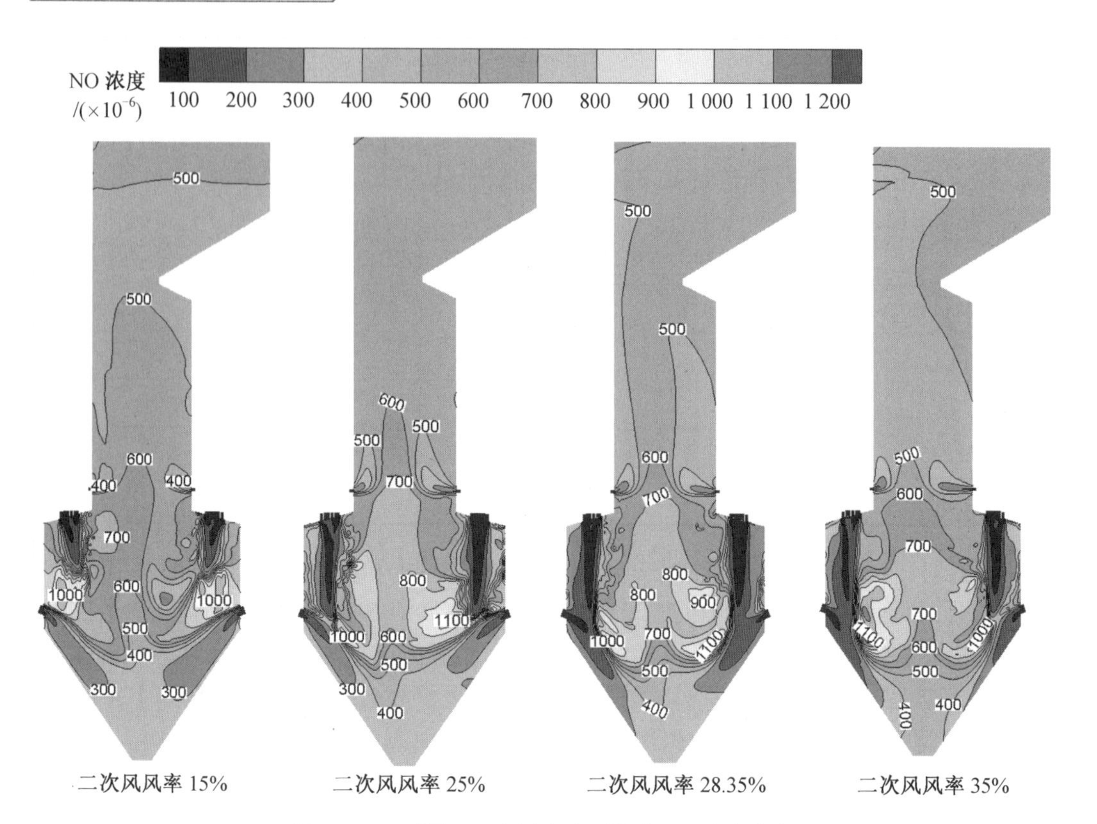

图 3.101　不同二三次风配比下炉内 NO 浓度分布

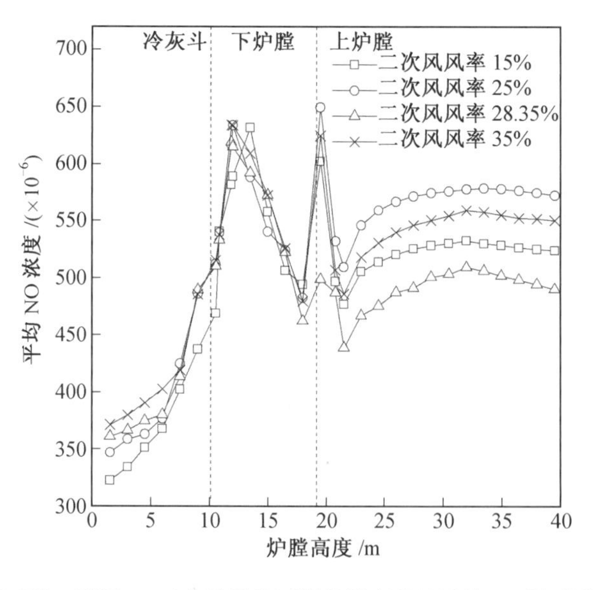

图 3.102　不同二、三次风配比下沿炉膛高度的平均 NO 浓度分布

表 3.30 给出了不同二、三次风配比下炉膛出口参数。从表中可以看出，不同的二、三次风配比下炉膛出口的烟气温度、组分浓度的变化规律与之前的分析吻合性较好。随着二次风风率从 15% 增加到 35%，炉膛出口烟气温度从 1 230 K 降低到 1 195 K，O_2 浓度和

NO_x 排放量变化不大。然而从图 3.98 中可以发现，当二次风风率为 35% 时，冷灰斗内温度水平较高，容易造成冷灰斗区域发生结渣现象。而当二次风风率较小时，流场出现轻微偏斜，并且由于拱上气流刚性太弱，不能很好地利用炉膛空间，影响煤粉颗粒的燃烧和燃尽。综合考虑流场、NO_x 排放量及飞灰可燃物含量，认为二次风风率为 28.35% 左右较为合适。

表 3.30　不同二、三次风配比下炉膛出口参数

二次风风率/%	烟气温度/K	O_2 浓度/%	NO_x 排放量($\varphi_{O_2}=6\%$)/(mg·m^{-3})
15	1 230	2.51	820
25	1 218	2.53	825
28.35	1 201	2.55	804
35	1 195	2.57	817

通过对三次风下倾角度及二、三次风配比进行的结构和参数优化，得到的两个较为合适的参数，分别是三次风下倾角度 20°和二次风风率 28.35% 。对于得到优化参数，为了更好地描述炉内速度场、温度场及气氛场，沿炉膛宽度方向截取 4 个具有代表性的截面，选取距离炉膛中心平面为 $Z=0$，截取的 4 个截面位置分别为 $Z=1\ 591.03$ mm，$Z=2\ 352$ mm，$Z=3\ 943.03$ mm，$Z=4\ 704$ mm。具体截面位置如图 3.103 所示。

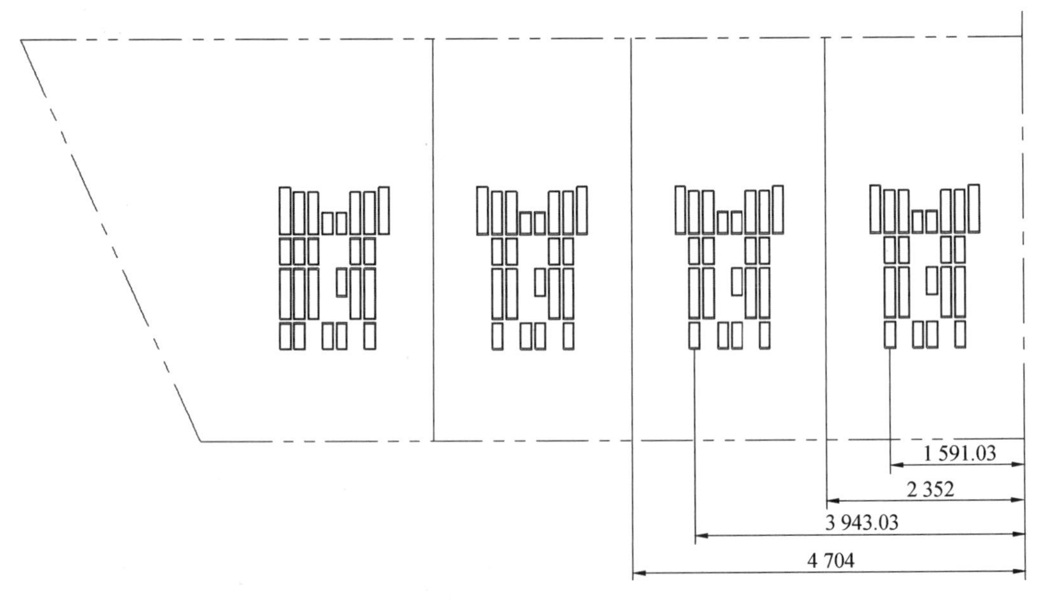

图 3.103　沿炉膛宽度方向不同截面截取示意图

图 3.104 为优化参数下炉内速度分布。从图中可以看出，在有燃烧器的截面（$Z=1\ 591.03$ mm，$Z=3\ 943.03$ mm）处拱上气流在速度较高的内外二次风的引射作用下具有较深的下射深度，同时，受到下倾的三次风的引射作用，拱上气流达到冷灰斗中部才折转向上，形成较为对称的 W 形流场。在这两个截面处，由于拱上气流的下行深度较深，延长了煤粉颗粒的轨迹，增大了煤粉颗粒在炉内的停留时间，提高了煤粉的燃尽率。对于燃烧

器各组之间的两个截面（Z=2 352 mm,Z=4 704 mm），气流受到相邻的两组燃烧器气流的相互作用，气流在该处向压强较低的一组燃烧器扩散。除此之外，在燃尽区，沿炉膛宽度方向的这4个截面燃尽风均能与上行气流很好地混合，促进未燃煤粉颗粒的燃尽，提高燃尽率。

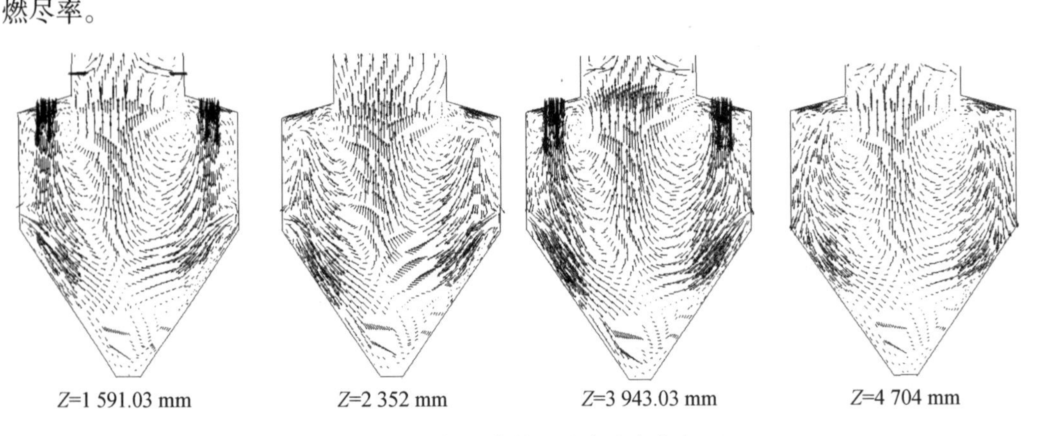

图3.104　优化参数下炉内速度分布

图3.105为优化参数下炉内温度分布。炉膛内的高温烟气是保证煤粉燃烧的重要因素，合理的温度分布对锅炉安全运行具有重要作用。整体上看，沿炉膛宽度方向的4个不同截面处的炉内温度分布与速度分布具有相似的规律——拱下由于回流区的存在，烟气温度较高；不同截面处的火焰下冲深度相差不大；不同截面处炉内温度分布均较为对称，炉内整体烟气温度较为合理，高温区域集中在下炉膛中部，使得煤粉颗粒受到炉内高温烟气的作用发生着火和燃烧，保证燃尽。对于有燃烧器的截面（Z=1 591.03 mm,Z=3 943.03 mm）拱上气流在速度较高的内外二次风的引射作用下具有较深的下射深度，煤粉颗粒被携带至更加靠近下炉膛下部进行燃烧，因此在这两个截面处炉内高温区域相对靠下，形成的W形温度场也较为合适。对于燃烧器各组之间的两个截面（Z=2 352 mm,Z=4 704 mm），由于气流的相互扩散作用，这两个截面处炉内高温区域相对较小。同时，受到三次风的作用，靠近前后墙区域处温度水平较低，O_2含量较高，处于氧化性气氛，能够避免前后墙水冷壁结渣。除此之外，不难发现对于有燃烧器的截面，火焰的下冲深度较大，火焰刚性较强，火焰较为稳定。

图3.106为优化参数下炉内O_2浓度分布。沿炉膛宽度方向不同截面处的炉内O_2浓度分布趋势与温度分布和速度分布较为吻合。从总体上看，炉内温度较高的区域O_2浓度相对较低，这是由煤粉颗粒燃烧消耗了其中的大部分O_2所致。对于有燃烧器喷口的截面（Z=1 591.03 mm,Z=3 943.03 mm），在拱上气流下射靠近前后墙区域处O_2浓度较高，在靠近炉膛中心处O_2浓度较低，也保证了煤粉颗粒在贫氧状态下燃烧，抑制了NO_x的生成。靠近前后墙处的较高浓度的O_2能够保证前后墙水冷壁处处于氧化性氛围，防止水冷壁结渣。对于燃烧器各组之间的两个截面（Z=2 352 mm,Z=4 704 mm），在前后墙处也出现了较高的O_2浓度，这是由于在该界面恰好有下倾的三次风，同时由于三次风速度较高，静压值较低，使得两组燃烧器之间的气流有向前后墙及三次风喷口流动的趋势，因此在整个前后墙及冷灰斗区域内，O_2浓度均较高，能较为有效地避免前后墙和冷灰斗结渣，

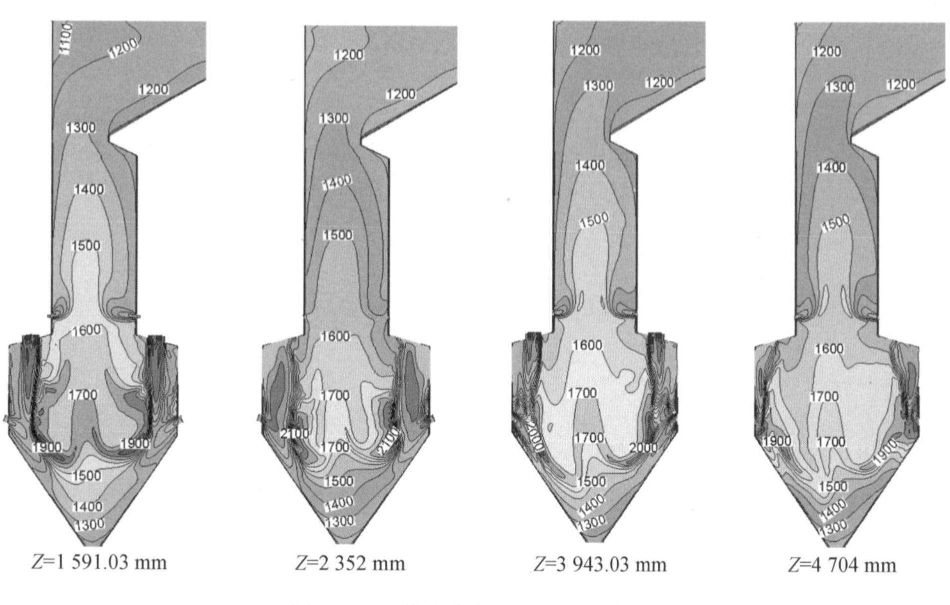

图 3.105　优化参数下炉内温度分布

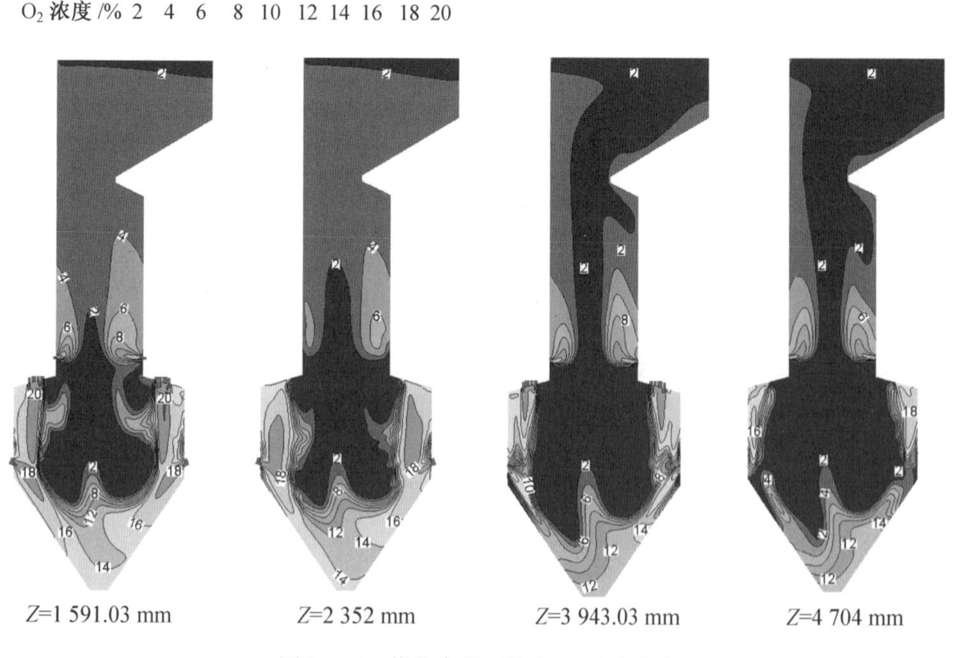

图 3.106　优化参数下炉内 O_2 浓度分布

较好地保证锅炉安全运行。对于截面 $Z=4\ 704$ mm，由于该区域没有三次风喷口，因此气流仅能在两组燃烧器之间进行扩散，在炉膛前后墙处 O_2 浓度较低。同时从图中可看出，

在该截面靠近前后墙处有烟气的高温区域，容易引起前后墙及水冷壁结渣，因此在锅炉实际运行中需要注意该处结渣问题。

图3.107为优化参数下炉内NO浓度分布。从图中可以看出，炉内NO浓度分布与炉内温度和O_2浓度分布较为吻合，NO浓度较高的区域主要集中在下炉膛中部。这是由于该区域内发生了较为剧烈的燃烧反应，煤粉颗粒中所含的燃料N转化为NO。从整体上看，冷灰斗内NO浓度较低，这是由于拱上气流较难达到该区域进行燃烧；在拱下区域，由于锅炉在配风方式上采取三次风和燃尽风分级配风，因此在煤粉着火的初期处于贫氧燃烧状态，NO的生成量较小；NO浓度较高的区域出现在拱上气流与三次风的交界处，这是由于煤粉颗粒到达该区域后受到三次风的作用使煤粉颗粒处于富氧高温条件下燃烧，促进了大量燃料型NO的生成。对于有燃烧器的两个截面（$Z=1\ 591.03$ mm，$Z=3\ 943.03$ mm），NO的主要生成区域集中在三次风与拱上气流的交界面。对于燃烧器组之间的截面$Z=2\ 352$ mm，由于受到三次风的引射作用，补充了大量的O_2，因此在三次风喷口处出现了NO浓度较高值。对于燃烧器组之间的截面$Z=4\ 704$ mm，炉内总体NO生成量较小。同时从图中也不难发现，炉膛出口处的NO浓度为$500\times10^{-6}\sim600\times10^{-6}$，因此采用分级燃烧技术能够较好地降低NO浓度。

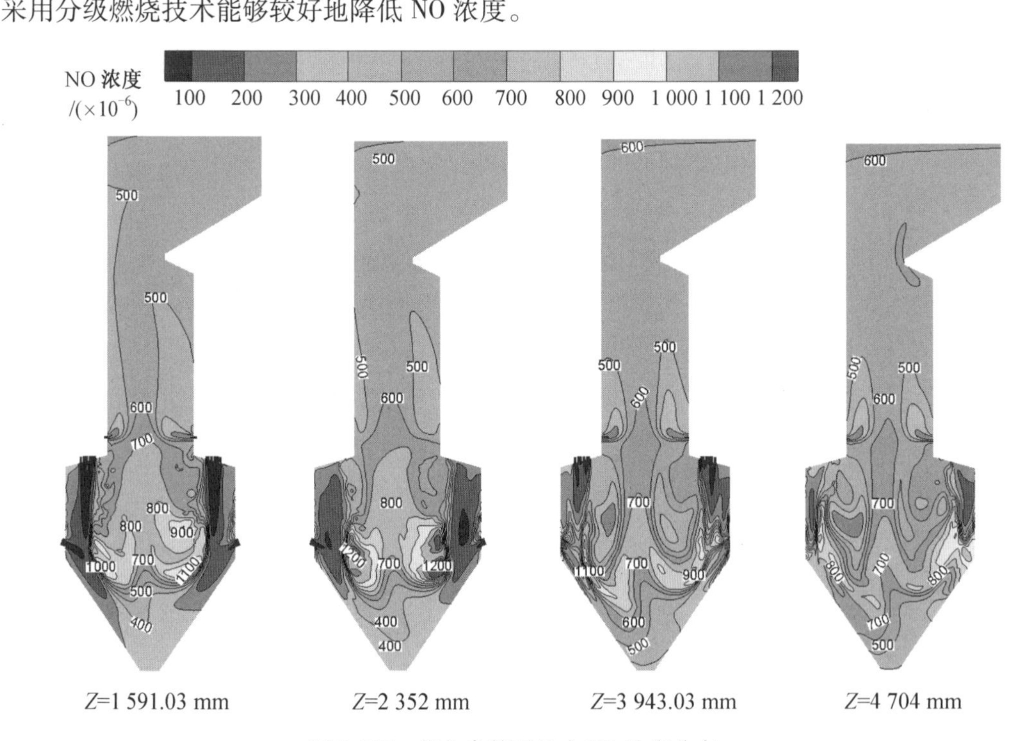

图3.107　优化参数下炉内NO浓度分布

图3.108为炉内煤粉颗粒停留时间。从图中可以看出，一次风和乏气中的煤粉颗粒均能在拱上气流的引射作用下下行至冷灰斗中部区域，然后受到减小的炉膛体积的作用折转向上，煤粉的运动轨迹较长，能够有效地保证燃烧和燃尽，对于提高煤粉颗粒燃尽率、降低炉膛出口飞灰可燃物含量具有重要作用。一次风和乏气中的煤粉气流在炉内的停留时间较长，较好地保证了煤粉颗粒的燃尽。

图 3.109 为炉内煤粉颗粒温度轨迹。从图中可以看出,大部分煤粉颗粒进入下炉膛后才开始燃烧,这与上面分析的温度分布是一致的。随着煤粉颗粒向下运动,燃烧放出的热量增多。进入上炉膛后,大部分煤粉颗粒已经完成了燃烧,煤粉颗粒温度逐渐下降。在燃尽区,未燃尽的煤粉颗粒进一步发生燃烧反应,提高了燃尽率。在炉膛出口处,煤粉颗粒温度已经相对较低。

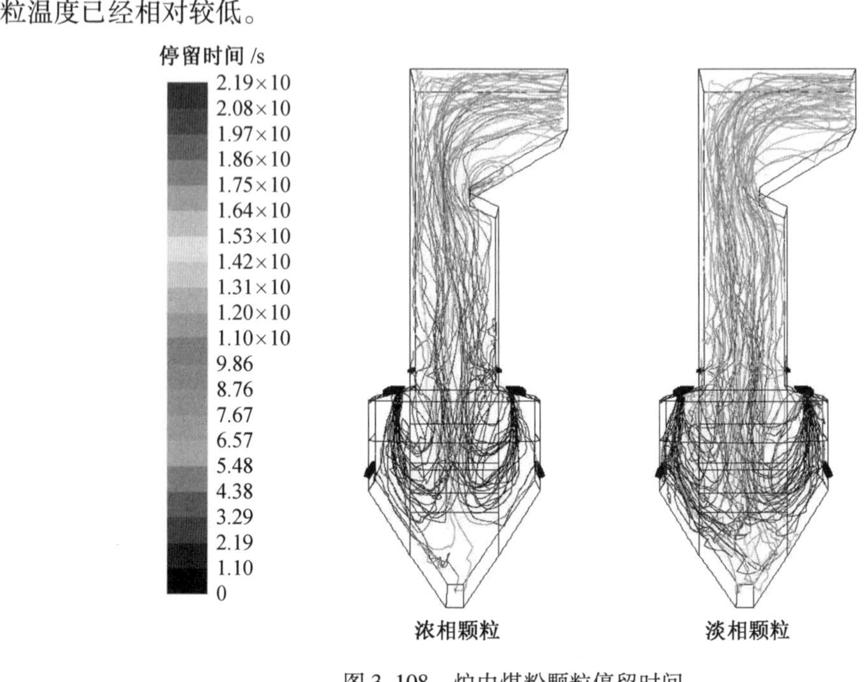

图 3.108　炉内煤粉颗粒停留时间

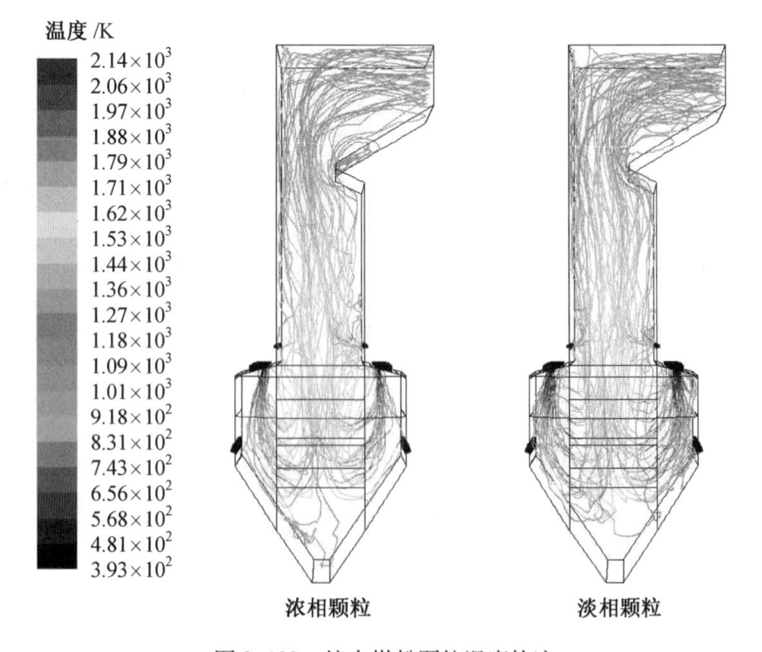

图 3.109　炉内煤粉颗粒温度轨迹

3.6 锅炉烟、风道系统

3.6.1 风烟系统原理与作用

锅炉的风烟系统也称为通风系统,是锅炉重要的辅助系统。它的作用是连续不断地给锅炉燃烧提供空气,并按燃烧的要求分配风量,同时使燃烧生成的含尘烟气流经各受热面和烟气净化装置后,最终由烟囱排至大气。

风烟系统是空气系统和烟气系统的总称。在锅炉运行过程中,通过送风系统连续向炉内送入燃料燃烧所需要的适量空气,同时通过排烟系统将燃烧生成的含尘烟气不断排出锅炉,以维持炉膛压力的稳定和燃烧、传热的正常进行,这种送风、排烟(也称引风)同时进行的过程称为锅炉的通风过程。如果送风量和送风方式与燃料和燃烧方式不匹配,会影响燃料的着火、燃烧和燃尽过程,影响炉内平均烟气温度、辐射换热强度和及锅炉出力等;如果送风量和排烟量不匹配,会影响炉膛压力的稳定性和烟道中受热面的换热强度,以及磨损、积灰等。

锅炉的通风方式主要有两种:自然通风和强制通风。

自然通风是利用外界冷空气与烟囱内部热烟气之间的密度差而产生的抽吸力进行通风的方式。在自然通风锅炉系统中,不需要设置送、引风机等通风设备,其仅依靠烟囱高度所产生的自然通风能力来克服锅炉通风过程的风烟流动阻力。但由于烟囱高度有限,自然通风能力有限,并且通风能力受季节、昼夜之影响,因此该通风方式仅适用于小容量锅炉。

强制通风又称机械通风,是指依靠送、引风机等机械设备所产生的动力和烟囱的自生通风力来共同克服锅炉风烟流动阻力的通风方式。根据风机布置的位置和方式的不同,机械通风又分为负压通风、正压通风和平衡通风 3 种类型。

(1)负压通风。

负压通风指除利用自然通风外,还在锅炉烟囱之前的引风系统烟道中设置引风机来克服通风的流动阻力的通风方式。

该通风方式一般适用于对引风机不易造成磨损、通风阻力不大且密封性较好的小容量锅炉,如小容量燃气或燃油锅炉。由于在大型锅炉中风烟道的流动阻力很大,采用该通风方式会在锅炉的炉膛和风烟道中产生很大的负压,使大量冷空气从不严密处漏入炉膛和风烟道,引起燃烧过程恶化、引风机负荷增加及降低锅炉效率等问题。

(2)正压通风。

正压通风指在锅炉风烟系统中设置送风机,利用其压头来克服锅炉全部烟风道的流动阻力的通风方式。该通风方式中,送风机布置在锅炉的供风通道中。

该通风方式的优点是省略了引风机,使系统简化,消除了漏风,提高了锅炉效率。且由于送风机输送的是含灰量极少的干净低温空气,因此风机的使用寿命较长,且电能消耗量小,运行和维修比较方便。这种通风方式中,整个烟道和风道都处于正压,消除了炉膛和对流受热面的漏风,提高了锅炉热效率,但这种通风方式要求炉膛及所有的烟风道都有严格的密封,否则遇到密封不严的看火孔、炉门和炉壁,高温的火焰和烟气将会喷出,不但危及操作人员的人身安全,还会影响锅炉房的卫生环境,损坏设备,增加锅炉的热损失。该通风方式在燃油锅炉中应用较多。

(3)平衡通风。

平衡通风是指在锅炉烟风道中同时布置送风机和引风机,利用送风机克服锅炉燃烧设备及风道系统的各种阻力,利用引风机克服全部烟气行程的阻力,并使炉膛出口处保持20~30 Pa负压的通风方式。

该通风方式的特点是送风系统全部处于正压的状态,而锅炉全部烟道均处在合理的负压状态。整个烟风道的漏风量均较小,且送、引风机的电功率较低。这样的设置既能有效地调节送、引风量,满足燃烧需要,锅炉房的安全及卫生条件也较好。因此,目前在大型电站锅炉中,该种通风方式应用最为普遍。但是,该通风方式所采用的设备较多,投资较大,且系统相对比较复杂,运行及维护工作量较大。

3.6.2 风烟系统的构成与工作流程

目前,大型燃煤锅炉的风烟系统,大体上包括了一次风系统、二次风系统和烟气系统3部分。按我国火力发电厂施工图卷册设计的传统划分方法,它应该包括冷风道、热风道和烟道,以及与这3类通道相关的设备,即送风机、引风机、一次风机、密封风机、空气预热器、暖风器、除尘器、脱硫脱硝装置及烟囱等。与这3类通道相关的元件有:关闭挡板风门、调节挡板风门、膨胀补偿器(膨胀节)、防爆门、人孔门、滤网及消声器等。

(1)烟道:锅炉空气预热器出口至烟囱前的烟道,烟气再循环管道,磨煤机干燥用的高温烟气管道,低温烟气管道和混合室至磨煤机进口的干燥管等。

(2)冷风道:吸风口至空气预热器的冷风道,磨煤机调温用的压力冷风道及其他调温用的压力冷风道,锅炉尾部支承梁的冷却风管道,磨煤机、给煤机的密封系统管道,低温一次风机或低温干燥风机的进口和出口风道,微正压锅炉的有关密封管道,炉膛火焰检测器冷却风管道,点火风机风道等。

(3)热风道:空气预热器出口风箱,喷燃器的二次风道,热风送粉用的热风道,磨煤机干燥用的热风道,排粉机进口的热风道,高温一次风机进口的热风道,烟气干燥混合器的热风道,热风再循环管道,邻炉间的热风联络管道,三次风喷口冷却风管道,风扇磨密封管道等。

(4)送风机:又叫二次风机,作用是为锅炉炉膛内燃料的正常燃烧提供充足的二次风量。为了使燃料在炉内的燃烧正常进行,必须向炉膛内送入燃料燃烧所需要的空气,用送风机克服空气预热器、风道和燃烧器的流动阻力,提供燃料燃烧所需要的氧气。

(5)引风机:又叫吸风机,作用是克服烟气侧的过热器、再热器、省煤器、空气预热器、除尘器及脱硫脱硝装置等的流动阻力,将锅炉燃烧产生的烟气排出,维持炉膛压力,形成流动烟气,完成烟气与各受热面的热交换。

(6)一次风机:作用是为锅炉的正常运行提供一次风量。对于煤粉锅炉来说,一次风的主要作用是干燥和输送煤粉至锅炉炉膛,并为煤粉的初期燃烧提供氧气。对于循环流化床锅炉来说,一次风的作用是使床料在炉膛内流化和提供煤初始燃烧所需要的氧气。

(7)密封风机:为锅炉制粉系统磨煤机、给煤机等设备提供密封风的风机称为密封风机,其作用是防止带有煤粉的气粉混合物漏出设备污染环境或进入加载装置磨辊轴承而造成轴承故障。

(8)空气预热器:利用锅炉尾部烟道中烟气的余热来加热空气的热交换设备。空气预热器利用锅炉燃烧后烟气的热量加热空气,回收了烟气的部分热量,降低了排烟温度,同时提高了燃料与空气的初始温度,强化了燃料的燃烧,提高了锅炉效率。

(9)暖风器:利用蒸汽加热空气预热器进口空气,以防止热空气预热器低温腐蚀和堵塞的热交换器。

(10)除尘器:用于将锅炉烟气中的粉尘分离出来的设备,以减少锅炉排出来的烟气对环境造成的粉尘污染。

(11)脱硫脱硝装置:用于去除锅炉烟气中的 SO_2、氮氧化物等有害气体,以减少锅炉排出来的烟气造成的大气污染。

(12)烟囱:作用是利用外界冷空气与烟囱内部热烟气之间的密度差而产生的抽吸力来排除锅炉燃烧产生的烟气。

(13)关闭挡板风门:也称关断门、风道挡板门或烟道挡板门,用于在烟管、风道中截流介质,它具有全开全关两个功能,使系统某一管路介质全部流通或关闭。

(14)调节挡板门:可通过调节挡板门开度来控制进入风道内的空气流量。调节方式分为手动和自动两种。手动挡板门通常通过手动控制杆或手柄来调节门的开关程度;自动挡板门则通过电机或电动装置控制,可以实现远程控制。

(15)膨胀补偿器:习惯上也叫膨胀节或伸缩节,主要作用是利用其工作主体波纹管的有效伸缩变形吸收管线、导管、容器等由热胀冷缩等原因而导致的尺寸变化,或补偿管线、导管、容器等的轴向、横向和角向位移。

(16)防爆门:用于防止系统或设备内部由于爆炸等原因造成压力突增而损坏设备。

(17)人孔门:又称检修孔,系统或设备检修时供检修人员进出的通道。

(18)滤网:主要用于风机的入口风道等处,防止空气中的杂物等进入风机或风道造成设备损坏或阻塞风道。

(19)消声器:安装在空气动力设备气流通道上或进、排气系统中的降低噪声的装置。它既能允许气流顺利通过,又能有效地阻止或减弱声能向外传播。

图3.110为典型的风烟系统示意图。系统中,送风机、一次风机将空气通过暖风器送往两台三分仓式空气预热器,离开锅炉的热烟气将其热量传送给进入的空气,受热的一次风与部分冷一次风混合进入磨煤机,然后进入煤粉燃烧器,受热的二次风进入燃烧器风箱,并通过各调节挡板而进入炉膛,在炉膛内与煤粉气流进行混合以供燃烧。

锅炉燃料燃烧产生的热烟气将热传递给炉膛水冷壁和大屏过热器,继而传过高温过热器、热端再热器进入热回收区,热回收区内的中隔墙将后竖井分成前、后两个平行烟道,前烟道内布置低温再热器,后烟道内布置低温过热器。在热回收区的下端装有省煤器及烟气调节挡板,烟气流经省煤器后进入三分仓式空气预热器,然后经过除尘器流向烟囱,排向大气。

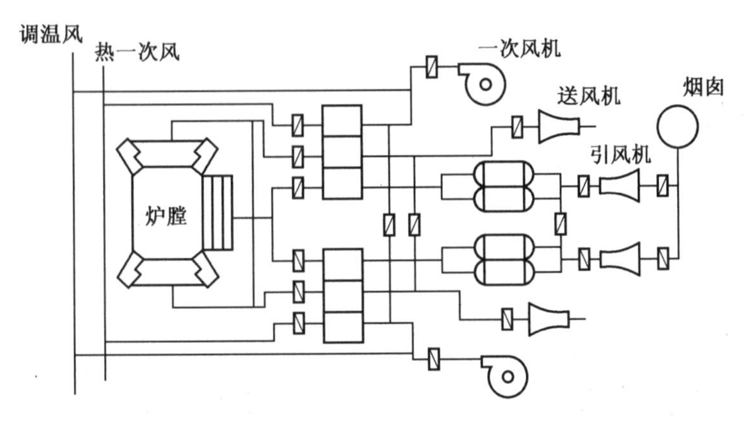

图 3.110　典型的风烟系统示意图

在此种类型的风烟系统中，主要包含了一次风系统、二次风系统和烟气系统 3 部分。

一次风系统主要包括一次风机入口消声器及滤网、一次风机、风机执行机构、一次风机油系统，以及相应的阀门、管路等设备和部件。其主要设备是一次风机，一次风机的作用就是提供具有一定压头和温度的一次风。

图 3.111 为一、二次风系统示意图。

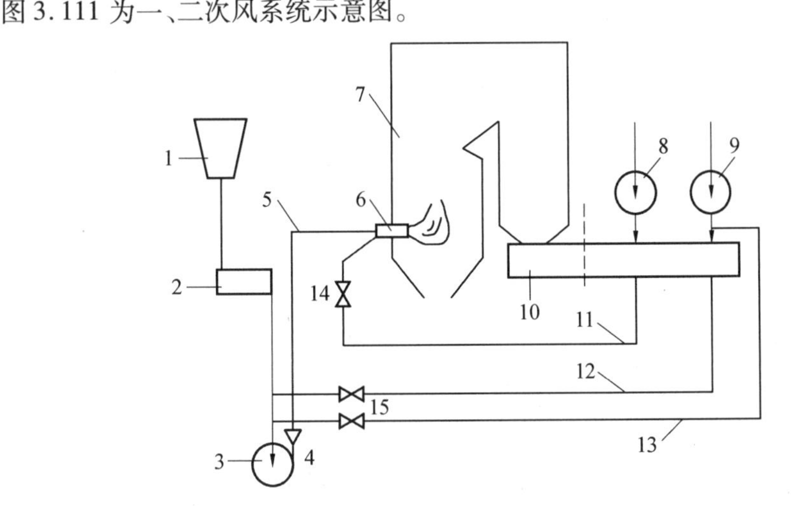

图 3.111　一、二次风系统示意图

1—煤斗；2—给煤机；3—磨煤机；4—粗粉分离器；5—至喷燃器的煤粉管道；6—喷燃器；7—锅炉炉膛；8—送风机；9——次风机；10—空气预热器；11—二次风管道；12—热一次风管道；13—冷一次风管道；14—二次风调节门；15——次风调节门

（1）直吹式制粉系统锅炉一次风系统。

一次风的作用是输送和干燥煤粉，并供给燃料燃烧初期所需的空气。大气经滤网、消声器垂直进入两台轴流式（或离心式）一次风机，经一次风机提压后分成两路：一路进入磨煤机前的冷一次风管；另一路经空气预热器的一次风分仓，加热后进入磨煤机前的热一次风管，热风和冷风在磨煤机前混合。在冷一次风管和热一次风管出口处都设有调节挡板和电动挡板来控制冷热风的风量，保证磨煤机总的风量符合要求和出口温度合适。合格的煤粉经煤粉管道由一次风送至炉膛燃烧。

一次风机的流量主要取决于燃烧系统所需的一次风量和空气预热器的漏风量。密封风机风源为一次风,最终进入磨煤机。一次风的压头主要取决于煤粉流的阻力及风道、空气预热器、挡板、磨煤机的流动阻力。其压头随锅炉需粉量的变化而变化,可以通过调节动叶的倾角来改变风量,维持风道一次风的压力,适应不同负荷的变化。

(2)循环流化床一次风系统。

大气经滤网、消声器垂直进入两台离心式一次风机,经风机提压后的空气分成4路送入炉膛:第1路,经一次风空气预热器加热后的热风从两侧墙进入炉膛底部的水冷风室,通过布置在布风板上的风帽使床料流化,并形成向上通过炉膛的气固两相流;第2路,热风经给煤增压风机(部分炉型有)后,用于炉前气力拨煤;第3路,经一次风空气预热器加热后的热风作为床上助燃油枪用风;第4路,部分未经预热的冷一次风作为给煤皮带的密封用风。

为了使燃料在炉内的燃烧正常进行,必须向炉膛内送入燃料燃烧所需要的空气,用送风机克服烟气侧的空气预热器、风道和燃烧器的流动阻力,并提供燃料燃烧所需的氧气。

二次风的流程:电厂环境空气经滤网、消声器与热风再循环汇合后垂直进入两台轴流式(或离心式)送风机,由送风机提压后,经冷二次风道进入两台容克式三分仓空气预热器的二次风分仓中预热,热二次风经热二次风管道送至二次风箱和燃烧器进入炉膛。

每台空气预热器对应一组送风机和引风机,两台空气预热器的进出口风道横向交叉连接在总风道上,用来平衡两侧二次风压,在锅炉低负荷期间,可以只投入一组风机(送、引风机各一台)运行。

加热后的二次风,经热二次风总管分配到炉膛的前后左右各墙燃烧器风箱后,被分成多股3种空气流:一是通过各二次风喷嘴的二次风(中心风);二是通过一次风喷嘴周边入炉的周界风;三是通过燃烧器顶部燃尽喷嘴的燃尽风。用于锅炉点火和低负荷稳燃的油燃烧器布置在二次风喷嘴内,故没有设计独立的供风通路。在燃烧器风箱内流向各个喷嘴的通道上设有调节挡板,用以完成各股风量的分配。

烟气系统的作用是将燃料燃烧生成的烟气经各受热面传热后连续并及时地排至大气,以维持锅炉正常运行。

烟气系统的流程:锅炉燃烧产生的烟气由炉膛出口经各受热面换热后,进入空气预热器与一、二次风换热,然后送至除尘器除去烟气中的粉尘,最后经引风机送至烟囱,排入大气。

锅炉烟气系统主要由两台静叶(或动叶)可调轴流式引风机、两台容克式空气预热器和两台除尘器等设备构成。锅炉采用平衡通风时,炉膛保持一定的负压。负压是通过调节引风机静叶(或动叶、调速装置)的角度,改变风机的流量实现的。

引风机的进口压力与锅炉负荷、烟道通流阻力有关。其流量决定于炉内燃烧产物的容积及炉膛出口后所有漏入的空气量。

两台空气预热器出口有各自独立的通道与两台除尘器相连接,除尘器的两台除尘器的出口有共同的通道与引风机连接。在引风机的进出口有电动挡板,用于满足任一台引风机停运检修时的隔离需要。

3.7 给水处理系统

锅炉给水处理要实现3个基本要求,即防止蒸汽夹带(蒸汽锅炉)、结垢、腐蚀。

1. 蒸汽夹带

蒸汽夹带指的是由于锅炉设计问题或炉水发泡而使蒸汽中夹带了炉水。蒸汽夹带在任何情况下都是不允许的,它将使蒸汽质量变坏,锅炉能力下降。如果炉水已经加入化学药剂处理,蒸汽夹带仍然得不到抑制,这种蒸汽送入锅炉使用可能导致人身事故。通过分析其冷凝液即可弄清蒸汽夹带情况,必要时可加入适量的清泡剂,避免蒸汽夹带。

2. 结垢

碳酸钙的沉淀是锅炉结垢的主因,在锅炉运行中常有发生。另外,一些化合物,如磷酸钙、硅酸钙,磷酸镁、硅酸镁,氢氧化镁、铁氧化物等也是造成锅炉结垢的一部分原因。结垢会造成能耗增加,严重时会发生事故。一般只能以加大排污量来减少结垢的生成,这对于降低能耗来说是不利的。

3. 腐蚀

腐蚀在锅炉操作中是令人非常烦心的事。腐蚀,在水处理专家看来,是铁元素返回铁矿的自然趋势,在热力学上讲是自由能增加的过程,基于此,必须用人工防护,否则不可避免。产生腐蚀的因素很多也很复杂。一般来说,蒸汽温度高,腐蚀增加。另外一种对中小锅炉影响较大的腐蚀是碱腐蚀,碱腐蚀是由于炉水中含有游离氢氧化钠而造成的腐蚀,所以操作中控制炉水含盐量(TDS)及碱值就可以避免炉水中易溶物质氢氧化钠的浓缩,从而避免碱腐蚀的发生。

以上各种腐蚀都有氧气参加,分析蒸汽中氧气含量就可以关联系统的腐蚀情况。比较简便的方法是分析炉水、蒸汽冷凝水的铁含量。防止腐蚀的主要手段是去除水中的溶解氧和提高回水的 pH 值。

蒸汽夹带、结垢、腐蚀严格来说是很难绝对避免的,它们会相互影响,相互作用,所以水处理时必须统一考虑,归纳起来可分为两方面的处理,即炉外处理和炉内处理。炉外处理是根本,其目的是防止补水杂质进入炉内及蒸汽系统;炉内处理则是保证。即使炉外处理做得十分好,排污也做到自动化,也难免会产生腐蚀而影响锅炉的热效应和寿命。只有炉外、炉内处理的合理结合才能保证锅炉水的质量符合要求,使锅炉在高质量下运行。

炉外处理主要方法为树脂软化及热除氧,我国执行 GB 1576—2001 低压锅炉水质标准,锅炉补水要求硬度小于0.03 mmol/L,据了解大部分锅炉操作时还能达到标准。但对于硬度大于0.04 mmol/L的补水,树脂软化不仅用盐量大,而且会造成环境污染,所以应考虑采用化学软化法,即以石灰或纯碱预处理,但这一方法劳动条件差,且除水后补水硬度不佳,所以不可以完全取代树脂软化。炉内处理是使炉内蒸汽夹带、结垢、腐蚀得到控

制而实现锅炉安全运行的最佳操作。只有良好的炉外处理而没有炉内处理，对锅炉安全而言只能是事倍功半。炉内处理一般以加药剂实现，使用的药剂有 5 部分，即阻垢剂、淤渣分散剂、除氧剂、消泡剂、蒸汽系统保护剂。

本章参考文献

[1] 董海梅. 670 t/h 四角切圆锅炉炉内煤粉燃烧过程的数值模拟[D]. 哈尔滨：哈尔滨工业大学，2008.

[2] 冯俊凯. 锅炉原理及计算[M]. 3 版. 北京：科学出版社，2003：316-317.

[3] 刘敦禹. 600 MW 超超临界墙式切圆锅炉炉内燃烧过程数值模拟[D]. 哈尔滨：哈尔滨工业大学，2010.

[4] 樊泉桂. 超临界和超超临界锅炉煤粉燃烧新技术分析[J]. 电力设备，2006(2)：23-25.

[5] 马春元. 径向浓缩旋流煤粉燃烧器的试验研究[D]. 哈尔滨：哈尔滨工业大学，1996.

[6] 孙锐. 径向浓淡旋流煤粉燃烧器流动特性试验研究及数值模拟[D]. 哈尔滨：哈尔滨工业大学，1998.

[7] 秦裕琨，李争起. 旋流煤粉燃烧技术的发展[J]. 热能动力工程，1997，12(4)：241-244.

[8] CHAO Y C. Recirculation structure of the coannular swirling jets in a combustor[J]. AIAA Journal，1988，26(5)：623-625.

[9] 何佩敖. 旋流式煤粉燃烧器(一)[J]. 电站系统工程，1999(1)：6-21，82-83.

[10] 何佩敖. 我国燃煤电厂 NO_x 控制和清洁燃烧技术[J]. 电站系统工程，1993，9(1)：36-46.

[11] 阎维平，刘彦丰，刘志敏，等. Babcock 双调风旋流煤粉燃烧器二次风配风特性的模化试验研究[J]. 动力工程，1995，15(4)：37-41.

[12] BEER J M, TOQAN M A, HAYNES J M, et al. Development of the RSFC low NO_x burner from fundamentals to industriala applications [C] // Proceedings of 2002 International Joint Power Generation Conference, Scottsdale, Arizona, USA, 2009: 899-906.

[13] 孙金武. WR 型和 XWD 型(双通道)浓淡燃烧器的结构特点、设计原理及低负荷稳燃机理分析[J]. 热力发电，2000，29(2)：22-25.

[14] KIGA T, QHISHI S, MIYAMAE S, et al. Application of IHI wide range pulverized coal burners to 600 MW coal firing boiler [J]. IHI Engineering Review. 1990, 23 (4): 123-128.

[15] 李争起，吴少华，孙锐，等. 直流二次风率对径向浓淡旋流煤粉燃烧器空气动力特性的影响[J]. 燃烧科学与技术，1996(3)：243-248.

[16] 李争起,孙锐,陈智超,等. 一种中心给粉旋流煤粉燃烧器:03111101[P]. 2003-2-8.

[17] 李争起,陈智超,孙锐,等. 适用于燃用贫煤 1025 t/h 锅炉的中心给粉旋流煤粉燃烧器[J]. 机械工程学报. 2006,42(3):221-226.

[18] 车得福,庄正宁,李军,等. 锅炉[M]. 2 版. 西安:西安交通大学出版社,2008.

[19] 徐旭常,吕俊复,张海. 燃烧理论与燃烧设备[M]. 2 版. 北京:科学出版社,2012.

[20] MA L, FANG Q Y, YIN C G, et al. More efficient and environmentally friendly combustion of low-rank coal in a down-fired boiler by a simple but effective optimization of staged-air windbox[J]. Fuel Processing Technology,2019,194:106118.

[21] OUYANG Z Q,ZHU J G,LU Q G. Experimental study on preheating and combustion characteristics of pulverized anthracite coal[J]. Fuel,2013,113:122-127.

[22] 任玉明. 中国无烟煤资源与性质[J]. 洁净煤技术,2004,10(3):8-10.

[23] 许传凯. 低挥发分煤的燃烧与“W”型火焰锅炉若干问题研究[J]. 中国电力,2004(7):37-40.

[24] 毕玉森,陈国辉. 低挥发分煤种与 W 型火焰锅炉[J]. 热力发电,2005,34(7):7-10.

[25] 李勇,巩凤美. 浅议低挥发分煤以及 W 型火焰锅炉燃烧技术[J]. 中国高新技术企业,2009(13):40-41.

[26] 黄伟,熊蔚立,杨剑峰,等. 低挥发分无烟煤及其混煤燃烧性能研究[J]. 湖南电力,2006,26(1):11-15,19.

[27] 白少林,李宗绪,张建生,等. 提高大型低挥发分煤锅炉运行经济性研究[J]. 中国电力,2006,39(9):79-83.

[28] 车刚,苗长信,郭玉泉. W 型火焰锅炉的燃烧机理及应用介绍[J]. 山东电力技术,2002,29(4):39-41.

[29] 薛国琪. 无烟煤和低挥发分贫煤的燃烧[J]. 河北电力技术,1998,17(6):7-12.

[30] 许传凯,许云松. 我国低挥发分煤燃烧技术的发展[J]. 热力发电,2001,30(5):2-6,17.

[31] 车刚,郝卫东,郭玉泉. W 型火焰锅炉及其应用现状[J]. 电站系统工程,2004,20(1):38-40.

[32] 樊险峰. W 型火焰锅炉炉内空气动力场的试验研究[D]. 哈尔滨:哈尔滨工业大学,2003.

[33] KUANG M,LI Z Q. Review of gas/particle flow,coal combustion,and NO_x emission characteristics within down-fired boilers[J]. Energy,2014,69:144-178.

[34] FAN S B,LI Z Q,YANG X H,et al. Influence of outer secondary-air vane angle on combustion characteristics and NO_x emissions of a down-fired pulverized-coal 300 MWe utility boiler[J]. Fuel,2010,89(7):1525-1533.

[35] KUANG M,YANG G H,ZHU Q Y,et al. Effect of burner location on flow-field deflection and asymmetric combustion in a 600 MWe supercritical down-fired boiler[J]. Applied Energy,2017,206:1393-1405.

[36] MA L,FANG Q Y,LV D Z,et al. Influence of separated overfire air ratio and location on combustion and NO_x emission characteristics for a 600 MWe down-fired utility boiler with a novel combustion system[J]. Energy & Fuels,2015,29(11):7630-7640.

[37] 袁颖,相大光. 我国 W 火焰双拱锅炉燃烧性能调查研究[J]. 中国电力,1999,32(11):1-6.

[38] LI Z Q,LIU G K,ZHU Q Y,et al. Combustion and NO_x emission characteristics of a retrofitted down-fired 660 MWe utility boiler at different loads[J]. Applied Energy,2011,8877:2400-2406.

[39] KUANG M,LI Z Q,ZHANG Y,et al. Asymmetric combustion characteristics and NO_x emissions of a down-fired 300 MWe utility boiler at different boiler loads[J]. Energy,2012,37(1):580-590.

[40] LUO Z X,WANG F,ZHOU H C,et al. Principles of optimization of combustion by radiant energy signal and its application in a 660 MWe down- and coal-fired boiler[J]. Korean Journal of Chemical Engineering,2011,28(12):2336-2343.

[41] 马仑,方庆艳,田登峰,等. 亚临界 W 火焰锅炉磨煤机组合运行方式优化数值模拟[J]. 动力工程学报,2015,35(7):517-523.

[42] KUANG M,WU H Q,ZHU Q Y,et al. Establishing an overall symmetrical combustion setup for a 600 MWe supercritical down-fired boiler:a numerical and cold-modeling experimental verification[J]. Energy,2018,147:208-225.

[43] WU H Q, KUANG M, WANG J L, et al. Low-NO_x and high-burnout combustion characteristics of a cascade-arch-firing, W-shaped flame furnace: numerical simulation on the effect of furnace arch configuration[J]. Environmental Science & Technology,2019,53(19):11597-11612.

[44] 陈瑶姬. W 型火焰锅炉燃用无烟煤低 NO_x 燃烧技术机理和模化试验研究[D]. 杭州:浙江大学,2011.

[45] FANG Q Y, WANG H J, WEI Y, et al. Numerical simulations of the slagging characteristics in a down-fired, pulverized-coal boiler furnace[J]. Fuel Processing Technology,2010,91(1):88-96.

[46] YANG W,WANG B,LEI S Y,et al. Combustion optimization and NO_x reduction of a 600 MWe down-fired boiler by rearrangement of swirl burner and introduction of separated over-fire air[J]. Journal of Cleaner Production,2019,210:1120-1130.

[47] MA L,FANG Q Y,LV D Z,et al. Reducing NO_x emissions for a 600 MWe down-fired pulverized-coal utility boiler by applying a novel combustion system[J]. Environmental Science & Technology,2015,49(21):13040-13049.

[48] REN F,LI Z Q,CHEN Z C,et al. Influence of the overfire air ratio on the NO_x emission and combustion characteristics of a down-fired 300-MWe utility boiler[J]. Environmental Science & Technology,2010,44(16):6510-6516.

[49] FAN J R,ZHA X D,CEN K F. Computerized analysis of low NO_x W-shaped coal-fired furnaces[J]. Energy & Fuels,2001,15(4):776-782.

[50] 任枫. FW 型 W 火焰锅炉高效低 NO_x 燃烧技术研究[D]. 哈尔滨:哈尔滨工业大学,2010.

[51] 沙龙. 1000 MW 超超临界褐煤锅炉燃烧技术研究[D]. 哈尔滨:哈尔滨工业大学,2014.

[52] 沙龙. 1000 MW 超超临界褐煤锅炉冷态空气动力场试验研究[D]. 哈尔滨:哈尔滨工业大学,2009.

[53] 葛志红. 燃用烟煤墙式布置 410 t/h 锅炉低 NO_x 燃烧技术的数值模拟[D]. 哈尔滨:哈尔滨工业大学,2008.

[54] 李争起,陈智超,曾令艳. 旋流及 W 火焰煤粉燃烧技术:上册[M]. 北京:科学出版社,2020.

[55] 李争起,陈智超,曾令艳. 旋流及 W 火焰煤粉燃烧技术:下册[M]. 北京:科学出版社,2020.

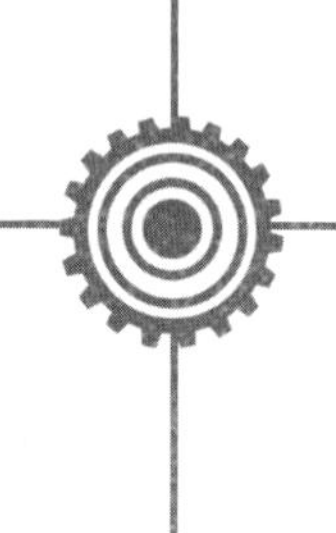

第4章 水力发电

水力发电是利用河流、湖泊等位于高处具有势能的水流至低处,将其中所含势能转换成水轮机之动能,再借水轮机推动发电机产生电能。水力(具有水头)推动水力机械(水轮机)转动,水能转变为机械能,如果在水轮机上接上另一种机械(发电机),随着水轮机转动便可发出电来,这时机械能又转变为电能。水力发电在某种意义上讲是水的位能转变成机械能,再转变成电能的过程。水力发电厂所发出的电力电压较低,要输送给距离较远的用户,就必须将电压经过变压器增高,再由空架输电线路输送到用户集中区的变电所,最后降低为适合家庭用户、工厂用电设备的电压,并由配电线输送到各个工厂及家庭。

我国水力资源丰富,居世界第一,查明理论蕴藏量 6.94 亿 kW、技术可开发量 5.42 亿 kW、经济可开发量 4.02 亿 kW。按技术可开发量计算至今仅开发利用 30%。加快水力发电资源开发,是提高我国水能资源利用效率的迫切需要,因此,水力发电开发的前景是极其广阔的。

4.1 水力发电的历史

1878 年法国建成世界第一座水电站。美洲第一座水电站建于美国威斯康星州阿普尔顿的福克斯河上,由一台水车及其带动的两台直流发电机组成,装机容量 25 kW,于 1882 年 9 月 30 日发电。欧洲第一座商业性水电站是意大利的特沃利水电站,于 1885 年建成,装机容量 65 kW。19 世纪 90 年代起,水力发电在北美、欧洲许多国家受到重视,利用山区湍急河流、跌水、瀑布等优良地形位置修建了一批数十至数千千瓦的水电站。1895 年,美国与加拿大边境的尼亚加拉瀑布处建造了一座大型水轮机驱动的 3 750 kW 水电站。进入 20 世纪以后,由于长距离输电技术的发展,边远地区的水力资源逐步得到开发利用,并向城市及用电中心供电。20 世纪 30 年代起,水电建设的速度和规模有了更快和更大的发展,由于建筑、机械、电气等科学技术的进步,已能在十分复杂的自然条件下修建各种类型和不同规模的水力发电工程。全世界可开发的水力资源约为 22.61 亿 kW,分布不均匀,各国开发的程度亦各异。

4.2 水力发电的特点

水力发电是再生能源,对环境冲击较小,发电效率高达 90% 以上。水力发电工程还可以控制洪水泛滥、提供灌溉用水、改善河流航运,同时改善所在地区的交通、电力供应和经济,特别是可以发展旅游业及水产养殖。除此之外,水力发电还具备以下优点。

1. 发电成本低

水力发电只是利用水流所携带的能量,无须再消耗其他动力资源。而且,上一级电站使用过的水流仍可为下一级电站利用。另外,由于水电站的设备比较简单,其检修、维护费用也较同装机容量的火电厂低得多。如计及燃料消耗,火电厂的年运行费用约为同装机容量水电站的 10 ~ 15 倍。因此,水力发电的成本较低,可以提供廉价的电能。

2. 高效而灵活

作为水力发电主要动力设备的水轮发电机组,不但效率较高,而且启动、操作灵活。它可以在几分钟内从静止状态迅速启动投入运行;在几秒钟内完成增减负荷的任务,适应电力负荷变化的需要,而且不会造成能源损失。因此,利用水力发电承担电力系统的调峰、调频、负荷备用和事故备用等任务,可以提高整个系统的经济效益。

3. 工程效益具有综合性

由于筑坝拦水形成了水面辽阔的人工湖泊,控制了水流,因此兴建水电站一般都兼有防洪、灌溉、航运、给水及旅游等多种效益。

水力发电所带来的环境影响如下。

1. 自然方面

巨大的水库可能引起地表的活动,甚至诱发地震。此外,其还会引起流域水文上的改变,如下游水位降低或来自上游的泥沙减少等。水库建成后,由于蒸发量大,所在地气候凉爽且较稳定,降雨量减少。

2. 生物方面

对陆生动物而言,水库建成后,可能会造成大量的野生动植物被淹没死亡,甚至全部灭绝。对水生动物而言,水库建成后,上游生态环境的改变会使鱼类受到影响,导致灭绝或种群数量减少。同时,由于上游水域面积的扩大,某些生物(如钉螺)的栖息地点增加,为一些地区性疾病(如血吸虫病)的蔓延创造了条件。

3. 物理化学性质方面

流入和流出水库的水在颜色和气味等物理化学性质方面有所不同,而且水库中各层水的密度、温度甚至溶解度等有所不同。深层水的温度低,而且沉积库底的有机物不能充

分氧化而厌氧分解,水体的二氧化碳含量明显增加。

我国水能资源的特点如下。

1. 总量丰富,开发不足

我国水能资源可开发总量世界第一,占世界总量 16.7% 。到 2008 年底,我国水电装机容量达到了 1.65 亿 kW,按技术可开发量计算开发率 30% ,低于发达国家 60% 的平均水平。东部地区已开发 70% 以上,可开发的大型水电站只剩下 3 座,共 1 610 MW,即浙江滩坑电站(600 MW,目前在建)、大均电站(46 万 kW)和福建街面电站(30 万 kW);西部地区开发率仅 7.5% 。

2. 地区分布不均,与经济发展不匹配

东部地区(13 个省、市)水电资源占全国总量的 8% ,中部地区(6 个省)占 11% ,而西部地区(12 个省、区、市)高达 81% ;但东部用电量占 51% 。

表 4.1　我国水资源分布情况

地区	水能蕴藏量			可开发的水能资源		
	装机容量/亿 kW	年发电量/(亿 kW·h)	占全国比例/%	装机容量/亿 kW	年发电量/(亿 kW·h)	占全国比例/%
华北	1 229	1 077	1.8	691.98	232.25	1.2
东北	1 212	1 062	1.8	1 199.4	383.91	2.0
华东	3 004	2 632	4.4	1 790.2	687.94	3.6
中南	6 408	5 613	9.5	6 743.4	2 973.6	15.5
西南	4 733	4 146	70.0	23 234	13 050	67.8
西北	8 417	7 373	12.5	4 193.7	1 904.9	9.9
全国	6 760	5 922	100.0	37 853	19 233	100.0

3. 江河来水量时间分布不均

年内降雨集中在汛期,年际江河来水量变化大,须建设(年调节、多年调节)大型水库。

我国水电开发有三大特点,具体如下。

1. 成就很大

其突出表现在以下三方面:水电装机容量跃居世界第一;水电建设技术已具世界水平;初步建立了适应市场经济的、有中国特色的水电开发和建设机制。

2. 困难不少

制约水电发展的五个问题:①生态环境问题;②上网电价问题;③法律法规问题;④移民问题;⑤地震问题。

3. 机遇难得

在"双碳"目标背景下,风电、光伏发电等总装机容量 2030 年将达到 12 亿 kW 以上;

2060 年预计将达到 50 亿 ~ 60 亿 kW。未来新型电力系统调节资源需求巨大,水电是相对可靠且灵活可调的电源,是保障新型电力系统安全稳定和经济运行的基石电源,亟须从目前的“发电为主、调节为辅”转变为“调节为主、发电为辅”的发展、运行模式。考虑水电项目开发周期长(通常 5 ~ 10 年),而风电、光伏发电项目开发周期相对较短(通常 0.5 ~ 1 年,甚至更短)且发展迅速,急需加快水力发电项目开发进度,尽早建成并尽早发挥作用。

4.3 我国典型水电站

1. 三峡水利枢纽

三峡工程(图 4.1)采用“一级开发,一次建成,分期蓄水,连续移民”方案。大坝为混凝土重力坝,坝顶总长 3 035 m,坝顶高程 185 m,正常蓄水位 175 m,总库容 393 亿 m^3,其中防洪库容 221.5 亿 m^3。装机容量 2 240 万 kW,年均发电量 1 000 亿 kW · h。泄洪坝段泄洪能力为 11 万 m^3/s,左岸通航建筑物年单向通过能力 500 万 t。采用双线五级船闸,可通过万吨级船队;单线一级垂直升船机,可快速通过 3 000 t 级客货轮。

图 4.1　三峡水利枢纽

三峡工程具有防洪、发电、航运、养殖、旅游、保护生态、净化环境、开发性移民、南水北调、供水灌溉等十大效益,是世界上任何巨型电站都无法比拟的!

三峡工程是世界上施工难度最大的水利工程。2000 年其混凝土浇筑量为 548.17 万 m^3,月浇筑量最高达 55 万 m^3。它也是施工期流量最大的水利工程。三峡工程截流流量 9 010 m^3/s,施工导流最大洪峰流量 7.9 万 m^3/s,拥有世界上泄洪能力最大的泄洪闸,最大泄洪能力 10.25 万 m^3/s。

它还拥有世界上规模最大、难度最高的升船机。三峡工程是世界上水库移民最多、工作量最为艰巨的移民建设工程。三峡工程水库动态移民最终可达 113 万。

2. 小浪底水利枢纽

小浪底水利枢纽(图 4.2)位于河南省洛阳市以北 40 km 的黄河干流上,是以防洪为主,兼顾防凌、减淤、灌溉和发电综合利用的一座特大型工程。其由大坝、泄洪建筑物及发电系统组成。大坝为黏土斜心墙堆石坝，坝顶长 1 667 m，最大坝高 154 m，库容 126.5 亿 m^3，泄洪建筑物包括集中布置的 10 座进水塔，9 条泄洪排沙隧洞、1 个正常溢洪道和 3 个消力塘；发电系统由 6 条引水隧洞和 1 座地下厂房、主变室、尾闸室及 3 条尾水洞组成。总装机容量 6×30 万 kW，多年平均发电量 51 亿 kW·h。

图 4.2　小浪底水利枢纽

3. 新安江水电站

新安江水电站(图 4.3)是我国第一座自行设计、自制设备、自己施工建造的大型水力发电站，被称为“长江三峡的试验田”，是我国水利电力事业史上的一座丰碑、我国人民勤劳智慧的杰作。

图 4.3　新安江水电站

新安江水电站位于浙江省杭州市建德县原铜官镇附近。水电站上游的流域面积 10 480 km^2，水电站处多年平均流量 357 m^3/s，平均年径流量约 113 亿 m^3。拦河大坝最大坝高 105 m，坝顶全长 466.5 m，为混凝土宽缝重力坝。在河床部位的坝体顶部，设 9 孔开敞式溢洪道，最大泄洪流量为 13 200 m^3/s。发电厂房位于河床内坝趾处，为厂房顶溢流式，泄洪水流经厂房顶由挑流鼻坎挑射入下游河床。厂房内安装 9 台水轮发电机组，总装机容量 662.5 MW，平均设计年发电量 18.6 亿 kW·h，所发电能经开关站由 4 回 220 kV 和 4 回 110 kV 高压输电线路向华东电网和附近地区送电。

该工程按千年一遇洪水设计，按万年一遇洪水校核。设计洪水流量 27 600 m^3/s，水位 111 m；校核洪水流量 41 280 m^3/s，水位 114 m。水库正常蓄水位 108 m，防洪限制水位 106.5 m，死水位 86 m。水库总库容 220 亿 m^3，调节库容 102.7 亿 m^3，死库容 75.7 亿 m^3，防洪库容 47.3 亿 m^3，为多年调节水库。水电站最大水头 84.3 m，设计水头 73 m，最小水头 57.8 m。

拦河坝上游形成一个面积为 580 km^2、总库容为 220 亿 m^3、有效库容为 144.3 亿 m^3、具有多年调节性能的巨型水库。水库除可调节多年径流以满足发电需水流量外，还具有防洪、改善航运条件、发展渔业、调节补偿下游富春江水电站所需发电流量，以及发展旅游事业等综合利用效益。

该电站于 1956 年 8 月开始施工准备，主体工程于 1957 年 4 月正式施工。广大电站建设者在当时经验缺乏、施工设备不齐全的情况下，坚持“独立自主、自力更生”的方针，同心协力，日夜奋战，克服了种种困难。1959 年 9 月，大坝比计划提前 15 个月封堵最后一个导流底孔，水库开始蓄水。1960 年 4 月第一台机组即投产发电，仅用了 3 年时间，创造了大型水电站高速度施工的光辉榜样。同年 9 月，220 kV 新安江—杭州—上海高压输电线路架通，华东大电网开始形成。1965 年 12 月，电站工程竣工。新安江水电工程施工期，包括准备工程在内，共 46 个月。工程开挖土石方 585.92 万 m^3，浇筑混凝土与钢筋混凝土 175.5 万 m^3，使用水泥 34.75 万 t、钢材 3.62 万 t、木材 13.55 m^3，修建专用铁路 64 km。浙江境内水库淹没耕地 30.98 万亩（1 亩≈666.67 m^2），移民 29.15 万人，工程总投资 45 697.4 万元。1977 年 10 月，9 台机组全部安装完成，并入电网运行。该电站自第一台机组投产发电起，即一直担负着华东电网的调峰、调频和事故备用任务。该电站不仅已获得巨大的发电和综合利用经济效益，还在保证华东电网的稳定和安全运行、提高电能质量、促进电网范围内的工农业生产和满足人民生活用电需要等方面，也都发挥了重要的作用。为建设新安江水电站，淳安、遂安两县人民做出了重大牺牲。淳安县境内的 13 个村于 1957 年 3 月 10 日开始首批移民，至 1971 年 6 月，淳安、遂安两县共淹没 49 个乡镇，1 377个自然村，移民累计 29.15 万人，其中在县内安置的 82 544 人，在省内桐庐、富阳、德清、金华、常山、兰溪等 14 个县安置的约 14 万人，安置在江西省 64 680 人，安徽省 5 630 人，其他省、市 1 293 人。

4. 二滩水电站

二滩水电站（图 4.4）地处四川省西南边陲攀枝花市盐边与米易两县交界处，处于雅砻江下游，坝址距雅砻江与金沙江的交汇口 33 km，距攀枝花市区 46 km，系雅砻江水电基地梯级开发的第一个水电站，上游为官地水电站，下游为桐子林水电站。最大坝高 240 m，水库正常蓄水位 1 200 m，总库容 5.8 km^3，调节库容 3.37 km^3，装机总容量 3 300 MW，保证出力 1 000 MW，多年平均发电量 170 亿 kW·h，投资 286 亿元。该工程以发电为主，兼有其他综合利用效益。1991 年 9 月开工，1998 年 7 月第一台机组发电，2000 年完工，是我国在二十世纪建成投产最大的电站。二滩水电站地下厂房布置如图 4.5所示。

图4.4　二滩水电站

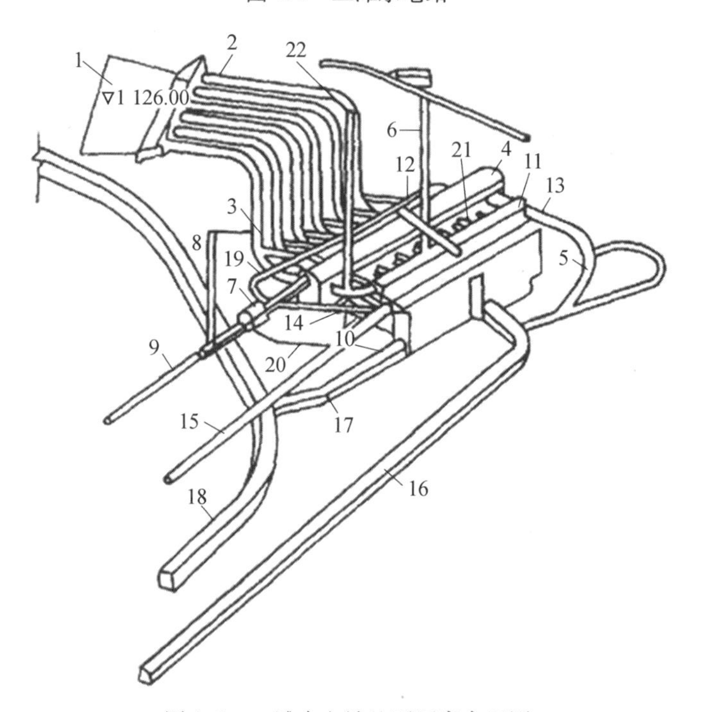

图4.5　二滩水电站地下厂房布置图

1—发电进水口;2—压力钢管;3—至压力钢管垂直段交通洞;4—厂房;5—厂房交通洞;6—排风机室;7—进风机室;8—补气竖井;9—通风洞;10—连系洞;11—主变室;12—500 kV 电缆斜井;13—调压室;14—尾水管;15—至调压室交通洞;16—1 号尾水管;17—2 号尾水洞;18—左岸导流洞;19—1 号排水廊道;20—2 号排水廊道;21—母线洞;22—电梯竖井

二滩水电站的二滩湖,位于四川省攀枝花市内,处于雅砻江干流下游之上,是二滩国家森林公园内的重要景点及组成部分,亦是二滩水电站建设形成的人工湖,因而成为川滇境内香格里拉生态圈中重要的涵养水源。

4.4 水电站的分类

水电站有各种不同的分类方法。

按照水源的性质，水电站可分为：常规水电站，利用天然河流、湖泊等水源发电；抽水蓄能水电站，利用电网负荷低谷时多余的电力，将低处下水库的水抽到高处上水库存蓄，待电网负荷高峰时放水发电，尾水收集于下水库；潮汐电站，利用海潮涨落所形成的潮汐能发电。

按开发水头手段，水电站可分为坝式水电站、引水式水电站和混合式水电站。

按利用水头的大小，水电站可分为高水头（70 m 以上）水电站、中水头（15～70 m）水电站和低水头（低于 15 m）水电站。

按水电站装机容量的大小，水电站可分为大型水电站、中型水电站和小型水电站。一般装机容量 5 000 kW 以下的为小型水电站，5 000～100 000 kW 为中型水电站，100 000 kW或以上为大型水电站或巨型水电站。

下面简要介绍几种水电站。

1. 坝后式水电站

用坝集中水头的水电站称为坝式水电站，其特点有：水头取决于坝高；引用流量较大，电站的规模也大，水能利用较充分，综合利用效益高；投资大，工期长；适用于河道坡降较缓，流量较大，并有筑坝建库的情况。

坝后式水电站一般修建在河流的中上游。当水头较大时，厂房本身抵抗不了水的推力，因此将厂房移到坝后，由大坝挡水。其库容较大，调节性能好。举世瞩目的三峡水电站就是坝后式水电站。图 4.6 为坝后式水电站原理图。图 4.7 为万家寨坝后式水电站。图 4.8 为向家坝水电站，图 4.9 为三峡水电站坝及厂房布置情况。图 4.10 为坝后式水电站布置图。

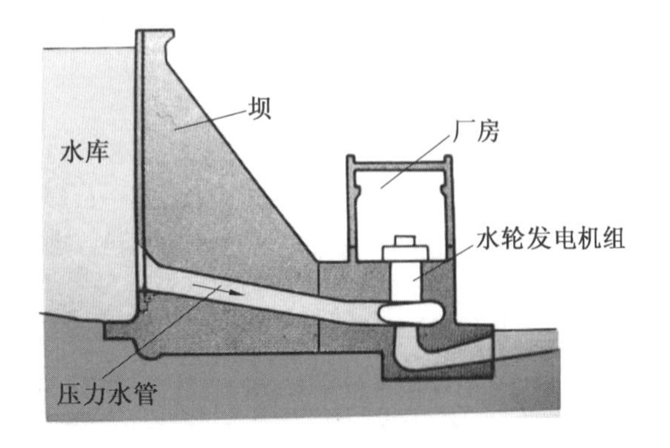

图 4.6　坝后式水电站原理图

图 4.7　万家寨坝后式水电站

图 4.8　向家坝水电站

图 4.9　三峡水电站坝及厂房布置情况

2. 河床式水电站

河床式水电站一般修建在河道中下游,河道纵坡平缓的河段上,为避免大量淹没,建低坝或闸。适用水头:大中型 25 m 以下,小型 8 ~ 10 m 以下。厂房和挡水坝并排建在河床中,共同挡水,故厂房也有抗滑稳定问题;厂房高度取决于水头的高低。河床式水电站引用流量大、水头低。厂房本身起挡水作用是河床式水电站的主要特征。图 4.11 为河床式水电站布置图。图 4.12 为河床式水电站三维效果图。图 4.13 为富春江河床式水电站。图 4.14 为葛洲坝水电站。

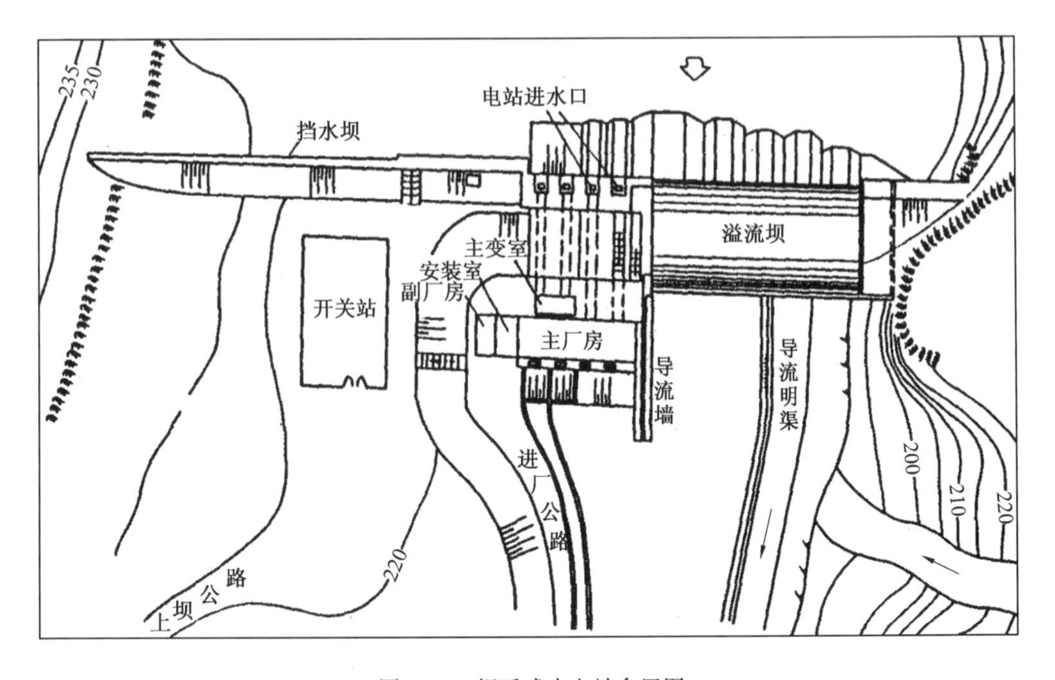

图 4.10　坝后式水电站布置图

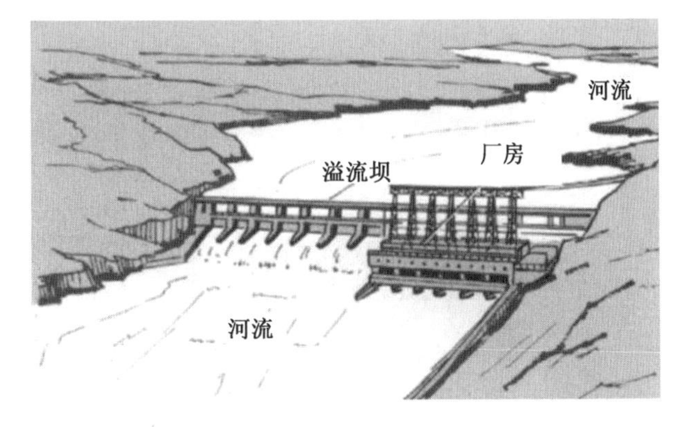

图 4.11　河床式水电站布置图

图 4.12　河床式水电站三维效果图

图4.13　富春江河床式水电站

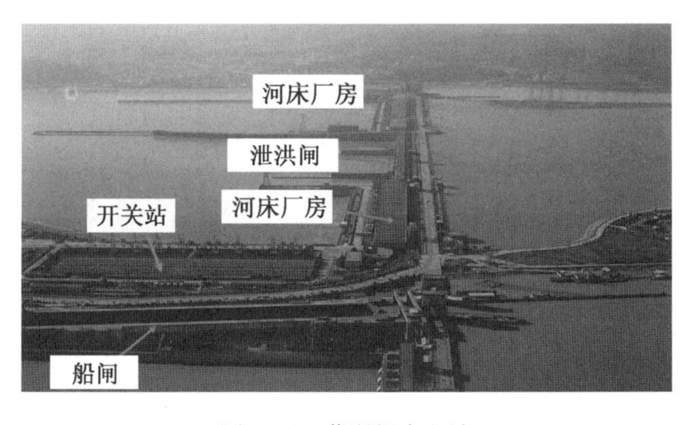

图4.14　葛洲坝水电站

3. 引水式水电站

用引水道集中水头的水电站称为引水式水电站。其特点是:水头相对较高,目前最大水头已达2 000 m以上;引用流量较小,没有水库调节径流,水量利用率较低,综合利用价值较差;库容很小,基本无水库淹没损失,工程量较小,单位造价较低。引水式水电站适合河道坡降较陡,流量较小的山区性河段。

无压引水式水电站的引水建筑物是无压的,即渠道或无压隧洞,主要建筑物为低坝、进水口、沉沙池、引水渠(洞)、日调节池、压力前池、压力管道、厂房、尾水渠。

有压引水式水电站的引水建筑物是有压的,即压力隧洞,主要建筑物为低坝、有压隧洞、调压室、压力水管、厂房、尾水渠。

图4.15为无压引水式水电站布置图。图4.16为具有调节池的无压引水式水电站布置图。图4.17为有压引水式水电站布置图。

4. 混合式水电站

混合式水电站是由坝和引水道两种建筑物共同形成发电水头的水电站,可以充分利用河流有利的天然条件,在坡降平缓河段上筑坝形成水库,以利于径流调节,在其下游坡降很陡或落差集中的河段采用引水方式得到高的水头。混合式水电站示意图如图4.18所示。

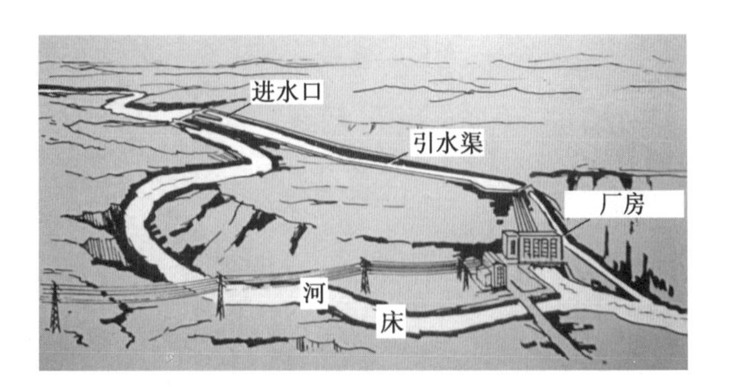

图 4.15　无压引水式水电站布置图

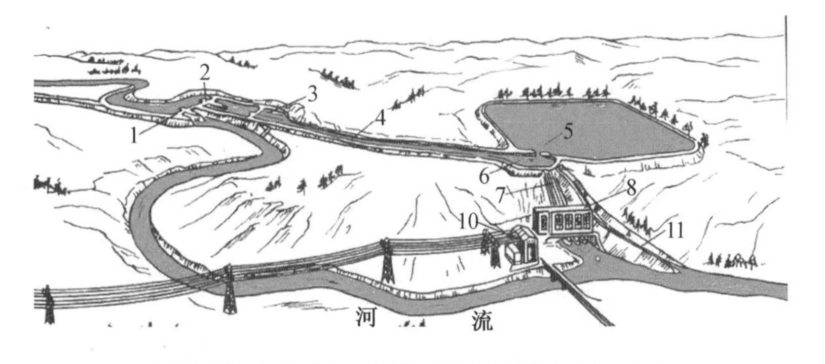

图 4.16　具有调节池的无压引水式水电站布置图

1—坝;2—进水口;3—沉沙池;4—引水渠;5—日调节池;6—压力前池;
7—压力管道;8—厂房;9—尾水渠;10—配电所;11—泄水道

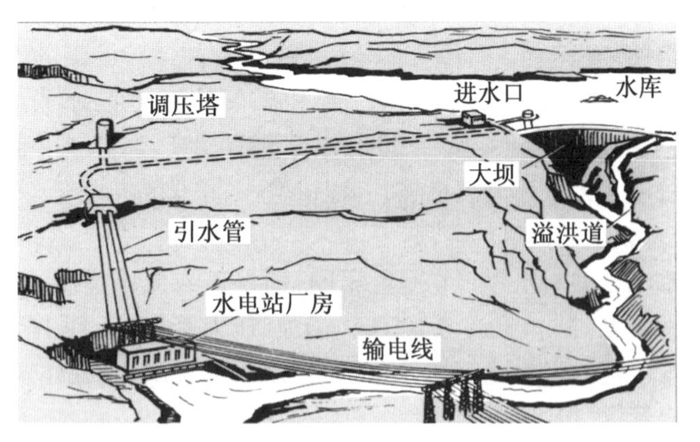

图 4.17　有压引水式水电站布置图

5. 抽水蓄能水电站

其工作状态分为抽水蓄能和放水发电两种。

抽水蓄能:系统负荷低时,利用系统多余的电能带动泵站机组(电机+水泵)将下库的水抽到上库,将能量以水的势能形式贮存起来。

放水发电:系统负荷高时,将上库的水放出来推动水轮发电机组(水轮机+发电机)发电,以补充系统中电能的不足。

图 4.18　混合式水电站示意图

图 4.19 为抽水蓄能水电站示意图。图 4.20 黑麋峰抽水蓄能水电站。

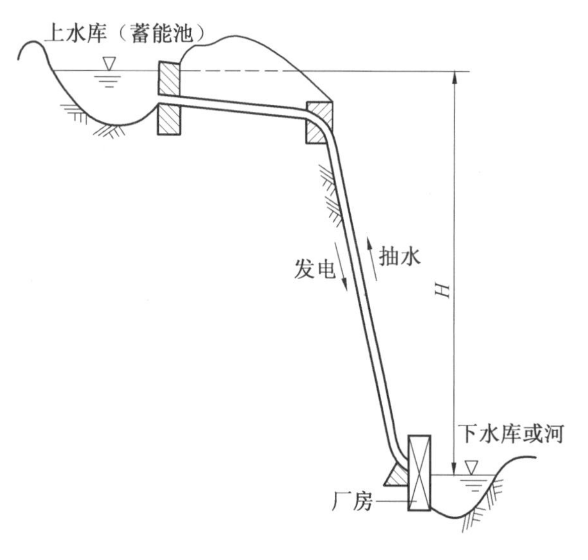

图 4.19　抽水蓄能水电站示意图

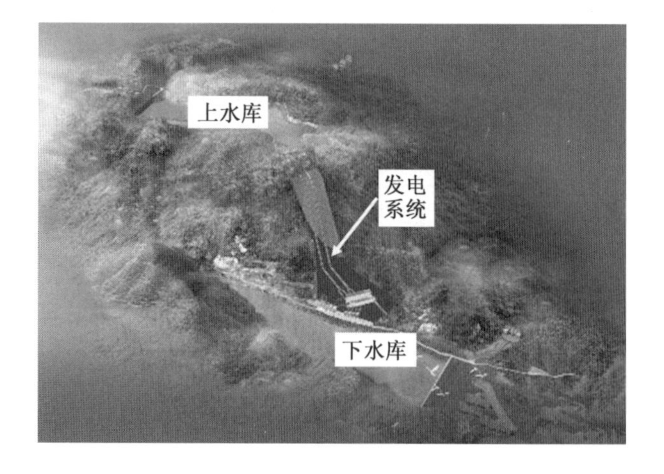

图 4.20　黑麋峰抽水蓄能水电站

6. 潮汐电站

潮汐是海水因受日月引力而产生的周期性升降运动,即海水的潮涨潮落。

潮汐发电原理:利用潮水涨、落产生的水位差所具有的势能来发电,也就是把海水涨、落潮的能量变为机械能,再把机械能转变为电能(发电)。图4.21为潮汐发电原理图。

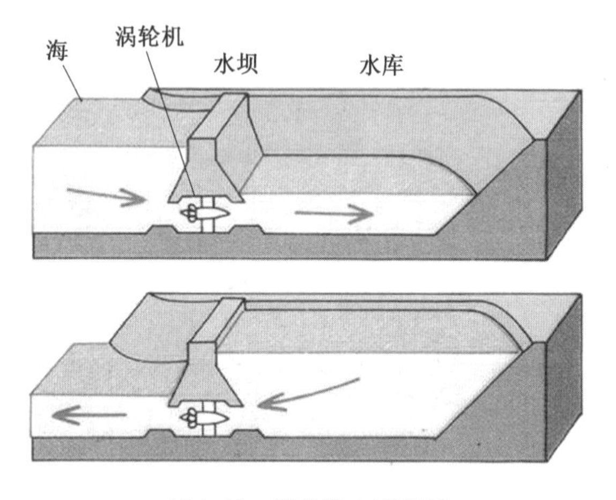

图4.21 潮汐发电原理图

法国朗斯潮汐电站,1966年投入运行,是世界上第一个商业化潮汐电站。该电站装机24台,每台容量1万kW,共24万kW;设计年平均发电量5.44亿kW·h;水轮机转轮直径5.3 m。

图4.22为法国朗斯潮汐电站示意图,图4.23为法国朗斯潮汐电站,图4.24为江夏潮汐电站。

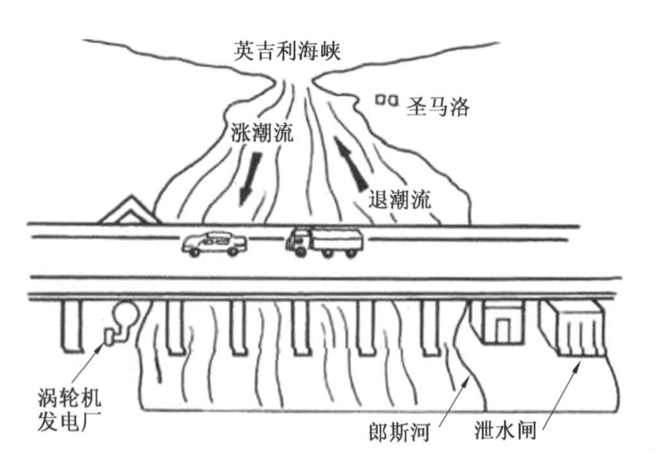

图4.22 法国朗斯潮汐电站示意图

图 4.23　法国朗斯潮汐电站

图 4.24　江夏潮汐电站

4.5　水工建筑物

水工建筑物的作用是控制和调节水流,防治水害。其是开发利用水资源的建筑物,是实现各项水利工程目标的重要组成部分。水工建筑物涉及许多学科领域,除基础学科外,还与水力学、水文学、工程力学、土力学、岩石力学、工程结构、工程地质、建筑材料,以及水利勘测、水利规划、水利工程施工、水利管理等密切相关。它的设计和研究方法,主要有理论分析、试验研究、原型观测和工程类比等。

水工建筑物的主要特点如下。

(1)受自然条件制约多。地形、地质、水文、气象等对工程选址、建筑物选型、施工、枢纽布置和工程投资影响很大。

(2)工作条件复杂。如:挡水建筑物要承受相当大的水压力,由渗流产生的渗透压力对建筑物的强度和稳定不利;泄水建筑物泄水时,对河床和岸坡具有强烈的冲刷作用等 。

(3)施工难度大。在江河中兴建水利工程,需要妥善解决施工导流、截流和施工期度汛问题。此外,复杂地基的处理及地下工程、水下工程等的施工技术都较复杂。

(4)大型水利工程的挡水建筑物失事,将会给下游带来灾难和巨大损失。

图 4.25 为松林河大金坪水电站枢纽。

图 4.25　松林河大金坪水电站枢纽

4.6 水　轮　机

水轮机是把水流的能量转换为旋转机械能的动力机械,它属于流体机械中的透平机械。

图 4.26 和图 4.27 分别为水轮机的示意图和实物图。

(a) 冲击式

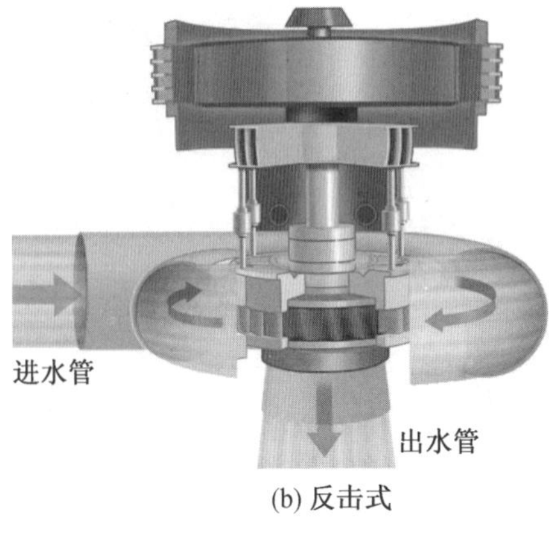

(b) 反击式

图 4.26　水轮机示意图

早在公元前 100 年前后,我国就出现了水轮机的雏形——水轮,用于提灌和驱动粮食加工器械。现代水轮机则大多数安装在水电站内,用来驱动发电机发电。

图4.27　水轮机实物图

在水电站中,上游水库中的水经引水管引向水轮机,推动水轮机转轮旋转,带动发电机发电。做完功的水则通过尾水管道排向下游。水头越高、流量越大,水轮机的输出功率也就越大。

水轮机按工作原理可分为冲击式水轮机和反击式水轮机两大类。

冲击式水轮机的转轮受到水流的冲击而旋转,工作过程中水流的压力不变,主要是动能的转换。

反击式水轮机的转轮在水中受到水流的反作用力而旋转,工作过程中水流的压力能和动能均有改变,但主要是压力能的转换。

水轮发电机是指以水轮机为原动机,将水能转化为电能的发电机。水流经过水轮机时,将水能转换成机械能,水轮机的转轴又带动发电机的转子,将机械能转换成电能而输出。水轮发电机是水电站生产电能的主要动力设备。水轮发电机由水轮机驱动,它的转子短粗,机组启动、并网所需时间较短,运行调度灵活。其工作过程为:转子转动→转子中由励磁电流产生的正弦分布的旋转磁场切割定子三相绕组→定子三相绕组中产生三相正弦交变电动势→定子三相绕组与负载连通后,电路在电动势的作用下有电流通过→向负载输出电能。

水轮发电机按轴线位置可分为立式与卧式两类,如图4.28和图4.29所示。

图 4.28　立式水轮发电机

图 4.29　卧式水轮发电机

本章参考文献

[1] 新安江水电站——中国首座自行勘测、设计、施工的大型水电站[J]. 河北水利，2018(4):22.
[2] 中国工业遗产保护名录(第二批)发布[J]. 城市规划通讯,2019(8):14.
[3] 建设新安江水电站[J]. 浙江档案,2009(8):7-9.
[4] 新中国第一座大型水力发电站:新安江水电站[J]. 中国工运,2011(2):64.
[5] 周华文,张庚然. 新安江水电站工程概况[J]. 大坝与安全,1993(3):12-15.

第5章

太阳能发电

对于太阳，我们是那么熟悉又那么陌生。人类的生存离不开太阳，春夏秋冬，人类的吃喝，可以说，没有一样能离得开太阳。那么，太阳到底有多热呢？距离这么远都可以把强光照射到地球，威力真的是太大了。

太阳是自己发光发热的炽热的气体星球。它表面的温度约 6 000 ℃，中心温度高达 1 500 万℃。太阳的半径约为 696 000 km，约是地球半径的 109 倍，太阳的质量约为 1.989×10^{27} t，约是地球的 332 000 倍，太阳的平均密度为 1.4 g/cm^3，约是地球密度的1/4。太阳与地球的平均距离约 1.5 亿 km。

随着现代工业的发展，在常规一次性能源匮乏、经济高速发展及全球环境日益恶化的压力下，太阳能资源优势已得到全世界的高度重视。太阳能资源分布地区性差异较大，总体上呈高原、少雨干燥地区多，平原、多雨高湿地区少的特点；新疆东部、西藏中西部、青海大部、甘肃西部、内蒙古西部水平面总辐射年总量超过 1 750 $kW\cdot h/m^2$，太阳能资源最丰富；四川东部、重庆、贵州中东部、湖南及湖北西部地区水平面总辐射年总量不足 1 050 $kW\cdot h/m^2$，为太阳能资源一般区。

太阳能资源利用途径主要包括以下几种。

1. 光热转换

可以将太阳辐射能收集起来，通过与物质的相互作用转换成热能并加以利用。集热器主要有平板型集热器、真空管型集热器和聚焦型集热器 3 种。低温光热转换（小于 200 ℃）的主要设备有太阳能热水器、太阳能干燥器、太阳能蒸馏器、太阳房、太阳能温室、太阳能空调制冷系统等；中温光热转换（200 ~ 800 ℃）的主要设备有槽式光热系统、太阳灶和太阳炉等；高温光热转换（大于 800 ℃）的主要设备有聚焦型集热器。

2. 太阳能发电

太阳能发电主要有两种技术手段：太阳能热发电及太阳能光伏发电。

太阳能热发电是利用中高温集热器将太阳辐射能转换成热能，然后通过热力循环过程进行发电；太阳能光伏发电是通过光电器件利用光生伏特效应将太阳辐射能直接转换为电能。

3. 光化学利用

光化学利用指利用太阳能直接分解水制氢的光—化学转换，利用成本高。

4. 光生物利用

光生物利用指通过光合作用收集与储存太阳能。绿色植物利用光能可将空气中的 CO_2 和 H_2O 合成为有机物与 O_2。目前光生物利用主要有速生植物(如薪炭林)、地膜覆盖、温室大棚和巨型海藻等。

太阳能发电行业正在迅速成长。面对全球范围内的能源危机和环境压力，人们渴望用可再生能源来代替常规能源。研究和实践表明，太阳能是资源最丰富的可再生能源，它分布广泛，可再生，不污染环境，是国际公认的理想替代能源。在长期能源战略中，太阳能发电将成为人类社会未来能源的基石、世界能源舞台的主角。太阳能发电是太阳能利用的一种重要形式。

5.1 光伏发电系统

利用太阳能电池方阵、充—放电控制器、逆变器、测试仪表和计算机监控等电子设备，蓄电池或其他蓄能和辅助发电设备将太阳能转换为电能的发电系统称为光伏发电系统。

光伏发电系统具有以下特点。

(1)能量来源于太阳能，取之不尽，用之不竭。

(2)不会对空气造成污染，不排放废水、废气、废渣。

(3)没有转动部件，不产生噪声，无须或极少需要维护。

(4)没有燃烧过程，不需要燃料。

(5)运行可靠性、稳定性好。

(6)作为关键部件的太阳能电池使用寿命长，晶体硅太阳能电池寿命可达25年以上。

(7)根据需要扩大发电规模很容易。

光伏发电是根据半导体界面的光生伏特效应原理，利用太阳能电池将光能直接转换为电能。白天在太阳光的照射下，太阳能电池产生一定的电动势，使得太阳能电池方阵电压达到系统输入电压的要求，再配合控制器和逆变器等部件将太阳能电池所产生的直流电能转换成交流电能。

光伏发电系统组成如图5.1所示：光伏组件(太阳能电池板)、光伏控制器、蓄电池、逆变器、直流负载和交流负载。

1. 太阳能电池板

太阳能电池板是光伏发电系统的核心部分。太阳能电池板的作用是将太阳的光能转化为电能，输出直流电能存入蓄电池中。太阳能电池板是光伏系统最重要的部件之一，其转换率和使用寿命是决定太阳能电池是否具有使用价值的重要因素。太阳能电池组件设计：按国际电工委员会IEC:61215:2015标准要求进行设计，采用36片或72片多晶硅太

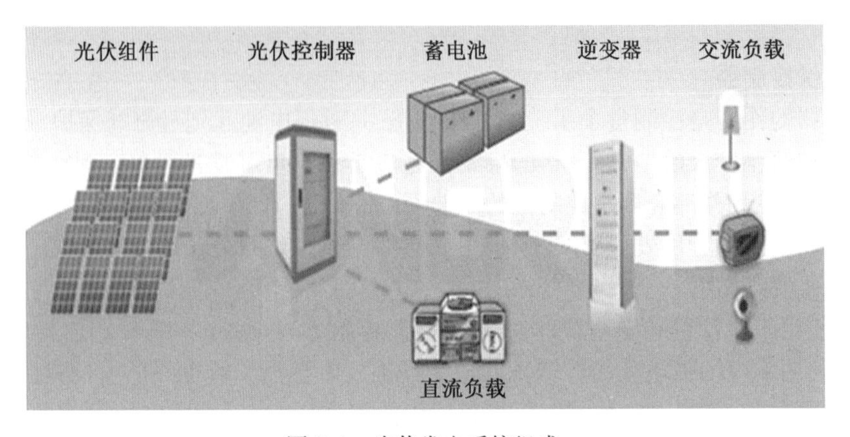

图 5.1 光伏发电系统组成

阳能电池进行串联以形成 12 V 和 24 V 各种类型的组件。该组件可用于各种户用光伏系统、独立光伏电站和并网光伏电站等。图 5.2 为太阳能电池方阵实际构成。

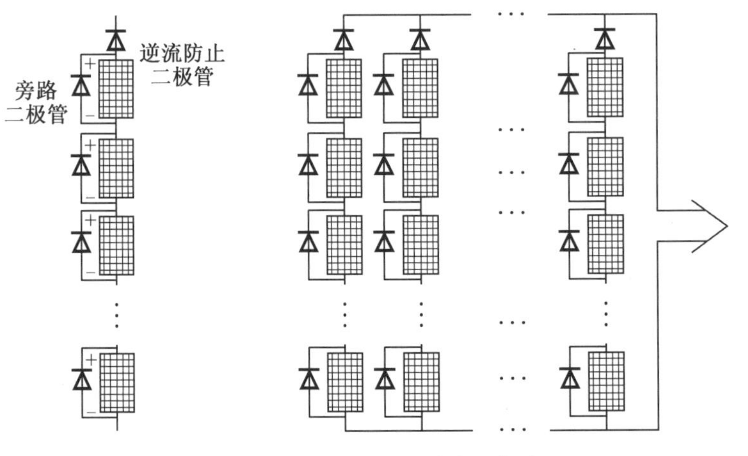

图 5.2 太阳能电池方阵实际构成

电池片:采用高效率(16.5% 以上)的单晶硅太阳能电池片封装,保证太阳能电池板发电功率充足。

玻璃:采用低铁钢化绒面玻璃(又称白玻璃),厚度 3.2 mm,在太阳能电池光谱响应的波长范围(320 ~ 1 100 nm)内透光率达 91% 以上,对于波长大于 1 200 nm 的红外光有较高的反射率。此玻璃同时能耐太阳紫外光线的辐射,透光率不下降。

EVA:采用加有抗紫外剂、抗氧化剂和固化剂的厚度为 0.78 mm 的优质 EVA 膜层作为太阳电池的密封剂和与玻璃、TPT 之间的连接剂。其具有较高的透光率和抗老化能力。

TPT:太阳电池的背面覆盖物——氟塑料膜为白色,对阳光起反射作用,因此使组件的效率略有提高,并因其具有较高的红外发射率,还可降低组件的工作温度,也有利于提高组件的效率。当然,此氟塑料膜首先具有太阳电池封装材料所要求的耐老化、耐腐蚀、不透气等基本要求。

边框:所采用的铝合金边框具有高强度,抗机械冲击能力强。边框也是光伏系统中价值最高的部分。其作用是将太阳辐射能转换为电能,或送往蓄电池中存储起来,或推动负载工作。

2. 光伏控制器

控制器的作用是控制整个系统的工作状态，并对蓄电池起到过充电保护、过放电保护的作用。在温差较大的地方，合格的控制器还应具备温度补偿的功能。其他附加功能如光控开关、时控开关都应当是控制器的可选项。

光伏控制器由专用处理器 CPU、电子元器件、显示器、开关功率管等组成。

其主要特点如下。

(1)使用了单片机和专用软件，实现了智能控制。

(2)利用蓄电池放电率特性修正实现了准确放电控制。放电终了电压是由放电率曲线修正的控制点，消除了单纯的电压控制过放的不准确性，符合蓄电池固有的特性，即不同的放电率具有不同的终了电压。

(3)具有过充、过放、电子短路、过载保护，独特的防反接保护等全自动控制功能。以上保护均不损坏任何部件，不烧保险。

(4)采用了串联式 PWM(脉宽调制)充电主电路，使充电回路的电压损失较使用二极管的充电电路降低近一半，充电效率较非 PWM 高 3% ~6%，增加了用电时间；充电电流的瞬时变化更符合蓄电池的充电状况，能够增加光伏系统的充电效率，延长蓄电池的使用寿命；同时具有高精度温度补偿。

(5)采用直观的 LED 发光管指示当前蓄电池状态，让用户了解使用状况。

(6)所有控制全部采用工业级芯片，能在寒冷、高温、潮湿环境中运行自如。同时使用了晶振定时控制，定时控制精确。

(7)取消了电位器调整控制设定点，而利用了 E 方存储器记录各工作控制点，使设置数字化，消除了电位器震动偏位、温漂等使控制点出现误差降低准确性、可靠性的因素。

(8)使用了数字 LED 显示及设置，一键式操作即可完成所有设置，使用极其方便直观。

3. 蓄电池

蓄电池的作用是在有光照时将太阳能电池板所输出的电能储存起来，到需要的时候再释放出来。太阳能蓄电池是蓄电池在太阳能光伏发电中的应用，采用的有铅酸免维护蓄电池、普通铅酸蓄电池，胶体蓄电池和碱性镍镉蓄电池 4 种。国内被广泛使用的太阳能蓄电池主要是铅酸免维护蓄电池和胶体蓄电池，这两类蓄电池因为其固有的免维护特性及对环境较少污染的特点，很适合用于性能可靠的太阳能光伏发电系统，特别是无人值守的工作站。

4. 逆变器

逆变器是将直流电转换成交流电的设备。在带有交流负载的光伏发电系统中，通过逆变器将太阳能电池组件产生的直流电或者蓄电池释放的直流电转化为负载需要的交流电。光伏发电系统的直接输出一般都是 12 V DC、24 V DC、48 V DC。为能向 220 V AC 的电器提供电能，需要使用 DC/AC 逆变器。

按供电特点，一般将光伏发电系统分为独立系统(或称离网系统)、并网系统和混合系统。

独立光伏发电系统是利用太阳能电池方阵直接将太阳辐射能转换为电能，且不需与常规电力系统相连而独立运行的光伏发电系统。独立光伏发电系统按照供电类型可分为直流系统、交流系统和交直流混合系统，其主要区别是系统中是否有逆变器。图5.3为独立光伏发电系统组成框图。

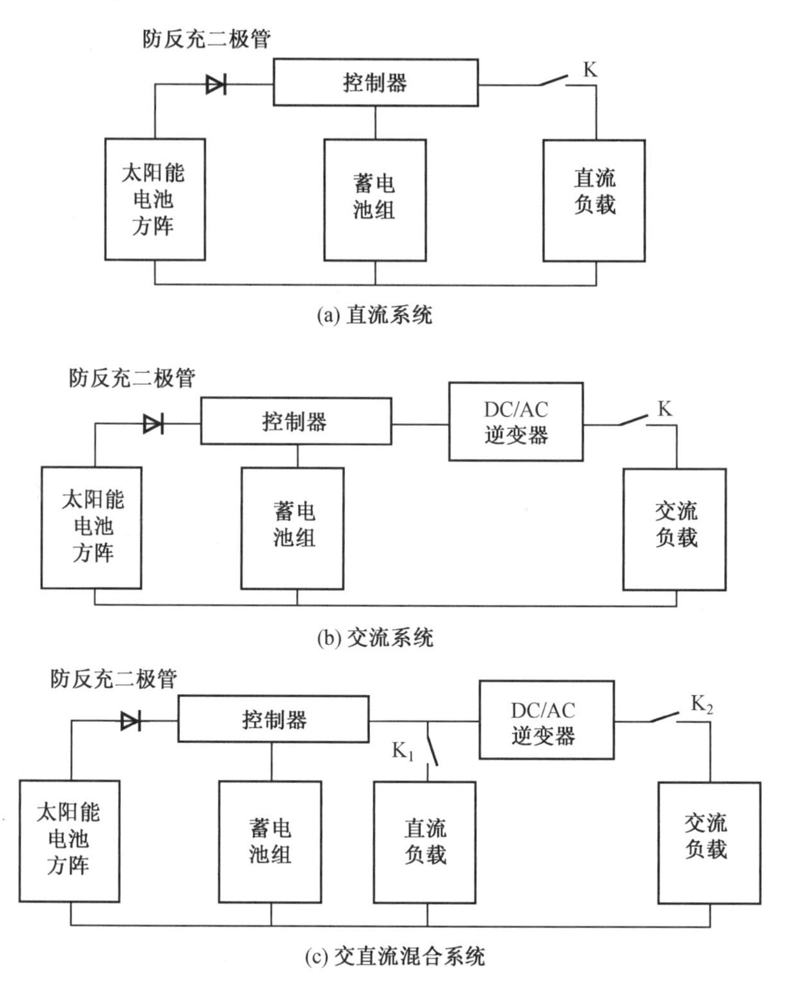

图5.3　独立光伏发电系统组成框图

独立光伏发电系统因不需要与公共电网相连接，所以必须增加储能元件，且常规储能元件（如蓄电池等）寿命太短，在很大程度上增加了系统的成本。并网光伏发电系统可以将太阳能电池方阵输出的直流电转化为与电网电压同幅、同频、同相的交流电，实现与电网连接并向电网输送电能。这种光伏发电系统的灵活性在于，在日照较强时能在给交流负载供电的同时将多余的电能送入电网，而当日照不足，即太阳能电池方阵不能为负载提供足够电能时，又可从电网索取电能为负载供电。并网光伏发电系统不经过蓄电池储能，直接通过并网逆变器，再通过变压器升压后接入电网。并网光伏发电系统因为不需要专门的储能元件，所以建设和维护成本较低。并网光伏发电系统是现在和未来光伏发电系统的主流。图5.4为并网光伏发电系统结构框图。

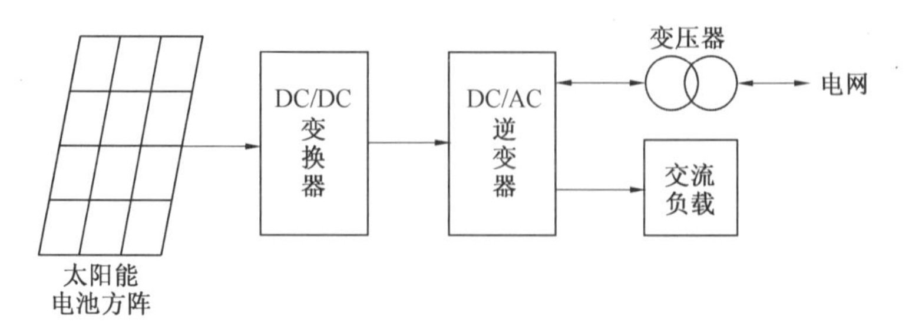

图 5.4　并网光伏发电系统结构

并网光伏发电系统是与公共电网相连接的光伏发电系统，如图 5.4 所示，该系统包括太阳能电池方阵、DC/DC 变换器、DC/AC 逆变器、交流负载、变压器等部件。过去，由于太阳能电池的成本居高不下，光伏发电系统大多只是应用在一些专用的独立运行的系统中，如航天工程、边防海岛或是边远地区的示范工程等。随着新型光伏材料的出现，产品价格不断下降，转换效率得到不断提高，先进的电力电子器件、微处理器的推出，以及先进的控制策略的应用，都使得光伏并网技术的研究和大量推广的可能性日益提高，光伏利用也逐步向城市并网光伏电站、小区光伏建筑集成及小功率户用光伏并网系统的方向发展。

当光伏发电系统所提供的电力不足（如遇到连续阴雨天气、冬季日照时间过短等），需要使用其他能源来补充时，可以将风力发电系统、燃料电池发电系统等其他发电系统与光伏发电系统并用，这样的系统叫作混合光伏发电系统。使用混合光伏发电系统的目的就是综合利用各种发电技术的优点，避免各自的缺点。混合光伏发电系统与单一能源的独立系统相比，所提供的电源对天气的依赖性较小。其主要有以下几种。

（1）光伏、燃料电池混合光伏发电系统。

为提高能源的综合利用率，节约电费，减少环境污染，有时将燃料电池与光伏发电系统混合在一起用，构成光伏、燃料电池混合光伏发电系统。

（2）光、柴混合光伏发电系统。

利用光伏和柴油机共同发电的系统称为光、柴混合光伏发电系统。这种系统一般用于对用电要求非常高的场合。当光伏发电系统由于日照不足或阴雨天气无法满足用电负载要求时，混合光伏发电系统即自动启用柴油机发电来满足系统供电。这种发电系统的特点是供电稳定，大大提高了系统的稳定性和可靠性。除此之外，还大大节省了柴油机的耗油量，大大降低了系统成本。

（3）风、光互补型光伏发电系统。

当利用光伏发电提供的电力不足时可以利用风力发电，当风力发电不足时可以利用光伏发电，这样的系统称为风、光互补型发电系统。风、光互补型光伏发电系统结构如图 5.5 所示。

光伏发电系统主要有以下三大应用。

1. 分布式光伏发电系统

分布式光伏发电系统特指在用户场地附近建设，分布式光伏发电量可以全部自用，或者自发自用余电上网，根据用户自己的真实情况自行选择，产生的电量不足消耗时则由电网来提供的光伏发电设施。它具有以下特点：输出功率相对较小；污染小，环保效益突出。

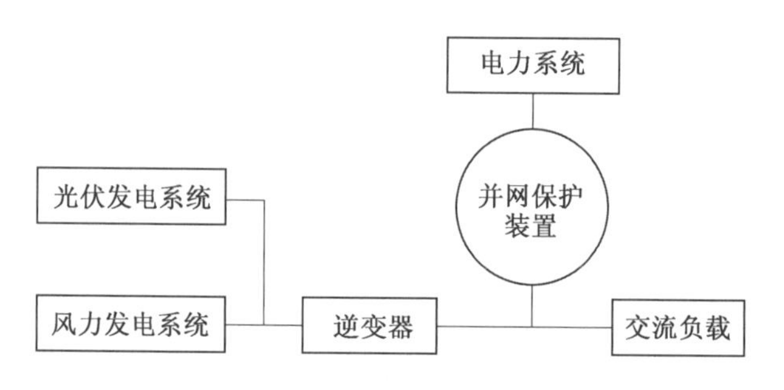

图5.5　风、光互补型光伏发电系统结构

分布式光伏发电系统通常在建筑物之上建设，从与建筑结合的形式上，可以分为附加式光伏电站（BAPV）和集成式光伏电站（BIPV）两种类型。BAPV（building attached photovoltaic）主要指在现有建筑上安装的太阳能光伏发电系统 BIPV（building integrated photovoltaic）。其通常的意义为集成到建筑物上的太阳能光伏发电系统，与建筑物同时设计、同时施工、同时安装并与建筑物完美结合。BAPV 组件可以划分为两种形式：一种是光伏屋顶结构（图5.6），另一种是光伏幕墙结构（图5.7）。

图5.6　义乌国际商贸城三期市场 BAPV

图5.7　上海世博会 BIPV

2. 集中式光伏电站

集中式光伏电站通常是指充分利用荒漠地区丰富和相对稳定的太阳能资源构建的大型光伏电站，接入高压输电系统供给远距离负荷。它具有以下特点。

（1）由于选址较为灵活，光伏出力稳定性有所增加，并且可充分利用太阳辐射与用电负荷的正调峰特性，起到削峰的作用。

（2）运行方式较为灵活，相较于分布式光伏系统可以更方便地进行无功和电压控制，也更容易实现参加电网频率调节。

（3）建设周期短，环境适应能力强，不需要水源、燃煤运输等原料保障，运行成本低，便于集中管理，受到空间的限制小，可以很容易地实现扩容。

3. 其他应用

（1）在卫星上的应用。

空间站电源在有光照时，利用太阳能电池板供电并对蓄电池充电，无光照时则利用蓄电池的电运行，如图5.8所示。太空中的天气是有规律的，不像地球上一样有时阴天有时下雨，只有部分时间被地球挡住而没有光照。

图5.8　空间站电源

（2）日常应用。如太阳能路灯、太阳能公交候车厅、渔光互补电站和光伏大棚等，如图5.9所示。

(a) 太阳能路灯

(b) 太阳能公交候车厅

(c) 渔光互补电站

(d) 光伏大棚

图5.9　光伏发电系统日常应用

5.2 太阳能电池

光伏发电系统最核心的器件是太阳能电池。由于太阳能电池可以将太阳辐射能直接转换成电能,无复杂部件、无转动部分、无噪声等,因此使用太阳能电池的光伏发电是太阳能利用较为理想的方式之一。太阳能电池作为将太阳辐射能直接转换成电能的关键部件,其质量的好坏直接影响光伏发电系统的输出功率及使用寿命,本节重点讲述太阳能电池的原理、特性及种类。

太阳能电池是一种具有光生伏特效应的半导体器件,它由两层半导体材料组成,其厚度约为 50 ~ 400 μm,形成两个区域:一个正电荷区,一个负电荷区。正电荷区位于电池的下层,负电荷区位于电池的上层,正、负电荷区交界面附近的区域称为 PN 结。PN 结是太阳能电池的核心,是其赖以工作的基础。

太阳能电池的优点如下。

(1)通常的火力、水力发电,发电站一般远离负载,需要通过输电系统输送,而太阳能电池只要有太阳便可发电,因此使用方便,可以安装在靠近电力消耗的地方,在远离电网的地区可以降低输电和配电成本,增加供电设施的可靠性。

(2)太阳能电池没有运动部件,寿命长,无须或极少需要维护。

(3)太阳能电池能直接将光能转换成电能,不会产生废气和有害物质等。

(4)太阳能电池的能量随入射光、季节、天气、时刻等的变化而变化,在夜间不能发电。

(5)太阳能电池所产生的电是直流电,并且无蓄电功能。

(6)太阳能电池成本较高。

5.2.1 太阳能电池的基本工作原理

如图 5.10 所示,所谓光生伏特效应,简单地说,就是当物体受到光照时,其体内的电荷分布状态发生变化而产生电动势和电流的一种效应。

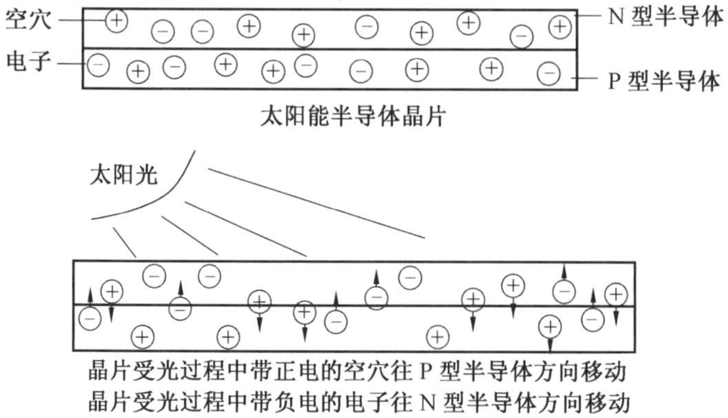

空穴
电子
N 型半导体
P 型半导体
太阳能半导体晶片
太阳光
晶片受光过程中带正电的空穴往 P 型半导体方向移动
晶片受光过程中带负电的电子往 N 型半导体方向移动

图 5.10　光生伏特效应原理示意图

太阳能电池是通过光电效应或者光化学效应直接把光能转化成电能的装置，如图5.11所示。

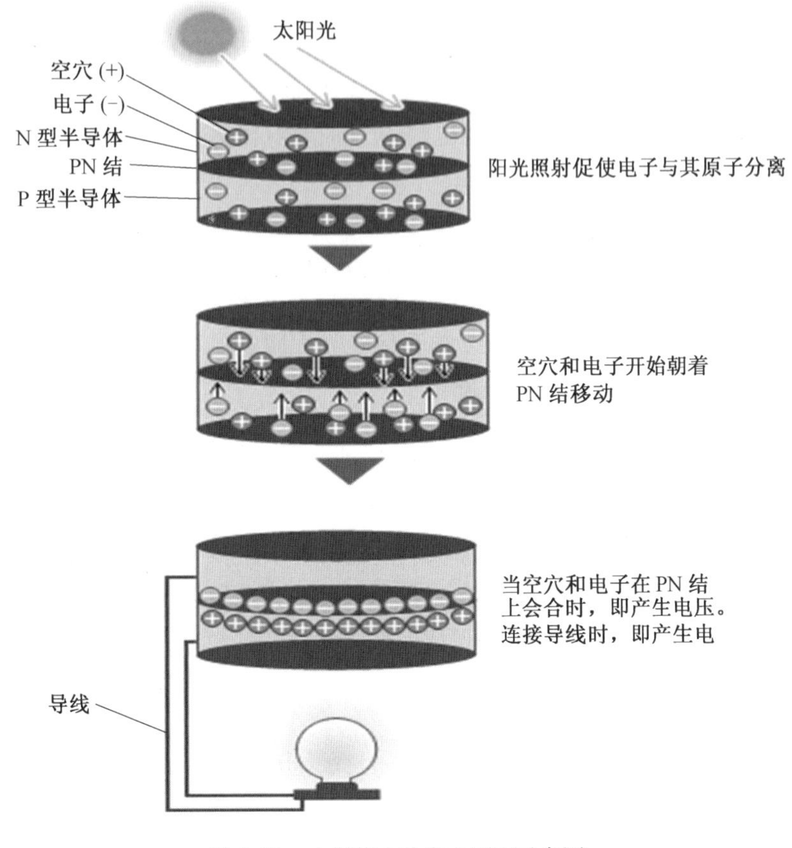

图5.11　太阳能电池发电原理示意图

半导体太阳能电池的发电过程可概括成以下4点。

(1)收集太阳光和其他光使之照射到太阳能电池表面上。

(2)太阳能电池吸收具有一定能量的光子后，半导体内产生电子—空穴对，两者极性相反。这些电子和空穴应有足够的寿命，在它们被分离之前存在复合但不会消失。

(3)这些电性相反的光生载流子在太阳能电池PN结内建电场的作用下，电子—空穴对被分离，电子集中在一边，空穴集中在另一边，在PN结两边产生异性电荷的积累，从而产生光生电动势，即光生电压。

(4)在太阳能电池PN结的两侧引出电极，并接上负载，则在外电路中即有光生电流通过，从而获得功率输出，这样太阳能电池就把太阳能(或其他光能)直接转换成了电能，如图5.12所示。

因生产制造太阳能电池的基体材料和所采用的工艺方法的不同，太阳能电池的结构也是多种多样。现在大部分使用的都是P型半导体与N型半导体组合而成的PN结型太阳能电池，它主要由P型和N型半导体、电极、减反射膜等构成。

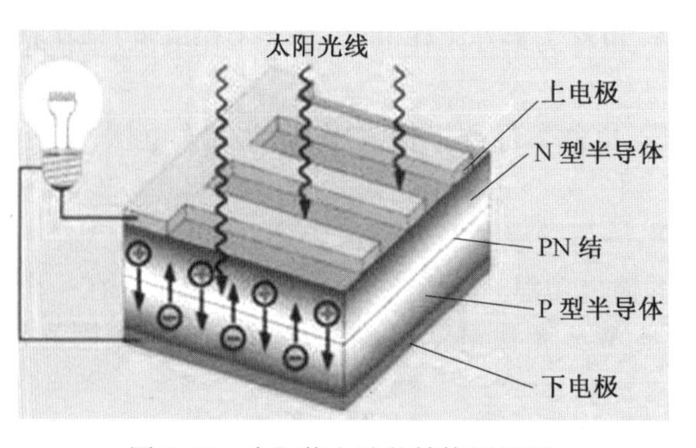

图 5.12　太阳能电池的结构原理图

5.2.2　太阳能电池的特性

1. 太阳能电池的极性

硅太阳能电池一般制成 P+/N 型结构或 N+/P 型结构。其中,第一个符号,即 P+或 N+,表示太阳能电池正面光照层半导体材料的导电类型;第二个符号 N 或 P,表示太阳能电池背面衬底半导体材料的导电类型。

太阳能电池的电性能与半导体材料的特性有关。在太阳光或其他光照下,太阳能电池输出电压的极性,P 型一侧电极为正,N 型一侧电极为负。

2. 太阳能电池的电流—电压特性

太阳能电池的工作电流和电压随着负载电阻的变化而变化,将不同阻值所对应的工作电压和电流绘成曲线就得到太阳能电池的电流—电压特性曲线,如图 5.13 所示。

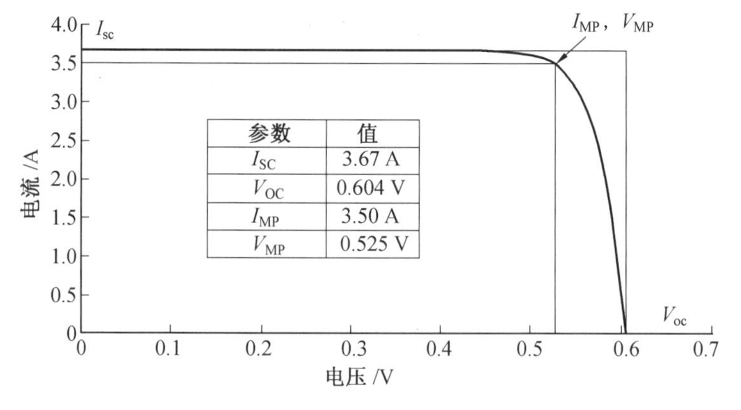

图 5.13　太阳能电池的电流—电压特性曲线

(1)I_{sc}:短路电流,当光伏电池的正负极处于短路状态时,电压 $V=0$,此时能够测量出的电流就是电池的短路电流,根据太阳光照射强度的不同,其单位是 A 。

(2)V_{oc}:开路电压 ,当光伏电池的正负极不接负载,处在没有负载的环境中时,通过设备检测出来的电压,被称作光伏电池的开路电压。当电池片只有一块时,光伏电池的开路电压和其面积的大小没有任何关系,可是当电池片不止一块,而是有多块光伏电池串联在同一个电路中时,面积越大,所能获得的电压就越大。

(3)I_{MP}:峰值电流,也称为最佳工作电流、最大工作电流,是在光伏电池工作效能最佳时的电流。

(4)V_{MP}:峰值电压,也称为最佳工作电压、最大工作电压,是光伏电池工作时最佳的电压。

(5)P_m:峰值功率,峰值功率是经过测试后得出的光伏电池在正常工作条件下,或者在测试环境中,最优的输出功率。因为 $P=IV$,即最佳功率存在一个点,使得 IV 的乘积最大,峰值功率的单位是 W。光伏电池的峰值功率会因为太阳光照射强度的不同发生改变。

3. 太阳能电池的光电转换效率

太阳能电池的转换效率(conversion efficiency)用来表示照在太阳能电池上的光能量与转换成电能的比例,一般用太阳能电池的输出能量与入射的太阳光能量之比来表示。

$$转换效率=\frac{太阳能电池的输出能量}{入射的太阳光能量(P_{in})}\times 100\%$$

改善太阳能电池转换效率的方法:①调整太阳能电池材料的厚度;②调整电池与接线的电阻;③调整电池的表面处理(抗反射层、表面粗化处理和电极形状);④调整太阳能电池组件安装角度。

4. 太阳能电池的温度特性

太阳能电池的转换效率随温度的变化而变化。太阳能电池输出电流随温度的增加而增加,到达一定温度后,温度再上升时,输出的电压减小,转换效率变低。由于温度上升会导致太阳能电池的发电功率下降,因此有时需要用通风的方法来降低太阳能电池的温度,以提高太阳能电池的转换效率。

太阳能电池的温度特性一般用温度系数来表示。温度系数小,说明即使温度变化较快,其发电功率变化也小。

5. 太阳能电池的生产工艺流程

制造晶体硅太阳能电池包括硅片选择、硅片表面处理、绒面制备、扩散制结、去除背结、制备减反射膜、腐蚀周边、丝网印刷电极、测试分选等主要工序,如图 5.14 所示。

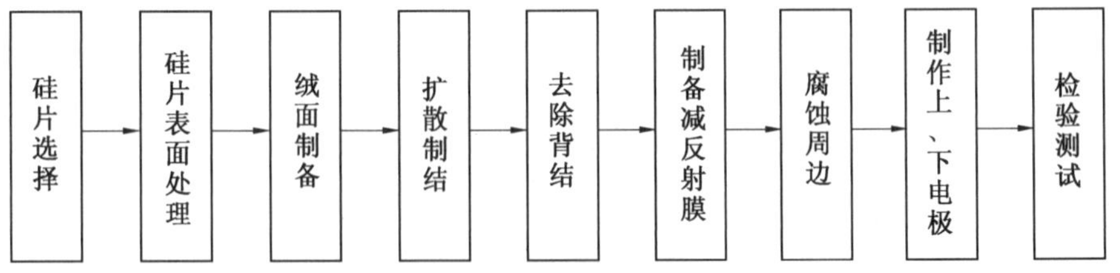

图 5.14　晶体硅太阳能电池生产制造工艺流程

太阳能电池的生产工艺流程如下。

(1)硅片。

硅片是制造太阳能电池的基本材料,它可以由纯度很高的硅棒、硅锭或硅带切割而成。硅材料的性质在很大程度上决定了成品电池的性能。硅片选择就是把性能一致的硅片选择出来,如导电类型、电阻率、晶向、寿命等。若将性能不一致的硅片组合起来制作单

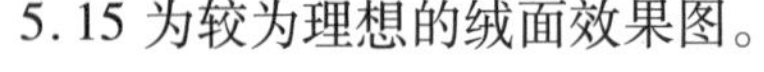

体太阳能电池,再制作成组件,其输出的功率就会较低。

(2)硅片表面处理。

①去除硅片表面的机械损伤层。

②对硅片的表面进行凹凸面(金字塔绒面)处理,增加光在太阳能电池片表面的折射次数,以利于太阳能电池片对光的吸收,达到太阳能电池片对太阳能的最大利用率。

③清除表面硅酸钠、氧化物、油污及金属离子杂质。

(3)绒面制备。

其目的是减小光的反射率,提高短路电流,最终提高太阳能电池的光电转换效率。图5.15为较为理想的绒面效果图。

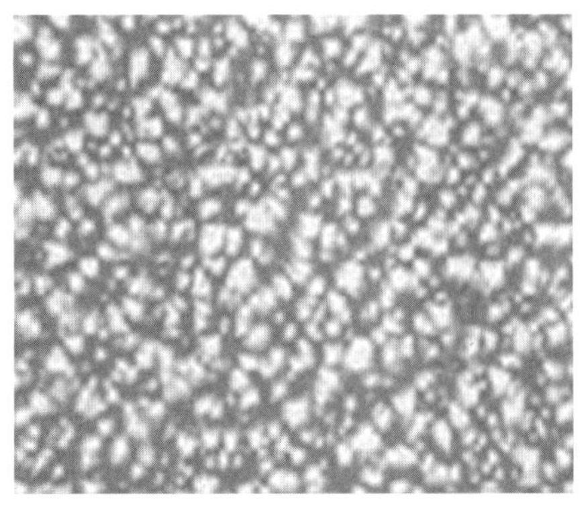

图5.15　较为理想的绒面效果图

(4)扩散制结。

扩散制造PN结是太阳能电池生产最基本也是最关键的工序。这是因为,正是PN结的形成使电子和空穴在流动后不再回到原处,这样就形成了电流,用导线将电流引出,就是直流电。扩散结果直接影响PN结的质量,并对制作太阳能电池的后续步骤产生影响。扩散方法主要有热扩散法、离子注入法、薄膜生长法、合金法、激光法和高频电注入法等。通常采用热扩散法。而热扩散法又分为涂布源扩散、液态源扩散和固态源扩散。

太阳能电池需要一个大面积的PN结以实现光能到电能的转换,而扩散炉即为制造太阳能电池PN结的专用设备。管式扩散炉如图5.16所示,主要由石英舟的上下载部分、废气室、炉体部分和气柜部分等四大部分组成。

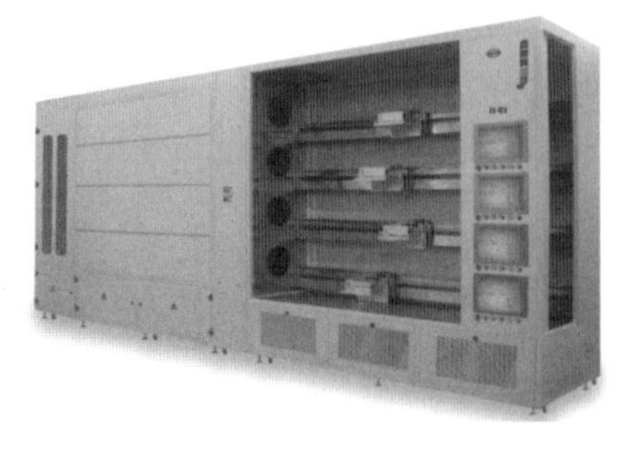

图5.16　管式扩散炉

(5)去除背结。

在扩散过程中,硅片的背面和周边也形成了 PN 结,为防止短路,需要通过刻蚀将其去除,同时去除正面的磷硅玻璃。刻蚀方法分为湿法刻蚀和干法刻蚀两种。

湿法刻蚀是将刻蚀材料浸泡在腐蚀液内进行腐蚀的技术,是最普遍也是设备成本最低的刻蚀方法。它是一种纯化学刻蚀,具有优良的选择性,刻蚀完当前薄膜就会停止,而不会损坏下面一层其他材料的薄膜,其工艺流程如图 5.17 所示。

干法刻蚀是用等离子体进行薄膜刻蚀的技术。

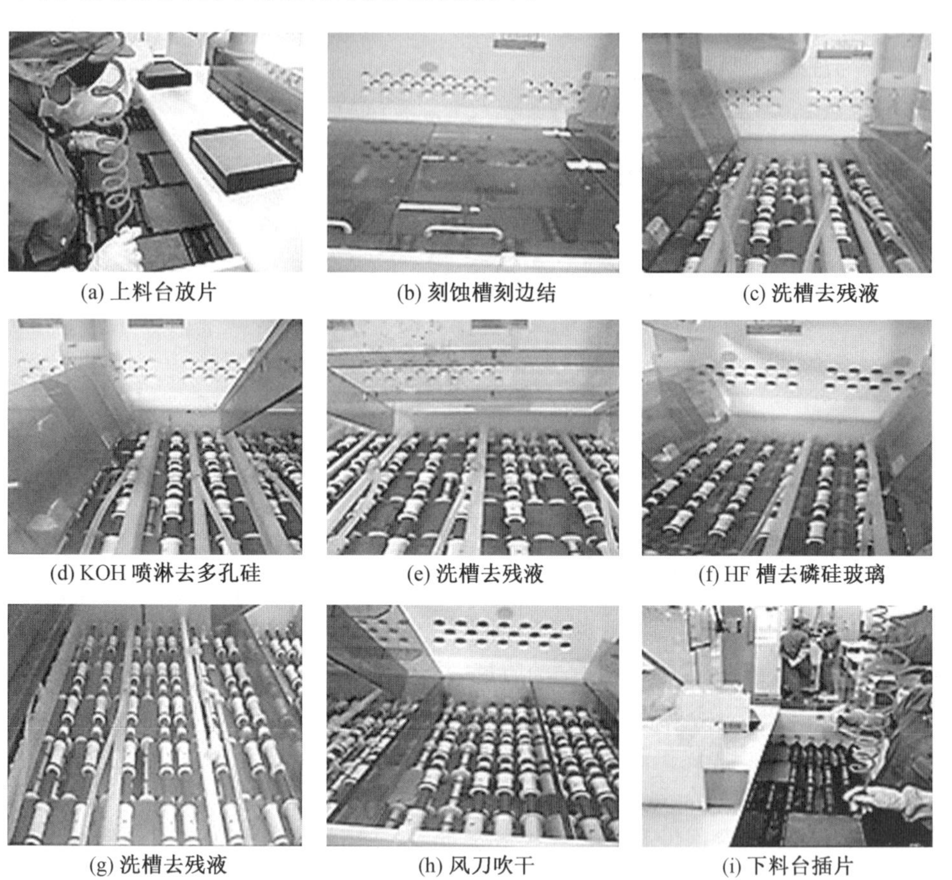
(a) 上料台放片　(b) 刻蚀槽刻边结　(c) 洗槽去残液
(d) KOH 喷淋去多孔硅　(e) 洗槽去残液　(f) HF 槽去磷硅玻璃
(g) 洗槽去残液　(h) 风刀吹干　(i) 下料台插片

图 5.17　湿法刻蚀工艺流程

湿法刻蚀与干法刻蚀的简单比较如下。

①湿法刻蚀相对干法刻蚀的优点:非扩散面的 PN 结刻蚀时被去除;硅片洁净度提高;节水。

②湿法刻蚀相对干法刻蚀的缺点:硅片只能水平运行;难以精确控制刻蚀的形貌;传动滚轴易变形;成本高。

(6)制备减反射膜。

光在硅表面的反射损失率高达 35% 左右。为减少硅表面对光的反射,可在太阳能电池正面蒸镀上一层或多层减反射膜。减反射膜不但具有减少光反射的作用,对太阳能电池表面还可起到钝化和保护的作用。减反射膜具体制备方法有等离子体增强化学气相沉积法(PECVD)和磁控溅射法。PECVD 的优点是:基本温度低;沉积速率快;成膜质量好,针孔较少,不易龟裂。磁控溅射法的优点是成膜速率高,基片温度低,膜的黏附性好,可实现大面积镀膜。

(7)腐蚀周边。

硅片四周的扩散层会使上下电极短路,所以必须去除。一般将硅片置于硝酸、氢氟酸组成的腐蚀液中去腐蚀周边。

(8)制作上、下电极。

为了输出太阳能电池光电转换所获得的电能,必须在电池上制作正、负两个电极。所谓电极,就是与太阳能电池 PN 结形成紧密欧姆接触的导电材料。一般用丝网印刷的方法制作电极。

(9)检验测试。

经过上述工艺制得的太阳能电池,在作为成品太阳能电池入库前,需要进行测试,以检验其质量是否合格。在生产中主要测试的是太阳能电池的电流—电压特性曲线,可以得知太阳能电池的光电转换效率、短路电流、开路电压、最大输出功率及串联电阻等参数。

6. 太阳能电池的封装

单件太阳能电池片是太阳能电池的最小元件。太阳能电池组件封装后有三方面的优点:

(1)防止太阳能电池破损。避免晶体硅脆性、硅太阳能电池面积大等造成的破损。

(2)防止太阳能电池被腐蚀失效。太阳能电池长期暴露在空气中会出现效率的衰减;太阳能电池对紫外线的抵抗能力较差;太阳能电池不能抵御冰雹等外力引起的过度机械应力所造成的破坏;太阳能电池表面的金属层容易受到腐蚀;太阳能电池表面堆积灰尘后难以清除。

(3)满足负载要求。由于单件太阳能电池输出功率难以满足常规用电需求,需要将它们串联或者并联后进行供电。图 5.18 为平板式太阳能电池组件示意图。

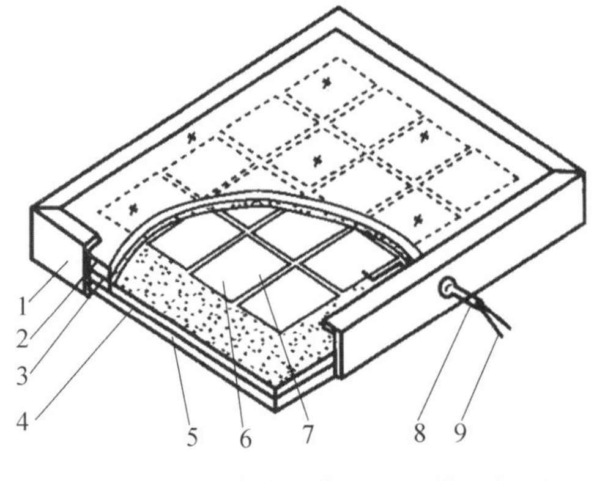

图 5.18　平板式太阳能电池组件示意图

1—边框;2—边框封装胶;3—上玻璃盖板;4—黏结剂;5—下底板;6—硅太阳能电池;7—互连条;8—引线护套;9—电极引线

黏结剂是固定电池和保证与上、下盖板密合的关键材料。其技术要求如下。

①在可见光范围内具有高透光性,并抗紫外线老化。

②具有一定的弹性,可缓冲不同材料间的热胀冷缩。

③具有良好的电绝缘性能和化学稳定性,不产生有害电池的气体和液体。

④具有优良的气密性,能阻止外界湿气和其他有害气体对电池的侵蚀。

⑤适合用于自动化的组件封装。

封装是太阳能电池生产中的关键步骤,没有良好的封装工艺,再好的电池也生产不出好的组件。太阳能电池的封装不仅可以使其寿命得到保证,还增强了其抗击强度。因此,组件的封装质量非常重要。太阳能电池组件封装的工艺流程如下。

(1)电池片分选。

由于电池片制作条件的随机性,生产出来的电池性能也不尽相同,所以,为了有效地将性能一致或相近的电池片组合在一起,应根据其性能参数进行分类。电池片分选即通过测试电池片的输出参数(电流和电压)的大小对其进行分类,这样可提高电池片的利用率,做出质量合格的电池组件,如图 5.19 所示。

图 5.19　电池片分选

(2)单焊。

单焊是将汇流带焊接到电池片正面(负极)的主栅线上。汇流带为镀锡的铜带,焊带的长度约为电池边长的 2 倍,如图 5.20 所示。多出的焊带在背面焊接时与后面的电池片的背面电极相连。

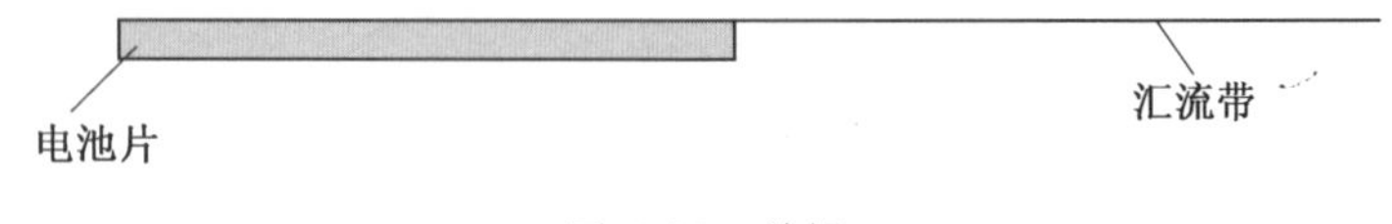

图 5.20　单焊

(3)串焊。

串焊是将 N 张电池片串接在一起形成一个组件串,电池的定位主要靠一个模具板,操作者使用电烙铁和焊锡丝将单片焊接好的电池片的正面电极(负极)焊接到后面电池

片的背面电极(正极)上,这样依次将 N 张电池片串接在一起并在组件串的正负极焊接出引线,如图 5.21 所示。

图 5.21　串焊

(4)叠层。

背面串接好且经过检验合格后,将组件串、玻璃和切割好的 EVA、背板按照一定的层次敷设好,准备层压。敷设时保证电池串与玻璃等材料的相对位置,调整好电池间的距离,为层压打好基础。

(5)层压。

将敷设好的电池组件放入层压机内,通过抽真空将组件内的空气抽出,然后加热使 EVA 熔化,将电池、玻璃和背板黏结在一起,最后冷却取出组件,如图 5.22 所示。层压是组件生产的关键的一步。

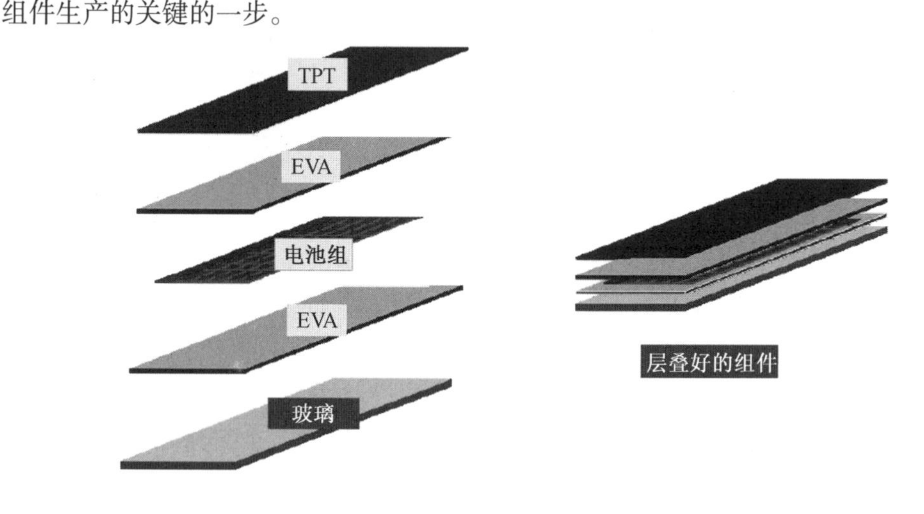

图 5.22　层压

(6)修边。

层压时,EVA 熔化后由于压力而向外延伸固化形成毛边,所以层压完毕应将其切除。

(7)装框。

装框类似于给玻璃装一个镜框。给组件装铝框,可以增强组件的强度,进一步密封组件、延长其使用寿命。边框和玻璃组件的缝隙用硅酮树脂填充,各边框间用角键连接。

(8)粘接接线盒。

粘接接线盒是指在组件背面引线处粘接一个盒子,以利于电池与其他设备或电池的连接。

(9)组件测试。

组件测试的目的是对电池的输出功率进行标定,测试其输出特性,以确定组件的质量等级。

(10)高压测试。

高压测试是指在组件边框和电极引线间施加一定电压,测试组件的耐压性和绝缘强度,以保证组件在恶劣的自然条件(雷击等)下不被损坏。

(11)清洗。

好的产品不仅有好的质量和好的性能,还要有好的外观。此工序保证组件清洁度,铝边框边上的毛刺要去掉,避免组件在使用中对人体造成伤害。

(12)装箱入库。

5.3 太阳能电池方阵

太阳能电池方阵是由若干个太阳能电池组件串、并联连接而排列成的阵列,太阳能电池方阵的构成如图 5.23 所示。

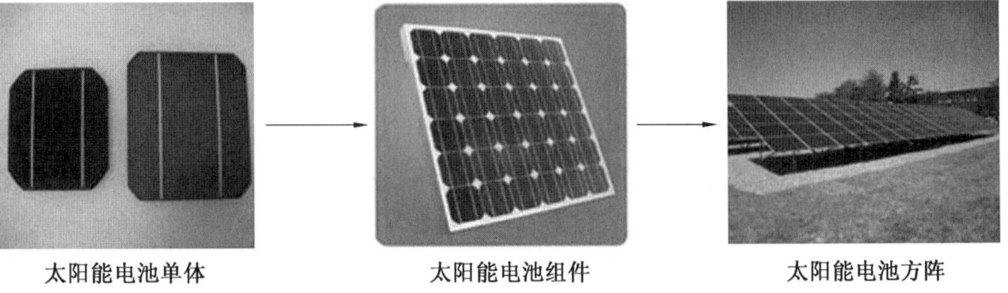

图 5.23 太阳能电池方阵的构成

除太阳能电池组件的串、并联组合外,太阳能电池方阵中还有防逆流二极管、旁路二极管、电缆等对太阳能电池组件进行电气连接,并配备专用的带避雷器的交直流配电柜、汇流箱等。

在太阳能电池方阵中,当有阴影(例如树叶、鸟类、鸟粪等)落在某单体电池或一组电池上,或组件中的某单体电池被损坏时,单体电池(或组件)的其余部分仍处于阳光暴晒之下正常工作,这样局部被遮挡的单体电池(或组件)就要由未被遮挡的那部分单体电池(或组件)来提供负载所需的功率,使该部分单体电池(或组件)如同一个工作于反向偏置下的二极管,其电阻和压降很大,从而消耗功率而导致发热。由于出现高温,称之为“热斑”。

对于串联回路,如图 5.24 所示,需要在太阳能电池组件的正负极间并联一个旁路二极管 D_b,以避免串联回路中光照组件所产生的能量被遮蔽组件所消耗。

对于并联支路,如图 5.25 所示,需要串联一只二极管 D_s,以避免并联回路中光照组件所产生的能量被遮蔽组件所吸收。串联二极管在独立光伏发电系统中可同时起到防止蓄电池在夜间反充电的功能。

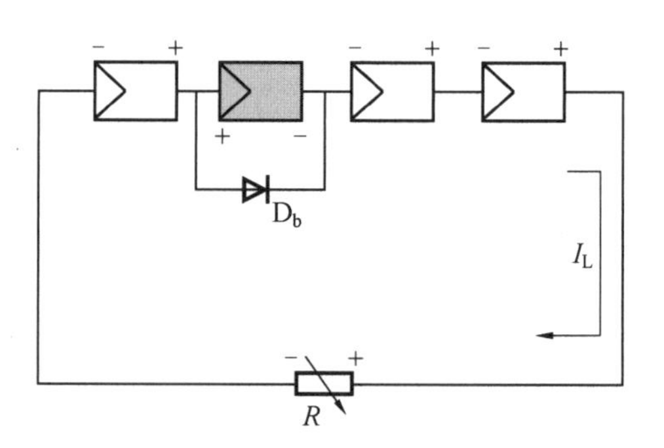

图5.24　串联电池组件热斑效应防护

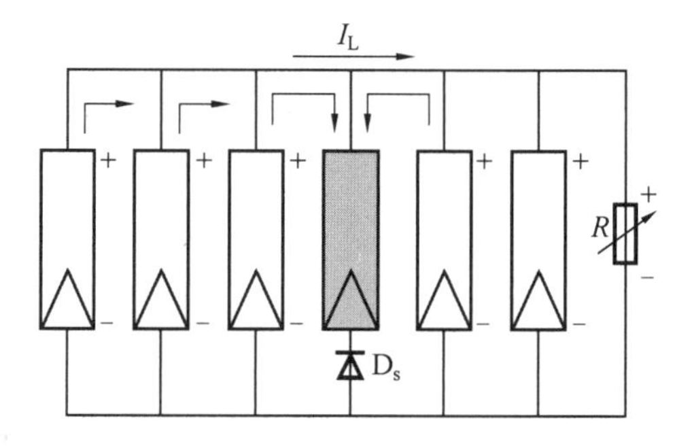

图5.25　并联电池组件热斑效应防护

1. 防反充(防逆流)二极管和旁路二极管

(1)防反充(防逆流)二极管。

其作用是防止太阳能电池组件或方阵在不发电时，蓄电池的电流反过来向组件或方阵充电，不仅消耗能量，而且会使组件或方阵发热甚至损坏；防止方阵各支路之间的电流倒送。

(2)旁路二极管。

在方阵中的某个组件或组件中的某一部分被阴影遮挡或出现故障而停止发电时，在该组件旁路二极管两端会形成正向偏压使二极管导通，组件工作电流绕过故障组件，从二极管旁路流过，不影响其他正常组件的发电，同时保护该组件，避免其受到较高的正向偏压或由于热斑效应发热而损坏。

2. 汇流箱

其作用是将太阳能电池组件的直流电缆接入后进行汇流，再与并网逆变器或直流配电柜连接，以方便维修和操作。图5.26为汇流箱实物图。

3. 直流配电柜

在光伏发电系统中，直流配电柜用来连接汇流箱与光伏逆变器，并提供防雷及过流保护，监测太阳能电池方阵的单支路电流、电压及防雷器状态、短路器状态。

4. 交流配电柜

交流配电柜是在光伏发电系统中连接在逆变器与交流负载之间的接受、调度和分配电能的电力设备。

其具体功能为：①电能调度；②电能分配；③保证供电安全；④显示参数和监测故障。

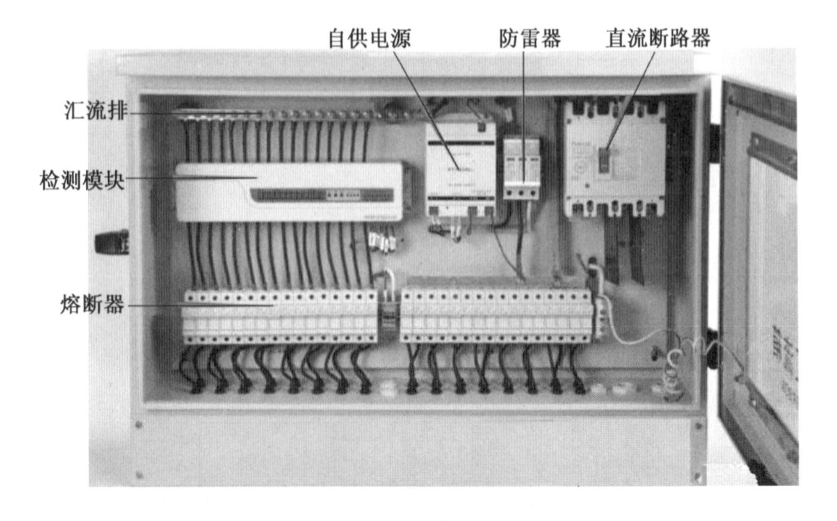

图 5.26　汇流箱实物图

一般来说，太阳能电池方阵的设计就是按照用户要求和负载的用电量及技术条件计算太阳能电池组件的串、并联数。太阳能电池方阵的输出功率与组件的串、并联数量有关，组件的串联是为了获得需要的电压，组件的并联是为了获得所需要的电流，适当数量的组件经过串、并联即组成所需要的太阳能电池方阵。

太阳能电池方阵的安装与维护要求如下。

(1)太阳能电池方阵支架要防锈(支架的金属表面，应镀锌或镀铝或涂防锈漆)、安装方便、强度高，还要用材省、造价低。太阳能电池方阵支架应选用钢材或铝合金制造，其强度应经得起狂风和暴雨。

(2)安装太阳能电池方阵时要考虑当地纬度和日照资源等因素，也可设计成按照季节变化以手动方式调整太阳能电池方阵的向日倾斜角和方位角，以便更充分地接受太阳辐射能，增加发电量。

(3)太阳能电池方阵应安装在周围没有高建筑物、树木、电杆等遮挡太阳光的处所，避免其在太阳能电池组件光收集面上产生阴影。

(4)太阳能电池方阵的采光面应保持清洁；输出连接要注意正、负极性；应定期检测、及时排除故障、防止蓄电池老化等。

5.4　储能单元

储能单元是光伏发电系统不可缺少的部件。其主要功能是存储光伏发电系统的电能，并在日照量不足、夜间及应急状态时给负载供电。目前光伏发电系统中常用的储能单元有铅酸蓄电池、镍镉电池(nickel-cadmiun battery)、锂离子电池、镍氢蓄电池及超级电容器等，它们分别应用于光伏发电的不同场合或产品中。由于性能及成本的原因，目前应用最多、使用最广泛的还是铅酸蓄电池。

光伏发电系统对储能单元的基本要求如下。

(1)自放电率低。

(2)使用寿命长。

(3)深放电能力强。

(4)充电效率高。

(5)所需维护少或免维护。

(6)工作温度范围宽。

(7)价格低廉。

蓄电池作为光伏发电系统中的储能装置,可以从以下三个方面提高系统供电质量:①剩余能量的存储及备用;②保证系统稳定功率输出;③提高电能质量和可靠性。

目前,光伏发电系统使用的蓄电池主要有铅酸蓄电池、镍镉电池、锂离子电池等。

1. 铅酸蓄电池

铅酸蓄电池是目前光伏发电系统最常用的储能部件,其结构如图 5.27 所示。其是采用稀硫酸做电解液,用二氧化铅和绒状铅分别作为电池的正极和负极的一种酸性蓄电池。铅酸蓄电池一般由 3 个或 6 个单格电池串联而成。

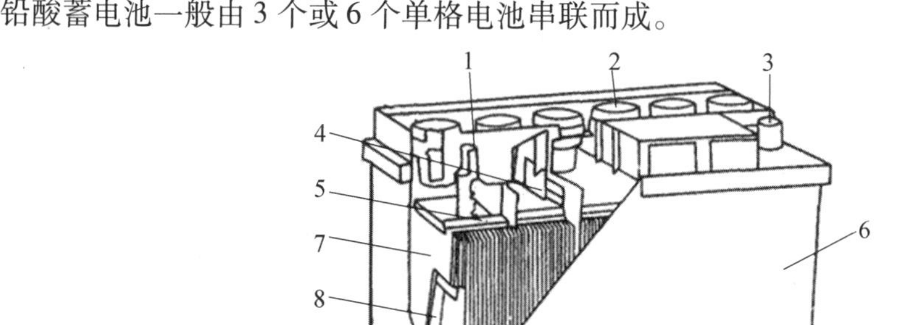

图 5.27 铅酸蓄电池结构

1—负极柱;2—加液孔盖;3—正极柱;4—穿壁连接;5—汇流条;
6—外壳;7—负极板;8—隔板;9—正极板

(1)铅酸蓄电池的分类。

①普通蓄电池。

蓄电池的极板由铅和铅的氧化物构成,电解液是硫酸的水溶液。它的主要优点是电压稳定、价格便宜;缺点是比能量(即每公斤蓄电池存储的电能)低、使用寿命短和日常维护频繁。

②干荷蓄电池。

干荷蓄电池全称为干式荷电铅酸蓄电池,它的主要特点是负极板有较高的储电能力,在完全干燥状态下能在两年内保存所得到的电量。使用时,只需加入电解液,过 20 ~ 30 min就可使用。

③免维护蓄电池。

免维护蓄电池由于自身结构上的优势,电解液的消耗量非常小,在使用寿命内基本不需要补充蒸馏水;同时具有耐震、耐高温、体积小、自放电小的特点。其使用寿命一般为普通蓄电池的两倍。

(2)铅酸蓄电池的工作原理。

铅酸蓄电池由两组极板插入稀硫酸溶液中构成。电极在完成充电后,正极板为二氧化铅,负极板为海绵状铅。放电后,在两极板上都产生细小而松软的硫酸铅,充电后又恢复为原来物质。

铅酸蓄电池在充电和放电过程中的可逆反应理论比较复杂,目前得到公认的是“双硫酸化理论”。该理论的内容为铅酸蓄电池在放电后,两电极的有效物质与硫酸发生作用,均转变为硫酸化合物——硫酸铅;在充电后,又恢复为原来的铅和二氧化铅。

2. 镍镉电池

目前我国用于光伏发电系统的蓄电池除了铅酸蓄电池,还有用于高寒户外系统的镍镉电池。在小型的太阳能草坪灯和便携式太阳能供电系统中大都使用镍镉电池。镍镉电池是最早应用于手机、笔记本电脑等设备的电池种类,它具有良好的耐过充放电能力,维护简单。

镍镉电池的优点如下。

(1)可重复500次以上的充放电,非常经济。

(2)内阻小,可用于大电流放电,当它放电时电压的变化很小,作为直流电源质量极佳。

(3)因为采用完全密封式,所以不会有电解液漏出的现象,也完全不需要补充电解液。

(4)与其他种类电池相比,可耐过充电或放过电,操作简单方便。

(5)因为采用金属容器制成,坚固性好。

3. 锂电池

锂电池(lithium battery)是指电化学体系中含有锂(包括金属锂、锂合金和锂离子、锂聚合物)的电池。锂电池大致可分为两类:锂金属电池和锂离子电池。锂金属电池通常是不可充电的,且内含金属态的锂。锂离子电池不含有金属态的锂,并且是可以充电的。

锂电池分为一次锂电池和二次锂电池。一次锂电池(又称金属锂电池)以锂金属为负极,MnO_2 等材料为正极;二次锂电池(又称锂离子电池)以锂合金金属氧化物为正极材料、石墨为负极材料。锂离子电池可作为光伏发电系统中的储能电池。

锂离子电池作为一种化学电源,正极材料通常由锂的活性化合物组成,负极则是特殊分子结构的石墨,常见的正极材料主要成分为 $LiCoO_2$。充电时,加在电池两极的电势迫使正极的化合物释放出锂离子,穿过隔膜进入负极分子排列呈片层结构的石墨中;放电时,锂离子从分子排列呈片层结构的石墨中脱离出来,穿过隔膜重新和正极的化合物结合。随着充放电的进行,锂离子不断地在正极和负极中分离与结合,锂离子的移动产生了电流。锂离子电池具有容量高、质量轻、无记忆等优点,但其主要缺点是价格昂贵。

锂离子电池的性能特点如下。

(1)工作电压高。

(2)比能量大。

(3)体积小。

(4)循环寿命长,循环次数可达2 000次。

(5)工作温度范围宽。

(6)无记忆效应。

目前锂离子电池根据正极材料的不同又可以分为两类:一类为钴酸锂、镍钴锰酸锂和锰酸锂电池,安全性较差,这是由正极材料本身的化学性质决定的,只适合作为小容量电池使用;另一类为磷酸铁锂电池,工作电压为3.2 V,比能量稍低于前一类电池,但是突出优点是安全性好,循环寿命长,成本低,环境兼容性好,因此非常适合作为各类新能源电动车辆和新能源储能用电源。

5.5 光伏发电系统使用蓄电池的选型、使用和维护

我国用于光伏发电系统的蓄电池除少量用于高寒户外系统的镍镉电池,大多数是铅酸蓄电池。锂离子电池由于成本及对充放电控制要求较高的原因,目前在光伏发电系统中应用还很少。因此,光伏发电系统中的蓄电池的选型主要指铅酸蓄电池的选型。由于目前我国光伏发电系统多采用阀控式密封铅酸蓄电池(以下简称铅酸蓄电池,缩写为VRLA)。根据光伏发电系统用蓄电池的工作条件,以及对光伏发电系统用蓄电池性能的特殊要求,结合上述影响蓄电池寿命的因素,在原VRLA的基础上进行了一系列的研究和技术改进,设计开发了光伏发电系统专用VRLA。具体改进措施包含以下几方面。

(1)采用适合循环使用的铅锑或铅镉板栅合金,既能防止极板在使用过程中产生腐蚀,又可消除板栅和活性物质的界面上的阻挡层,杜绝了早期容量衰减。

(2)采用特殊的板栅结构,可防止因板栅增长而导致蓄电池损坏,并增加了板栅的厚度,以延长蓄电池的使用寿命。

(3)提高蓄电池的装配压力,以提高蓄电池的循环使用寿命。采用高强度紧装配技术,确保蓄电池紧装配压力得以实现。

(4)降低硫酸电解液的比重,并添加特殊的电解液添加剂,以降低对极板的腐蚀,减少电解液分层的产生,提高蓄电池的充电能力和过放电性能。

光伏发电系统中使用蓄电池应注意事项如下。

(1)蓄电池应远离热源和易产生火花的地方,安全距离应大于0.5 m。

(2)蓄电池应避免阳光直射,不能置于存在大量放射性、红外线辐射、紫外线辐射、有机溶剂气体和腐蚀气体的环境中。

(3)同容量、不同性能的蓄电池不能互连使用,安装末端连接件和接通电池系统前,应认真检查电池系统的总电压和正、负极,确保安装正确。

(4)蓄电池与充电器或负载连接时,电路开关应位于“断开”位置,并保证连接正确,即蓄电池的正极与充电器的正极连接,蓄电池的负极与充电器的负极连接。

(5)杜绝短路,防止损坏蓄电池。

(6)定期检查蓄电池电解液的液面高度,使其保持在蓄电池外壳上标示的规定范围之内,避免因电解液量不足而影响蓄电池的使用寿命。

光伏发电系统中蓄电池的维护包括以下内容:

(1)保持蓄电池的清洁,及时擦干溢出的电解液、沾染的泥土和灰尘等;极桩和接线头要保持清洁和接触良好,并涂凡士林或黄油,防止氧化。

(2)保持加液孔盖上通气孔的畅通,定期疏通,防止堵塞。

(3)根据季节和地区的变化及时调整电解液的密度。

(4)冬季蓄电池应经常保持在充足电的状态,以防电解液密度降低而结冰,引起外壳破裂、极板弯曲和活性物质脱落等故障。

(5)对蓄电池组定期进行充放电的试验,可以提高其性能,激发容量,延长使用寿命,及时发现并处理故障电池,防止问题扩大化。

(6)定期检查蓄电池电压,如电压太低应及时更换蓄电池。检查欠压保护器的工作状态,确保欠压保护器可靠性和稳定性。

超级电容器(图5.28)是一种新兴的储能器件,其具有充放电循环寿命数十万次以上和完全免维护、可靠性高等特点。超级电容器(super capacitor 或 ultra capacitor)又叫双电层电容、电化学电容器、黄金电容器、法拉电容器等。

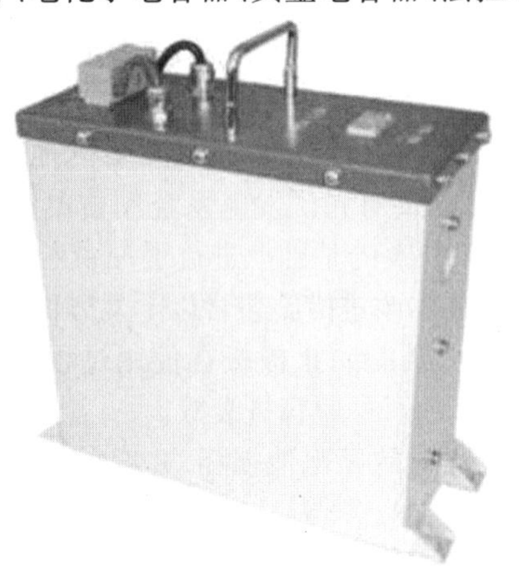

图5.28　超级电容器

超级电容器是基于双电层原理的电容器。超级电容器原理示意图如图5.29所示。

当外加电压加到超级电容器的两个极板上时,正极板存储正电荷,负极板存储负电荷。在电场的作用下,电解液与电极间的界面上形成相反的电荷,以平衡电解液的内电场。这种正负电荷在两个不同相之间的接触面上,以极短的间隙排列在相反的位置上,形成的电荷分布层称为双电层。

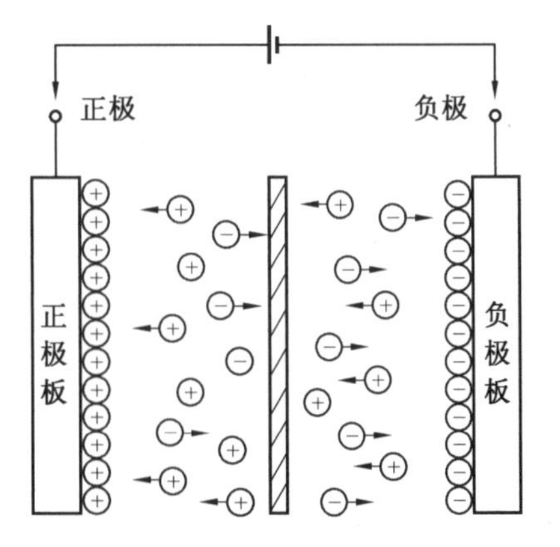

图5.29　超级电容原理示意图

比较超级电容器和蓄电池，超级电容器的优点如下。

(1)能够进行快速充、放电。

(2)循环寿命长，几乎可以实现无限循环充电，累计使用次数可达十万次以上。

(3)环境温度对正常使用影响不大，可以在-35～-75 ℃温度范围内正常工作，比普通蓄电池更能适应恶劣的环境条件。

但是，目前超级电容器在电能储存方面与普通蓄电池相比还有一定的差距，其比能量(单位：W·h/kg)只有铅酸蓄电池的1/10左右，这也限制了现阶段超级电容器在光伏发电系统中的应用。

5.6 控　制　器

在光伏发电系统中，通过太阳能电池将太阳辐射能转化为电能时容易受到天气和其他因素的影响，太阳能电池输出电流并不稳定，直接提供给负载使用将使负载变得非常不稳定，甚至会导致负载不能使用甚至烧毁的情况。因此，在离网光伏发电系统、并网光伏发电系统等系统中，需要配置储能装置(蓄电池)、控制器等。

控制器是光伏发电系统中非常重要的组件，其性能直接影响整个系统的寿命，特别是蓄电池组的使用寿命。控制器应该具有以下功能。

(1)防止蓄电池过充和过放，延长蓄电池使用寿命。

(2)防止太阳能电池方阵、蓄电池极性接反。

(3)防止负载、控制器、逆变器和其他设备内部短路。

(4)防雷击引起的击穿。

(5)温度补偿。

(6)光伏系统工作状态显示。

任何一个离网光伏发电系统，不论系统大小，都要用到控制器。有的光伏发电系统，可能看起来没有控制器而只有逆变器，实际上是将控制器和逆变器合二为一了。

图5.30为控制器的工作原理图。该电路由太阳能电池组件、蓄电池、控制器和负载组成。开关K_1和K_2分别为充电控制开关和放电控制开关，当开关K_1闭合时，由太阳能电池组件通过控制器给蓄电池充电。当蓄电池出现过充电时，K_1能及时切断充电回路，

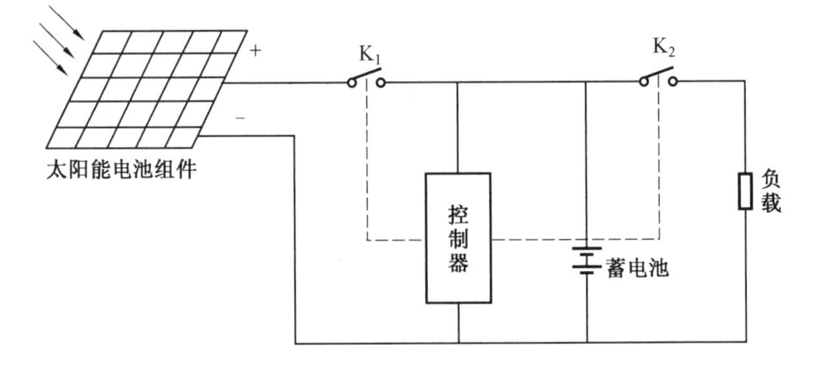

图5.30　控制器的工作原理图

使太阳能电池组件停止向蓄电池供电，K_1 还能按预先设定的保护模式自动恢复对蓄电池的充电。当开关 K_2 闭合时，由蓄电池向负载供电。当蓄电池出现过放电时，K_2 能及时切断放电回路，蓄电池停止向负载供电，当蓄电池再次充电并达到预先设定的恢复充电点时，K_2 又能自动恢复供电。K_1 和 K_2 可以由各种开关元件组成，如小功率三极管、功率场效应管（MOSFET）、绝缘栅双极晶体管（IGBT）等电子式开关和继电器、交直流接触器等机械式开关。

控制器的分类如下。

1. 并联型控制器

并联型控制器又叫旁路型控制器，它是利用并联在太阳能电池方阵两端的机械或电子开关器件控制充电过程的，如图 5.31 所示。当蓄电池充满电时，把太阳能电池方阵的输出分流到旁路电阻器上或功率模块上，然后以热的形式消耗掉；当蓄电池的电压回落到一定值时，再断开旁路恢复充电。

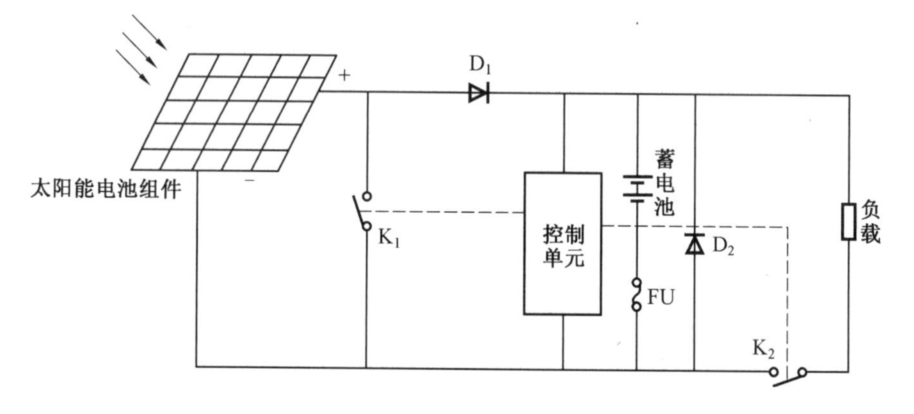

图 5.31　并联型控制器工作原理图

2. 串联型控制器

串联型控制器是利用串联在充电回路中的机械或电子开关器件控制充电过程的，如图 5.32 所示。开关器件串接在太阳能电池方阵和蓄电池之间，当蓄电池充满电时，开关器件断开充电回路，停止为蓄电池充电；当蓄电池电压回落到一定值时，充电电路再次接

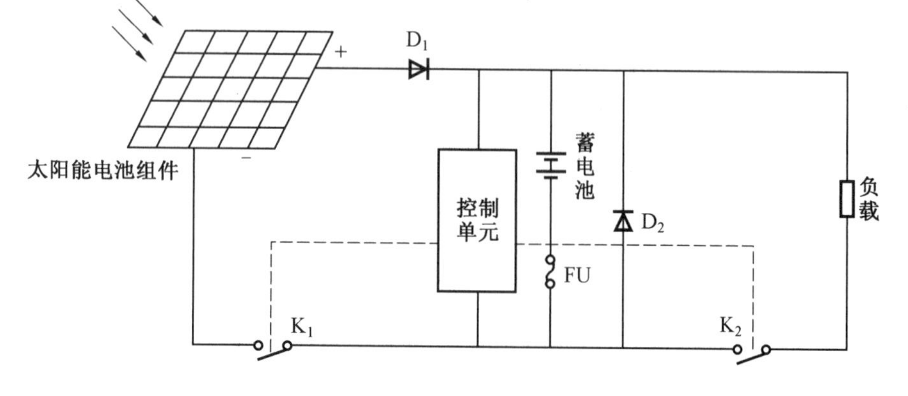

图 5.32　串联型控制器工作原理图

通,继续为蓄电池充电。开关器件还可以在夜间切断太阳能电池供电,取代防反充二极管。

3. 脉宽调制型控制器

脉宽调制型(PWM)控制器以脉冲方式控制光伏组件的输入,PWM 控制电路输出一组脉宽调制波,控制开关管的导通时间,达到控制充电电流的目的,如图 5.33 所示。与串联和并联型控制器相比,脉宽调制型控制器虽然没有固定的过充电电压断开点和恢复点,但是充电电流的瞬时变化更符合蓄电池的充电状况,能够增加光伏发电系统的充电效率,延长蓄电池的使用寿命。此外,脉宽调制型控制器还可以实现光伏发电系统的最大功率跟踪功能。其缺点是控制器自身有 4% ~8% 的功率损耗。

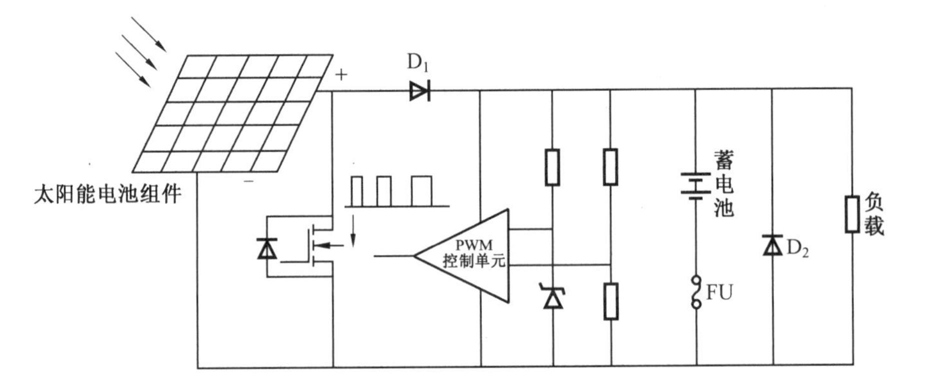

图 5.33　脉宽调制型控制器工作原理图

4. 多路型控制器

多路型控制器一般用于几千瓦以上的大功率光伏发电系统中,将太阳能电池方阵分成多个支路接入控制器。其工作原理如图 5.34 所示。图中各支路的二极管起防反充作用。A_1 和 A_2 分别是充电电流表和放电电流表,V 为蓄电池电压表。

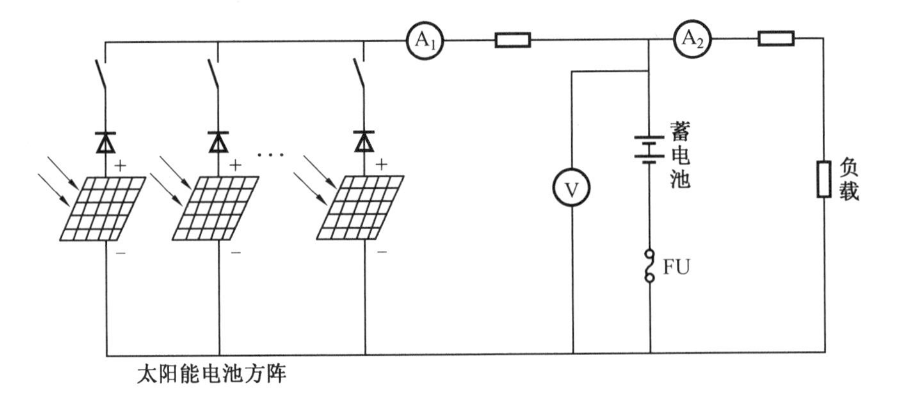

图 5.34　多路型控制器工作原理图

5. 最大功率跟踪型控制器

在一定的外界条件下,太阳能电池可以工作在不同的输出电压下,但只有在某一输出电压值下,太阳能电池的输出功率才能达到最大功率值。这时太阳能电池的工作点就达到了输出功率曲线的最高点,称之为最大功率点(maximum power point,MPP)。在光伏发电系统中,要想提高系统的效率,应当实时调整太阳能电池的工作点,使之始终工作在最大功率点附近,以最大限度地将光能转化为电能。利用控制方法实现太阳能电池的最大功率输出运行的技术被称为最大功率点跟踪(MPPT)。

最大功率跟踪型控制器的目的是将太阳能电池方阵产生的最大直流电能及时的、尽可能多地提供给负载,使光伏发电系统的利用效率尽可能高。理论上,当太阳能电池的输出阻抗和负载阻抗相等时,太阳能电池的输出功率最大。可见,MPPT 的过程实质上就是使太阳能电池的输出阻抗和负载阻抗相匹配的过程。由于太阳能电池的输出阻抗受到外界因素的影响,如果能通过控制方法实现对负载阻抗的实时调节,并使其跟踪太阳能电池的输出阻抗,就可以实现 MPPT 控制。

MPPT 控制方法有以下几种。

(1)定电压跟踪法。

定电压跟踪(constant voltage tracking,CVT)法控制思路是将太阳能电池的输出电压控制在其 MPP 附近的某一个恒定电压处,这样太阳能电池在整个工作过程中将近似工作在最大功率点处。

(2)扰动观测法。

扰动观测法(perturbation and observation method,P&O)是目前实现 MPPT 最常用的方法之一。

其基本原理是:先让太阳能电池按照某一电压值输出,测量输出功率,然后在这个电压基础上给一个电压扰动,再测量输出功率。比较两次测得的输出功率值,如果输出功率值增加了,继续给相同方向的扰动;如果输出功率值减小了,则给相反方向的扰动。最终使太阳能电池工作于最大功率点。

(3)电导增量法。

电导增量(incremental conductance,INC)法是目前常用的 MPPT 控制方法之一。其主要原理是根据最大功率点的电压来调节太阳能电池方阵的输出电压。

(4)模糊逻辑控制。

模糊逻辑控制(fuzzy logic control)是以模糊集合理论、模糊语言和模糊逻辑为基础的一种新兴的控制手段,它是模糊数学与自动控制技术相结合的产物,特别适用于复杂的非线性系统。由于太阳光照强度的不确定性、太阳能电池方阵温度的变化、负载情况的变化,以及太阳能电池方阵输出特性的非线性特征,采用模糊逻辑控制来进行 MPPT 控制是非常合适的,可以获得比较理想的效果。

5.7 逆 变 器

目前我国光伏发电系统主要是直流系统,即将太阳能电池发出的电能给蓄电池充电,而蓄电池直接给负载供电,如我国西北地区使用较多的太阳能户用照明系统,以及远离电网的微波站供电系统,均为直流系统。此类系统结构简单,成本低廉,但由于负载直流电压的不同(如 12 V、24 V、48 V 等),很难实现系统的标准化和兼容,特别是民用电力,由于大多为交流负载,以直流电力供电的光伏电源很难作为商品进入市场。另外,光伏发电最

终将实现并网运行，这就必须采用交流系统。随着我国光伏发电市场的日趋成熟，今后交流光伏发电系统必将成为光伏发电系统的主流。

以单相桥式逆变电路为例来分析其工作原理，如图5.35所示，$S_1 \sim S_4$ 是桥式电路的4个桥臂，由电力电子器件及辅助电路组成，当开关 S_1、S_4 闭合，S_2、S_3 断开时，负载电压 u_o 为正；当开关 S_1、S_4 断开，S_2、S_3 闭合时，u_o 为负，这样就把直流电变成了交流电。改变两组开关的切换频率，即可改变输出交流电的频率。这就是最基本的逆变电路工作原理。电阻性负载情况下，负载电流 i_o 和电压 u_o 的波形相似，相位相同；阻感性负载情况下，负载电流 i_o 相位滞后于电压 u_o，波形也不同。

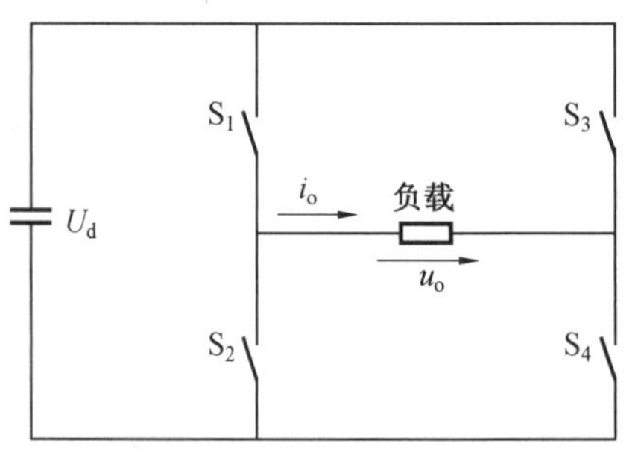

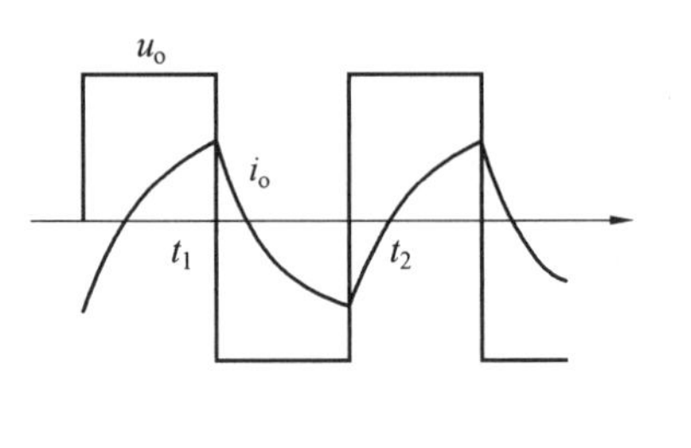

图5.35 单相桥式逆变电路及波形

采用交流电力输出的光伏发电系统，由太阳能电池方阵、充放电控制器、蓄电池和逆变器4部分组成，而逆变器是其中关键部件。光伏发电系统对逆变器的技术要求如下：①较高的转换效率；②稳定的可靠性；③较宽的直流输入电压适应范围；④在中、大容量的系统中，逆变器的输出应为失真度较小的正弦波。

逆变器的主要性能指标如下。

1. 额定输出电压

在规定的输入直流电压允许的波动范围内，它表示逆变器应能输出的额定交流电压值。对额定输出电压的稳定精度有如下规定：①在稳态运行时，电压波动范围应有一个限定，例如，其偏差不超过额定值的±3%或±5%；②在负载突变或有其他干扰因素影响动态情况下，输出电压偏差不应超过额定值的±8%或±10%。

2. 额定输出容量和过载能力

逆变器的选用，首先要考虑具有足够的额定输出容量，以满足最大负荷下设备对电功率的需求。额定输出容量表征逆变器向负载供电的能力。额定输出容量高的逆变器可带更多的用电负载。但当逆变器的负载不是纯阻性时，也就是输出功率因数小于1时，逆变器带载能力将小于所给出的额定输出容量。

3. 输出电压稳定度

在独立光伏发电系统中均以蓄电池为储能设备。输出电压稳定度表征逆变器输出电压的稳压能力。

4. 输出效率

整机逆变效率高是光伏发电用逆变器区别于通用型逆变器的一个显著特点。逆变器的输出效率表征自身功率损耗的大小，通常以百分数表示。容量较大的逆变器还应给出满负荷效率和低负荷效率。

5. 负载功率因数

负载功率因数表征逆变器带感性负载或容性负载的能力。正弦波逆变器的负载功率因数为0.7～0.9，额定值为0.9。在负载功率一定的情况下，如果逆变器的功率因数较低，则所需逆变器的容量就要增大，会造成成本增加，同时光伏发电系统交流回路的视在功率增大，回路电流增大，损耗必然增加，系统效率也会降低。

6. 保护功能。

光伏发电系统正常运行过程中，由负载故障、人员误操作及外界干扰等原因而引起的供电系统过流或短路，是完全可能的。逆变器对外部电路的过流及短路现象最为敏感，是光伏发电系统中的薄弱环节。因此，在选用逆变器时，必须要求具有良好的对过流及短路的自我保护功能。

①过压保护：对于没有电压稳定措施的逆变器，应有输出过电压的防护措施，以使负载免受输出过电压的损害。

②过流保护：逆变器的过流保护，应能保证在负载发生短路或电流超过允许值时及时动作，使其免受浪涌电流的损伤。

光伏发电系统中逆变器的应用场合：户用电源（几十瓦到几百瓦），满足日常照明、生活用电需求；集中式电站（几千瓦到几百千瓦），满足一个地区的供电需求；屋顶并网电站（几千瓦到几兆瓦），利用建筑的屋顶发电并入电网；荒漠并网电站（几百千瓦到几百兆瓦），利用荒漠铺建大面积太阳能电池组件发电并入电网。

本章参考文献

[1] 于立军. 新能源发电技术[M]. 北京：机械工业出版社，2018.
[2] 谢军. 太阳能光伏发电技术[M]. 北京：机械工业出版社，2018.
[3] 何道清，何涛，丁宏林. 太阳能光伏发电系统原理与应用技术[M]. 北京：化学工业出版社，2016.
[4] 格林. 太阳能电池：工作原理、技术和系统应用[M]. 上海：上海交通大学出版社，2010.

名词索引